CHANYE ZHUANLI
FENXI BAOGAO

产业专利分析报告

(第69册)——高技术船舶

国家知识产权局学术委员会◎组织编写

图书在版编目（CIP）数据

产业专利分析报告. 第69册, 高技术船舶/国家知识产权局学术委员会组织编写. —北京：知识产权出版社，2019.7
ISBN 978–7–5130–6342–5

Ⅰ.①产… Ⅱ.①国… Ⅲ.①专利—研究报告—世界 ②造船工业—专利—研究报告—世界 Ⅳ.①G306.71 ②U66

中国版本图书馆CIP数据核字（2019）第126097号

内容提要

本书是高技术船舶行业的专利分析报告。报告从该行业的专利（国内、国外）申请、授权、申请人的已有专利状态、其他先进国家的专利状况、同领域领先企业的专利壁垒等方面入手，充分结合相关数据，展开分析并得出分析结果。本书是了解该行业技术发展现状并预测未来走向，帮助企业做好专利预警的必备工具书。

责任编辑：卢海鹰　王玉茂　　　　　　　责任校对：潘凤越
内文设计：王玉茂　　　　　　　　　　　责任印制：刘译文
执行编辑：周　也

产业专利分析报告（第69册）
——高技术船舶
国家知识产权局学术委员会◎组织编写

出版发行：知识产权出版社有限责任公司	网　　址：http://www.ipph.cn
社　　址：北京市海淀区气象路50号院	邮　　编：100081
责编电话：010–82000860 转 8541	责编邮箱：wangyumao@cnipr.com
发行电话：010–82000860 转 8101/8102	发行传真：010–82000893/82005070/82000270
印　　刷：北京嘉恒彩色印刷有限责任公司	经　　销：各大网上书店、新华书店及相关专业书店
开　　本：787mm×1092mm　1/16	印　　张：24.25
版　　次：2019年7月第1版	印　　次：2019年7月第1次印刷
字　　数：543千字	定　　价：110.00元
ISBN 978-7-5130-6342-5	

出版权专有　侵权必究
如有印装质量问题，本社负责调换。

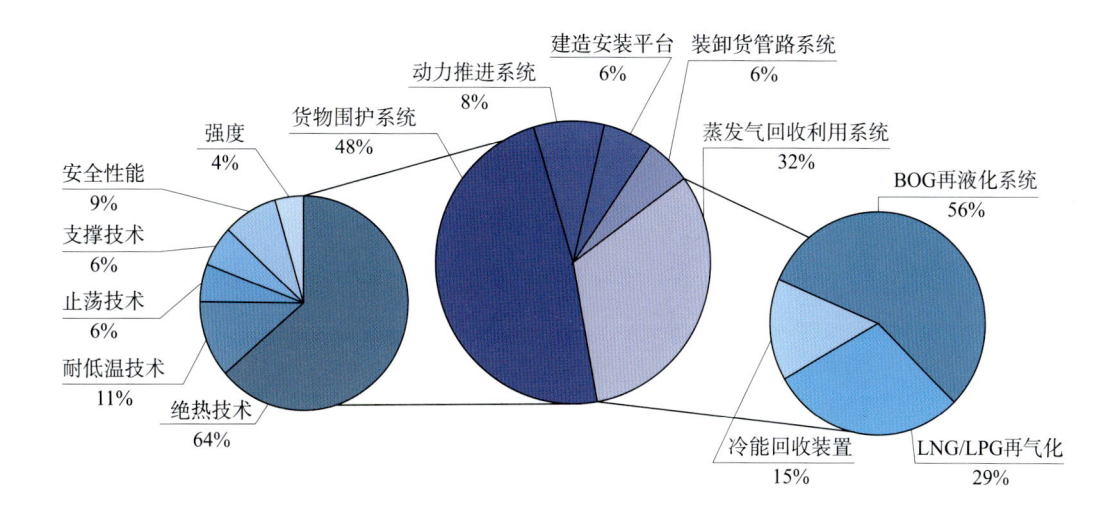

图2-1-7　LNG/LPG运输船船体结构全球专利申请分布

（正文说明见第20页）

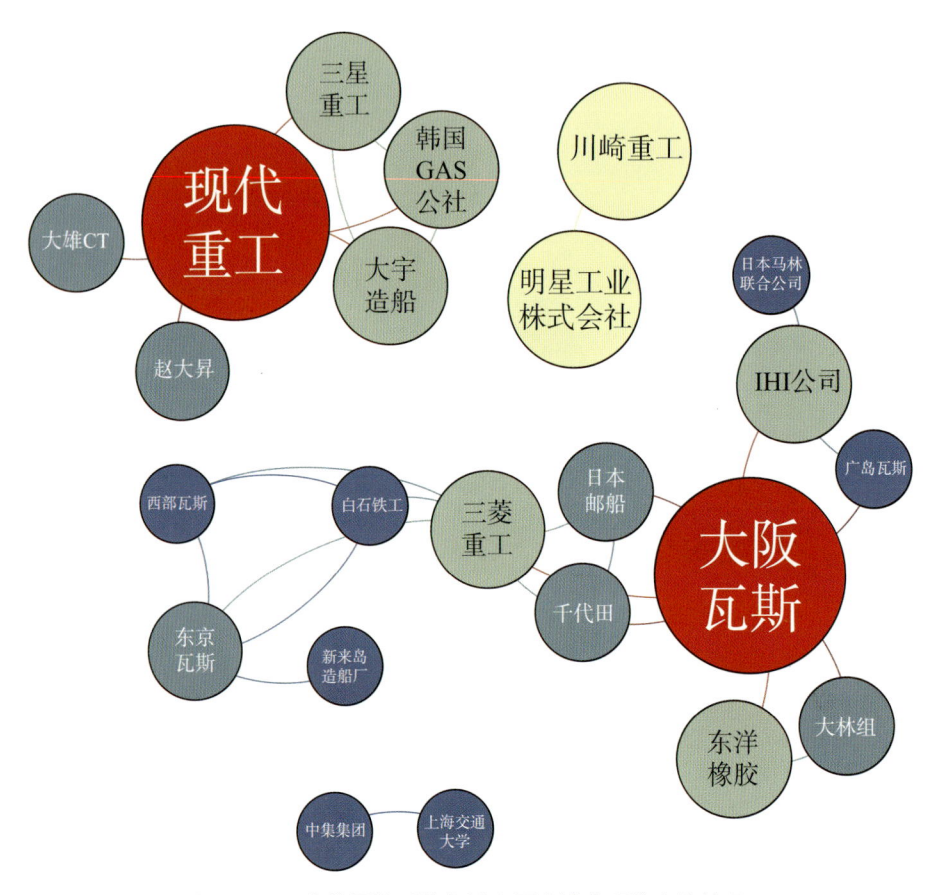

图3-1-0 货物围护系统领域主要申请人研发合作情况

（该图为示意图，正文相关内容见第3.1.2.3节）

注：图中圆圈大小表示申请量多少。

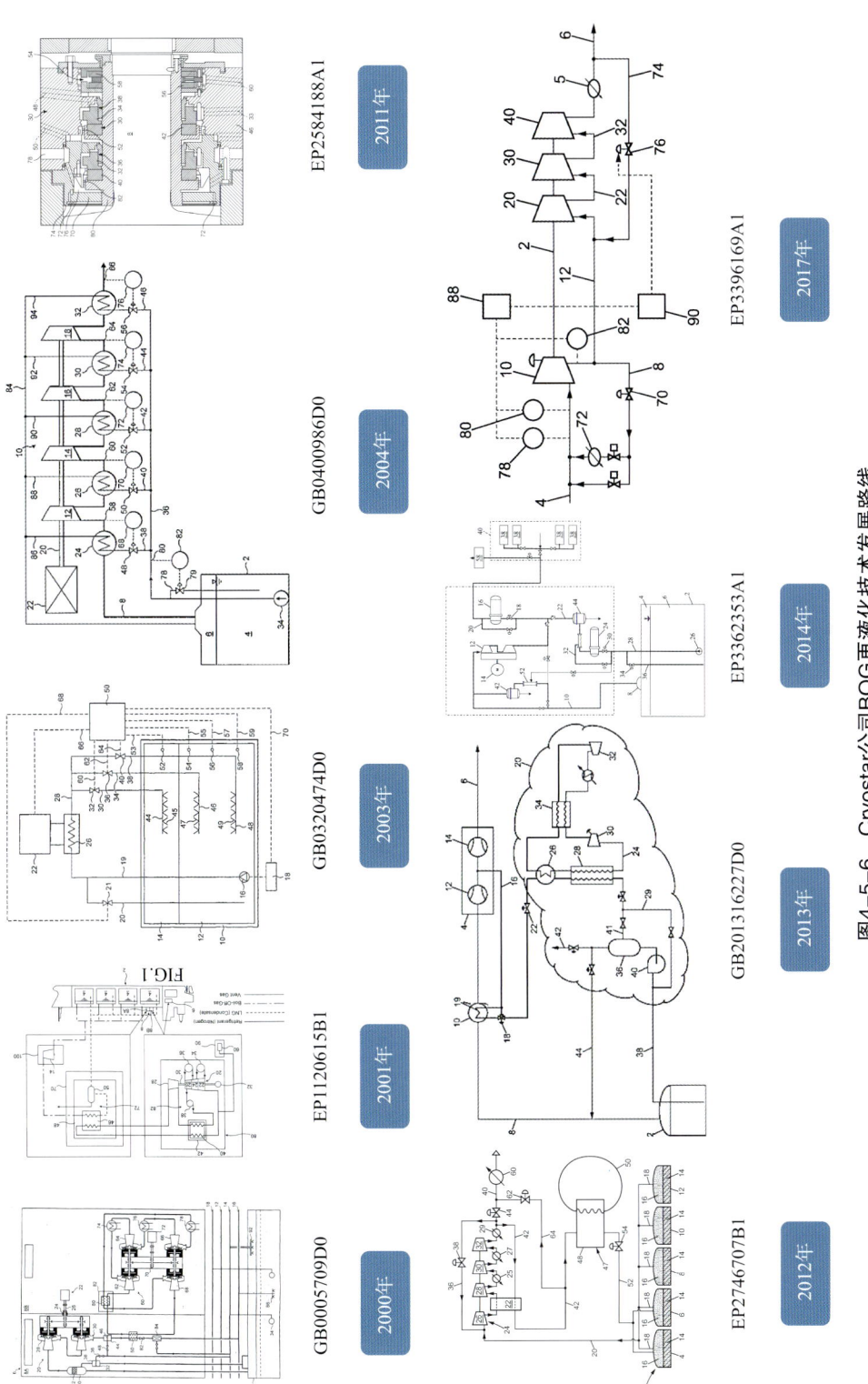

图4-5-6 Cryostar公司BOG再液化技术发展路线

(正文说明见第150页)

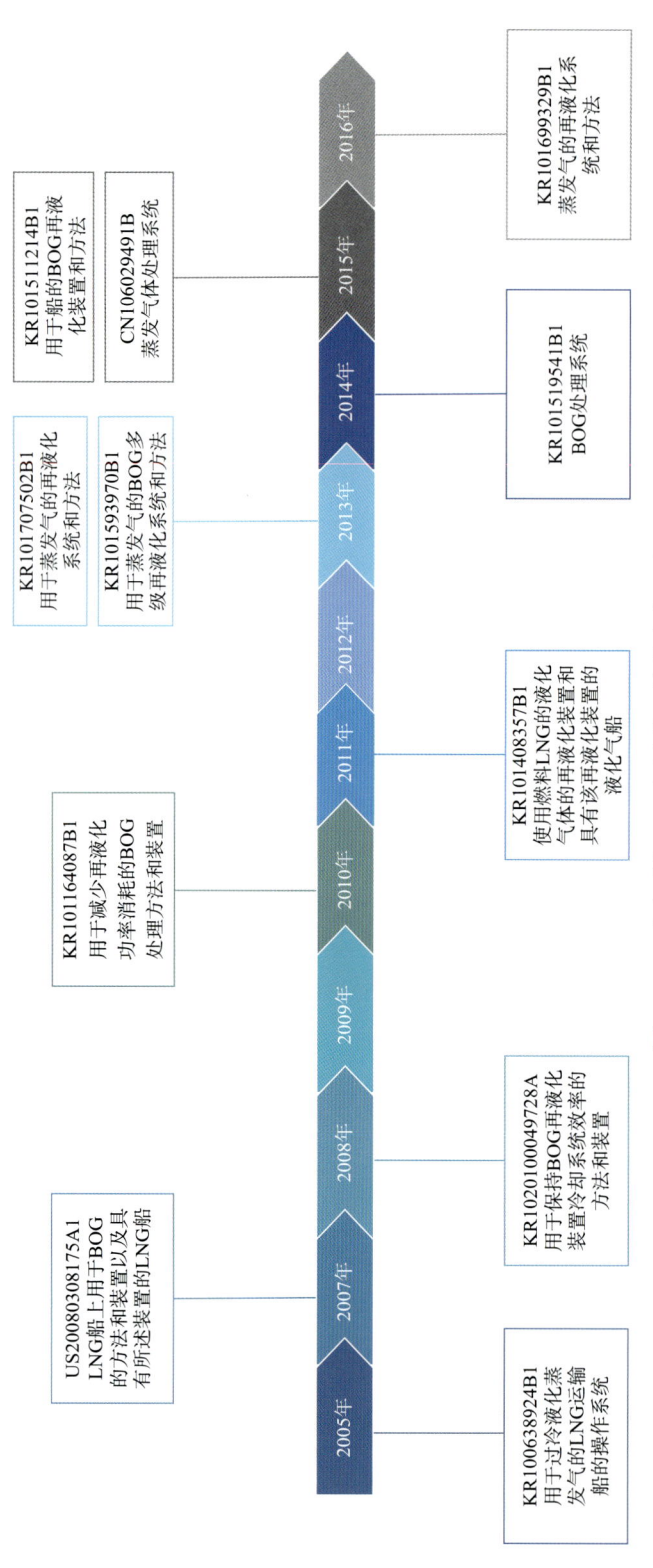

图5-1-5 大宇造船BOG再液化系统技术发展路线

（正文说明见第181页）

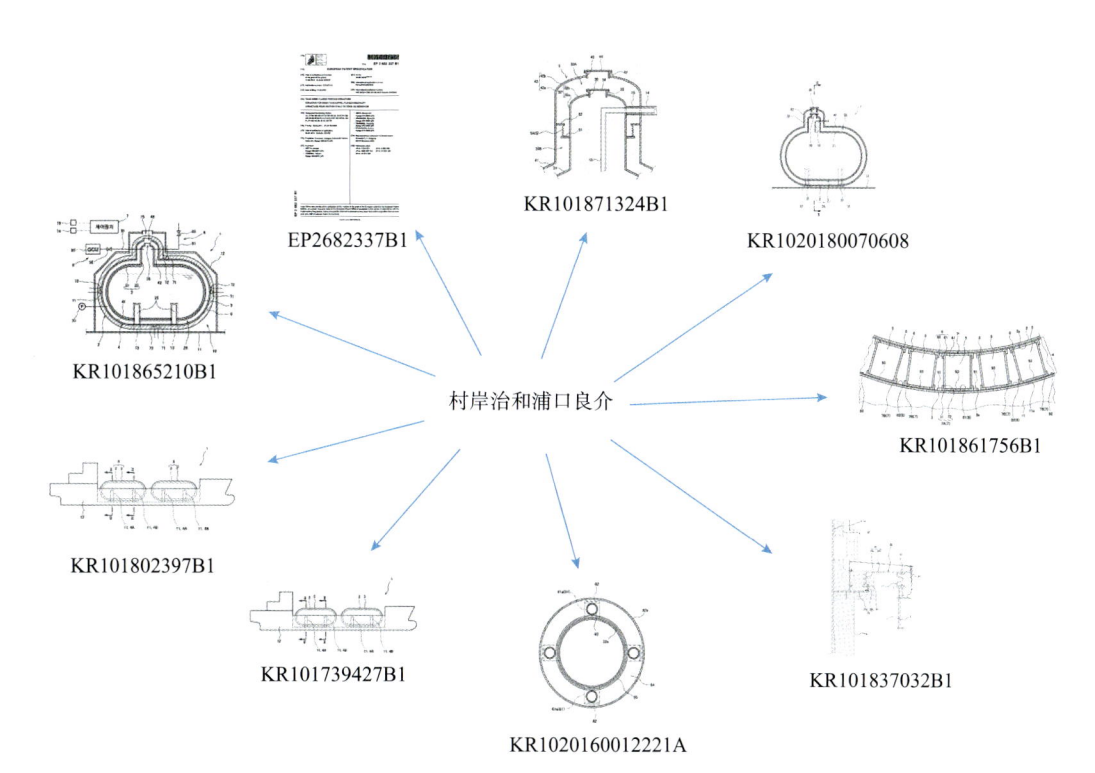

图5-7-8　发明人村岸治和浦口良介联合申请专利情况

（正文说明见第259页）

产业专利分析报告（第69册）

BOG再液化

- CN108031234A 一种BOG回收方法及装置 2018（1）
- CN108020024A 液化天然气再冷凝装置 2017（12）
- CN106764412A 一种利用BOG回收NGL的系统 2016（6）
- CN204554350U 一种利用BOG回收NGL的大流量BOG处理系统 2015（1）
- CN103759135B 一种无气相外输管网的LNG接收站的大流量BOG处理系统 2014（3）
- CN103343881B 一种BOG零排放的LNG储存方法及装置 2013（1）
- CN101406763B 一种回收BOG的工艺及其装置 2008（1）
- CN100392052C 一种船运液货蒸发气体的再液化方法 2005（1）
- 一种用于燃气调峰和轻烃回收的天然气液化方法

止荡

- CN133198C 高真空绝热低温液化气体储罐 2004（6）
- CN106939965A 一种储罐防晃减震装置 2017（2）

支撑

- CN205137053U 卧式低温储罐 2015（1）
- CN2851177Y 罐体的支撑结构 2005（1）

安全性能

- CN107859661A 一种液货船的控制系统和方法 2007（2）

珠江三角洲

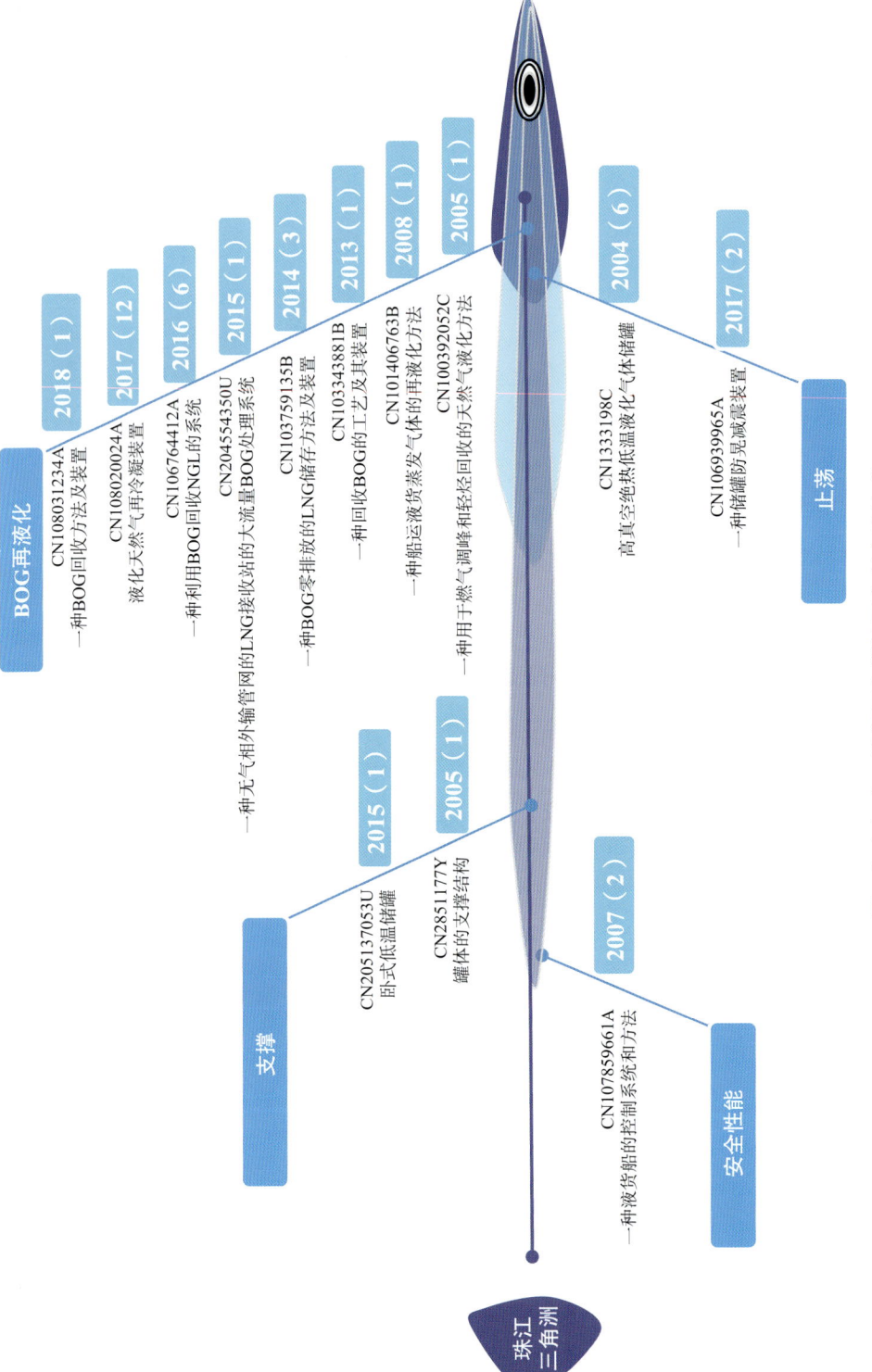

图7-3-1（c） 珠江三角洲地区专利产出构成

（正文说明见第336页）

注：图中括号内数字表示年度申请量，单位为件。

编委会

主　任：贺　化

副主任：郑慧芬　雷春海

编　委：夏国红　白剑锋　刘　稚　于坤山
　　　　　郁惠民　杨春颖　张小凤　孙　琨

前　言

2018年是我国改革开放40周年，也是《国家知识产权战略纲要》实施10周年。在习近平新时代中国特色社会主义思想的引领下，为全面贯彻习近平总书记关于知识产权工作的重要指示和党中央、国务院决策部署，努力提升专利创造质量、保护效果、运用效益和管理水平，国家知识产权局继续组织开展专利分析普及推广项目，围绕国家重点产业的核心需求开展研究，为推动产业高质量发展提供有力支撑。

十年历程，项目在力践"普及方法、培育市场、服务创新"宗旨的道路上铸就品牌的广泛影响力。为了秉承"源于产业、依靠产业、推动产业"的工作原则，更好地服务产业创新发展，2018年项目再求新突破，首次对外公开申报，引导和鼓励具备相应研究能力的社会力量承担研究工作，得到了社会各界力量的积极支持与响应。经过严格的立项审批程序，最终选定13个产业开展研究，来自这些产业领域的企业、科研院所、产业联盟等25家单位或单独或联合承担了具体研究工作。组织近200名研究人员，历时6个月，圆满完成了各项研究任务，形成一批高价值的研究成果。项目以示范引领为导向，最终择优选取6项课题报告继续以《产业专利分析报告》（第65～70册）系列丛书的形式出版。这6项报告所涉及的产业包括新一代人工智能、区块链、第三代半导体、人工智能关键技术之计算机视觉和自然语言处理、高技术船舶、空间机器人，均属于我国科技创新和经济转型的核心产业。

方法创新是项目的生命力所在，2018年项目在加强方法创新的基础上，进一步深化了关键技术专利布局策略、专利申请人特点、专利产品保护特点、专利地图等多个方面的研究。例如，新一代人工智能课题组首次将数学建模和大数据分析方式引入专利分析，构建了动态的地域-技术热度混合专利地图；第三代半导体课题组对英飞凌公司的专利布局及运用策略进行了深入分析；区块链课题组尝试了以应用场景为切入点对涉及的关键技术进行了全面梳理。

项目持续稳定的发展离不开社会各界的大力支持。2018年来自社会各界的近百名行业技术专家多次指导课题工作，为课题顺利开展作出了贡献。各省知识产权局、各行业协会、产业联盟等在课题开展过程中给予了极大的支持。《产业专利分析报告》（第65~70册）凝聚社会各界智慧，旨在服务产业发展。希望各地方政府、各相关行业、相关企业以及科研院所能够充分发掘《产业专利分析报告》的应用价值，为专利信息利用提供工作指引，为行业政策研究提供有益参考，为行业技术创新提供有效支撑。

由于《产业专利分析报告》中专利文献的数据采集范围和专利分析工具的限制，加之研究人员水平有限，其中的数据、结论和建议仅供社会各界借鉴研究。

《产业专利分析报告》丛书编委会
2019年5月

项目联系人

孙　琨：62086193/13811628852/sunkun@cnipa.gov.cn

高技术船舶专利分析课题研究团队

一、项目指导

国家知识产权局：贺　化　郑慧芬　雷春海

二、项目管理

国家知识产权局专利局：张小凤　孙　琨　王　涛

三、课题组

承 担 单 位：浙江海洋大学、北京华进京联知识产权代理有限公司、舟山固浚专利事务所（普通合伙）

课题负责人：郁惠民

课题组组长：赵永辉

统　稿　人：吴　平　沈方英

主要执笔人：李　睿　陈春渠　石　妮　邹敏菊　郑泽容　郑素素　吕梦颖

课题组成员：吴　平　沈方英　李　睿　陈春渠　石　妮　邹敏菊　郑泽容　郑素素　吕梦颖　黄倩倩　和秀文　林益建　王　伟

四、研究分工

数据检索：李　睿　陈春渠　石　妮　邹敏菊　郑泽容　吕梦颖　黄倩倩　和秀文

数据清理：李　睿　陈春渠　石　妮　邹敏菊　郑泽容　吕梦颖　黄倩倩　和秀文

数据标引：李　睿　陈春渠　石　妮　邹敏菊　郑泽容　吕梦颖　黄倩倩　和秀文

图表制作：陈春渠　石　妮　邹敏菊

报告执笔：沈方英　李　睿　陈春渠　石　妮　邹敏菊　郑泽容　郑素素　吕梦颖　王小英　黄倩倩

报告统稿： 吴　平　沈方英

报告编辑： 李　睿　陈春渠

报告审校： 郁惠民　赵永辉

五、报告撰稿

吕梦颖： 主要执笔第 1 章、第 2 章

陈春渠： 主要执笔第 3 章第 3.3～3.4 节、第 6 章第 6.1～6.2 节，参与执笔第 4 章第 4.5 节

邹敏菊： 主要执笔第 3 章第 3.2 节，参与执笔第 5 章

郑素素： 主要执笔第 3 章第 3.6 节，参与执笔第 4 章第 4.5 节、第 5 章第 5.9 节

石　妮： 主要执笔第 4 章、第 7 章、第 8 章，参与执笔第 2 章、第 3 章第 3.1 节、第 5 章

李　睿： 主要执笔第 5 章

郑泽容： 主要执笔第 6 章第 6.3 节，参与执笔第 1 章、第 6 章第 6.2 节

王小英： 参与执笔第 3 章第 3.5 节和第 3.7 节、第 4 章第 4.4 节、第 6 章第 6.2 节、第 7 章第 7.1 节

黄倩倩： 参与执笔第 4 章

六、指导专家

行业专家

郑　健　中国船舶工业集团公司第七〇八研究所

技术专家

应业炬　浙江海洋大学

专利分析专家

马天旗　国家知识产权局专利局机械发明审查部

陈　亮　顶壹科技创新服务有限公司

七、合作单位

舟山市科技局

目 录

第1章 概　况 / 1
　　1.1　研究背景 / 1
　　　　1.1.1　含　义 / 1
　　　　1.1.2　产业发展概况 / 3
　　1.2　研究对象和方法 / 7
　　　　1.2.1　产业技术分解 / 7
　　　　1.2.2　数据检索与处理 / 9
　　　　1.2.3　查全率、查准率评估 / 10
　　　　1.2.4　相关术语的解释和说明 / 10

第2章　LNG/LPG运输船总体专利态势分析 / 15
　　2.1　全球专利态势分析 / 15
　　　　2.1.1　专利申请发展态势分析 / 15
　　　　2.1.2　专利技术原创国家/地区分析 / 16
　　　　2.1.3　专利公开地分布分析 / 18
　　　　2.1.4　申请人分析 / 18
　　　　2.1.5　LNG/LPG运输船整体技术分析 / 19
　　2.2　中国专利态势分析 / 20
　　　　2.2.1　中国专利技术发展趋势 / 20
　　　　2.2.2　国外来华专利申请分析 / 22
　　　　2.2.3　专利类型分析 / 22
　　　　2.2.4　地域分布分析 / 25
　　　　2.2.5　申请人分析 / 29
　　2.3　小　结 / 30

第3章　关键技术之"货物围护系统"专利分析 / 32
　　3.1　货物围护系统整体分析 / 32
　　　　3.1.1　技术概况 / 32
　　　　3.1.2　全球专利申请分析 / 37
　　　　3.1.3　在中国申请的专利分析 / 48

3.2 绝热技术 / 51
   3.2.1 技术概况 / 51
   3.2.2 技术发展趋势 / 52
   3.2.3 国家/地区分析 / 53
   3.2.4 技术分析 / 57
3.3 耐低温技术 / 84
   3.3.1 技术概况 / 84
   3.3.2 技术发展趋势 / 86
   3.3.3 国家/地区分析 / 87
   3.3.4 技术分析 / 89
3.4 止荡技术 / 95
   3.4.1 技术概况 / 95
   3.4.2 技术发展趋势 / 96
   3.4.3 国家/地区分析 / 98
   3.4.4 技术分析 / 99
3.5 支撑技术 / 109
   3.5.1 技术概况 / 109
   3.5.2 技术发展趋势 / 111
   3.5.3 国家/地区分析 / 112
   3.5.4 专利申请人分析 / 113
   3.5.5 技术分析 / 114
3.6 安全性能技术 / 117
   3.6.1 技术发展趋势 / 117
   3.6.2 国家/地区分析 / 119
   3.6.3 专利申请人分析 / 122
   3.6.4 技术分析 / 123
3.7 强度技术分析 / 127
   3.7.1 技术概况 / 127
   3.7.2 技术发展趋势 / 127
   3.7.3 国家/地区分析 / 128
   3.7.4 专利申请人分析 / 129
   3.7.5 技术分析 / 130
3.8 小　　结 / 133

第4章 关键技术之"BOG再液化系统"专利技术分析 / 136
   4.1 技术概况 / 136
   4.2 全球专利发展趋势分析 / 138
   4.3 国家/地区分析 / 141

4.3.1 技术原创国/地区专利申请分析 / 141
4.3.2 受理局分析 / 141
4.3.3 技术流向分析 / 142
4.3.4 中国专利分析 / 143
4.4 申请人分析 / 143
4.4.1 主要申请人排名 / 143
4.4.2 研发合作分析 / 145
4.5 技术分析 / 148
4.5.1 BOG再液化系统技术发展情况 / 148
4.5.2 BOG再液化系统重点专利 / 154
4.6 小 结 / 171

第5章 重要申请人分析 / 172
5.1 大宇造船 / 173
5.1.1 公司简介 / 173
5.1.2 专利申请态势分析 / 174
5.1.3 专利布局分析 / 175
5.1.4 技术分析及重点专利分析 / 178
5.2 三星重工 / 193
5.2.1 公司简介 / 193
5.2.2 专利申请态势分析 / 194
5.2.3 专利布局分析 / 196
5.2.4 技术分析及重点专利分析 / 198
5.3 IHI / 204
5.3.1 公司简介 / 204
5.3.2 专利申请态势分析 / 205
5.3.3 专利布局分析 / 207
5.3.4 主要发明人分析 / 208
5.3.5 技术分析及重点专利分析 / 208
5.4 现代重工 / 212
5.4.1 公司简介 / 212
5.4.2 专利申请态势分析 / 213
5.4.3 专利布局分析 / 215
5.4.4 技术分析及重点专利分析 / 217
5.5 三菱重工 / 222
5.5.1 公司简介 / 222
5.5.2 专利申请态势分析 / 224
5.5.3 专利布局分析 / 226

5.5.4　技术分析及重点专利分析 / 228

5.6　GTT / 232

5.6.1　公司简介 / 232

5.6.2　专利申请态势分析 / 233

5.6.3　专利布局分析 / 234

5.6.4　技术分析及重点专利分析 / 235

5.7　川崎重工 / 254

5.7.1　公司简介 / 254

5.7.2　专利申请态势分析 / 255

5.7.3　专利布局分析 / 258

5.7.4　技术分析及重点专利分析 / 259

5.8　中集集团 / 262

5.8.1　公司简介 / 262

5.8.2　专利申请态势分析 / 264

5.8.3　专利布局及法律状态分析 / 265

5.8.4　技术分析及重点专利分析 / 265

5.9　壳牌公司 / 270

5.9.1　公司简介 / 270

5.9.2　重点专利分析 / 271

5.10　大阪瓦斯 / 272

5.10.1　公司简介 / 272

5.10.2　重点专利分析 / 272

5.11　中国海油 / 276

5.11.1　公司简介 / 276

5.11.2　重点专利分析 / 278

5.12　中国石油 / 280

5.12.1　公司简介 / 280

5.12.2　重点专利分析 / 281

5.13　小　结 / 283

第6章　LNG/LPG运输船领域专利无效/侵权案件分析 / 285

6.1　整体概况 / 285

6.2　案例分析 / 287

6.2.1　大宇造船LNG船再液化技术领域专利无效诉讼 / 287

6.2.2　大西洋造船厂专利无效诉讼 / 292

6.2.3　三菱重工和日立专利无效诉讼 / 297

6.2.4　中国LNG运输船领域专利无效诉讼 / 303

6.3　诉讼应对策略 / 307

6.3.1　总体决策分析 / 308
6.3.2　应诉对策分析 / 308
6.3.3　专利侵权抗辩分析 / 310
6.3.4　熟悉海外知识产权法律环境 / 314
6.3.5　寻求政府帮助进行海外维权 / 315
6.4　小　结 / 315

第7章　中国主要区域创新路线探索 / 316
7.1　国内船舶产业集群概括 / 316
7.1.1　环渤海地区 / 317
7.1.2　长江三角洲地区 / 321
7.1.3　珠江三角洲地区 / 327
7.2　三大船舶产业集群专利持有状况 / 331
7.2.1　专利申请趋势和类型 / 331
7.2.2　申请人分布 / 332
7.2.3　专利技术分布 / 333
7.2.4　专利有效性 / 335
7.3　专利促进船舶产业集群发展 / 336
7.3.1　三大船舶产业集群专利产出构成 / 336
7.3.2　三大船舶产业集群校企协同创新情况 / 336
7.4　小　结 / 346

第8章　主要结论及建议 / 347
8.1　主要结论 / 347
8.1.1　技术发展及专利分布现状分析 / 347
8.1.2　关键技术分析 / 347
8.1.3　重要申请人分析 / 349
8.2　建　议 / 350
8.2.1　研发着力点可根据造船产业链分布 / 350
8.2.2　开展企业间合作与并购，促进设立产业专利联盟 / 351
8.2.3　寻求造船业优势研发团队，鼓励产学研合作 / 352
8.2.4　借力高技术船舶产业政策，提升创新能力 / 352
8.2.5　提高应对知识产权诉讼的信心和技巧 / 353
8.3　策　略 / 353

附录1　重点专利筛选优化方案 / 354
图索引 / 357
表索引 / 363

第1章 概　况

1.1　研究背景

高技术船舶产业作为中国战略性新兴产业的重要组成部分之一，其是发展海洋经济的先导产业。大力发展高技术船舶，是推动中国造船业转型升级的重要方向，也是驱动中国造船业转型发展的重要引擎。LNG运输船和LPG运输船作为高技术船舶的一部分，随着全球以及中国能源结构的转移，越来越受到高技术船舶领域的关注，其是高技术、高难度、高附加值的"三高"产品。

中国制造业处于"大而不强"的环境下，船舶工业转型升级不仅能加快中国造船强国的步伐，而且对维护国家海洋权益、加快海洋开发、保障战略运输安全、促进国民经济持续增长等方面具有重要意义。在高技术船舶方面，一方面要实现产品绿色智能化，另一方面要实现产品结构的高端化。抓住技术复杂船型需求持续活跃的有利时机，快速提升LNG船、大型LPG船等产品的设计建造水平，打造高端品牌。❶

本书选取高技术船舶中受关注度较高的LNG运输船和LPG运输船为研究对象，对其实现产品绿色化和产品结构高端化进行宏观层面和微观层面的分析。本书共8章，第1章为概况，第2章分别从全球和中国对LNG/LPG运输船的专利现状进行宏观分析，第3章和第4章分别对LNG/LPG运输船的关键技术——"货物围护系统"和"BOG再液化系统"进行微观层面的分析，第5章对LNG/LPG运输船重要申请人进行分析，第6章对LNG/LPG运输船进行专利侵权诉讼的分析，第7章对中国主要区域LNG/LPG运输船创新路线探索进行分析，第8章给出了结论及建议。

1.1.1　含　义

1.1.1.1　LNG运输船

液化天然气（Liquefied Natural Gas，LNG）船简称LNG运输船。LNG运输船主要指运载散装LNG的液货船及装有保持低温的设施和储存液货的高压容器、将LNG从液化厂运往接收站的专用船舶。液化天然气的主要成分是甲烷，为便于运输，通常采用在常压下极低温-163℃冷冻的方法使其液化。中国不仅是继韩国、日本等国后实现自

---

❶ 张帆. 强化科技创新实现全面突破［J］. 船舶物资与市场，2018（2）：6.

主研发系列LNG船型的国家,而且其自主设计的船型在安全、节能、环保方面具有明显的后发优势。LNG运输船是一种"海上超级冷冻车",被喻为世界造船领域的"皇冠上的明珠",目前只有美国、中国、日本、韩国和欧洲的少数几个国家的十多家船厂能够建造。

1.1.1.2 LPG运输船

液化石油气（Liquefied Petroleum Gas，LPG）船简称LPG运输船。LPG运输船主要指运载LPG的液货船（可以是散装也可以用罐装）及装有保持低温的设施和储存液货的高压容器、专运LPG的船，其主要运输以丙烷和丁烷为主要成分的石油碳氢化合物或两者混合气，包括丙烯和丁烯，还有一些化工产品，近年来乙烯也列入其运输范围。依据载运各种气体的不同液化条件而分为全压式（装载量较小）、半冷半压式（装载量较大）和全冷式（装载量大）。LPG运输船因其特殊用途而产生了各方面的特殊要求,其技术难度大,代表当今世界的造船技术水平,船价为同吨位常规运输船的2～3倍,是一种高技术、高附加值的船舶。

1.1.1.3 LNG/LPG运输船主要构成

基于不同种类的LNG/LPG运输船,并对这些不同种类的LNG/LPG运输船的特点进行对比。LNG/LPG运输船主要由货物围护系统、蒸发气回收利用系统、动力推进系统、装卸货管路系统和建造安装平台技术等五大部分组成（见图1-1-1）。

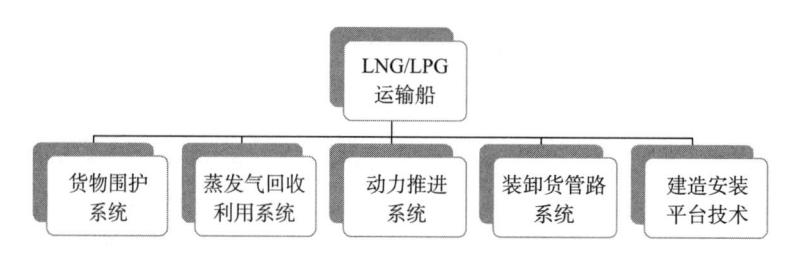

图1-1-1 LNG/LPG运输船主要构成

货物围护系统指用于围护货物（LNG、LPG）的装置；蒸发气回收利用系统主要指BOG再液化系统、LNG/LPG再气化和冷能回收三部分技术；动力推进系统包括基本推进系统、主发电设备和蒸发气利用装置；装卸货管路系统由超低温管路和高温管路系统构成,分别应用于货舱区域的LNG装卸载通道和机舱区域的船舶动力通道；建造安装平台技术指在货物围护系统的建造中所必须要使用的一种专门的建造安装平台,用于在约50m（长）×43m（宽）×30m（高）的船舱空间内进行货舱屏壁的安装,主要应包含基本结构与布置设计、空调通风与环境控制设计、综合监控系统设计和货舱施工配套配置设计等四方面的内容。

中国作为全球造船大国,在LNG运输船的设计和建造上还处于跟踪模拟国外先进技术的阶段,目前虽已掌握了部分造船的技术,但与国外先进技术相比仍然存在较大差距。现阶段LNG/LPG运输船的关键技术主要集中于货物围护系统上,因为货物围护系统结构性能的好坏直接影响到船舶航运的安全性和经济性。全球多家LNG/LPG造船企业投入大量财力和物力对货物围护系统进行研究和开发并获得专利,形成技术保护；同时，将技术广泛应用于 LNG/LPG 运输船的设计和建造中，这些早期进行研发并获得专利的企业在 LNG/LPG 运输船市场形成先发优势，占据绝大部分市场份额。因此，要使中国 LNG/LPG 运输船技术实现突破，达到国际先进水平并参与国际市场的竞争，就必须对货物围护系统进行跟踪研究，为研究开发具有自主知识产权的技术创造条件。

由于所运货物为 –163℃ 的低温液体，货物围护系统是 LNG/LPG 运输船最关键的核心技术。《国际散装运输液化气体船舶构造与设备规则》规定：货物围护系统系指用于围护货物的装置，包括所设的主屏壁和次屏壁以及附属的绝热层和屏壁间处所，还包括必要时用于支持这些构件的邻接结构。如果次屏壁是船体结构的一部分，则它可以是货舱处所的边界。因此，货物围护系统应该具备 LNG 运输安全和高效保障的低温可靠性和高温绝热性能。LNG/LPG 运输船的货舱建造材料除了具备高强度和高韧性外，由于要运送低温 LNG，还必须具有可靠的耐低温性能和液货舱绝热性能以及良好的加工工艺性能。货物围护系统内由于液体运动会冲击舱壁，LNG/LPG 运输船的止荡技术则保障了船体不会因严重的晃荡导致货物围护系统的失效与破坏。

1.1.2 产业发展概况

1.1.2.1 全球产业发展现状

LNG 运输船的建造风起欧美国家——从 20 世纪 70 年开始生产小型 LNG 运输船，随后发展到生产标准型 LNG 运输船，但是数量较少。之后，全球生产 LNG 运输船的国家主要转移至并集中在亚洲。目前，韩国大宇、三星以及日本三菱已成为全球主要 LNG 运输船的制造商，但造船的核心技术被法国 GTT 等欧洲公司垄断。LNG 运输船的市场份额主要集中在日本、韩国、欧洲等国家和地区，韩国、日本在 LNG 运输船市场占据着主导地位。2015 年全球 LNG 运输船新签订单量 35 艘，其中 27 艘为 17 万立方米的大型 LNG 运输船，主要集中在韩国、日本的 7 家船厂。

韩国船企优势明显，截至 2018 年 7 月，本年全球所有的 23 艘大型 LNG 运输船的订单全部被韩国船企收入囊中。韩国船厂能够完全垄断 LNG 运输船市场，主要由于其建造经验更加丰富。通过多年的积累，韩国造船厂掌握了大量的核心专利技术，使得成本大大降低；在蒸发率问题上，韩国船厂能够将日蒸发率降低控制至 0.07%；在建造时间上，韩国船厂也具有绝对的优势。以一艘 17 万方 LNG 运输船为例，国际上建造周期一般为 500 天左右，而韩国船厂不超过 480 天。

2018 年 LNG 运输船行业发展良好。根据 VesselsValue 提供的数据显示，截至 2018 年 5 月，全球共交付了 22 艘 LNG 运输船，总价值 39 亿美元。预计 2018 年全球交付的 LNG 运输船总运能将达 1023 万立方米，成为交付量最大的一年。VesselsValue 数据还显示，目前全球 LNG 运输船队数量已达 600 艘船，其中 499 艘船在运营，101 艘为手持订单在建，总运营能力价值 505 亿美元，运能达 7560 万立方米。

相较于 LNG 运输船，LPG 运输船队规模在全球也呈快速增长趋势，见图 1-1-2（a）。

近年来，LPG运输海运市场发展快速，LPG船队规模逐年增加。2012年，LPG运输船运规模突破2000万立方米，之后船运规模快速增加。近年来，全球LPG运输船新船成交虽然呈起伏状态，但在2017年全球市场有所改善，LPG船市场新船成交呈现明显大型化趋势。

从全球LPG运输船订单分布来看，呈现韩国、日本、中国三足鼎立的格局，见图1-1-2（b）。其中，韩国LPG运输船订单最多，2014年LPG船持单量达到历史新高，订单量为58艘，占全球LPG运输船承接量的56.9%。中国在近几年承接的LPG运输船订单量较为稳定，2015年承接的LPG订单量为13艘，占全球LPG运输船承接量的18.3%。

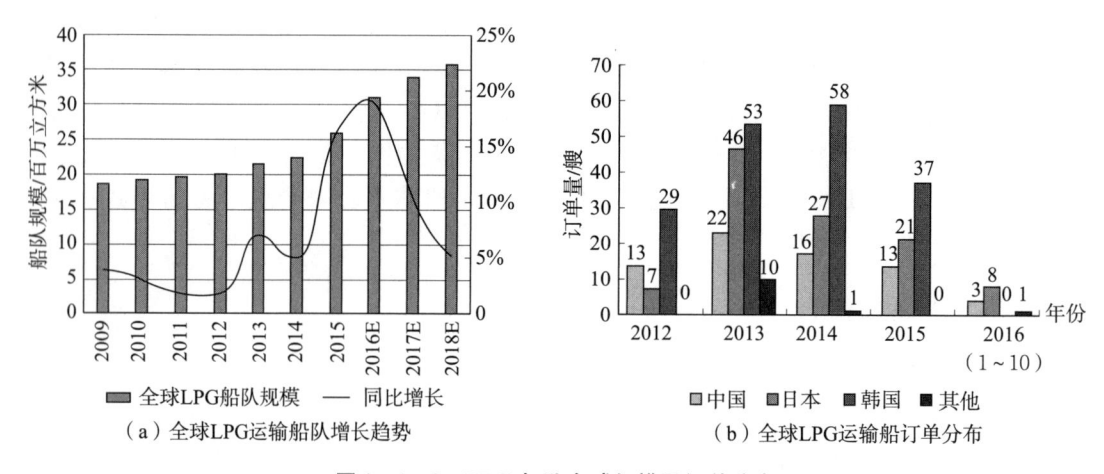

图1-1-2 LPG船队全球规模及订单分布

资料来源：Banchero Costa 安信证券研究中心搜集整理。

全球LPG海运量持续增速，推动全球LPG运输船队保有量持续增长。出于航运经济性和LPG远洋贸易运输量不断增长的考虑，近年来主要船东订造VLGC（Very Large Gas Carrier，超大型液化气船）的意愿不断增强，推动了全球LPG运输船船型大型化趋势的发展。

1.1.2.2 中国及区域产业发展现状

中国能源结构的转变使得石油和天然气成为中国的主要消耗能源，受中国本土资源的限制，中国需要大量进口LPG和LNG。目前，中国已经成为主要的LPG、LNG进口国。能源信息提供商S&P Global Platts公布数据显示，2017年中国LNG进口总量为3789万吨，同比增幅高达48.37%，全球排名第二。LNG运输船和LPG运输船在液化气运输产业链上起着重要的枢纽作用。目前，中国进口LNG采用的运输船大部分属于国际船东，中国自身的LNG运输船的船队规模和运力有限。因此，LPG、LNG作为主要能源在中国的战略地位日益提升的趋势下，中国LNG/LPG运输船具有很大的发展空间。

中国LNG运输船行业发展现状良好，目前能够建造LNG运输船的主要船企有沪东中华、江南造船厂、外高桥造船厂等。随着中国LNG进口贸易的发展和沿海各 LNG 项目的实施，中国 LNG 进口量将进一步扩大，中国 LNG 船队规模将进一步扩大。

对于 LNG 运输船和 LPG 运输船而言，制约其发展的关键技术有货物围护系统、蒸发气回收利用系统等。当前，在技术创新与发展格局已形成全球化竞争态势的情况下，为了加快提升 LNG 运输船、大型 LPG 运输船的设计建造水平，突破关键技术，需要立足于全球 LNG 运输船、LPG 运输船的最新技术动态。专利信息承载着最新的技术，通过专利分析可以实现用专利信息功能有效引导产业发展的，开展专利分析工作可以发挥专利信息对产业运行决策的指导作用，帮助提高产业创新效率和水平，防范和规避产业知识产权侵权风险，强化产业竞争力，提升产业创新驱动发展能力。

中国在 LPG 运输船建造市场具有一定竞争实力。2015 年，全球 75 艘 LPG 新造船订单中有 18 艘属于中国船厂；到 2016 年，中国已经有七八家船企承建过中小型 LPG 运输船，如江南造船厂、太平洋造船、中航鼎衡造船等。在液罐制作方面，国内已有较大突破，目前太平洋海工、中船钢构工程股份有限公司、中船圣汇装备有限公司、荆门宏图特种飞行器制造有限公司等均已具备船用 LPG 液罐的供货能力。

1.1.2.3　产业政策环境

（1）全球产业政策

1994 年《联合国海洋法公约》颁布以来，为了在国际海洋竞争中抢得先机，世界各沿海国家陆续制定国家海洋政策和海洋发展战略。

2002 年，韩国政府公布了本国海洋政策并于 2016 年 10 月发布造船产业竞争力强化方案。2018 年 4 月，韩国政府在第十五届产业竞争力强化会议上发布了韩国造船产业发展战略，该战略主要包括韩国造船行业现状分析、韩国造船产业危机及结构性问题分析、市场前景及竞争格局变化预测、发展愿景与战略方向、重点战略任务、方案预期效果等内容。2018 年 11 月，韩国政府发布了造船产业活力提高方案，本方案主要帮助韩国中小型造船企业和配套企业解决金融、雇佣及中长期发展等问题。2018 年 9 月，韩国贸易、工业和能源部宣布，韩国政府计划投入巨资打造配备人工智能（Artificial Intelligence，AI）技术的智能船厂，以生产力提高 20% 和生产成本降低 10% 为目标，确保韩国造船业的成本竞争力。

2004 年，美国国家海洋政策委员会正式向国会提交了 21 世纪美国海洋政策，为 21 世纪美国海洋事业的发展描绘了新的远景；同年 9 月，美国政府公布了美国海洋行动计划。美国特朗普政府于 2017 年 1 月 20 日公布"美国第一能源计划"，加持页岩气开发，促使 LNG 海运量稳定增长。

2007 年 10 月 10 日，欧盟委员会颁布欧盟海洋综合政策，旨在更大程度地开发利用海洋并有效地保护海洋环境，实现海洋的可持续发展。2017 年，欧盟资助了一个在造船过程中使用玻璃钢（Fibre-Reinforced Plastic，FRP）复合材料的研究项目

(FIBRESHIP），以促进轻型且更高效的大型船舶建造。2015年8月，法国政府通过了能源法案，目标是到2030年将可再生能源占电力配比提高到40%。

2018年5月，日本政府通过了新一期海洋基本计划，该文件将为日本在未来5年间实施海洋政策和处理涉海事务提供重要指引，指导日本船舶工业未来发展。2018年7月，日本政府公布了最新制定的"第五次能源基本计划"，提出了日本能源转型战略的新目标、新路径和新方向，这是一份面向2030年以及2050年的日本能源中长期发展规划的政策指南和行动纲领。该计划中提出推动工业领域天然气、石油的利用和普及。

（2）中国产业政策

近几年，LNG/LPG运输船产业政策环境良好，相关政策频繁出台，助力中国发展LNG/LPG运输船等高技术船舶。2012年7月26日，国家工业和信息化部发布了《产业转移指导目录（2012年本）》指出，重点依托沿海开发区和产业聚集区，优先开发石油、船舶等新型临港工业，扶持发展海洋工程装备，加快发展舟山-宁波海洋工程装备及船舶基地等的建设，要以上海、南通、舟山等为重点，打造世界级高技术船舶。

2013年7月31日，国务院印发《船舶工业加快结构调整促进转型升级实施方案（2013~2015年）》指出，要大力发展大型LNG运输船，开展LNG存储技术研究，突破LNG运输船双燃料、纯气体动力技术，加快LNG运输船动力推进系统、低温冷藏系统、低温液货装卸系统等关键系统的研制。

2014年09月03日，国务院发布的《国务院关于促进海运业健康发展的若干意见》中指出要重点建设规模适度、结构合理、技术先进的专业化船队，大力发展节能环保、经济高效船舶，积极发展原油、液化天然气、集装箱、滚装、特种运输船队。中国LNG运输船队的规模和运力有较大增长空间，预计到2019年中国LNG运输船队将达到近30艘，中国LNG运输船队的规模和运力将逐步扩大。

2015年5月8日，国务院印发《中国制造2025》战略规划，规划中明确提出，将重点发展海洋工程装备及高技术船舶，全面提升LNG运输船等高技术船舶的国际竞争力。之后，国家相继出台的《船舶配套产业能力提升行动计划（2016~2020年）》《船舶工业深化结构调整加快转型升级行动计划（2016~2020年）》《中国船舶工业"十二五"发展规划》等均着重强调大力发展高技术船舶。《中国船舶工业"十二五"发展规划》指出，重点打造"双高"船舶（高技术、高附加值船舶），到"十二五"末造船产量占全球份额40%以上，力争达到50%。

中国相继出台相关政策，指导产业转移、促进产业结构转型升级、加快船舶工业健康发展，在战略层面已经提出要求：大力发展中国高技术船舶，建设专业船队，开展关键技术的研发，突破关键系统的研制。在技术发展、市场需求和相关政策助推下，发展LNG/LPG运输船已经成为大势所趋。

1.2 研究对象和方法

1.2.1 产业技术分解

本课题组在前期行业、技术调研的过程中,立足于 LNG/LPG 运输船的技术发展,在参考相关专利和科技文献的基础上,通过与船舶行业的专家进行充分的沟通,在技术层面加深了对 LNG/LPG 运输船的深入了解,从产业和科研的主要关注点出发,结合常用的专利分类体系,制定研究主题,并对各技术主题进行进一步技术分解。表 1-2-1 是高技术船舶关键技术分解表;表 1-2-2 针对 LNG/LPG 运输船领域比较关注的货物围护系统并从功效的角度进行分解;表 1-2-3 针对蒸发气回收利用系统中的 BOG 再液化系统进一步进行技术分解。

表 1-2-1 高技术船舶关键技术分解表

一级分支	二级分支	三级分支
LNG/LPG 运输船	货物围护系统	主屏壁(容器)
		次屏壁
		支撑
		止荡
		泵塔
		主液货泵
		扫舱喷淋泵
		喷淋单元
		应急液货泵
		空气压缩机
	蒸发气回收利用系统	BOG 再液化系统
		LNG/LPG 再气化
		冷能回收装置
	动力推进系统	—
	建造安装平台技术	—
	装卸货管路系统	—

注:表 1-2-1 基于结构的角度进行技术分解。

表1-2-2 货物围护系统功效分解表

货物围护系统	绝热技术	堆积绝热技术
		高真空绝热技术
		真空粉末绝热技术
		结构改进类绝热技术
		高真空多层绝热技术
	止荡技术	储罐结构
		阻隔结构
		浮动构件
		震动构件
		检测计量装置
	耐低温技术	9%镍钢
		36%镍钢
		铝合金
		不锈钢
		复合板
	支撑技术	柔性支撑
		密封支撑
		底部支撑
		侧部（周向）支撑
	强度技术	主屏壁
		次屏壁
	安全性能技术	泵塔
		液货舱的布置
		安全部件

表1-2-3 BOG再液化系统技术分解表

BOG再液化系统	直接式再液化技术	单级压缩
		双级压缩
		多级压缩
	间接式再液化技术	—
	复叠式再液化技术	—

1.2.2 数据检索与处理

1.2.2.1 数据检索

本课题组采用INCOPAT专利检索系统进行专利检索，初期检索截止时间为2018年7月30日；后期针对细分领域和主要专利权人/申请人进行了补充检索，截止日期为2018年10月31日。

由于LNG/LPG运输船整体涵盖技术较多，专利文献量较大，为检索全面且保证相关专利落入到LNG/LPG运输船的研究范围内，本课题组采用总分式检索策略进行总体专利检索。总分式检索策略是一种自上而下的检索方式，首先对总体技术主题进行检索，然后对总体技术主题的检索结果采用分类号和关键词进行限定，得到各技术分支的检索结果，从而得到总体的专利检索结果和各技术分支的检索结果。

1.2.2.2 数据处理

本报告对所有数据进行清理、标引和筛选，具体内容如下：

（1）清理的分析字段

申请人、申请人国籍、申请人类型、专利布局、授权专利、法律状态和多国申请等。

（2）数据标引

数据标引：赋予经过数据清理和去噪的每一项专利申请属性标签，以便于统计学上的分析研究。所述的"属性"可以是技术分解表中的类别，也可以是技术功效的类别，或者其他需要研究的项目的类别。当给每一项专利申请进行数据标引后，就可以方便地统计相应类别的专利申请量或者其他需要统计的分析项目。因此，数据标引在专利分析工作中具有很重要的地位。

根据技术标引表对所检索的数据进行标引，包括：

①制定标引表：标引表包括二至三级技术分类，对每一技术分类和效果进行定义，分清不同技术类别之间的界限，从而使标引效果达到预期目的。

②人工标引：课题组成员通过阅读专利文献来标注标引信息，在某些情况下批量标引与人工标引相结合使用。中文专利，视数据总量选择标引数据量，对标引总量作适当控制；全球专利，结合IPC、CPC和F-TERM的分类进行标引，针对重要申请人所申请的专利进行标引。

③批量处理标引：是对检索得到的原始数据通过使用相对严格的检索式直接大批量标注标引信息，在对全球数据检索的同时完成对全球数据的二级技术分类标引。

（3）数据筛选

通过EXCEL对数据进行筛选。在本报告中，对检索得到的数据进行人工筛选，最终得到查全率和查准率较高的数据结果。

1.2.2.3 重点专利的选取原则

本报告综合多方面因素，确定了如下选择重点专利的基本原则：

（1）根据被引用频次选取，专利文献的被引用频次与公开时间的年限成正比，公开越早被引用的频次就可能越高；被引用频次相同的专利文献，公开时间越晚，重要性越高；同一时期的专利文献，被引用频次越高，重要性越高。

（2）根据同族国家数选取，同族国家数越多，说明需要在更多的国家进行专利布局，该专利也更重要。

（3）根据专利有效性选取，通常以专利或其同族专利的法律状态维持有效时间长短来判断。维持有效时间越长，说明该专利的重要性越高。

（4）根据专利的保护范围大小选取，以专利的权利要求为依据，判断权利要求保护范围的大小。一般而言，基础性较强的专利要求的保护范围较大。

1.2.3 查全率、查准率评估

检索结果评估对于提高专利分析的针对性和有效性起至关重要的作用。目前，查全率和查准率是评价检索结果的两个重要指标，涵盖对检索结果的全面性和准确性考虑，即评价检索结果涵盖检索主题下的所有专利文献量的程度及与专利检索主题的相关度。

对于检索结果的查全率、查准率，本报告采用多次抽取样本取平均值的方式对检索结果进行验证，这样做是为了避免数据的偶然性，提高评估结果的可靠性。同时，课题组成员在查全率验证过程穿插检索去噪，在检索初期确保减少因为较高查全率而引入的噪声，避免降低查准率。并在采用机器去噪后进行查全率的验证，以提高最终结果的有效性。

因此，本报告对前述检索结果分别进行了查全率和查准率评估，采用的具体评估方法如下。

查全率：本报告基于不同于检索过程中所使用的检索要素构建样本且达到合理的样本数构建查全样本，并随机选取三位重要申请人/专利权人进行验证。

查准率：本报告采用对验证集合进行抽样结合人工阅读的方式进行查准评估。

通过不断地调整检索策略，补充和扩展关键词并合理地去噪。本报告中，总体数据采用机器去噪结合人工筛查去噪，其查全、查准率可在86%以上，满足研究需要。

1.2.4 相关术语的解释和说明

1.2.4.1 关于专利主要申请人名称约定

由于翻译或者存在公司组建、企业并购等因素，专利著录信息里对专利申请人的表述上存在一定的差异，因此本报告对主要专利申请人名称进行统一，便于专利数据的统计及报告的规范（详见表1-2-4）。

表1-2-4 主要申请人名称约定表

约定名称	对应申请人名称及注释
三星重工	三星重工业株式会社 三星重工业有限公司 SAMSUNG HEAVY IND CO LTD SAMSUNG HEAVY IND SAMSUNG HEAVY INDUSTRY CO LTD

续表

约定名称	对应申请人名称及注释
大宇造船	大宇造船海洋株式会社 大宇造船海洋工程有限公司 DAEWOO SHIPBUILDING MARINE ENGINEERING CO LTD DAEWOO SHIPBUILDING MARINE
GTT	气体运输技术公司 气体运输科技公司 盖兹运输科技公司 天然气运输和科技公司 GAZTRANSPORT ET TECHNIGAZ GAZ TRANSPORT TECHNIGAZ AZ TRANSP
现代重工	现代重工业株式会社 HYUN DAI HEAVY IND CO LTD HYUNDAI HEAVY INDUSTRIES CO LTD
三菱重工	三菱重工业株式会社 MITSUBISHI HEAVY IND LTD MITSUBISHI HEAVY INDUSTRIES LTD MITSUBISHI CHEM IND MITSUBISHI JUKOGYO KK
IHI	IHI 股份有限公司 株式会社 IHI 石川岛播磨重工业 ISHIKAWAJIMA HARIMA HEAVY IND IHI CORP IHI PLANT CONSTRUCTION CO LTD
川崎重工	川崎重工业株式会社 KAWASAKI HEAVY IND LTD KAWASAKI HEAVY INDUSTRIES LTD KAWASAKI SHIPBUILDING CORP KAWASAKI JUKOGYO KK
STX 造船	STX OFFSHORE SHIPBUILDING CO LTD STX 离岸造船有限公司

续表

约定名称	对应申请人名称及注释
壳牌公司	国际壳牌研究有限公司 SHELL OIL COMPANY SHELL INT RESEARCH SHELL RES LTD SHELL INTERNATIONAL RESEARCH MAA NL SHELL CANADA LTD
中国海油	中国海洋石油总公司 中海石油气电集团有限责任公司 中海油研究总院 中海石油炼化有限责任公司 中海油山东化学工程有限责任公司 中海福建天然气有限责任公司
中国石油	中国石油天然气股份有限公司 中国寰球工程有限公司 中国寰球工程公司 广东寰球广业工程有限公司 中国石油集团工程设计有限责任公司 中国石油化工股份有限公司 中国石油化工股份有限公司青岛安全工程研究院
中国石化	中石化洛阳工程有限公司 中石化炼化工程（集团）股份有限公司 中国石化工程建设有限公司 中石化广州工程有限公司
中集集团	中国国际海运集装箱（集团）股份有限公司 CHINA INTERNATIONAL MARINE CONTAINERS（GROUP）CO LTD 中集安瑞科投资控股（深圳）有限公司 张家港中集圣达因低温装备有限公司 中集安瑞科能源装备（苏州）有限公司 荆门宏图特种飞行器制造有限公司 安瑞科（廊坊）能源装备集成有限公司 四川金科深冷设备工程有限公司

续表

约定名称	对应申请人名称及注释
新奥集团	新奥科技发展有限公司 上海新奥新能源技术有限公司 新奥（中国）燃气投资有限公司 上海昆仑新奥清洁能源股份有限公司 滁州新奥燃气工程有限公司 河源新奥燃气有限公司 东莞新奥燃气有限公司 新奥气化采煤有限公司

1.2.4.2 相关术语的解释

本节对报告上下文中出现的各种技术术语或现象一并给出解释并做以下约定。

全球申请：申请人在全球范围内的各专利局的专利申请。

在中国申请：申请人在中国国家知识产权局的专利申请。

国内申请：中国申请人在中国国家知识产权局的专利申请。

国外来华申请：外国申请人在中国国家知识产权局的专利申请。

多边申请：同一项发明可能在多个国家或地区提出专利申请。

专利族、专利同族：同一项发明创造在多个国家申请专利而产生的一组内容相同或基本相同的专利文献出版物，称为一个专利族或同族专利。从技术角度来看，属于同一专利族的多件专利申请可视为同一项技术。

项：同一项发明可能在多个国家或地区提出专利申请，DWPI 数据库将这些相关的多件申请作为一条记录进行收录。在进行专利申请数量统计时，对于数据库中以一族（这里的"族"指的是同族专利中的"族"）数据的形式出现的一系列专利文献，计算为"1 项"。1 项专利申请可能对应于 1 件或多件专利申请。

件：在进行专利申请数量统计时，例如为了分析申请人在不同国家、地区或组织所提出的专利申请的分布情况，将同族专利申请分开进行统计，所得到的结果对应于申请的件数。

专利被引频次：指专利文献被在后申请的其他专利文献引用的次数。

平均被引次数：专利被他人引用总次数除以被引用专利件数。

平均自引次数：自己引用总次数除以被引用专利件数。

国别或地区归属规定：国别根据专利申请人的国籍予以确定。

欧洲专利申请：国为欧洲的申请人所申请的专利。

港澳台专利：向中国的香港、澳门、台湾地区申请的专利，称为"中国香港专利""中国澳门专利"以及"中国台湾专利"。

国别专利申请：向中国、美国、欧洲等的专利局提交的专利申请。例如：欧洲专利局（European Patent Office，EPO）作为专利审查机关，统一了参加国的专利申请审批程序，使所作的专利审查对所有参加国都有效，称为"欧洲专利"。如果是向中国申请，则为中国专利。如果一个国籍为欧洲的申请人申请了中国专利，则称为"欧洲籍中国专利"。

专利所属国家或地区：专利所属的国家或地区是以专利申请的首次申请优先权国别来确定的，没有优先权的专利申请以该项申请的最早申请国别确定。

专利法律状态：有效和未决。"有效"专利是指到检索截止日，专利权处于有效状态的专利申请。"未决"是指专利申请未显示结案状态，此类专利申请可能还未进入实质审查程序或者处于实质审查程序中，也有可能处于复审等其他法律状态。

诉讼专利：涉及诉讼的专利。

由于发明专利申请自申请日（有优先权日的自优先权日）起18个月（主动要求提前公开的除外）才能被公布，实用新型专利申请在授权后才能获得公布（即公布日期的滞后程度取决于审查周期长短），而PCT专利申请可能自申请日（有优先权日算优先权日）起30个月甚至更长时间之后才能进入国家阶段，因此在实际数据中会出现2016年、2017年和2018年的专利申请量比实际申请量少的情况，这反映到本报告中的各技术申请量年度变化的趋势图中，可能表现为2016年、2017年和2018年的数据出现较为明显的下降，但这并不能说明真实趋势。

第 2 章　LNG/LPG 运输船总体专利态势分析

2.1　全球专利态势分析

2.1.1　专利申请发展态势分析

在全球范围内液化气体运输船的专利技术可以追溯到 100 年前。早在 1915 年，美国人高德夫瑞·凯波特（Godfrey Cabot）就提出了一项名为"内河驳船液化气体装卸和运输"的专利。这项专利已经预先考虑到了现代气体船的许多基本特性，但由于技术限制，在很长一段时间内并没有人建造 LNG 运输船。

在之后的几十年里一直是 LNG/LPG 运输船的技术发展的一个萌芽期。在此期间，由阿拉巴马干坞造船公司（Alabama Dry Dock Shipyard）承担工程建造，利用战时标准船改装成的全球第一艘 LNG 船——Methane Pioneer 号（甲烷先锋号）于 1958 年 10 月完成改装。

1959 年，美国改装了第一艘 LNG 运输船并成功实现 LNG 海上运输。1961 年，法国利用自由轮改造的名为"布尤维斯号"（Beauvais）的 LNG 试验船建成。1964 年，英国建造了全球第一艘 LNG 运输船。1965 年，名为"费塔戈尔号"（Phytagore）的法国 LNG 船建成；同年，法国建造了全球第一艘用于商业运输服务的专用 LNG 船——"JULES VERNE"号。20 世纪 60 年代末至 70 年代初，意大利、挪威、瑞典等欧洲国家纷纷开始 LNG 运输船的建造。

在前期技术积累的基础上，且伴随着 20 世纪 70 年代阿拉斯加的石油气田的开始开采，以及亚洲的马来西亚、印度尼西亚气田的投产并向日本和韩国供气，大量的 LPG、LNG 项目投产，全球 LNG/LPG 运输船的需求增加，专利申请量缓慢上升。1981 年，日本造出本国第一艘 LNG 运输船，通过技术引进和本国船东的支持，于 20 世纪 80 年代中期大举进军 LNG 运输船建造市场。20 世纪 90 年代后，随着石油气、天然气的勘探、生产工艺的发展，全球能源结构发生转变，以石油和天然气为主要能源的格局形成。至此，全球 LPG、LNG 的海上运输发展迅速，LNG/LPG 运输船的需求量增多，LNG/LPG 运输船技术快速发展，专利申请量逐年增加，进入快速发展期（见图 2 - 1 - 1）。其中，在 1994 年，韩国也造出本国第一艘 LNG 运输船并开始与日本进行激烈的市场竞争。进入 21 世纪以来，韩国以其先进的 LNG 技术和低价战略占据了全球大部分市场份额，成为 LNG 运输船全球第一制造大国。

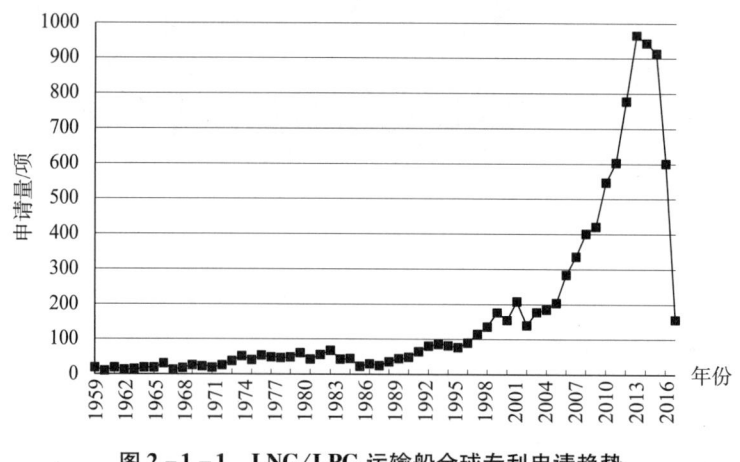

图 2-1-1　LNG/LPG 运输船全球专利申请趋势

由于发明专利自申请日（有优先权日的自优先权日）起 18 个月（主动要求提前公开的除外）才能被公布，实用新型专利申请在授权后才能获得公告，而 PCT 专利申请可能自申请日起 30 个月甚至更长时间之后才能进入国家阶段，因此在图 2-1-1 显示的数据中会出现近两年的专利申请量比实际申请量少的情况，这反映到本报告中的专利申请量年度变化趋势图中，表现为近两年的数据出现较为明显的下降，但这并不能说明近两年的专利申请的真实趋势（本报告中其他图表中的数据显示情况同上，不再赘述）。

2.1.2　专利技术原创国家/地区分析

2.1.2.1　国家/地区分布

从图 2-1-2 中可以看出，韩国、中国和日本位于第一梯队，其中，韩国以 3101 项专利申请量居首位，中国以 2311 项专利位于第二位，日本以 1134 项专利位于第三位。美国属于第二梯队，排在全球第四位，其专利数量为 537 项。法国、德国、挪威、荷兰、俄罗斯和芬兰分别位于第五至十位，其中，法国、德国、挪威的专利申请数量

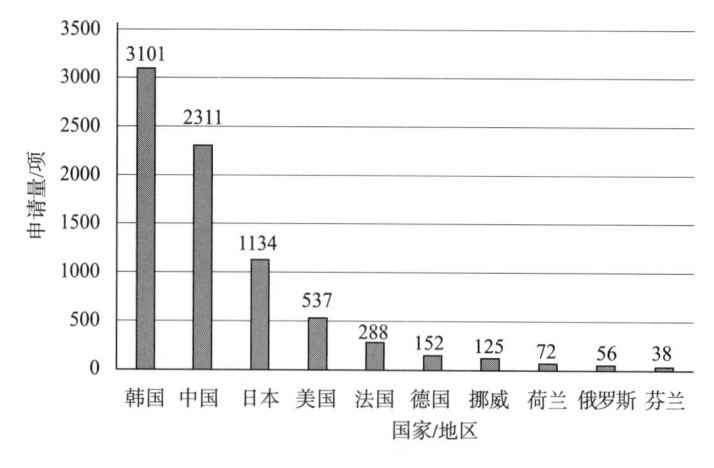

图 2-1-2　LNG/LPG 运输船全球主要国家/地区专利申请排名

在 100～300 项。总体而言，排在第一梯队和第二梯队的国家均属于在 LNG/LPG 运输船领域较为热门的市场。

2.1.2.2 主要国家/地区专利申请趋势

图 2-1-3 是主要国家 LNG/LPG 运输船的专利申请趋势图。

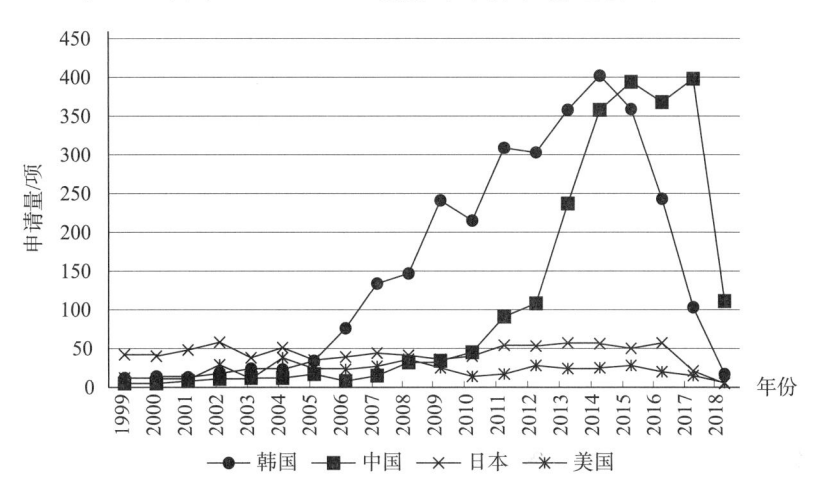

图 2-1-3　LNG/LPG 运输船主要国家专利申请趋势

日本由于特殊的地理位置，加之资源匮乏，海上运输成为其"生命线"，因此日本 LNG/LPG 运输船的技术发展比较早，在早期专利申请量就位居全球之首，在之后的十几年间一直保持稳定，技术较为成熟。目前，建造 LNG/LPG 运输船的主要船企有三井造船、IHI、川崎重工、三菱重工等。由于来自韩国、中国的主要船企的竞争以及前几年全球 LNG 运输船新船订单量的下降使近几年日本的技术研发方向发生转移，专利申请量随之有所下降。

韩国的造船实力很强，技术相对成熟，主要的造船企业有大宇造船、三星重工、现代重工、STX 造船等。2006～2014 年，韩国的 LNG/LPG 运输船相关专利申请量一直保持稳步快速增长，在 2006 年相关专利申请量超过日本，成为年度相关专利申请量最多的国家，2015 年之后相关专利申请量呈现下滑趋势。这一方面可能是受到市场需求衰退、新船价格下滑以及中国造船业快速发展带来的竞争压力的影响，另一方面可能是由于韩国船舶产业结构失衡和国内需求不足。

中国的能源结构从以前的以煤炭为主转变成现在以石油、天然气为主，能源结构的转变促进了国内对 LPG 和 LNG 的大量需求，而中国本土资源较少，大多 LPG 和 LNG 需要进口，所以发展 LNG/LPG 运输船成为目前的主要问题。在中国，对 LNG/LPG 运输船的研究较晚，早期专利积累不够；从 2000 年开始逐渐进入缓慢发展期；从 2011 年开始，LNG/LPG 运输船领域相关专利大幅度增加；2015 年达到申请数量高峰，专利申请数量将近 400 项。专利的积累，为中国实现"国货国运、国船国造"提供了技术支撑，而各种政策，如《中国制造 2025》战略规划，也将助力中国全面提升 LNG 运输船、大型 LPG 运输船等高技术船舶的国际竞争力。

美国在LNG/LPG运输船领域的专利申请数量一直处于较少状态，在2008年之前，美国和中国的年专利申请量基本保持一致，但之后中国的相关专利申请量远超美国。整体上看，美国在LNG/LPG运输船领域的研发投入较少，造船实力相对较弱。

2.1.3 专利公开地分布分析

通过对全球LNG/LPG运输船的专利申请的公开地进行分析发现（见图2-1-4），全球LNG/LPG运输船的主要专利公开地为韩国、中国、日本、美国、英国、德国等；其中，中国、韩国、日本、美国也是全球LNG/LPG运输船技术领域的热门市场。

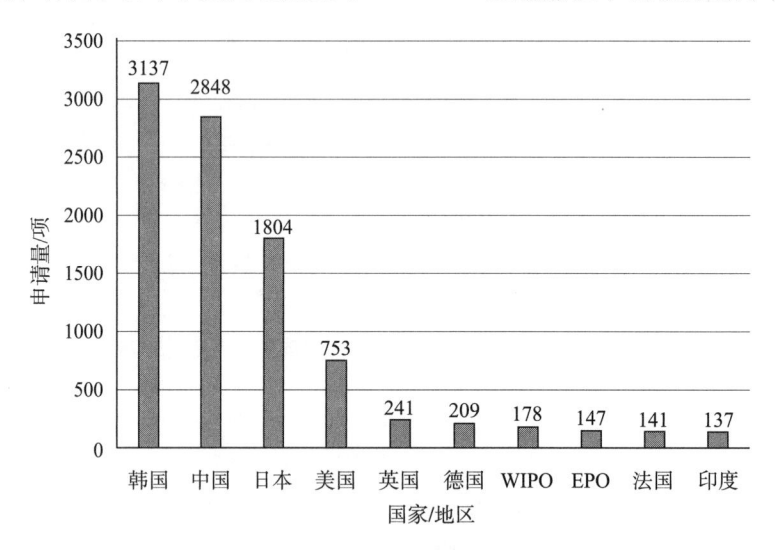

图2-1-4 LNG/LPG运输船全球专利公开地分布

韩国、中国和日本是LNG/LPG运输船的主要目标市场，相关专利申请量最多。韩国是主要的造船国家，造船实力不可小觑，技术相对成熟，在LNG/LPG运输船的相关技术上积累了大量专利，累计专利公开数量为3137项。中国近些年在LNG/LPG运输船技术领域的研发投入逐步增大，专利公开数量为2848项；其中，中国专利公开主要来自中国本土，另外也有部分国外申请人在中国的专利申请。日本作为与韩国实力相当的造船国家，专利申请量也不相上下，达到1804项。美国相关专利申请量排名第四，达到753项。英国、德国、法国等欧洲国家在LNG/LPG运输船的相关技术上也有较多的专利申请。总体而言，传统强国在该领域仍然占据了主导地位，而作为热门市场的中国发展迅猛。

2.1.4 申请人分析

2.1.4.1 申请人类型

由图2-1-5所示，全球LNG/LPG运输船领域专利权人/申请人以企业为主，占比约88%；个人、院校/研究所等的申请量较少，占比分别是8%和4%。这说明在该领域内主要研发力量集中在企业手中。

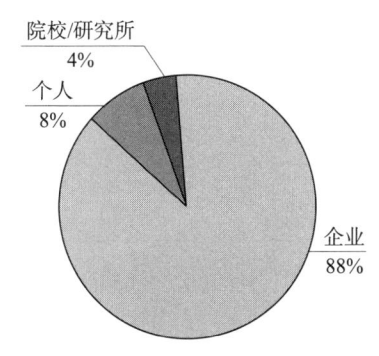

图 2-1-5　LNG/LPG 运输船全球专利权人/申请人类型分布

2.1.4.2　主要申请人排名

企业申请人的排名从一定程度上可以反映企业在技术领域中的技术创新能力，但也与政策以及企业的战略等因素有密切关系。

从全球 LNG/LPG 运输船的主要申请人排名（见图 2-1-6）可以看出，排名前十位的专利申请人主要来自韩国、日本、法国和中国。其中，韩国有 3 家造船公司上榜，分别是大宇造船、三星重工和现代重工，并且分别位于第一、第二和第三位，专利申请量分别为 1144 项、848 项、559 项。可见，韩国在 LNG/LPG 运输船建造领域发展较为成熟，技术优势明显。日本有多家公司上榜，其中，IHI 排名第四，专利申请量为 283 项；三菱重工以 199 项专利位列第五；大阪瓦斯和川崎重工分别位列第九位和第十位。欧洲有 2 家公司上榜，法国 GTT 以 177 项专利位列第六位；荷兰壳牌公司以 139 项位列第七位。而中国有 1 家企业进入前十，即中集集团，以 113 项专利位列第八位。以上充分证明韩国、日本是全球 LNG/LPG 运输船强国。相比之下，中国仅有 1 家企业上榜，虽然中国在 LNG/LPG 运输船领域具有一定的专利申请量，但是明显缺乏具有技术优势的本土企业。

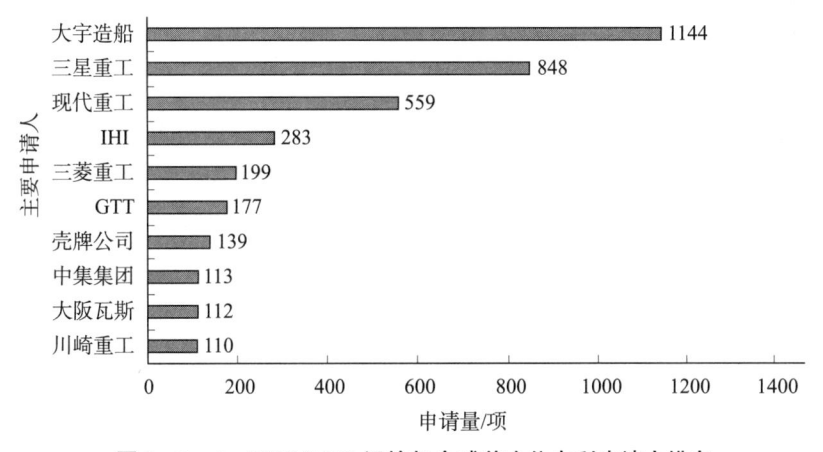

图 2-1-6　LNG/LPG 运输船全球前十位专利申请人排名

2.1.5　LNG/LPG 运输船整体技术分析

本小节通过对 LNG/LPG 运输船的整体专利技术进行分析，将 LNG/LPG 运输船主要分为货物围护系统、动力推进系统、蒸发气回收利用系统、装卸货管路系统和建造安装平台五个部分，各部分的专利申请量占比见图2-1-7（见文前彩色插图第1页）。

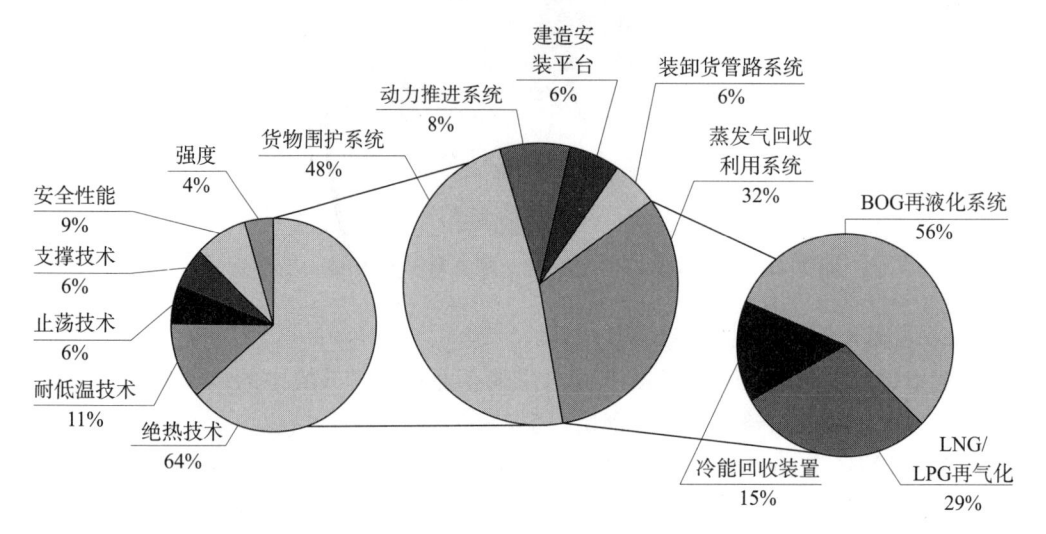

图2-1-7 LNG/LPG运输船船体结构全球专利申请分布

从图2-1-7中可以看出，货物围护系统部分的专利申请量最多，其次是蒸发气回收利用系统，分别占总体专利申请量的48%和32%，这两部分也是本课题组主要的研究对象；动力推进系统的专利申请占总量的8%，建造安装平台技术和装卸货管路系统的专利量均占总量的6%。

课题组按照行业习惯并综合行业内比较关注的技术分支，对货物围护系统领域的专利进行归类，又可分为绝热技术、耐低温技术、止荡技术、支撑技术、安全性能以及强度六个部分。其中，绝热技术相关专利申请量最多，占货物围护系统专利申请量的64%，其次是耐低温技术方面的专利为11%，而止荡技术、支撑技术、安全性能以及强度方面的专利申请量占比均小于10%。

蒸发气回收利用系统主要分为BOG再液化系统、LNG/LPG再气化和冷能回收装置三个子技术分支。再液化过程是指BOG（蒸发气，-110℃左右）通过低温制冷让其变成LNG（-163℃左右）并重新输送回货舱的过程；LNG/LPG再气化主要涉及LNG/LPG输送技术；冷能回收主要为基于LNG/LPG的低温属性，对其冷能的利用，涉及LNG/LPG技术领域的应用范畴。由图2-1-7可以看出，BOG再液化系统的专利申请量占比最多，超过50%；LNG/LPG再气化和冷能回收装置的专利申请量均较少。

2.2 中国专利态势分析

2.2.1 中国专利技术发展趋势

图2-2-1示出了中国在LNG/LPG运输船领域的专利申请发展趋势。

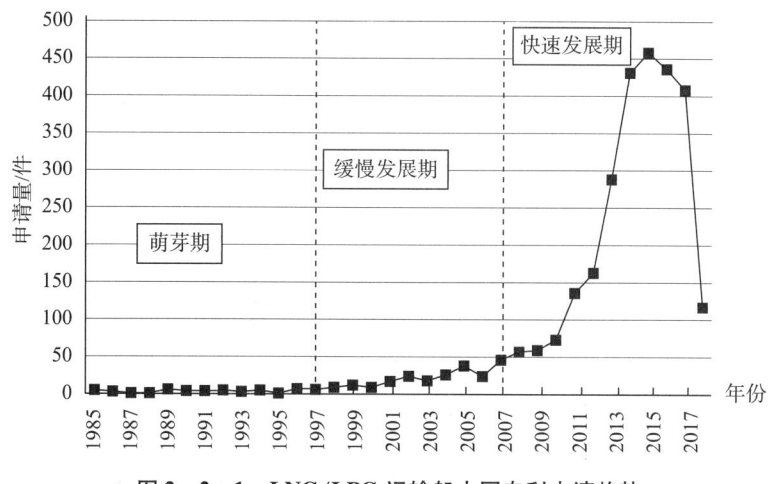

图 2-2-1　LNG/LPG 运输船中国专利申请趋势

中国进军 LNG/LPG 运输船市场相对较晚，技术研究也较晚，但发展迅速。LNG/LPG 运输船在中国的专利申请整体呈增长趋势，可以分为以下三个阶段。

（1）萌芽期（1985～1997 年）

在 1998 年以前，LNG/LPG 运输船在中国的专利申请量非常少，处于技术萌芽期。在此期间，LPG 运输船的专利申请量略高于 LNG 运输船，这与 LPG 运输船的技术难度相对于 LNG 运输船较低有关。由于 LPG 运输船的建造难度比 LNG 运输船低，因此 LPG 运输船的发展要比 LNG 运输船早。在 1991 年，江南造船厂建造了中国首艘国产全压式 3000m³ LPG 运输船，而在 20 世纪 90 年代中期中国才开始展开 LNG 运输船的技术跟踪和开发工作，所以早期 LNG/LPG 运输船的专利申请量较少，且 LPG 运输船的专利申请总量比 LNG 运输船的高。

（2）缓慢发展期（1998～2007 年）

1998～2007 年，LNG/LPG 运输船在中国的专利申请量呈缓慢发展趋势。沪东中华于 1998 年开始大型 LNG 运输船的研发，并于 2008 年成功交付首艘中国自主设计、建造的 LNG 运输船 "大鹏昊" 号。从专利保护方面，专利年申请量在 1999 年才突破 10 件，1999 年之后中国开始注重对 LNG/LPG 运输船的技术研发，专利申请量逐年增加，进入缓慢发展期。

（3）快速发展期（2008～2018 年）

从 2008 年至今，LNG/LPG 运输船在中国的专利申请量呈快速的发展趋势。2008 年由沪东中华承建的国产首艘 LNG 运输船 "大鹏昊" 号交付使用，至此 LNG 运输船的专利申请量快速增加，中国在 LNG/LPG 运输船上的技术发展进入快速发展期。2008 年之后，专利申请量快速增长，2015 年达到申请高峰，年申请量共计 458 件，且在 2015 年后，LNG 运输船涉及的专利申请量明显超出 LPG 运输船涉及的专利申请量。在这一时期，受到国家政策的影响，国内在 LNG 运输船技术领域的关注度逐步提升，释放热门市场信号，且国外多家强企越来越重视在中国市场的专利保护，韩国企业如大宇造船、三星重工、现代重工等，日本企业如丰田、IHI、三菱重工、川崎重工、三井造船、JFE 钢铁等，美国企业如卡特彼勒（CATERPILLAR，CAT）、通用、埃克森美孚等，法国企业如 GTT，荷兰企业如壳牌公司等。与此同时，LPG 运输船的技术发展不如 LNG 运输船强劲，但是也处于快速发展阶段。

2.2.2 国外来华专利申请分析

中国是 LNG 和 LPG 的主要进口国，同时也是 LNG/LPG 运输船的主要建造市场。为抢占中国市场，外国纷纷在中国进行专利布局，所以中国 LNG/LPG 运输船专利技术除了主要来源于中国本土，也有相当一部分来源于其他国家。在中国进行专利布局的申请人主要来自韩国、法国、日本、美国、挪威、德国、荷兰等国家。

如表 2-2-1 所示，通过对 LNG/LPG 运输船领域在中国的专利申请人进行分析，韩国申请人、法国申请人、日本申请人分别为在华申请的第一大户、第二大户和第三大户，在中国申请的专利数量均超过 100 件；其次是美国申请人，在中国申请的专利数量为 85 件；另外，排在第五至九位的都是来自欧洲的国家，即挪威、德国、荷兰、芬兰和英国。

表 2-2-1 LNG/LPG 运输船领域国外来华专利申请国分布

申请人国别	专利数量/件
韩国	146
法国	106
日本	102
美国	85
挪威	39
德国	18
荷兰	17
芬兰	15
英国	11
新加坡	10

从数据统计上来看，韩国申请人、法国申请人、日本申请人和美国申请人均非常关注中国市场，这些国家也是在 LNG/LPG 运输船领域具有技术优势的国家。

2.2.3 专利类型分析

专利类型可以在一定程度上反映专利保护主题的类别，而专利法律状态可以用于分析 LNG/LPG 运输船相关专利的现存状态。

从中国 LNG/LPG 运输船相关专利类型分布（见表 2-2-2）上可以看出，中国在

LNG/LPG 运输船领域的相关专利类型主要是发明专利和实用新型专利。发明专利数量为 1571 件，约占专利申请总量的 54%，其中有效发明专利占比约 42%，处于未决的发明专利占比约 34%，发明专利保护的是产品、方法或者对于产品、方法的改进的新的技术方案，除了对于各种储罐、管道、货物围护系统、发动机等的结构设计和组件的安装布置，还包括对于 BOG 再液化技术、止荡技术等技术的创新。实用新型专利主要用于保护产品结构、形状或者两者结合的新技术方案，这部分专利数量为 1329 件，约占专利申请总量的 46%，涉及各种储罐、管道系统、货物围护系统、发动机等的结构设计、相关组件的安装布置等开拓性技术或现有技术的改进，其中，有效专利占比约 65%，已终止的失效专利占比约 35%。

表 2-2-2　中国专利申请类型分布　　　　　　　　　　　　　　单位：件

专利类型	专利申请数量	法律状态
发明	1571（占比 54%）	有效
		未决
		失效
实用新型	1329（占比 46%）	有效
		失效

从图 2-2-2 中可以看出，中国 LNG/LPG 运输船相关专利申请中有约 53% 的处于有效法律状态；因未缴年费等原因导致权利终止的专利约占总量的 29%，这部分专利一般是期满或技术含量不高、没有实现技术产品化的专利；处于未决的专利约占总量的 18%，这部分专利有部分会获得授权，但也有部分可能会因为缺乏新颖性、创造性而被驳回，所以这部分专利申请的法律状态稳定性待定。

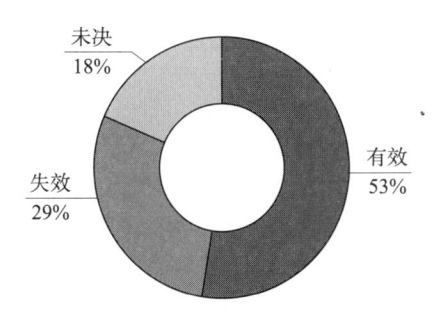

图 2-2-2　LNG/LPG 运输船中国相关专利的法律状态分布

参见图 2-2-3，通过对中国 LNG/LPG 运输船专利的 IPC 分类号进行分析可以发现，中国 LNG/LPG 运输船相关专利技术主要集中在 F17C 小类中，该小类中的专利数量远超于排在第二位 B63B 小类中的专利数量。F17C 表示的是涉及"盛装或贮存压缩的、液化的或固化的气体容器，固定容量的贮气罐，或将压缩的、液化的或固化的气体灌入容器内或从容器内排出"的专利技术。由此可见，中国 LNG/LPG 运输船相关专利技术主要集中在盛装 LNG、LPG 的储罐技术方面。其次，B63B 和 F25J 分类下的专利申请量位于排名的第二梯队，共有 831 件，主要是船用设备相关技术和 LNG、LPG 蒸发气的液化处理方面的专利技术。除此之外，F17D、B63H、B65D、C10L 和 F02M 分类下的专利申请量位于第三梯队，专利数量为 100~150 件，分别涉及管道系统、船舶的推进装置或操舵装置、运输容器、天然气/液化石油气以及动力系统，具体分类号含义见表 2-2-3。

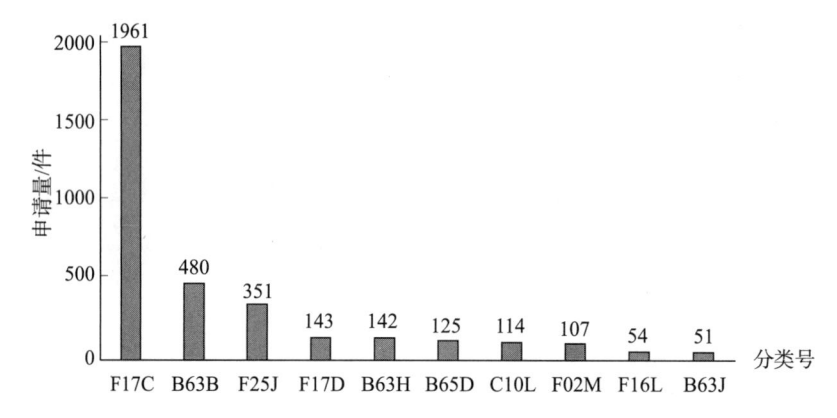

图 2-2-3 LNG/LPG 运输船中国专利 IPC 分类号分布

表 2-2-3 LNG/LPG 运输船中国专利主要 IPC 分类号释义

IPC 小类	分类号释义
F17C	盛装或贮存压缩的、液化的或固化的气体容器；固定容量的贮气罐；将压缩的、液化的或固化的气体灌入容器内，或从容器内排出（在地下用天然或人工的穴或室贮存流体入 B65G 5/00；使用土木工程技术建造或安装大容量容器入 E04H 7/00；可调容量的贮气罐入 F17B；液化或制冷机械、设备或系统入 F25）
B63B	船舶或其他水上船只；船用设备（船用通风，加热，冷却或空气调节装置入 B63J 2/00；用作挖掘机或疏浚机支撑的浮动结构入 E02F 9/06）[2]
F25J	通过加压和冷却处理使气体或气体混合物进行液化、固化或分离（低温泵入 F04B 37/08；气体贮藏容器、贮气罐入 F17；压缩、液化或固化气体向容器中装填或从容器中排出入 F17C；制冷机器、设备或系统入 F25B）
F17D	管道系统；管路（配水入 E03B；泵或压缩机入 F04；流体动力学入 F15D；阀或类似件入 F16K；管子、铺设管子、支撑、连接、支管、管路维修、管路上的工作、附件入 F16L；凝汽阀或类似件入 F16T；液体压力电缆入 H01B 9/06）
B63H	船舶的推进装置或操舵装置（气垫车的推入 B60V 1/14；除核动力外潜艇专用的入 B63G；鱼雷专用的入 F42B 19/00）

续表

IPC 小类	分类号释义
B65D	用于物件或物料贮存或运输的容器，如袋、桶、瓶子、箱盒、罐头、纸板箱、板条箱、圆桶、罐、槽、料仓、运输容器；所用的附件、封口或配件；包装元件；包装件
C10L	不包含在其他类目中的燃料；天然气；不包含在 C10G 或 C10K 小类中的方法得到的合成天然气；液化石油气；在燃料或火中使用添加剂；引火物〔5〕
F02M	一般燃烧发动机可燃混合物的供给或其组成部分（此类发动机的进料入 F02B）
F16L	管子；管接头或管件；管子、电缆或护管的支撑；一般的绝热方法
B63J	船上辅助设备

2.2.4 地域分布分析

从中国 LNG/LPG 运输船领域专利地域分布（见图 2-2-4）可以看出，中国 LNG/LPG 运输船相关专利主要分布在江苏、北京、上海、四川、天津、河北、山东、广东、辽宁、浙江等省市。其中，江苏省作为中国船舶产业第一大省，其专利申请量最多，达到 480 件；北京排名第二，专利申请量为 288 件。排名上榜的一些沿海省市大致可以划分为环渤海区域、长三角区域以及珠三角区域，这些区域船舶产业发展较好，相关专利申请也较多。

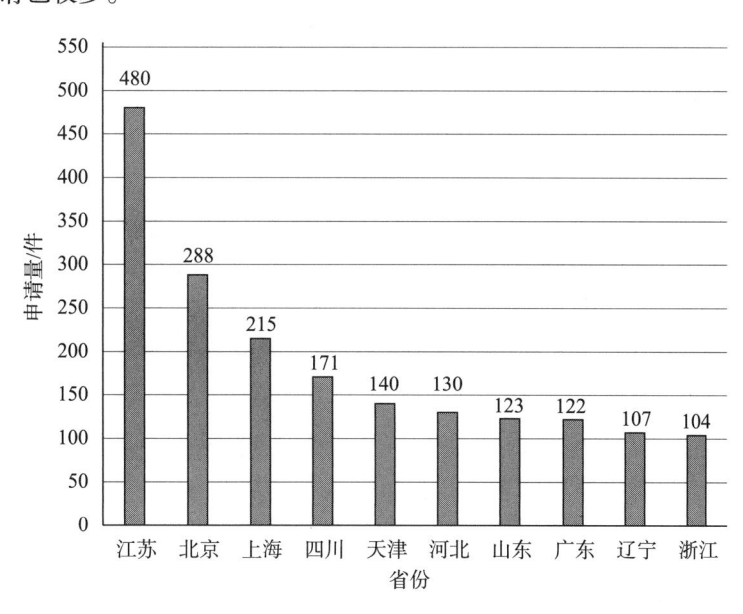

图 2-2-4 LNG/LPG 运输船中国专利申请的地域分布

图2-2-5是中国LNG/LPG运输船相关专利申请量较多的地区的专利申请趋势。分析发现，江苏、北京、上海、四川、天津和河北等主要申请省市的专利申请趋势基本一致，都是呈现专利申请量逐年增长的态势，表明这几个主要省市在近几年加快了对LNG/LPG运输船相关技术的研究，促进了LNG/LPG运输船相关技术的发展。其中，北京早期发展较快，与主要大型企业总部设置的位置有关；而江苏早期发展较慢，但2013年开始出现爆发式发展，一直到目前仍保持稳定发展态势。

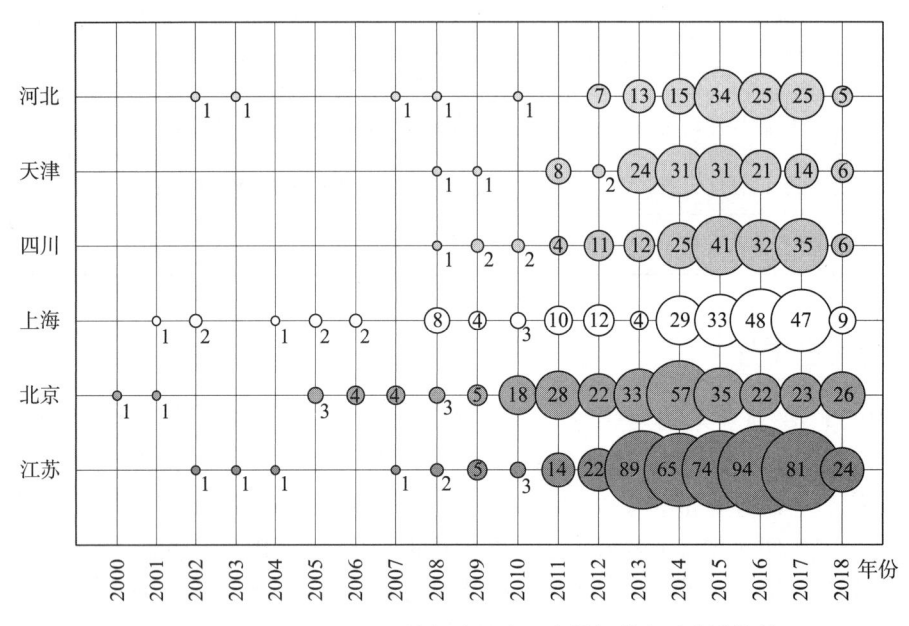

图2-2-5　LNG/LPG运输船中国主要省份相关专利申请趋势

注：图中数字表示申请量，单位为件。

作为内陆省份，四川也榜上有名。经研究，其涉及的专利技术大多为BOG再液化方面，说明该省份在LNG/LPG运输船设备方面研究投入较大。

图2-2-6是江苏、北京、上海、四川四个省市的主要申请人排名情况。

在江苏地域的主要专利申请人排名中，排在第八位的南通中集罐式储运设备制造有限公司系排在第一位的中国国际海运集装箱（集团）股份有限公司（以下简称"中集集团"）的子公司。需要说明的是，中集集团非江苏省企业，因其作为联合申请人之一，故而在排名上较为靠前。江苏安普特防爆科技有限公司排在第二位，主要涉及储罐和储罐相关设备方面的专利技术。张家港富瑞特种装备股份有限公司排在第三位，地处江苏省张家港经济技术开发区，主要涉及LNG的液化、储存、运输、装卸等方面的专利技术。江苏德邦工程有限公司排在第四位，主要涉及BOG再液化方面的专利技术。查特深冷工程系统（常州）有限公司排在第五位，其总公司位于美国，属于国外来华企业。江苏现代造船技术有限公司排在第六位，其由江苏科技大学、江苏苏美达船舶工程有限公司、江苏新时代造船有限公司、江苏扬子江船厂有限公司、江苏省镇江船厂（集团）有限公司于2004年共同出资成立，是江苏省经贸委设立的省级

(a) 江苏

申请人	申请量/件
中集集团	56
江苏安普特防爆科技有限公司	32
张家港富瑞特种装备股份有限公司	17
江苏德邦工程有限公司	14
查特深冷工程系统（常州）有限公司	13
江苏现代造船技术有限公司	13
惠生（南通）重工有限公司	12
南通中集罐式储运设备制造有限公司	11
张家港市科华化工装备制造有限公司	11
江苏科技大学	10

(b) 北京

申请人	申请量/件
中国海洋石油集团有限公司	57
中海石油气电集团有限责任公司	50
中国寰球工程有限公司	38
中国海洋石油总公司	29
中海油能源发展股份有限公司	27
中海油能源发展股份有限公司采油服务分公司	14
海洋石油工程股份有限公司	13
中国石油大学(北京)	11
中国石油天然气股份有限公司	8
北京拓首能源科技股份有限公司	8

(c) 上海

申请人	申请量/件
沪东中华造船（集团）有限公司	34
江南造船（集团）有限责任公司	31
上海交通大学	18
上海新奥新能源技术有限公司	13
上海雷尼威尔技术有限公司	11
上海宏华海洋油气装备有限公司	9
中集集团	9
中集船舶海洋工程设计研究院有限公司	8
宏华海洋油气装备(江苏)有限公司	8
中国船舶工业集团公司第七〇八研究所	7

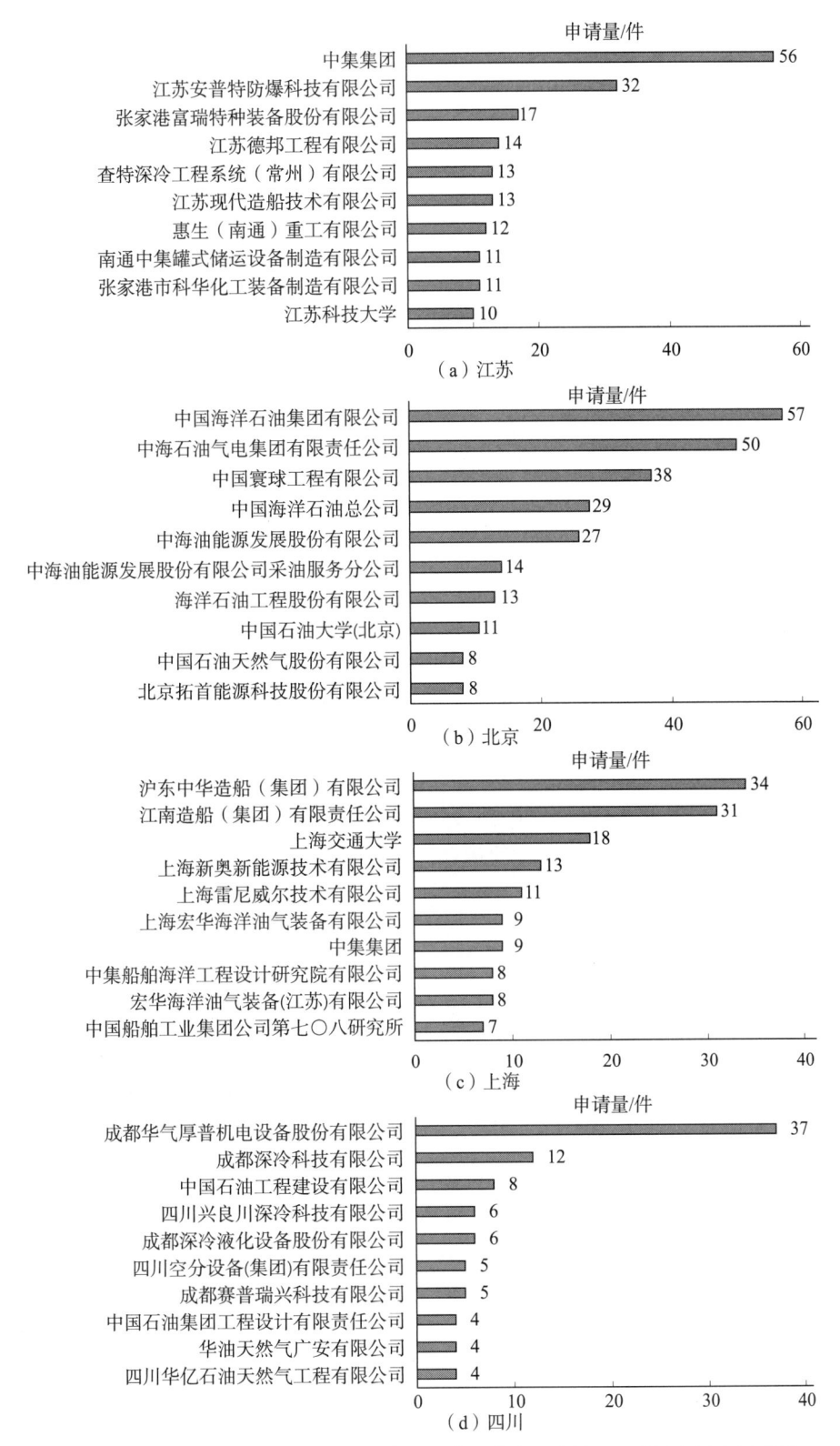

(d) 四川

申请人	申请量/件
成都华气厚普机电设备股份有限公司	37
成都深冷科技有限公司	12
中国石油工程建设有限公司	8
四川兴良川深冷科技有限公司	6
成都深冷液化设备股份有限公司	6
四川空分设备(集团)有限责任公司	5
成都赛普瑞兴科技有限公司	5
中国石油集团工程设计有限责任公司	4
华油天然气广安有限公司	4
四川华亿石油天然气工程有限公司	4

图 2-2-6 LNG/LPG 运输船相关专利江苏、北京、上海、四川主要申请人排名

行业技术中心"江苏省船舶先进制造技术中心"和江苏省科技厅批准成立的省级科技公共服务平台"江苏省船舶数字化设计制造技术中心"的运行载体,是工业和信息化部认定的国家中小企业公共服务示范平台,从专利申请人来看,有多件与江苏科技大学(排在第十位)的联合申请。排在第七位的惠生(南通)重工有限公司主要涉及LNG装置、船舶配套设备等方面的专利技术。张家港市科华化工装备制造有限公司排在第九位,主要涉及储罐及储罐密封等方面的专利技术。在申请人类型上,排名前十位中,只有一个申请人是高校(江苏科技大学),其余均为企业。从排名来看,还有从事特种装备制造、深冷工程、防爆技术、造船技术等业务的公司上榜。

在北京地区的主要申请人排名中,中国海洋石油集团有限公司(第一位)、中海石油气电集团有限责任公司(第二位)、中国海洋石油总公司(第四位)、中海油能源发展股份有限公司(第五位)、中海能源发展股份有限公司采油服务分公司(第六位)和海洋石油工程股份有限公司(第七位)均属于中国海油,其申请专利总量约200件。而中国寰球工程有限公司(第三位)和中国石油天然气股份有限公司(第九位)均属于中国石油,排在第八位的中国石油大学也属于中国石油集团共建大学,其专利申请总量近80件。从整体的排名来看,鉴于北京的特殊地理位置,主要上榜的是石油公司,相关专利技术主要集中在液化天然气公司系统、液化处理、蒸发气回收利用和低温绝热储罐等领域。

在上海地区的主要申请人排名中,有造船厂,如排名第一位的沪东中华造船(集团)有限公司和排名第二位的江南造船(集团)有限责任公司,二者均属于中国船舶工业集团公司下属的造船企业。沪东中华造船(集团)有限公司具有70多年的造船历史和丰富的造船经验,为国内外船东建造过各类大中型集装箱船、LNG船、LPG船、化学品船、滚装船、浮式储油轮、成品油轮、原油轮、散货轮、客船、特种工作船、军舰和军辅船等共计3000多艘;江南造船(集团)有限公司的前身是1865年清朝创办的江南机器制造总局,是中国民族工业的发祥地,也是国家特大型骨干企业和国家重点军工企业,开发、设计和建造了多型国防高新产品、液化气船、集装箱船、散货船、汽车滚装船、化学品船、火车渡轮、成品油船、自卸船等12大类40多型船,拥有以江南液化气船、巴拿马型散货船、化学品船等为代表的20多型自主知识产权的高附加值船型。高校和科研院所上榜的有上海交通大学(排名第三位)和中国船舶工业集团公司第七〇八研究所(排名第十位)。此外,上海新奥新能源技术有限公司排在第四位,上海雷尼威尔技术有限公司排在第五位,上海宏华海洋油气装备有限公司排在第六位。排在第八位的中集船舶海洋工程设计研究院有限公司隶属于中国国际海运集装箱(集团)股份有限公司(排在第七位),是专业从事船舶与海洋工程装备研发与设计的研究机构。中集船舶海洋工程设计研究院有限公司还是国家能源局授予的"国家能源海洋石油钻井平台研发中心",是中集集团"A级技术中心",可提供超大型船舶(VLCS、VLCC、VLOC)、海洋工程装备(钻井平台、钻井船、FPSO)和其他特种船舶(风电安装平台、半潜船、OSV、LNG船、冷藏船)等产品的研发与设计、技术咨询与服务、工程监造和工程总承包等多种解决方案。

在四川地域的主要申请人排名中，成都华气厚普机电设备股份有限公司排名第一位，专利申请数量为 37 件，主要专利申请涉及冷能回收、LNG 运输储罐、LNG 供气装置等。而排在第二位的成都深冷科技有限公司的专利申请数量不足成都华气厚普机电设备股份有限公司的 1/3，其他顺位上榜企业如中国石油工程建设有限公司、四川兴良川深冷科技有限公司等专利申请数量均较少。

2.2.5 申请人分析

2.2.5.1 申请人类型分析

图 2-2-7 是中国 LNG/LPG 运输船领域申请人类型分布情况。

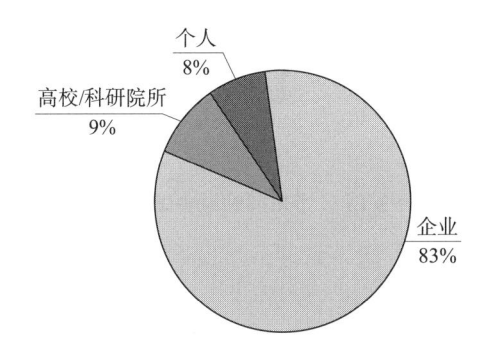

图 2-2-7 LNG/LPG 运输船领域中国主要申请人类型分布

申请人类型分布分析用于识别主要创新主体的分布。中国 LNG/LPG 运输船相关专利主要创新主体分布在企业，企业的专利申请占总量的 83%，高校和科研院所仅占 9%，个人占 8%。由此可见，企业在 LNG 运输船、LPG 运输船领域的技术创新中占主导地位，体现出国内申请主体较为集中。

2.2.5.2 申请人排名

参阅图 2-2-8，从中国 LNG/LPG 运输船领域主要申请人排名情况分析发现，主要申请人包含石油公司、造船企业、设备制造商、高校等，以企业居多，科研院所和高校较少，说明技术较为成熟，创新主体主要集中在企业。

在排名前十位的申请人中，中国海油和中集集团位于第一梯队，分别以 197 件、191 件专利申请数量排在第一位和第二位；中国石油、大宇造船（韩国）和 GTT（法国）位于第二梯队；其他申请人如成都华气厚普、沪东中华等位于第三梯队，专利申请数量均位于 50 件以内。

在上榜的专利申请人中，有来自韩国的大宇造船、三星重工，来自日本的三菱重工和川崎重工以及来自法国的 GTT。可见，作为 LNG/LPG 运输船技术领域强国的韩国、日本和法国较为重视中国市场。

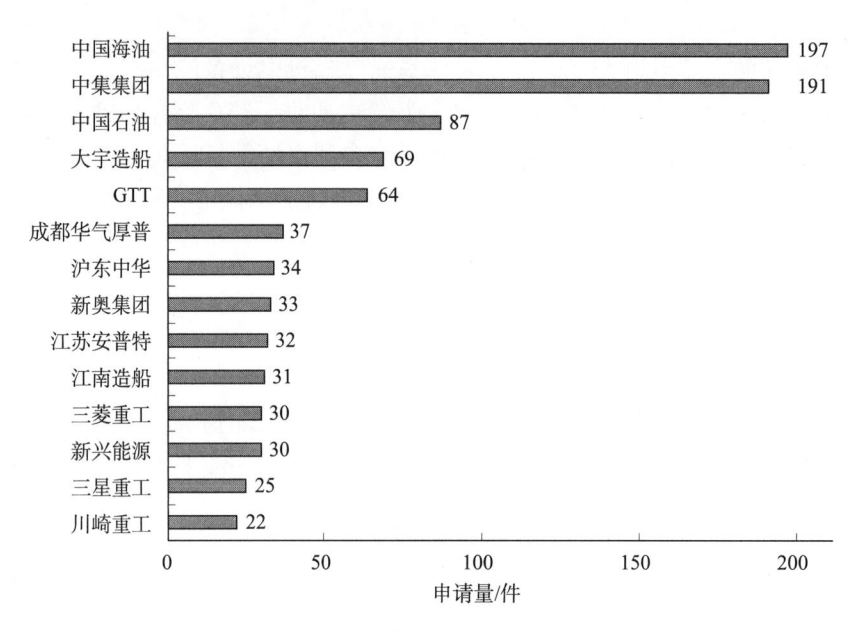

申请人	申请量/件
中国海油	197
中集集团	191
中国石油	87
大宇造船	69
GTT	64
成都华气厚普	37
沪东中华	34
新奥集团	33
江苏安普特	32
江南造船	31
三菱重工	30
新兴能源	30
三星重工	25
川崎重工	22

图2-2-8 LNG/LPG运输船领域中国专利主要申请人排名

2.3 小　结

本章通过对LNG/LPG运输船全球专利的总体分析以及对中国专利的分析，可得出如下结论：

在全球范围内，对LNG/LPG运输船的研究起步较早，行业整体上呈增长态势，特别是20世纪90年代以来，随着LNG/LPG运输船的需求量增多，LNG/LPG运输船技术发展迅速，专利申请量逐年增加，进入快速发展期。

对于LNG/LPG运输船领域来说，日本和韩国仍为技术强国。其中，日本LNG/LPG运输船的技术发展比较早，但近几年日本的技术研发方向发生转移，专利申请量有所下降；而韩国的造船实力仍然很强，技术相对成熟且拥有众多实力较强的造船企业。中国在LNG/LPG运输船领域的研究起步较晚，早期专利积累不够，但近些年逐渐成为热门市场，同时由于国家政策的倾斜，发展迅速。

从全球LNG/LPG运输船的专利申请分布来看，主要来自于中国、韩国、日本、美国等国家。从全球LNG/LPG运输船的主要申请人排名可以看出，全球专利申请人主要来自韩国和日本，中国紧随其后。然而，欧洲地区在LNG/LPG运输领域仍有一些技术实力强劲的申请人，如法国GTT等，国内的企业仍然需要重点关注其技术发展动向。

通过对LNG/LPG运输船的船体结构各分支专利申请情况进行分析，可以看出，货物围护系统和蒸发气回收利用系统领域的专利申请量最多，是该领域内最为关注的分支技术领域，也是主要的研究对象。进一步地，对于货物围护系统领域，关注的热门技术包括绝热技术、耐低温技术、安全性能等领域；而 BOG 再液化技术则是蒸发气回收利用系统领域专利申请的主流。

中国在 LNG/LPG 运输船的技术研究上整体起步较晚，但在 2008 年之后，在相关技术上的专利申请量增长迅猛，技术快速发展；而在中国进行专利布局的国外申请人主要来自于美国、日本、韩国、法国、德国、荷兰等国家。

通过对中国 LNG/LPG 运输船专利的 IPC 分类号进行分析可以发现，中国 LNG/LPG 运输船相关专利技术主要集中在 F17C、B63B 以及 F25J 等。

中国 LNG/LPG 运输船相关专利主要分布在江苏、北京、上海、天津、河北、山东、广东、辽宁、浙江、四川等省市，且都是呈现专利申请量逐年增加的态势。

中国 LNG/LPG 运输船相关专利的主要申请人包括石油公司、造船企业、设备制造商、高校等。企业在 LNG/LPG 运输船领域的技术创新中占主导地位。

中国 LNG/LPG 运输船相关专利主要以发明和实用新型为主，大部分专利处于授权有效和未决阶段，且经查询，中国在 LNG/LPG 运输船领域上的专利无效诉讼案例不多。

第3章 关键技术之"货物围护系统"专利分析

"货物围护系统"技术领域作为LNG/LPG运输船主要构成部分,在全球范围内共检索到相关专利3517项,其占LNG/LPG运输船专利总体的约48%。通过数据标引和功效划分,本课题组针对本领域较为关注的多个技术分支进行分析(专利数据基础为2555项),具体包括:绝热技术(1626项)、耐低温技术(295项)、止荡技术(146项)、支撑技术(156项)、安全性能技术(219项)、强度技术(113项)。

因此,本章围绕LNG/LPG运输船的关键技术之一"货物围护系统"的整体及各主要分支技术进行宏观和微观分析。

3.1 货物围护系统整体分析

3.1.1 技术概况

货物围护系统指用于围护货物的装置,包括所设的主屏壁和次屏壁以及附属的绝热层和屏壁间处所,还包括必要时用于支持这些构件的邻接结构。

由于液化天然气船要在极低的温度条件下装载货物,其货物围护系统与常规船舶具有很大的不同。LNG货舱的汽化率的高低主要取决于货舱的漏热性能。不同的货物围护系统采用不同的隔热方式。根据国际海事组织(International Maritime Organization,IMO)规则,LNG船的液货舱分成独立型液货舱、薄膜型液货舱、半薄膜型液货舱、整体型液货舱和内部绝热型液货舱五种类型。

独立型液货舱:这类液货舱完全由自身支持,并不构成船体的一部分,也不分担船体强度,即船体与液货舱的结构是分别独立的,独立舱设置在船体的中央区,这样,液货舱的热膨胀变形不会直接影响船体,液货舱载重全部由舱的支撑结构承受。为了防止LNG泄露,该类型的液货舱需要设置次屏壁。共有三种不同类型的独立液货舱:A型、B型和C型。该型系统的液货蒸气最大许用压力设计值为0.07MPa(表压)。

薄膜型液货舱:这类液货舱的概念是基于非常薄的主屏壁或薄膜,它是非自身支持的液舱,其整个重量是有绝热层通过船体予以支持。为安全起见,对于采用这种液货舱的船舶,要求有完整的双重结构,即除第一层主屏壁外,液货舱还要求有一个完整的次屏壁。其结构就是在船体内部设置绝热材料,液货舱内壁覆盖金属薄膜,目的是减少低温金属材料的用量。薄膜的作用是防止液货泄露,它不具备液货舱所具有的强度。

半薄膜型液货舱:它的主屏壁比薄膜型液货舱厚得多,具有平的舷侧和大半径的角隅。其液货舱在空载的时候是自持的,但在装载的情况下是非自持的,作用在主屏壁上的液体（静压）和蒸气压力经绝热层传递给内壳，角隅和边缘的设计能适应膨胀和收缩。

整体型液货舱：它构成了船体结构的一部分，并且受到与船体结构相同方式相同载荷的应力影响。该液货舱的温度一般不允许低于-10℃。

内部绝热型液货舱：它是一种整体式液货舱，采用绝热材料固定在船体内壳上或成为独立的承载表面以围护和绝热液货。它能装载温度低于-10℃的液货。

基于以上五种类型，独立型和薄膜型的液货物围护系统是最典型的两种结构，现阶段所建造的液化天然气船大多数属于这两种类型。在这两种类型的液货物围护系统中，最具代表性的是法国的薄膜TG（Technigaz）型、薄膜GT（Gas Transport）型，以及挪威的Moss Rosenberg Verft球形液舱。

基于LNG/LPG运输船货物围护系统行业内比较关注的储运安全性和经济性的要求，本章对全球和中国货物围护系统领域的专利进行检索和统计并从技术功效上，针对货物围护系统领域的子技术绝热技术、耐低温技术、止荡技术、支撑技术、安全性能技术，以及强度技术六个方面展开分析（见表3-1-1）。

表3-1-1 货物围护系统重点技术分支

货物围护系统	绝热技术	堆积绝热技术
		高真空绝热技术
		真空粉末绝热技术
		高真空多层绝热技术
		结构改进类绝热技术
	止荡技术	储罐结构
		阻隔结构
		浮动构件
		震动构件
		检测计量装置
	耐低温技术	9%镍钢
		36%镍钢
		铝合金
		不锈钢
		复合板
	支撑技术	柔性支撑
		密封支撑
		底部支撑
		侧部（周向）支撑

续表

货物围护系统	强度技术	主屏壁
		次屏壁
	安全性能技术	泵塔
		液货舱的布置
		安全部件

经过数据筛选，在货物围护系统领域中，绝热技术的专利申请数量为2044件、耐低温技术的专利申请数量为344件、止荡技术的专利申请数量为163件、支撑技术的专利申请数量为184件、强度技术的专利申请数量为158件、安全性能技术的专利申请数量为241件，在此基础上进行技术发展趋势分析、区域分析、申请人分析以及技术构成等分析。

货物围护系统专利技术最早可以追溯到1915年，发展至今已经历了100多年。为了便于分析货物围护系统技术近年来的技术发展情况，图3-1-1截取了1997~2016年近20年的专利申请情况，绘制形成货物围护系统技术生命周期图。其中，2017年和2018年的专利数据因部分专利文献未公开而未被使用。

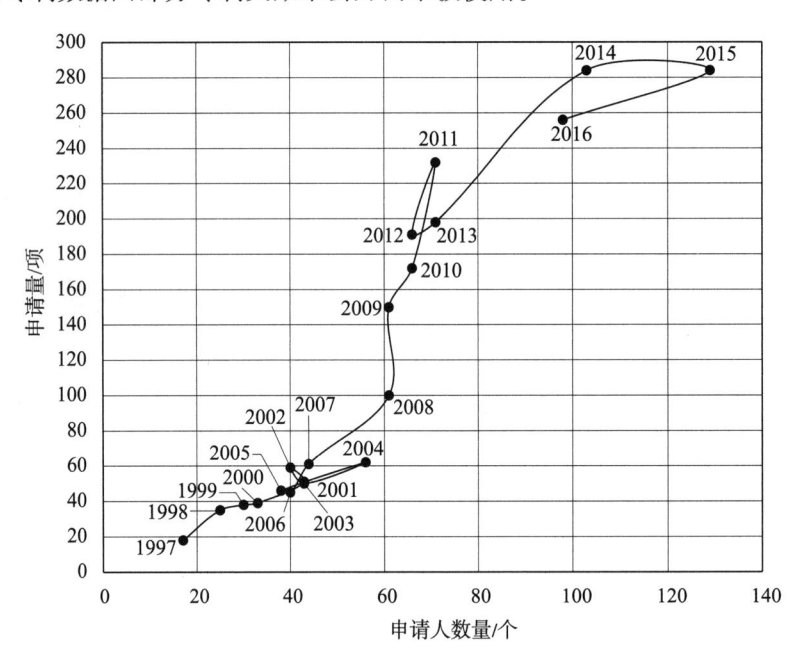

图 3-1-1 货物围护系统技术生命周期

19世纪中叶，德国人Karl Von Linde就开始对工业规模的气体液化技术进行研究并在1895年通过压缩与膨胀技术获得了几近纯净的液态氧。在1914年，美国人Godfrey Lowell Cabot 提出了第一个有关天然气液化储存和运输的技术，但由于技术限制而无法实施该技术。1915年，货物围护系统相关的专利技术首次出现并缓慢发展。美国Icno

公司在1944年开发了一种9%镍钢，使用温度最低可达-196℃。第一台LNG储罐是在美国Cleveland建成投用，但在1944年10月，由于内罐材料的原因，储罐破裂并产生大量泄漏，造成巨大的经济损失。经过十几年对材料低温性能的分析和试验后，1959年，在美国Louisiana建造了一台容积2000t的LNG储罐；同年，一艘二战时期的补给船经改装并被重新命名为"Methane Pioneer"号，从美国Lake Charles载运了5000立方米LNG横渡大西洋到达英国Canvey Island，从而正式拉开了LNG海上运输的序幕。❶❷

LNG/LPG运输船的发展起源于欧美，但技术发展中心先后向日本、韩国和中国转移。在20世纪60年代末，法国GTT和法国燃气技术公司（TGZ）分别研制出NO型（前身为GT型）和Mark型（前身为TG型）薄膜LNG货物围护系统。❸到了1970年，已有三种不同型式的LNG运输船：第一种是自己支撑的储罐，采用铝或9%的镍钢；第二种储罐也是目前较成功的一种，由船壳支撑的薄型储罐，采用波纹不锈钢或光亮因瓦镍合金钢；第三种储罐的设计可消除在-163℃下液体的渗漏并比第二种储罐降低10%的成本。❹从20世纪50年代开始，日本通过引进欧美国家的先进技术、实施保护改革、将船舶配套企业逐步整合等方式，逐步取代欧洲，并在20世纪70年代以后成为世界造船大国。❺但在20世纪70年代后期和80年代初，由于世界性石油危机的影响，日本造船从业人员大幅锐减，韩国三家船厂借此机遇开始大量雇佣日本离职及退休技术人员，这为20世纪80年代中后期韩国船厂的崛起奠定了坚实的基础。❻

参阅表3-1-2，1959年，货物围护系统的专利年申请量首次突破了个位数，达到了专利年申请量10项，此后一直到1992年，专利申请人数量和专利申请量均未有太大的波动，呈现抛物线形式发展。从表3-1-2限定的1959~1992年来看，其初期和中期的专利申请量主要集中在英国、美国和法国的专利受理局中，中后期的专利申请量主要集中在德国和日本的专利受理局，而在1974年专利申请量出现了一个小高峰，即27项专利。

从整体上来看，货物围护系统技术领域专利申请数量的发展，与LNG运输船的数量变化趋势基本一致。

LNG运输船数量的增长经历了两个高峰期：

第一个发展高峰期出现在20世纪70年代，当时是由于印度尼西亚和马来西亚开始大量出口LNG，增大了对LNG运输船的需求量。20世纪80年代由于LNG贸易成本相对偏高等使得LNG贸易发展放缓，从而减少了对LNG运输船的需求量。

---

❶ 田晓雪.LNG储罐在冲击荷载下的受力分析［D］.大庆：东北石油大学，2011.
❷ 葛敏，张宝隆.天然气液化工业的发展和上海LNG站的液化工艺［J］.化学世界，2002：29-34.
❸ 郭显亭.世界LNG运输船发展全景图［J］.中国船检，2018：90-97.
❹ 液化天然气工业发展史（上）［EB/OL］.［2017-11-05］.http：//www.sohu.com/a/202476756_738536.
❺ 杨新昆.世界船舶配套业聚焦［J］.中国船检，2004（4）.
❻ 历史在重演，中国船企是时候"人才抄底"［EB/OL］.［2018-05-16］.http：//www.eworldship.com/html/2018/ship_market_observation_0516/139201.html.

表3-1-2 货物围护系统领域在20世纪中后期主要受理局专利申请量的变化情况

受理局\申请量\年份	1959	1960	1961	1962	1963	1964	1965	1966	1967	1968	1969	1970	1971	1972	1973	1974	1975
英国	7	2	4	5	1	5	4	8	3	5	7	9	5	5	8	10	6
美国	1	1	2	1	1	2	0	4	0	4	2	4	3	2	5	6	7
法国	2	0	10	2	3	2	3	2	5	1	0	0	0	7	0	8	5
德国	0	0	0	0	1	1	1	1	1	1	2	1	3	2	1	2	4
日本	0	0	0	0	0	0	0	0	0	0	0	0	0	0	0	1	1

受理局\申请量\年份	1976	1977	1978	1979	1980	1981	1982	1983	1984	1985	1986	1987	1988	1989	1990	1991	1992
英国	2	0	5	3	0	1	1	2	0	0	0	0	0	1	0	0	0
美国	10	9	7	3	3	2	0	6	2	2	0	0	0	0	2	1	0
法国	2	3	6	3	4	5	1	1	1	2	1	0	0	0	1	1	0
德国	6	5	5	6	2	4	1	2	0	3	2	1	3	5	1	0	1
日本	1	0	0	0	0	0	0	1	0	0	0	2	2	6	6	8	12

注：表中申请量单位为项。

从20世纪90年代初期开始，伴随着石油价格的上涨以及经济发展对能源需求的增加，大多数国家开始用天然气作为原油的替代能源或补充能源，再加上近年来澳大利亚、卡塔尔诸多LNG出口项目的开发，全球LNG贸易得到空前的发展，原有LNG运输船的运力已远远不能满足LNG贸易的运力需求，这样就形成了第二个LNG运输船的建造高峰，这个高峰期一直持续到21世纪。[1]

1992年以后，货物围护系统专利技术的申请人数量和专利申请数量均开始呈现较为快速的发展，并在2007年，专利申请量有了爆发式的增长。在2007以前，货物围护系统的专利申请人数量和专利申请数量曲线波动基本保持一致，从2007年开始，专利申请量的增长趋势开始超越专利申请人数量的增长趋势，货物围护系统技术进入技术快速成长期。受2001年的美国"9·11"恐怖袭击事件以及始于2008年的欧债危机影响，货物围护系统技术专利申请量在2002年、2003年、2005年、2006年以及2012年均有不同程度的下降。近年来全球原油产量严重供过于求，在此情况下，受2016年伊朗重新进入国际石油市场以及沙特石油产量和出口量再创新高等因素的影响，LNG/LPG运输船产业也受到了一定的冲击，在2016年，货物围护系统专利申请量和申请人

---

[1] TAKEO S, TETSUO M. LNG demand-supply and trends in natural gas in the Asia-Pacific region [EB/OL]. http://www.ieejenerg.com.

数量从 2015 年的专利申请量 284 项和申请人 129 位飞速回落到专利申请量 256 项和申请人 98 位。

目前，货物围护系统专利技术主要向减小液货舱内壁的厚度、减小液货舱结构重量、减小液面晃动、提高船体内部空间利用率等方面发展。随着国际液化气市场的稳定发展，货物围护系统技术也越来越成熟，技术实施成本随着合理工艺及新的材料开发而不断降低，但又因为技术含量高，竞争的企业会越来越少，货物围护系统技术将被垄断在少数的企业中。近年来，在货物围护系统技术申请专利较多的企业有韩国的三星重工、大宇造船、现代重工，法国的 GTT 公司、中国的中集集团和日本的 IHI 公司、三菱重工等企业。

3.1.2 全球专利申请分析

3.1.2.1 全球技术发展趋势

如图 3-1-2 所示，由货物围护系统全球专利近 20 年的申请趋势可知，在 2007 年以前 LNG/LPG 运输船货物围护系统相关的专利申请量不多，但是 2007 年之后基本上呈现逐年增长的趋势，2012 年和 2013 年小幅度下降后于 2014 年达到峰值，专利年申请量为 293 项。

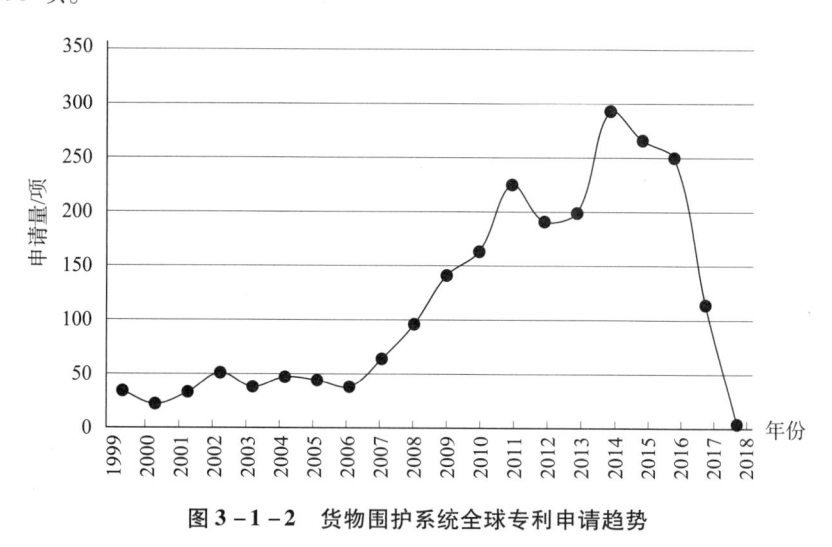

图 3-1-2 货物围护系统全球专利申请趋势

从表 3-1-3 中可以看出，货物围护系统中的专利类型绝大部分是发明专利，其占专利申请总量的 83%，实用新型专利占专利申请总量的 17%。

表 3-1-3 货物围护系统领域专利申请类型分析　　　　单位：项

专利类型	有效	失效	未决
发明专利	944	1248	346
实用新型专利	168	154	—
外观设计专利	0	3	—

3.1.2.2 国家/地区分析

（1）技术原创国家/地区分析

通过优先权信息以及专利的首次申请，可以有效地判断某项技术的原创国家或地区。

图3-1-3示出了货物围护系统技术原创国/地区排名情况。技术原创国/地区从宏观上体现世界范围内的技术力量分布。从申请数量上看，韩国是全球申请量排名第一的技术原创国，拥有专利申请量为975项，紧随其后的是日本、中国、美国、法国和澳大利亚，专利申请量分别为537项、439项、224项、221项和210项。除此之外，德国、奥地利、英国、挪威、荷兰等国家也有一定的技术原创，原创数量相对较少，可见在货物围护系统领域，韩国、日本是主要的技术原创国，技术积累较多。

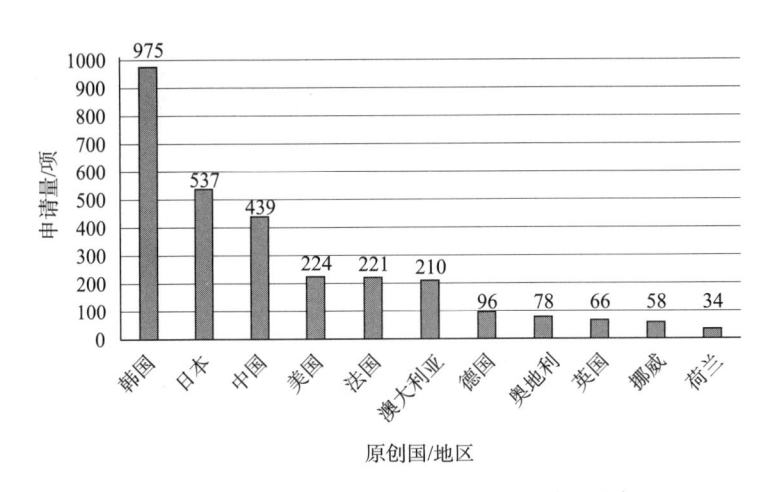

图3-1-3 货物围护系统技术原创国/地区排名

如图3-1-4所示，韩国、日本、中国、美国是货物围护系统全球排名前四的国家，通过对比四个主要专利申请国的专利申请年度变化趋势图发现，韩国在货物围护系统领域的技术发展与全球专利的申请趋势基本保持一致，在2007年以前专利申请量不多，增加缓慢，但是2007年之后增长较为迅速，于2010年年专利申请量突破100项并远远高于日本、美国等其他国家。分析可见，韩国在货物围护系统领域的专利申请的体现与其一直处于全球领先地位一致。

日本在货物围护系统领域的研究较早，2002年就有40项专利申请量，但是技术发展较为缓慢，呈波浪起伏的发展，远没有韩国快速，且从近几年的申请量可以看出，日本对货物围护系统研发力度和保护有所下降。

中国在货物围护系统领域的技术研究较晚且2007年之前专利申请量较少，与全球专利的申请趋势一致，最高专利申请量是2014年的103项。2014年之后中国相关技术发展进入瓶颈期，专利申请量有所下降。

美国对货物围护系统领域的技术研究一直有涉及，虽然其年度专利申请量始终不高，不足30项。美国最高专利申请量是2015年的26项。

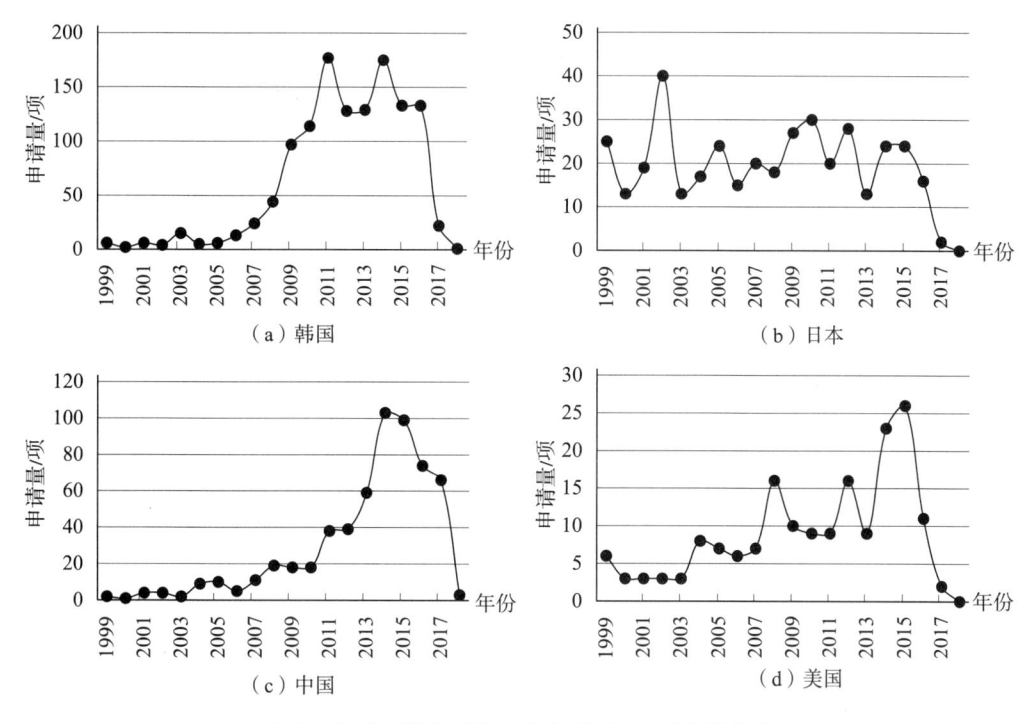

图 3-1-4 货物围护系统主要国家专利申请趋势

(2) 受理局分析

通过对全球货物围护系统的专利申请的受理局进行分析发现，如图 3-1-5 所示，全球货物围护系统的专利主要分布在韩国、日本、中国、美国、英国等地。

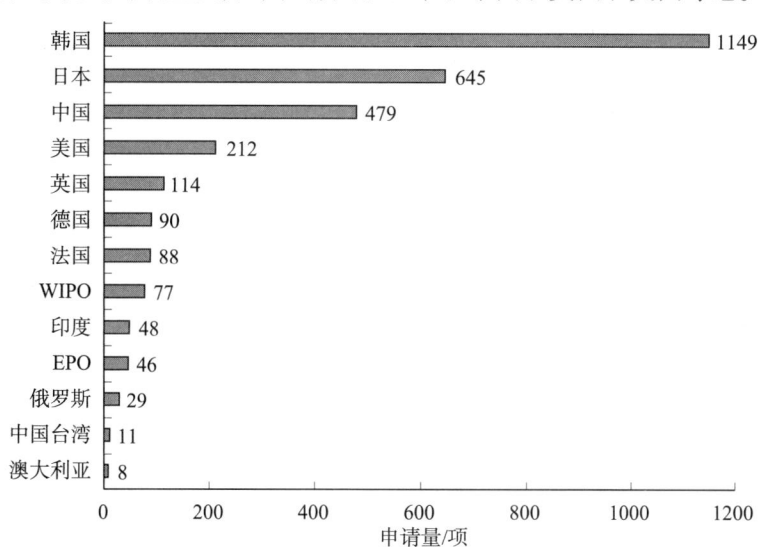

图 3-1-5 货物围护系统专利申请的受理局排名

韩国是货物围护系统专利的主要受理地，相关专利申请量最多，达到 1100 余项，也是主要的造船国家，造船实力不可小觑，技术也相对成熟；日本作为与韩国实力相当的造船国家，专利申请量达到 600 多项；中国、美国相关专利受理排在第三、第四位，专利申请量分别为 479 项和 212 项；除此之外，英国、德国、法国等地在货物围护系统的相关技术上也有较多的专利申请量。

3.1.2.3 申请人分析

（1）主要申请人排名

图 3-1-6 示出了全球货物围护系统技术领域的主要专利申请人分析，由图可知，三星重工的专利申请量排名第一位，共申请了 399 项专利；其次是大宇造船，专利申请量 330 项，且三星重工和大宇造船位于第一梯队；IHI 公司、现代重工和 GTT 分别排在第三位、第四位和第五位，位于第二梯队。

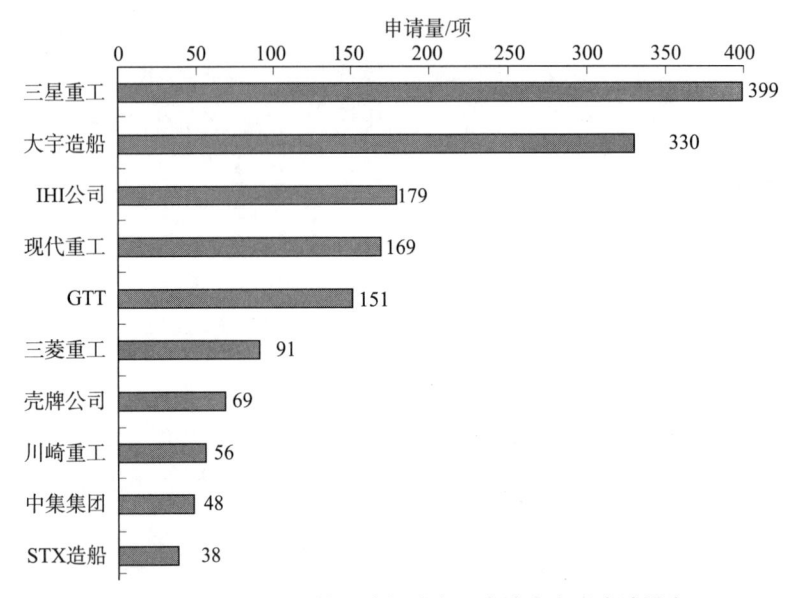

申请人	申请量/项
三星重工	399
大宇造船	330
IHI公司	179
现代重工	169
GTT	151
三菱重工	91
壳牌公司	69
川崎重工	56
中集集团	48
STX造船	38

图 3-1-6 货物围护系统领域主要申请人专利申请排名

（2）研发合作分析

表 3-1-4 示出了全球货物围护系统领域专利主要申请人进行的研发合作情况。

表 3-1-4 货物围护系统领域主要申请人研发合作情况表

序号	公开号	申请日	发明名称	申请人	法律状态	申请人类型
1	CN1333198C	2004-04-15	高真空绝热低温液化气体储罐	中集集团、上海交通大学	有效	C, U
2	CN104691705B	2014-12-09	货物装载船	现代重工、赵大昇	有效	C, P
3	TWI590981B	2014-12-10	货物装载船及其操作方法	现代重工、赵大昇	有效	C, P

续表

序号	公开号	申请日	发明名称	申请人	法律状态	申请人类型
4	KR101610257B1	2014-07-11	LNG储罐包括锚结构	韩国GAS公社、现代重工、三星重工、大宇造船	有效	C, C
5	CN103874875B	2012-10-12	用于船舶的LNG存储箱的内槽支撑结构	现代重工、大雄CT	有效	C, C
6	JP5823625B2	2012-10-12	船用LNG储罐的内部罐支撑结构	现代重工、大雄CT	有效	C, C
7	KR101626848B1	2014-07-11	LNG储罐包括锚结构	韩国GAS公社、现代重工、三星重工、大宇造船	有效	C, C
8	KR101610255B1	2014-07-11	液化天然气储罐和液化天然气储罐，包括锚结构	韩国GAS公社、现代重工、三星重工、大宇造船	有效	C, C
9	KR1020130079513A	2013-03-25	支撑结构和支撑货舱的方法	IHI公司、日本马林联合公司	有效	C, C
10	JP3764705B2	2002-07-19	储罐	三菱重工、白石铁工、西部瓦斯、东京瓦斯	有效	C, C
11	JP4043469B2	2004-10-21	低温物质储罐的隔热施工方法	川崎重工、明星工业株式会社	有效	C, C
12	JP5452969B2	2009-04-13	低温罐的隔热结构及隔热施工方法	川崎重、明星工业株式会社	有效	C, C
13	JP5466547B2	2010-03-17	低温罐的耐热结构及耐热结构的方法	川崎重工、明星工业株式会社	有效	C, C
14	JP6118103B2	2012-12-25	低温罐保温结构的构造方法及低温罐的保温结构	川崎重工、明星工业株式会社	有效	C, C
15	JP3684318B2	1999-11-29	立式隔热低温罐外罐支撑结构	广岛瓦斯、大阪瓦斯、IHI公司	有效	C, C
16	JP4611505B2	2000-10-24	储罐和储罐安装方法	IHI公司、大阪瓦斯	有效	C, C

注：申请人类型中，C表示企业，U表示高校和科研院所，P表示个人。

经分析可知，合作研发申请的专利大致包括企业与企业、企业与高校、企业与个人三种模式联合。

专利 CN1333198C 由企业与高校共同申请，即中集集团与上海交通大学，该专利涉及一种高真空绝热低温液化气储罐，通过具备优越的抗冲击能力与隔热能力的小间隙高真空多层绝热内支承结构，实现了低温液化气体储运设备在运行过程中承受的冲击力和承运介质温度变化满足低温液化气体储运的要求，而且低温容器内胆和外筒之间的真空层最薄，最终实现低温液化气体的装载率最大。上海交通大学制冷与低温工程研究所研发实力雄厚，中集集团很早便与之合作，共同研发低温制冷技术。

结合表 3-1-4 可以看出，细数各联合申请的企业中，韩国、日本造船企业更注重合作研发。其中，现代重工采取企业与企业的合作研发，还采取企业与个人的合作研发，在企业与个人合作中，共同申请的两件专利为 CN104691705B、TWI590981B。

而在韩国企业与企业合作研发中，较为引人注意的是现代重工、三星重工、大宇造船以及韩国 GAS 公社合作研发并申请了三件专利 KR101610257B1、KR101626848B1 和 KR101610255B1，该三件专利均涉及一种 LNG 储罐的内壁和密封壁的锚固结构（支撑结构），以解决连接位置应力集中的问题，防止船体变形。

至于日本企业，IHI 公司与日本马林联合公司、广岛瓦斯、大阪瓦斯均有合作关系，涉及的专利技术为罐体支撑、隔热以及安装方法等；三菱重工分别与白石铁工、西部瓦斯、东京瓦斯有合作关系，涉及的专利技术为储罐强度。

川崎重工和明星工业株式会社则是一直保持有良好的合作关系，二者从 2004 年就开始展开研发合作，共同申请了专利 JP4043469B2，2009 年共同申请专利 JP5452969B2，该两件专利都是涉及一种热绝缘结构，解决了在隔热板之间黏合使隔热板之间没有间隙的技术空白点，使之获得含有 LNG 低温罐所需的高隔热性能。2010 年共同申请的专利 JP5466547B2，则是通过在绝热板的高温侧层来增加耐热结构的总厚度，提供了高的隔热性能。2012 年共同申请的专利 JP6118103B2，涉及一种低温罐式隔热结构的方法，隔热板安装在低温罐的外表面上，预包装的接合材料设置在已经连接的隔热板的侧表面或表面与下一个要安装的隔热板之间，并且将隔热板安装在低温箱的外表面附近，旨在减少将隔热板安装在低温箱外表面上的劳力，提高低温箱的隔热性能。

综上分析可知，韩国和日本企业更重视合作研发，中国企业间合作较少，有待进一步加强。

3.1.2.4 技术发展路线分析

（1）薄膜型货物围护系统技术发展路线（见图 3-1-7）

1994 年以前，Technigaz 公司和 Gaztransport 公司在 LNG/LPG 运输船货物围护系统领域分别就 Mark 型货物围护系统和 NO 型货物围护系统进行研发，并各自推出了一系列产品。

Gazocean（由 Gaz de France 和 NYK Line 共同组成的船东）成立了 Technigaz 公司子公司，负责开发新型液化天然气运输技术，Technigaz 公司于 1963 年申请了第一件薄膜型货物围护系统的专利，公开号为 FR1376525A，该技术采用 Bo Bengtsson 设计的异形膜作为液货舱的屏蔽层材料。以该技术为原型，Technigaz 公司通过不断改进，最终形成第一代 Mark 薄膜型货物围护系统（Mark Ⅰ），代表性的专利有 FR1379651A、FR1452604A、DE1434850B2、FR1434937A、FR1387955A、FR1452604A、DE1434850B2、FR1438330A、ES311739A1 等，主要的技术改进方向是波纹膜结构设计以及舱壁结构的设计。Technigaz 公司还将聚氨酯泡沫材料作为绝热材料首次应用在货物围护系统中（专利公开号 FR1422084A）。1968～1979 年，Technigaz 公司使用 Mark 型货物围护系统技术建造了 12 艘液化天然气运输船。

从 1965 年开始，Technigaz 公司申请了专利 ES134996U，该专利申请主要针对 Mark Ⅰ 型货物围护系统中的绝热箱作出改进，采用压缩和烧结的木材（巴尔沙轻质材料）作为绝缘箱的填充材料，起到隔热的作用。该种材料被沿用至 Mark Ⅱ 型货物围护系统。

1966 年开始，Technigaz 公司开始投入填充聚氨酯泡沫的绝缘箱的研发（公开号 FR1478481A）。在 1966～1994 年，Technigaz 公司针对该类型的绝缘箱持续投入研发，为 Mark Ⅲ 型货物围护系统的研发奠定了技术基础。

1974 年，Technigaz 公司申请了专利 FR2271497A1，该发明涉及在次绝热层中采用两层绝热层的结构，该专利为后来的 NO96 L03 型和 NO96 L03＋型货物围护系统在此类绝热层结构方面的创新提供了研发思路。

1975 年，Technigaz 公司申请了专利 FR2302982A1，这是该公司首次在铝箔等金属薄片两侧黏接玻璃纤维（Triplex 材料技术）；1986 年，Technigaz 公司申请了专利 FR2599468A1，将 Triplex 材料技术应用到 Mark 型货物围护系统上，随后 Technigaz 公司对该技术做了一系列的改进，涉及的专利有 FR2599468A1、FR2724623B1、FR2781556B1、FR2781036B1 等；结合前期进行研发的聚氨酯泡沫绝缘箱相关技术并对周边技术进行相应的改进，Technigaz 公司开发出 Mark Ⅲ 型货物围护系统。

沃尔姆斯集团中由 Pierre Jean 领导的团队，致力于研发因瓦薄膜的生产，专利公开号为 DE1123817B。第一项 NO 型货物围护系统的专利于 1963 年 4 月提交（公开号为 DE1281458B），随后在接下来的两年内推出了一系列测试模型，该阶段的货物围护系统主要采用珍珠岩作为绝缘箱的填充材料，另一项专利 DE1911210U 于 1965 年提交，上述发明形成了 NO 型货物围护系统的技术基础。1965 年，Audy Gilles 组建成立了 Gaztransport 公司并采用上述专利建造了装载量为 30000m^3 丙烷液体的大型试验船舶。1967 年，凭借以因瓦薄膜技术为技术基础之一的 NO 型货物围护系统技术，Gaztransport 公司获得了两艘液化天然气运输船（Polar Alaska 和 Arctic Tokyo）的订单。1969～1978 年，共计有 10 艘 LNG 运输船使用 Gaztransport 公司开发的 NO 型货物围护系统。

1970 年，Gaztransport 公司申请了专利 FR2110481A5，该发明首次涉及将玻璃纤维和聚氨酯泡沫应用在 NO 型货物围护系统的绝热层上，经过后续的一系列技术改进，代表性的专利有 FR2178752A1、FR2413260B1 等；1982 年，Gaztransport 公司申请了专利 FR2527544A，该专利首次提到在 NO 型货物围护系统绝热层中采用双层结构；上述专利为 NO96 GW 型、NO96 L03 型和 NO96 L03＋型货物围护系统的开发奠定了技术基础。

专利 FR2683786B1 公开了一种形成船舶支撑结构一部分的密封绝缘容器，该容器有两个密封屏障，两个绝缘屏障交替，绝缘屏障填充了玻璃棉材料。以该专利为代表的技术成为 Gaztransport 公司推出 NO96 型货物围护系统的基础。

1993 年，Gaztransport 公司申请专利 FR2709726B1，该发明涉及在货物围护系统中的绝热层中采用珍珠岩作为填充材料，针对 NO96 型货物围护系统中采用的珍珠岩填充材料做了新材料的改进，成为 NO96 GW 型货物围护系统的技术基础。

1994 年，Gaztransport 公司和 Technigaz 公司经过合并成为 GTT（Gaztransport & Technigaz），因此，GTT 公司拥有两种不同类型的薄膜型货物围护系统（NO 型和 Mark 型）。

在 Gaztransport 公司和 Technigaz 公司合并成 GTT 的同一年，GTT 便开始了 NO96 GW 型货物围护系统的研发，公开号为 FR2724623B1 的专利公开了一种集成在船的支撑结构中的容器，该发明涉及将之前 NO96 型货物围护系统中绝热层的填充材料珍珠岩替换成玻璃棉，进一步降低了货物围护系统的蒸发率。

在 NO96 型货物围护系统的基础上，GTT 还持续进行相关的改进，并先后衍生出 NO96 L03 型货物围护系统、NO96 L03＋型货物围护系统和最新的 NO96 Flex 型货物围护系统。2011 年，GTT 申请了专利 FR2978748B1，该发明涉及了货物围护系统中次绝热层结构的设计，即次屏壁和液货舱支撑结构之间的次绝热层有两层结构，靠近次屏壁的绝热层箱体中填充了玻璃棉或者是低密度的聚合物泡沫材料，靠近支撑结构的绝热层由高密度聚合物泡沫材料构成。上述 NO96 L03 型货物围护系统中，采用了玻璃棉作为靠近次屏壁的绝热层箱体的填充材料；NO96 L03＋型货物围护系统中，采用低密度的聚合物泡沫材料作为靠近次屏壁的绝热层箱体的填充材料。

2015 年，GTT 开始了 NO96 Flex 型货物围护系统的研发，FR3038690B1 公开了该货物围护系统的主屏壁采用不锈钢材料制成的波纹膜，次屏壁由因瓦钢制成，绝热层材料采用由玻璃纤维增强的聚氨酯泡沫。从该专利可以看出，NO96 Flex 型货物围护系统基本沿用 NO96 型货物围护系统的主要架构，绝缘板被机械式的覆盖于内船体结构中，并保留了双层金属屏蔽方案，其中次屏壁仍是高镍合金殷钢，而主屏壁已经改为槽型不锈钢，与 GTT 的 Mark Ⅲ 型货物围护系统的主屏壁所用材料相同。NO96 Flex 也沿用了最新的 NO96 绝缘系统的改进，即在 GTT NO96 L－03 技术中开始利用热性能更好的聚氨酯泡沫（PU）材料来增强 NO96 的绝缘泡沫板。通过在主屏壁和次屏壁中使用聚氨酯泡沫作为绝热材料，GTT 能够将常规的 17.4 万立方米 LNG 运输船的 LNG 货物蒸发气率（BOR）降低至每天 0.07%。据悉，GTT 已经从法国 BV 船级社获得了 NO96 Flex 概念的原则性认证（AIP），已经与两家船厂签订了技术支持和专利许可证协议，分别是吉宝岸外与海事和现代尾浦船厂。GTT 一直与 NO96 型 LNG 运输船的主要建造船厂保持联系，NO96 Flex 的模拟舱阶段（建造并测试一个小型原型舱）预计将于 2020 年第一季度开始。❶

---

❶ GTT 发布 NO96 Flex 薄膜型液货围护系统［EB/OL］.［2018－10－10］. http：//www.sohu.com/a/258591601_99912085.

在 Mark Ⅲ 型货物围护系统的基础上，GTT 公司对其做了进一步的改进。首先，GTT 公司于 2005 年申请了专利 FR2882756B1，该发明主要涉及用玻璃纤维增强的高密度聚氨酯/聚异氰脲酸酯泡沫塑料，其密度可达到 115～135kg/m³；2013 年，GTT 公司申请了专利 FR3004508B1，该发明主要涉及用在液货舱绝热层中的绝热块，该绝热块为一聚合物泡沫衬垫，具有大于 100kg/m³ 的密度，聚合物泡沫为玻璃纤维增强的聚氨酯泡沫等材料构成，聚合物泡沫的衬垫具有切口，以便形成多个角平面，在 23℃ 温度时，具有超过 1.5Mpa，甚至超过 3Mpa 的压缩的弹性限度。Mark Ⅲ Flex 主要采用 130kg/m³ 的玻璃纤维增强型聚氨酯泡沫作为货物围护系统的绝热层材料，并将原来的绝热层厚度增加至 400mm；Mark Ⅲ Flex HD 型货物围护系统在 Mark Ⅲ Flex 型的基础上进步增加上述玻璃纤维增强型聚氨酯泡沫的密度，达到 210kg/m³，密度的增加使液货舱的抗压强度比 Mark Ⅲ Flex 型增加超过一倍。

GTT 公司为了结合 NO96 型货物围护系统和 Mark 型货物围护系统各自的优点，便着手开始 CS-1 型货物围护系统的研发。1994 年，GTT 公司申请了专利 FR2724623B1，该发明涉及改变主屏壁材料和次屏壁材料的组合，主屏壁采用 36% 镍铁合金（因瓦钢），次屏壁采用 Triplex 材料技术，绝热层采用玻璃纤维增强的聚氨酯泡沫。原来 NO96 次屏壁中采用的因瓦钢被替换成铝箔等金属薄片两侧粘接玻璃纤维，不仅降低了材料的成本，也降低了货物围护系统建造的难度。在该发明的基础上，GTT 公司至今仍在 CS-1 型货物围护系统上投入了研发，并产出相关的专利 FR2813111B1、FR3001945B1 等。

GTT 公司从创立之初就不断针对其现有技术进行相应地改进，其改进的核心主要集中在主屏壁、次屏壁、绝热层，并对上述的改进进行有机地组合，不断推出在市场上富有竞争力的新产品类型，从而巩固自身的市场竞争力和技术垄断地位。

2006～2007 年，三星重工建造的 Mark Ⅲ 型 LNG 船的次屏壁均出现了气密性差等问题，同期，法国大西洋船厂建造的 CS-1 型 LNG 船也出现了类似的问题（CS-1 型 LNG 船货物围护系统的次屏壁材料和结构和 MK-Ⅲ型相同）。GTT 当时把这个问题的原因归结在船厂次屏壁的帖敷施工工艺上，两个船厂为解决此问题付出了很大的代价。因此，三星重工一直想寻找一个次屏壁的替代材料和结构形式。[1]

2008 年，三星重工申请了专利 KR1020090094505A，该专利涉及在液货舱主屏壁中填充一种压力阻尼结构条（Pressure Resisting Structure，PRS），增加了主屏壁波纹的刚性，减少在相同载荷下发生坍塌的风险。

2009 年，三星重工申请了专利 KR1020100056351A，该发明涉及一种在液货舱中使用的防晃动装置（ABAS 阻尼毯，Anti-BOG Anti-Sloshing Blanket），该装置由多个漂浮部件、泡沫部件和连接部件组成。泡沫部件材料采用一种 "BASOTECT" 材料（一种用三聚氰胺制成的蜂窝状泡沫块），这是一种耐低温并在宽广的温度范围内具有稳定

---

[1] LNG 围护系统中的创新韩流［EB/OL］.［2018-07-15］. http://www.ship.sh/column_article.php?id=1607.

的物理性能的轻质材料。该阻尼毯能够有效降低薄膜型货物围护系统的晃荡冲击，降低蒸发率。2011年，三星重工申请了专利KR101313617B1，该发明涉及上述阻尼毯泡沫材料的改善，该发明考虑采用低温变形较小的金属、玻璃纤维或者闭孔材料（例如塑料或者聚苯乙烯泡沫），上述闭孔材料拥有网眼结构。

2010年，三星重工申请了专利KR101215522B1，该发明涉及在液货舱的次屏壁中采用一种新材料，次屏壁由Mark Ⅲ型货物围护系统的二层玻璃纤维布中间夹一层铝箔的三合一片材改为二层铝箔中间夹一层玻璃纤维布（Metal Composite Laminate，MCL），用PU胶水黏合厚度为0.39mm，此改动大大地降低了次屏壁黏合过程中对胶水施工工艺的要求、改善了次屏壁的气密性，有效地解决了Mark Ⅲ型货物围护系统的次屏壁的气密性问题。

三星重工以Mark Ⅲ型货物围护系统为技术基础，通过对主屏壁材料、次屏壁材料以及止荡技术的改进，于2011年推出了新的薄膜型货物围护系统"SCA"（Smart Containment – system Advanced）。

韩国燃气公司（Korea Gas Corporation）于2004年申请了专利KR100499710B1，该发明采用的主屏壁和次屏壁材料均由槽型压筋304L不锈钢制成，并采用115kg/m^{3}的聚氨酯材料作为绝热层材料，其基本设计思路是尽量减少船体的变形和主次屏壁的伸缩对绝缘层的影响。在该发明的基础上，韩国燃气公司于2006年推出KC-1薄膜型货物围护系统。

（2）Moss型货物围护系统

1969年，Moss公司申请了专利NO124471B2，这是Moss型货物围护系统的第一件专利，在该专利的基础上，Moss公司于1973年交付了第一台搭载Moss型货物围护系统的LNG运输船。

1974年，Moss公司申请了专利NO743932A，该发明采用高密度的玻璃纤维增强聚氨酯泡沫作为液罐中的隔热材料，此改进点可简化货物围护系统的结构，较少的耐低温材料的使用可以使成本降低。

1976年，Moss公司申请了专利NO763591A，该发明公开了球形罐由垂直裙部支撑，裙部从罐赤道线向下延伸到基座。由球形罐，裙部和基座限定的封闭空间被压紧并且连接到压力调节系统，从而允许调节空间内的压力。

2004年，Moss公司申请了专利GB2410471B，该发明公开了一种球形或接近球形液货舱的运输船，该运输船用于运输液化气，如液化天然气（LNG）。该船上设计有容纳液货舱的空洞，空洞沿运输船的轴向间隔排列。每个空洞设计用于容纳每个载货罐的一部分，且其中从内底到运输船中轴线的距离占从外底到主甲板的距离的大约25%（15%~30%）。

Moss公司开发的Moss型货物围护系统目前主要为日本LNG运输船采用。

（3）SPB型货物围护系统

1974年，IHI公司申请了第一件SPB型货物围护系统相关的专利US3922986，由于该类型货物围护系统的货舱结构复杂、造价高，目前在LNG运输船上的应用不多。

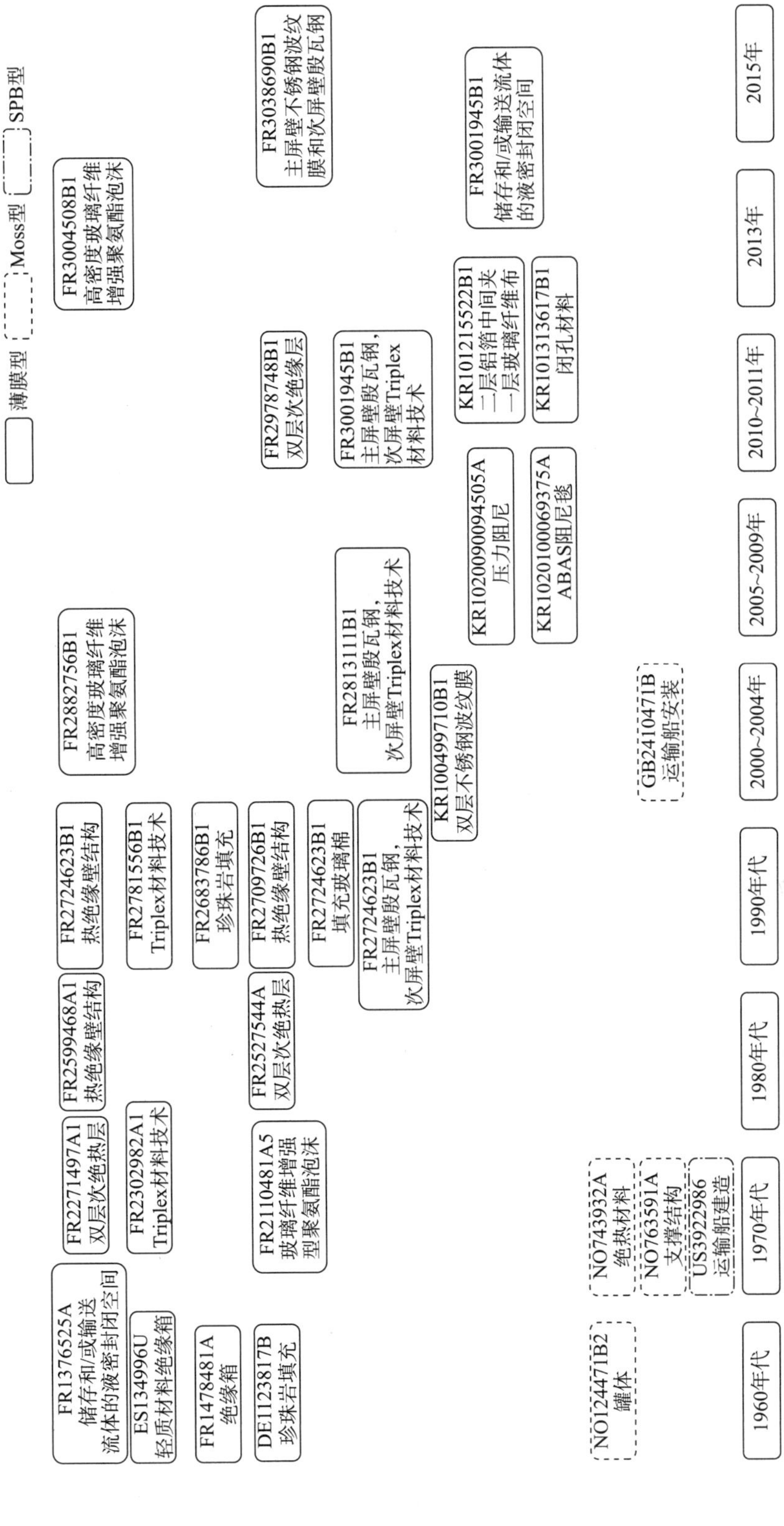

图 3-1-7 货物围护系统技术发展路线

3.1.3 在中国申请的专利分析

3.1.3.1 在中国的专利申请趋势

中国在货物围护系统领域共检索到相关专利600件。

如图3-1-8所示,LNG/LPG运输船的货物围护系统相关技术的研究在2010年以前专利申请量不多,增长缓慢,但是2010年之后基本上呈现逐年增长的趋势,2012年有小幅度下降后出现增长高峰,于2015年达到峰值,专利年申请量突破100件。

中国在货物围护系统相关专利中,有效专利有331件,占专利申请总量的55%;失效专利168件,占比为28%;未决的专利101件,占比17%。

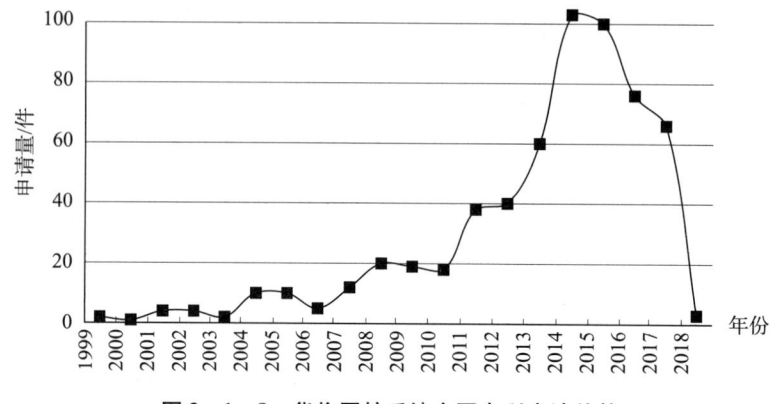

图3-1-8 货物围护系统中国专利申请趋势

3.1.3.2 中国国内及国外来华专利申请

如图3-1-9所示,通过对中国货物围护系统领域专利申请人的国别进行分析可以看出,国内申请人的专利申请量最多,为382件;其次是法国、韩国、日本等,在中国专利申请量分别为67件、50件和46件。

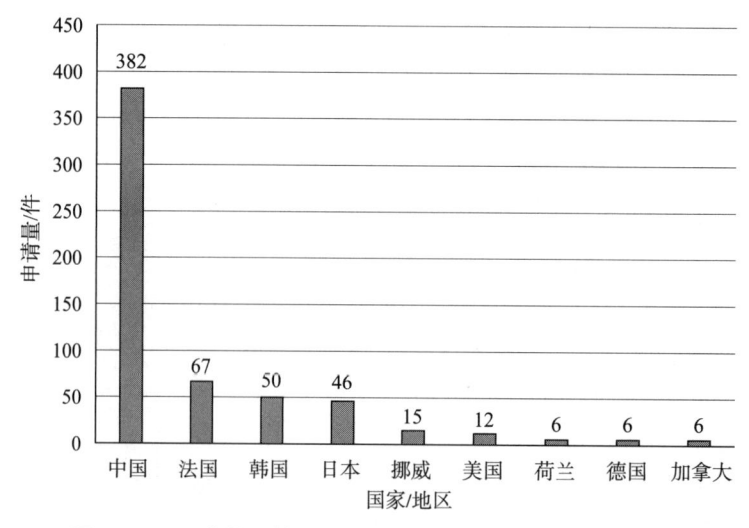

图3-1-9 货物围护系统中国专利申请所属国家/地区排名

需要注意的是，中国国内专利申请中有不少是来自外资或中外合资企业，说明国外很多企业也很看好中国市场潜力。

如表 3-1-5 所示，对来华专利申请人进一步分析可知，在货物围护系统来华布局的企业主要来自法国、韩国和日本，且涉及的企业大多是 LNG/LPG 运输船领域的技术强企，这与全球技术发展相一致。

表 3-1-5　货物围护系统来华布局主要申请人

国籍	申请人	申请量/件
法国	GTT	61
	Cryostar 公司	2
韩国	大宇造船	19
	三星重工	16
	现代重工	8
日本	三菱重工	14
	川崎重工	10
	三井造船	3
	大阪瓦斯	1
	松下	2
	IHI 公司	2

3.1.3.3　各省市专利分析

如图 3-1-10 所示，通过对中国货物围护系统领域专利申请主要省市进行分析可以看出，江苏专利申请量最多，有 109 件，其次是上海、北京和河北，专利申请量分别为 59 件、32 件和 25 件，其中浙江全国排名第八位。

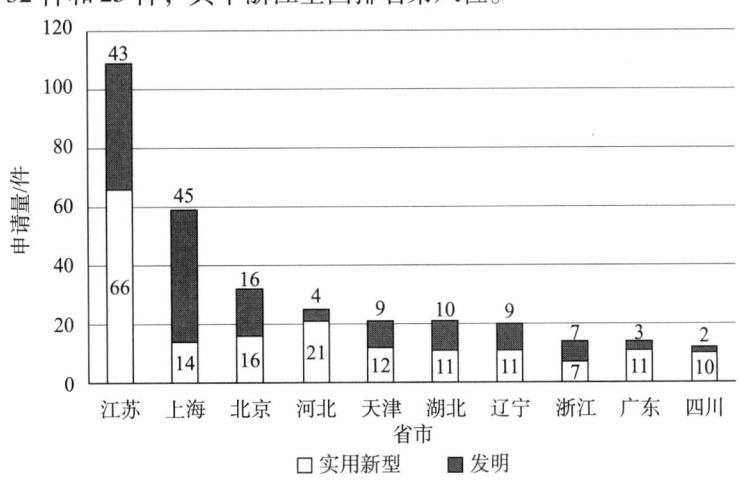

图 3-1-10　货物围护系统中国专利申请主要省市排名

各省市专利申请类型中,实用新型专利较多;在发明专利申请中,最多的是上海,申请量为45件,其次是江苏,申请量为43件。

如图3-1-11所示,通过对中国货物围护系统领域主要省市专利申请趋势可以看出,中国在货物围护系统发展较晚,2003年之前只有上海申请专利一件;2003年以后各省申请量开始缓慢发展,特别是2013年之后,江苏和上海发展较为快速。

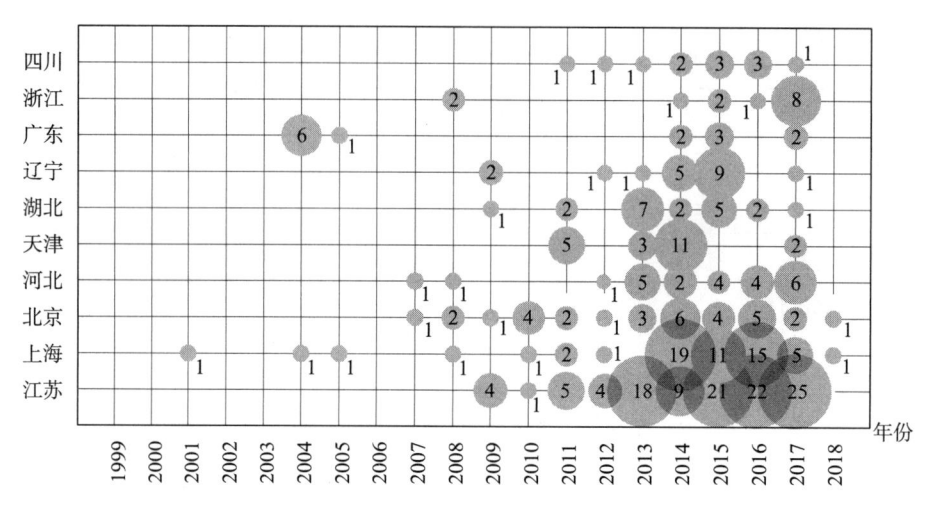

图3-1-11 货物围护系统中国主要省份申请趋势

注:图中数字表示申请量,单位为件。

3.1.3.4 申请人分析

如图3-1-12所示,通过对中国货物围护系统领域主要申请人分析可以看出,中集集团和法国GTT公司位于第一梯队,专利申请数量分别为72件和61件;而顺位的江南造船、中国海油、大宇造船、三星重工、三菱重工、川崎重工和上海交通大学位

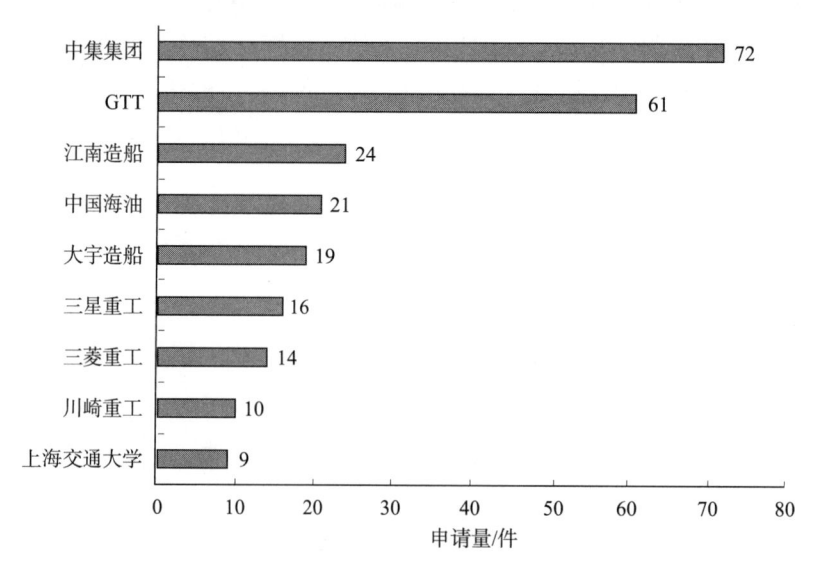

图3-1-12 货物围护系统领域中国主要申请人排名

于第二梯队,专利申请数量均不多。在上榜的专利申请人中,中国企业仅有3家,海外企业包括法国1家、韩国2家和日本2家,可见,国外企业在货物围护系统领域的技术研发投入仍然很大且较为重视中国市场。作为高校,上海交通大学列于榜单中,中国企业可与高校或科研机构联合研发,以提升货物围护系统领域的研发能力,助力企业发展。

在图3-1-12中,排名第一位的中集集团是采用集团内多公司联合申请的模式。经分析,在其72件专利中,包括集团总部在内涉及了7家公司(见图3-1-13)。

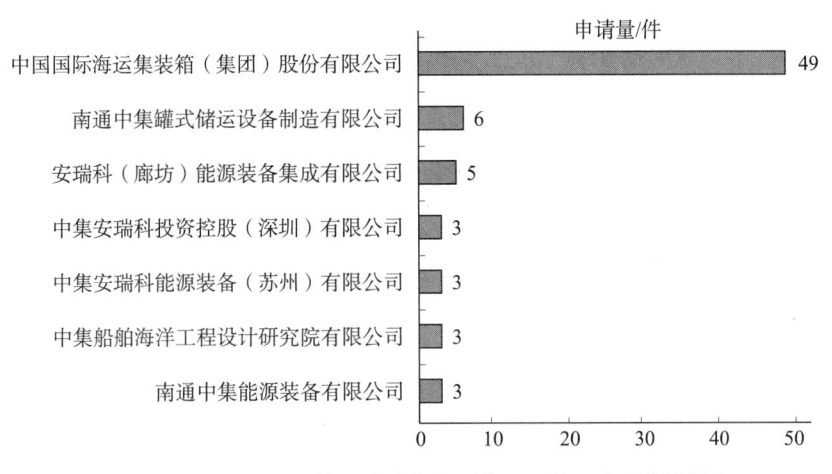

公司名称	申请量/件
中国国际海运集装箱(集团)股份有限公司	49
南通中集罐式储运设备制造有限公司	6
安瑞科(廊坊)能源装备集成有限公司	5
中集安瑞科投资控股(深圳)有限公司	3
中集安瑞科能源装备(苏州)有限公司	3
中集船舶海洋工程设计研究院有限公司	3
南通中集能源装备有限公司	3

图3-1-13 货物围护系统中集集团主要子公司专利申请排名

3.2 绝热技术

3.2.1 技术概况

货物围护系统必须具备良好的液货舱绝热技术,不仅能够减少外界热量的传入,减少LNG的蒸发和腐蚀,而且能够防止LNG泄漏时对船体构件造成低温脆裂破坏。货物围护系统没有制冷设备为LNG提供冷量,所以环境热量的渗入会引起LNG的气化。如果不锈钢焊接的主屏壁失效,由黏合铝板构成的次屏壁应该保持15天的紧密性。如果绝热层板引起的断裂传到次屏壁,LNG可能发生泄漏。

LNG/LPG运输船货舱的绝热技术对LNG/LPG运输船至关重要,绝热材料应满足以下几个方面的要求:较小的导热系数、较小的低温热膨胀系数、良好的抗吸水吸湿性、良好的抗水蒸气渗透性、良好的阻燃性。

在低温系统中广泛应用的绝热方法有堆积绝热、高真空绝热、真空粉末绝热、高真空多层绝热等。堆积绝热是典型的低温绝热技术,虽然绝热效果不是最好,但却是大型低温储罐绝热的主要方式,在LNG/LPG运输船上有非常广泛的应用。堆积绝热可分为泡沫型绝热和粉末/纤维绝热两种类型。泡沫型绝热材料为非均质材料,常见的有聚氨酯泡沫、聚苯乙烯泡沫等,其导热率主要取决于其密度和发泡气体。

聚氨酯泡沫具有低成本、较好的热性能和机械性能等特点而被广泛应用于绝缘层材料。应用短切玻璃纤维(玻纤)对聚氨酯加以固定,短切玻纤良好的色散和分布特性可以很大程度上增强聚氨酯泡沫的断裂韧性,改善了材料的低温脆性。

材料导热率是影响 LNG/LPG 运输船船体结构安全和船舶运输效率的重要因素。货舱与船体的连接部位需要具备良好的绝热性,使进入 LNG/LPG 货舱的热量减少,应尽可能选择低热导率的合金材料。粉末/纤维型绝热主要利用材料的多孔性限制气体的对流传热,常见的有膨胀珍珠岩、玻璃纤维、矿棉等。气体的导热机理变为自由分子导热,因而气体的有效热导降低。

3.2.2 技术发展趋势

如图 3-2-1 所示,在 2000 年以前,全球绝热技术领域的专利申请数量较少,技术发展缓慢,处于技术发展的萌芽期。

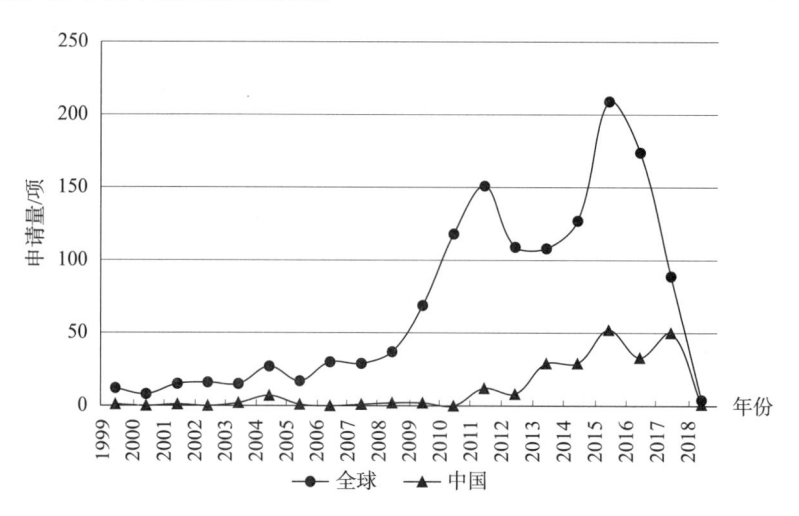

图 3-2-1 绝热技术领域全球、中国专利申请趋势

2000 年之后,专利申请量开始逐年增加,但在 2008 年之前增速较缓,这个时期绝热技术处于缓慢发展期。

2008 年之后,全球专利申请量开始大幅度增加,技术发展进入快速发展期,2011~2013 年,由于受到全球造船市场整体低迷的影响,专利申请量持续下降,之后又快速回弹,在 2015 年专利申请量达到历史高峰,年专利申请量突破 200 项。

然而,2015 年之后,专利申请量持续下滑,这主要是因为发明专利申请一般自申请日起 18 个月公布、实用新型专利申请在授权后才能获得公布,而 PCT 专利申请可能自申请日起 30 个月甚至更长时间之后才能进入国家阶段,没有公开的专利文件在数据库里检索不到,所以检索到的 2016 年、2017 年和 2018 年的专利申请量比实际申请量少,这反映到本报告中的专利申请年度变化的趋势图中,就表现为 2016 年、2017 年和 2018 年的数据出现较为明显的下降,但这并不能说明真实趋势。

在绝热技术领域，中国的专利申请趋势与全球申请趋势基本一致。2010年前专利申请较少，技术发展缓慢，2010~2017年总体呈上升趋势并于2015年突破年专利申请量50项。

如图3-2-2所示，全球在绝热技术领域的专利申请共计1626项，其中，有效专利占比约42%，未决专利占比16%，有效专利申请数量为678项；失效专利占比约42%，数量为688项。在全球在绝热技术领域的专利总数中，有效专利和失效专利的数量基本持平。

进一步地，有效专利中，发明专利申请量占比约84%，为567项；实用新型专利为111项。失效专利中，发明专利申请量占比约89%，为612项；实用新型申请量为73项；外观设计专利申请量为3项。发明专利未决的数量占比较小，约占专利申请总量的18%，说明在当前阶段投入的研发相对较少。

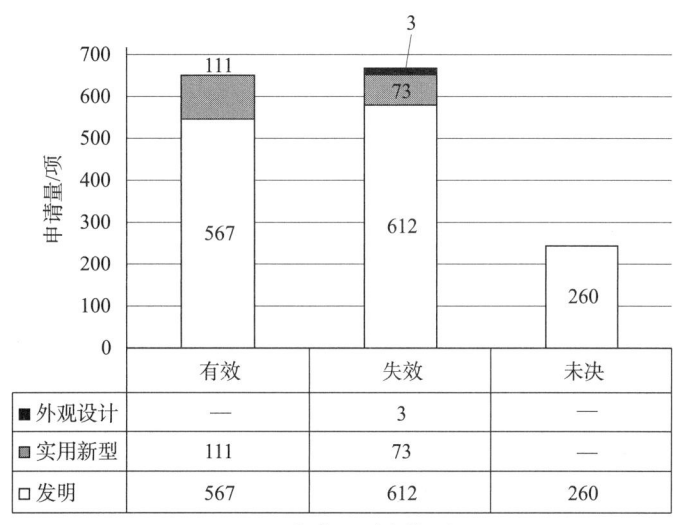

	有效	失效	未决
外观设计	—	3	—
实用新型	111	73	—
发明	567	612	260

图3-2-2 绝热技术领域专利法律状态

3.2.3 国家/地区分析

3.2.3.1 原创国/地区分析

从图3-2-3可以看出，在绝热技术产业中，全球主要原创国包括：韩国、中国、日本、法国、美国、挪威、荷兰、德国、芬兰和加拿大。其中，韩国、中国、日本、法国、美国在绝热技术领域的投入排在全球前五；韩国是最主要的技术原创国，在该技术领域的专利技术共计606项，远远超出其他技术原创国；其次是中国，其专利技术数量为232项；日本以强劲的技术创新实力在技术原创国中排名第三位，共输出专利155项，法国、美国紧随其后，共输出专利93项和50项。除此之外，挪威、荷兰、德国、芬兰等国家/地区也有一定的技术原创，数量相对较少，可见，在绝热技术领域，韩国、中国和日本是主要的技术原创国，技术创新能力较好，对推动绝热技术领域的技术发展起着较为重要的作用。

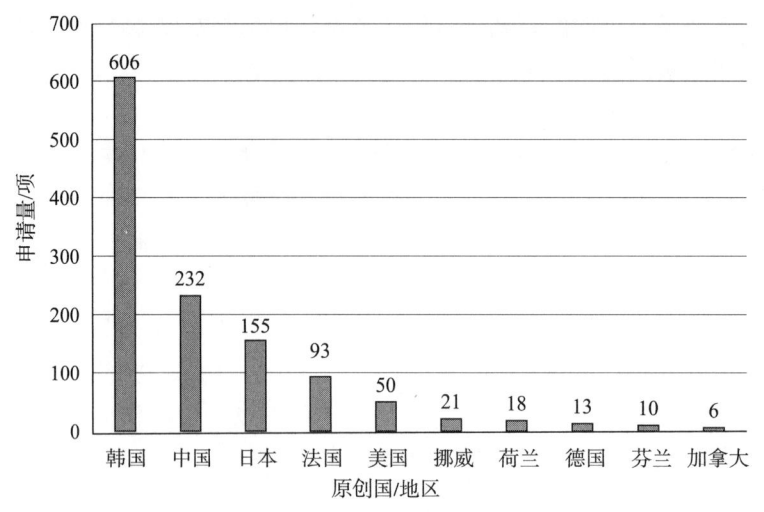

图 3-2-3 绝热技术全球专利申请原创国/地区分布

通过对比韩国、中国、日本、法国四个主要专利原创国的专利申请年度变化趋势（见图3-2-4）发现，韩国在绝热技术领域的早期技术发展十分缓慢，在2006年前的时间里专利申请量很少，基本是处于0、1项或2项专利申请的状态，2007年之后技术发展实现飞跃，专利申请量从2007年的9项快速发展到2011年的114项，之后2014年专利申请下滑到50项，2015年技术发展走回正轨并达到另一个申请高峰，专利申请量为91项。

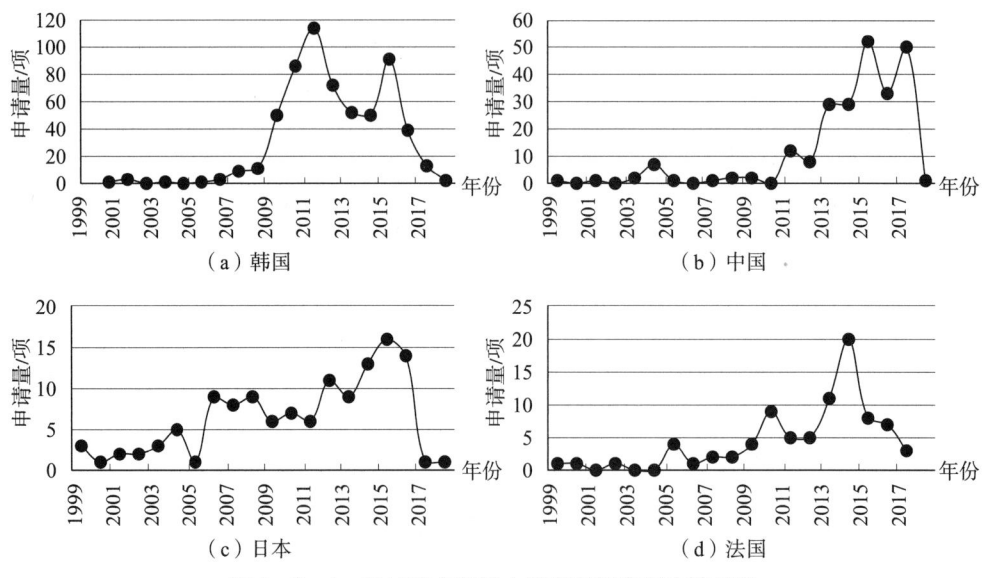

图 3-2-4 绝热技术领域主要原创国专利申请趋势

中国在绝热技术领域的技术研究较晚，最早的专利申请是在1996年，且2007年之前专利申请量较少，最高专利申请量是2004年的7项；2007年之后技术发展进入缓慢发展期，专利申请量开始逐年上升，2015年达到专利申请高峰，年申请量为52项。

日本在绝热技术领域的研究跟韩国的研究起始时间差不多，但是日本技术发展较快，在研究早期就有较多专利申请，且专利申请始终没有间断过，虽然在20世纪80年代后期和20世纪90年代后期专利申请量都有所下滑，但是在其他年度一直保持较为稳定的专利年申请量。日本的技术发展较早，但是技术发展较为缓慢，其年度专利申请量的最高纪录仅是2015年的16项，技术发展远没有韩国快速。

法国在绝热技术领域的技术研究时间最早，虽然其年度专利申请量始终不高，但是在1959年至今的50多年时间里其专利申请始终没有断档。其早期技术发展较好，积累了一定的专利量，在2010年后技术发展实现突破，专利申请量增加。

3.2.3.2 受理局分析

如图3-2-5所示，全球绝热技术领域的专利主要分布在韩国、中国和日本，其中韩国的专利申请量最多，达到676项，超出中国和日本一倍有余，中国专利申请为303项，日本紧随其后，以257项专利申请排名第三，可见韩国、中国和日本是货物围护系统绝热技术领域创新主体的主要目标市场国。

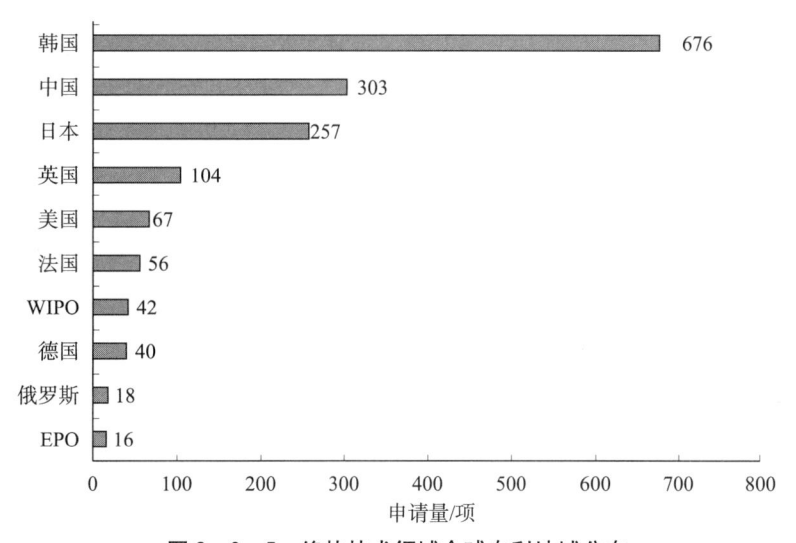

图3-2-5 绝热技术领域全球专利地域分布

除此之外，英国、美国、法国等国家也是主要的目标市场地，相关专利申请分别达到104项、67项和56项，而俄罗斯等地的专利申请量较少，不是该技术领域创新主体重点关注的市场。

如图3-2-6所示，绝热技术领域中有117件PCT专利，PCT专利申请是一种进行海外专利布局的手段，因PCT专利申请审查周期长、审查要求严、申请费用高而被认为是具有较高技术含量的重要专利技术。

从图中可知，无论是从受理局还是来源地来看，韩国均位于第一位，说明韩国是通过PCT专利申请进行海外专利布局的重要国家，从侧面也反映其专利技术含量较高，作为造船强国名副其实。从PCT专利来源地排名来看，在造船领域中的传统强国，如法国、挪威、荷兰仍排名靠前；其次是来自日本和美国的申请人；而来自中国的申请人在绝热技术仅有 4 件 PCT 专利，排名靠后，可见，中国虽然近几年在 LNG/LPG 运输船领域的专利申请数量较多，但在海外布局的观念仍然不强，或者说，在绝热领域中缺乏重要专利技术，有待于后期加强。

国家/地区	申请量/件
韩国	24
法国	17
EPO	16
美国	15
挪威	15
日本	9
芬兰	7
WIPO	4
中国	4
加拿大	3
荷兰	2
德国	1

(a) PCT 专利受理局排名

国家/地区	申请量/件
韩国	24
法国	17
挪威	17
荷兰	14
日本	10
美国	8
德国	8
芬兰	7
中国	4
瑞典	3
加拿大	3
瑞士	1
新加坡	1

(b) PCT 专利来源地排名

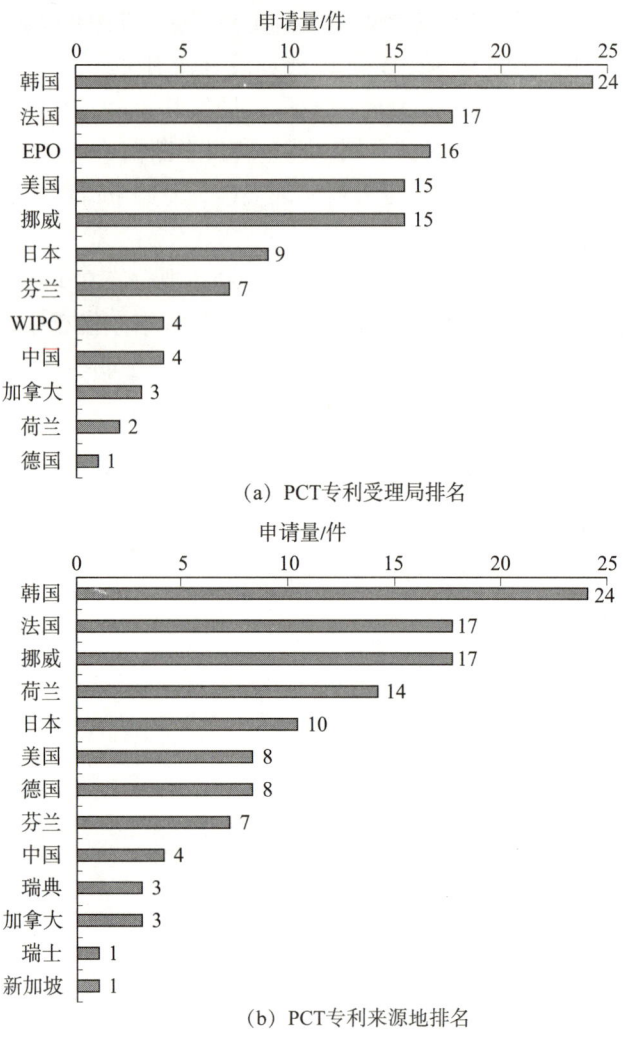

图 3-2-6　绝热技术领域 PCT 专利申请分布情况

进一步对 PCT 专利来源地分析，其中，对于来自法国的申请人，主要是 GTT 公司布局数量最多，几乎占法国地区的 88%。来自挪威、荷兰的 PCT 专利申请人虽然在数量上排名靠前，但是其最近 3 年内没有申请，挪威籍申请人最近的 PCT 专利申请停留在 2015 年，荷兰籍申请人最近的 PCT 专利申请停留在 2014 年。来源地为中国的 4 件 PCT 专利申请中，1 件于 2016 年提出，另外 3 件于 2017 年提出。

对于绝热技术领域的 117 件 PCT 专利中，有 2 件被引用次数高达 11 次。第一个是法国 GTT 公司于 2009 年 10 月提出的 WO2010055244，该专利技术方案涉及一种用于运输或储存由液化气体组成的液体船舶或浮动支承体，截至 2018 年 10 月，已先后进入的国家或地区有中国、EPO、印度、日本、菲律宾、韩国和俄罗斯。第二个是挪威申请人

TI MARINE CONTRACTING AS（TI 海洋收缩联合股份有限公司）和 SØRENSEN，ANSTEIN 联合申请的 WO2014023324A1，涉及一种制造隔热板的方法以及应用该隔热板的液化天然气储罐，权利要求具有 17 项，且有 4 个独立权利要求，在一定程度上反应该技术方案保护范围较广，截至 2018 年 10 月，已先后进入韩国和日本。

3.2.4 技术分析

3.2.4.1 技术构成分析

绝热技术领域的专利技术主要分为堆积绝热技术、真空绝热技术和结构改进类绝热技术。堆积绝热技术的主要技术创新目的在于增强的绝热的材料的结构强度和使用寿命，并且创新改进集中在低温容器外表面的结构创新改进。由于堆积绝热技术所采用的低温容器是单层结构，结构简单，可以使用在 $500m^3$ 以上的 LNG 储运设备中，因此虽然其漏热较大，但仍是目前重点研究和改进的一个绝热技术分支，相关专利申请达 424 项，仅次于结构改进类绝热技术的申请量。结构改进类绝热技术主要技术创新在于罐体结构的改进，通过内外支撑构建的改进、绝热结构的改进、密封结构的改进等来降低漏热率，其改进技术通常可用在堆积绝热技术和真空绝热技术上，相关专利申请达 693 项。而真空绝热技术按绝热原理的不同，分为高真空绝热技术、真空粉末绝热技术和高真空多层绝热技术三种。高真空绝热技术的主要技术创新在于其支撑结构的创新和改进，用以增强罐体结构的强度、降低传热等效果；由于其绝热效果一般、制造难度大，使用时需配置高真空机组，因此该技术领域研发投入较少，相关专利申请仅为 23 项。真空粉末绝热技术的绝热性能与高真空绝热技术的绝热性能接近，但其容易制造，使用时只需配置低温真空机组，因此其市场需求较高，研发投入较多，相关专利申请为 64 项。高真空多层绝热技术的绝热效果是目前绝热技术中效果最好的，达到 $10^{-5} \sim 10^{-4}$ 量级级别，但其制作难度大，目前多使用在 $5m^3$ 以下的小型储运设备中；主要技术创新在于提高液货舱强度和增大容量等，目前有采用高真空多层绝热代替真空粉末绝热的趋势，相关专利申请达 219 项（参见图 3-2-7）。

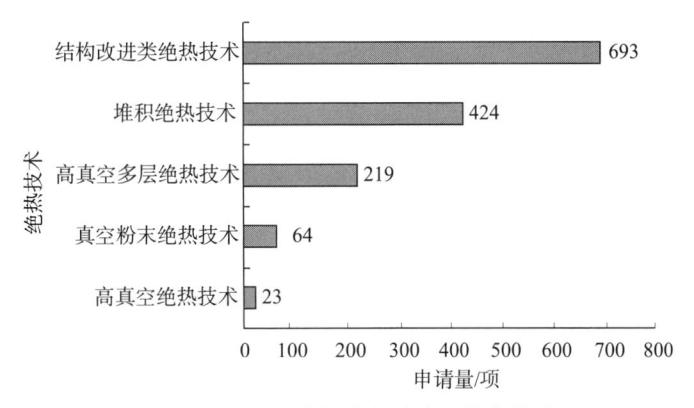

图 3-2-7 绝热技术领域专利技术构成

（1）结构改进类绝热技术

结构改进类绝热技术近年来得到极大的发展，从第 3.2.3.2 节（见图 3-2-28 绝热技术领域全球专利申请趋势,在本书正文第 75 页)可以看出,结构改进类绝热技术从 2005 年开始有明显上升,到了 2008 年以后,以远超其他绝热技术分支的增长率或数量在发展。

结构改进类绝热技术研究的主要是液货舱的通用绝热技术,其技术一般都可用在堆积绝热技术和真空绝热技术上。目前,该领域的技术改进点主要集中在于罐体结构的改进,通过内外支撑构建的改进、绝热结构的改进、密封结构的改进等来降低漏热率。

根据专利申请的同族数量、申请人重要程度、技术相关度以及被引频次考量,筛选出以下 6 件代表专利,专利详细信息请见表 3 - 2 - 1。

表 3 - 2 - 1 结构改进类部分专利

序号	公开号	申请人	优先权	同族国家/地区	被引次数
1	KR100325441B1	GTT	FR1998009486 FR1999007254	CN、DE、ES、FR、IT、JP、KR、PL、TW、US	7
2	JP3906118B2	GTT	FR2001008592	CN、DE、DK、ES、FI、FR、IT、JP、KR、PL、TW、US	0
3	US7562534	普莱克斯技术有限公司	US11386677	BR、CA、CN、DE、EP、ES、KR、TW、US、WO	3
4	FR2991748B1	GTT	FR12055175	AR、AU、BR、CA、CN、EP、ES、FR、HR、IN、KR、PH、PL、PT、RU、SG、TW、US、WO	0
5	KR1020160036837A	大宇造船	KR1020140128954	CN、EP、KR、SG、US、WO	0
6	US20170144733A1	大宇造船	KR1020140083669 KR1020140083671	CN、EP、KR、SG、US、WO	0

注:表中 TW 指中国台湾,下同。

专利 KR100325441B1 是 GTT 于 1999 年 7 月 16 日在韩国提出的申请,见图 3 - 2 - 8。该专利涉及船体的支撑构建的改进,具体来说,是一种主障壁与承载结构之间有连接,但热传递极低的一种结构,以达到同时提高绝热性能和抗冲击性能。该专利共有 21 个 INPADOC 同族申请,国家/地区包括中国、中国台湾、韩国、日本、法国、德国、意大利、波兰、西班牙和美国。在密封绝热柜中装入承载结构,密封绝热柜有两连续密封隔板,——是主隔板,与密封绝热柜内所盛产品接触,另一是辅助隔板,放在主隔板与承载结构当中,这两密封隔板与两绝热隔板交替安排,主要密封隔板由薄金属片组成,机械固定,紧靠主绝热隔板,辅助隔板和主绝热隔板主要由一组预制板组成,机械固定到承载结构上,但不是黏合连接,每块板连续包括第一刚性板,组成板的底部;第一绝热层支承在上述底板上,一起组成辅助绝热隔板部分;第二绝热层,部分覆盖上述第一层；还有第二刚性板，形成板盖，覆盖第二绝热层，与上述第二板组成主绝热隔板部分，两相邻板主绝热隔板部分之间接合区填充绝热砖，各砖由盖有刚性板的绝热层组成，绝热砖刚性板和板的第二刚性板构成几乎是连续的壁，能够支持主要密封隔板，辅助绝热隔板部分之间接合区用绝热材料制的接合填密件填满，密封隔板在两相邻板接合区达到连续性采用不透气、不渗液体的挠性带，它至少包括一可变形连续薄金属片，每条带侧面朝向辅助绝热隔板，一方面条带侧向边缘区紧密连接一块板的辅助绝热隔板部分，另一方面，条带相对侧向边缘区紧密连接相邻板的辅助绝热隔板部分，从而使条带中心区盖住两辅助绝热隔板部分之间接合区，相对于绝热砖（上盖）和绝热接合部（下垫）可以自由弹性变形和/或伸长，将板固定，紧靠承载结构的壁，限制与壁平行平面自由运动。挠性接合带的容许伸长度使有可能消除或大大降低辅助密封隔板作用到承载舱壁的牵引力和拉应力，这种力是由于密封绝热柜致冷或货物移动，涌浪使船体变形作用产生的。上述改进使得密封绝热柜的辅助隔板和主绝热隔板由一组预制板组成，避免因应力集中板间接合区而出现的问题。

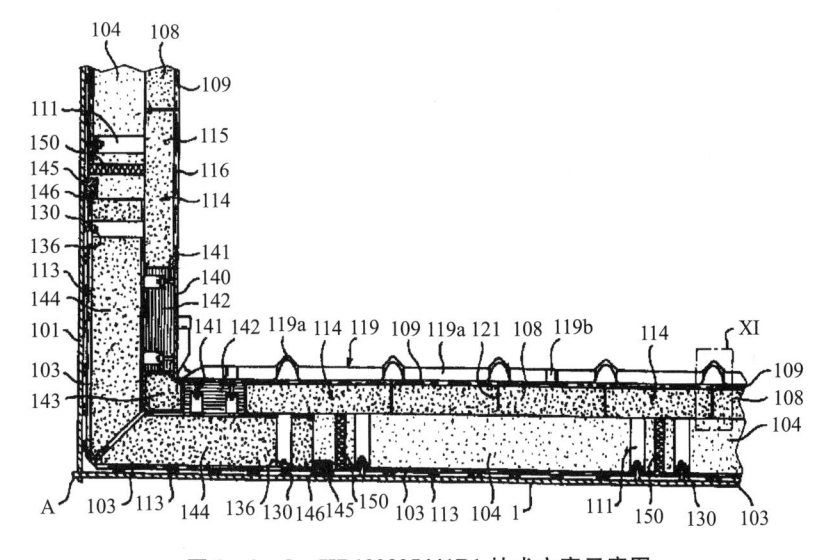

图 3-2-8 KR100325441B1 技术方案示意图

专利 JP3906118B2 为 GTT 于 2002 年 6 月 26 日在日本申请，该专利涉及对一种具有双隔热层的防水隔热容器的改进。如图 3-2-9 所示，该专利公开的技术方案记载了由固定到壁上的面板形成并能够固定一个第一防水层的第二绝缘和防水层及第一绝缘层，防水隔层包括：设置在每个宽度可变的壁上的一个或多个大体为平面状且由膨胀系数较低的薄片制成的中央板条，这些板条沿纵向排列，而且每个板条都被固定到位于其下方的面板上，平行于宽度可变的壁的连续板条被固定在下方的面板上并以防水的方式固定到中央板条的端部上，这样就使作用在连续板条的纵向上并由容纳在所述容器中的产品的热收缩和/或静压力或动压力产生的拉力通过中央板条至少部分传递到支承结构上，从而提高主隔层的隔热性能。

专利 US7562534 由普莱克斯技术有限公司于 2006 年 3 月 23 日提出，该专利涉及在

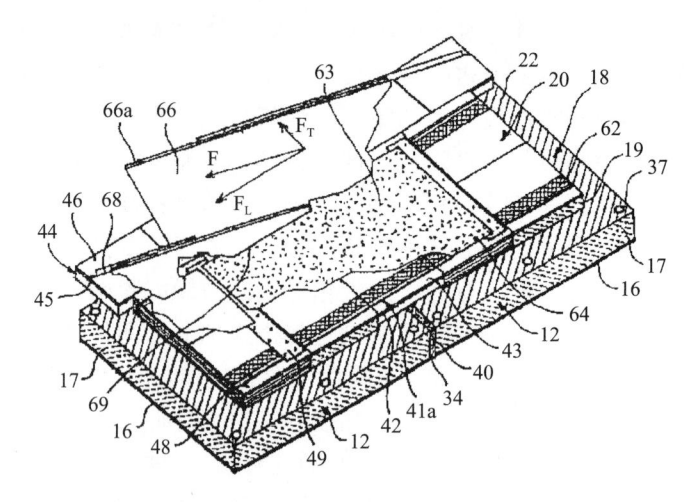

图 3-2-9　JP3906118B2 技术方案示意图

真空夹层中的隔离物质的改进。该改进是针对现有技术中，使用泡沫体隔离需要精心地对泡沫体隔离进行密封，以防水的渗入将使其快速退化的缺点。如图 3-2-10 所示，该专利采用以下方法形成低温隔离，减小气体传导/对流并且其寿命期较长，相对地不敏感于真空的损失。低温隔离方法为提供隔离空间，该隔离空间包括气凝胶，并通过内壁和外壁限定；对含有气凝胶的隔离空间进行至少一个加压和至少一个减压，其中加压包括提供可凝性气体到含有气凝胶的隔离空间；以及将含有气凝胶的隔离空间的至少一个壁冷却到小于 190K 的温度。"可凝性气体"指的是在冷环境下具有显著低于通过在隔离空间的平均温度下采用理想气体定律所料到的压力的蒸气压力的气体。通常，这是由从气体到固体进行相变的可凝性气体而造成的。但是，气凝胶隔离具有极高的比面积，并且在冷却到低温时能够吸收一定量的气体。

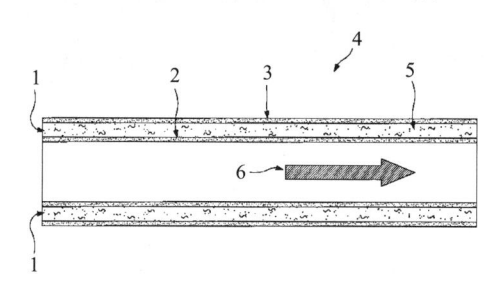

图 3-2-10　US7562534 技术方案示意图

专利 FR2991748B1 由 GTT 于 2012 年 6 月 1 日在法国申请。该专利的 INPADOC 同族分布在多达 20 个国家/地区。如图 3-2-11 所示，该专利涉及一种密封和隔热容器的结构，含有密封屏障和热绝缘屏障的多层结构，连接到绝缘元件之间的承重墙的挡杆以及在多层结构的厚度方向上延伸从而支撑承重墙上的多层结构，其中横梁连接到挡杆上，从而在每个实例中横梁在位于两绝缘元件之间的接口中的挡杆之间延伸，将绝缘元件中的罩面板连接到横梁，从而通过横梁将该罩面板抵靠在承重墙上，并且将密封屏障连接到横梁,从而通过横梁让绝缘元件中的罩面板抵靠在密封屏障。该容器壁通过多个非耦合的结构元件构成,并使用金属膜来发挥密封作用,热绝缘材料发挥保温功能。

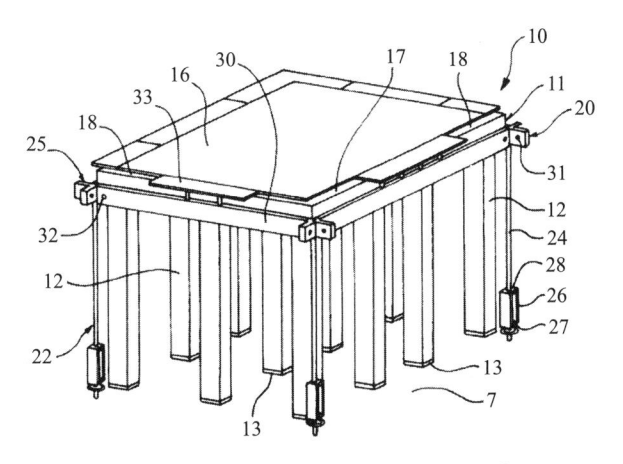

图 3-2-11　FR2991748B1 技术方案示意图

专利 KR1020160036837A,涉及一种对在 LNG 储罐中使用的胶合板降低水分含量的结构,其由大宇造船在 2014 年 9 月 26 日提出,该技术方案增加隔离箱和包含胶合板的隔离板的热导率,同时增加 LNG 储罐的绝热性能以降低储存在储罐中的 LNG 的 BOR。如图 3-2-12 所示,将第二真空软管的一端连接到次级绝热层;将第二真空软管的另一端连接到真空泵;以及操作真空泵以降低次级绝热层的内部压力,其中次级绝热层的内侧被抽成真空以降低在次级绝热层中所包含的胶合板的水分含量。或者,将第一真空软管的一端连接到 LNG 储罐的主绝热层;将第一真空软管的另一端连接到真空泵;并且操作真空泵以降低主绝热层的内部压力,其中可以将主绝热层的内部抽成真空以降低在主绝热层中所包含的胶合板的水分含量,并且在执行用于降低 LNG 储罐的蒸发速率的方法期间,主绝热层的内部压力可以维持高于次级绝热层的内部压力。该项技术后续在美国、中国、新加坡和欧洲也提出了专利申请。

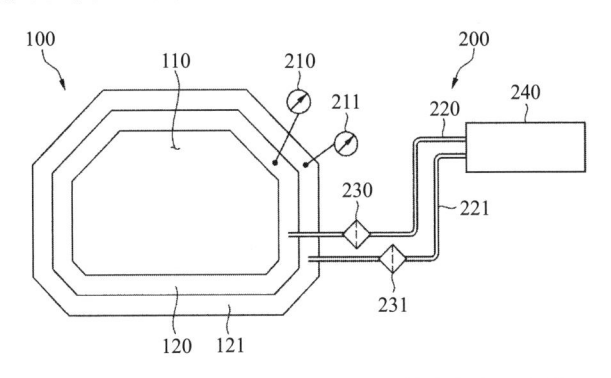

图 3-2-12　KR1020160036837A 技术方案示意图

专利 US20170144733A1 由大宇造船于 2015 年 7 月 2 日提出。该专利也是涉及支撑构建的改进，通过在主绝热壁的边缘处设置绝热壁紧固装置，使得稳定地固定主绝热壁同时。所需的绝热壁紧固装置的数目最少，以减小实物热传递。如图3-2-13所示，第一密封壁与储存在储罐中的LNG接触，以对LNG进行液密密封；第一绝热壁，该第一绝热壁设置在第一密封壁下面，以对LNG进行绝热；第二绝热壁，该第二绝热壁设置在储罐的内壁中，以对LNG进行绝热；多个第一绝热壁紧固装置，所述多个第一绝热壁紧固装置用于将第一绝热壁和第二绝热壁紧固，其中，多个第一绝热壁紧固装置设置在第一绝热壁的顶角处。此外，还可以通过将绝热壁紧固装置设置至主绝热壁的周缘并通过一个绝热壁紧固装置来固定多个主绝热壁。换言之，设置至主绝热壁的拐角的绝热壁紧固装置可以固定四个主绝热壁并且设置至主绝热壁的边缘的绝热壁紧固装置可以固定两个主绝热壁。

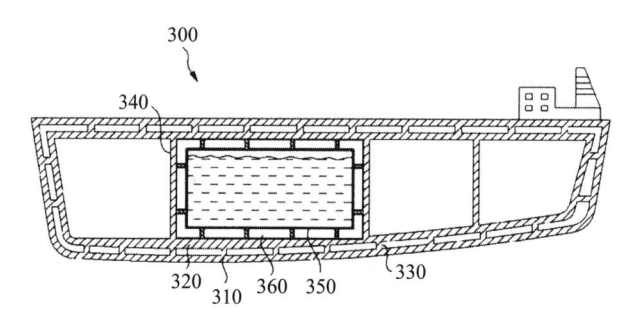

图3-2-13 US20170144733A1技术方案示意图

（2）堆积绝热技术

堆积绝热技术结构较为简单、造价成本较低，并且可用在500m³以上的LNG储运设备中，因此目前使用较为普遍。改进的技术主要集中在支撑结构绝热（热桥绝热的改进），通过改善热缩性提高绝热效果，增加孔洞降低对流传热等。

根据专利申请的同族数量、申请人重要程度、技术相关度以及被引频次考量，筛选出以下6件代表专利，专利详细信息请见表3-2-2。

表3-2-2 堆积绝热技术部分专利

序号	公开号	申请人	优先权	同族国家/地区	被引次数
1	FR3006661B1	GTT	FR13055268	AU、CN、EP、FR、JP、KR、WO	0
2	FR3002514B1	GTT	FR13051569	AU、BR、CA、CN、EP、FR、KR、RU、SG、US、WO	0
3	CN105711756B	江南造船	—	—	0
4	JP6364694B2	三菱重工	JP2014142201	CN、JP、KR、WO	0
5	JP5670225B2	川崎重工	JP2011046664	CN、EP、JP、KR、RU、WO	0
6	CN106958738A	浙江大学	—	—	0

专利 FR3006661B1 由 GTT 于 2013 年 6 月 7 日提出，该专利的 INPADOC 同族已向中国、日本、法国、韩国、澳大利亚以及欧洲等国家/地区提出专利申请。如图 3-2-14 所示，专利 FR3006661B1 涉及对堆积绝热罐体的支撑绝热部的改进；具体地，多个由包含纤维增强型热塑性基质的复合材料制成的支承腹板；在基底面板与覆盖面板之间插入支承腹板，使得基底面板和覆盖面板在壳体的厚度方向上隔开，并且支承腹板在厚度方向上延伸；将支承腹板附接至基底面板和覆盖面板；通过热绝缘填充物对布置在支承腹板之间的多个隔室进行填充；其中，基底面板和覆盖面板中的每一个均包括用于附接支承腹板的至少一个热塑性元件；并且其中，通过在支承腹板与基底面板和覆盖面板的热塑性元件之间的界面区域处执行的热塑性焊接操作，将支承腹板附接至基底面板和覆盖面板。

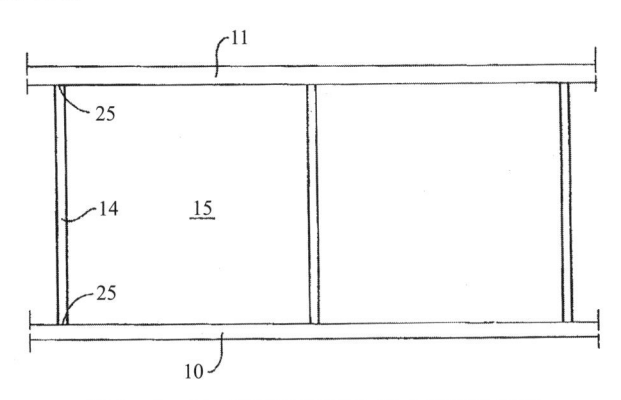

图 3-2-14 FR3006661B1 技术方案示意图

专利 FR3002514B1 由 GTT 于 2013 年 2 月 22 日提出，该专利的 INPADOC 同族分布在美国、中国、法国、俄罗斯、韩国等 11 个国家或地区。如图 3-2-15 所示，专利 FR3002514B1 涉及对密封隔热壁的热缩性能进行改进，以提高不同泡沫隔室之间隔热的连续性。将多个锚定部件附着在支撑结构上；将模块化框架部件安装到支撑结构上，模块化框架部件具有相对于支撑结构突出的形状，并且形状限定了具有支撑结构和多个锚定部件的彼此相邻的隔室，隔室具有与支撑结构相反的开口侧；通过开口侧向所述隔室内喷涂绝缘泡沫，以便形成由喷涂的绝缘泡沫构成的多个绝缘部分；将可压缩绝缘连接部件设置在一压缩位置，在压缩位置它们在所述绝缘部分之间被压缩，并能在绝缘部分缩小时膨胀，以至于确保绝热的持续性。

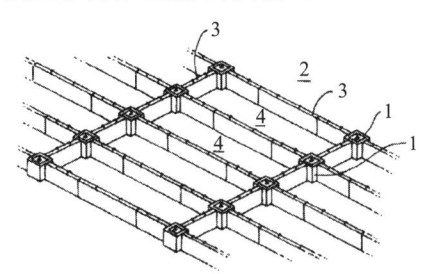

图 3-2-15 FR3002514B1 技术方案示意图

专利 CN105711756B 由江南造船在 2014 年 12 月 3 日提出。该专利申请涉及一种 A 型独立液货舱底面内侧垂向支座绝缘的安装改进方法,该方法针对 A 型独立液货舱底面内侧垂向支座的结构特点,同时采用喷涂发泡材料和灌注发泡材料,因此可以有效地保证绝缘效果,确保绝缘安装的严密,防止液货舱外部的热量传入液货舱内部。A 型独立液货舱的底面内侧垂向支座包括肋板、安装面板、垫木槽和垫木,绝缘的安装方法主要是使用发泡材料将每个底面内侧垂向支座保护起来,防止金属之间的热传递而造成热损耗,步骤包括液货舱和底面内侧垂向支座的表面清理、喷涂防腐层、喷涂发泡材料、通过模腔灌注发泡材料、喷涂保护涂层。

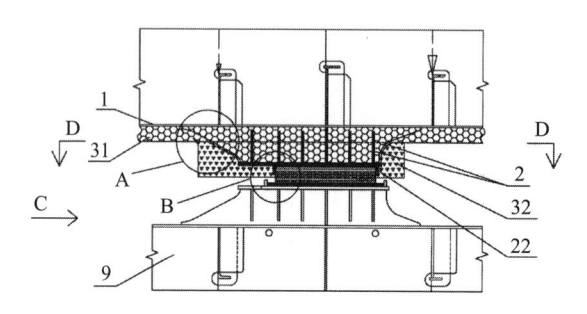

图 3-2-16 CN105711756B 技术方案示意图

专利 JP6364694B2 由三菱重工于 2014 年 7 月 10 日提出。该专利的 INPADOC 同族还包括中国、日本和韩国。如图 3-2-17 所示,专利 JP6364694B2 的技术方案主要涉及容纳储罐支撑结构的改进,其主要改进结构为：以包围储罐的周围的方式支承于罐盖的内周面的隔热体主体,以及经由设置在罐盖的内周面的支承部件来支承隔热体主体,以及具备堵塞储罐的外周面与隔热体主体的下端部之间的绝热材料。上述结构可经由支承部件悬挂于罐盖来支承隔热体主体。可在接近储罐的外周面的位置以从外侧覆盖的方式设

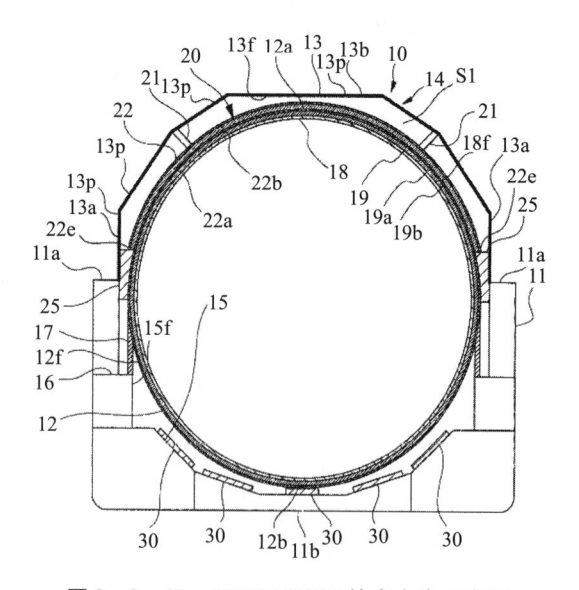

图 3-2-17 JP6364694B2 技术方案示意图

置隔热体主体，因此可确保较高的隔热性，并且，还可抑制储罐的外周面与隔热体主体之间的空间因对流而温度上升。另外，在隔热体主体的下端部附近设置绝热材料，可以设置隔热片（对流抑制部件）。隔热片可通过金属材料、树脂材料等形成。隔热片固定在罐盖的立起部和罐容纳部内的储罐间隔壁等。隔热片以从下方屏蔽构成隔热体主体的基材与储罐的外周面之间的空间的方式设置于隔热体主体的下端部。通过设置这种隔热片，可抑制空气因对流从储罐的外周面与隔热体主体的下端部之间进入，达到良好的绝热效果。

专利 JP5670225B2 由川崎重工于 2015 年 2 月 18 日提出。如图 3-2-18 所示，该专利通过对气罐顶盖凸缘部的结构进行改进，在液化气体的气罐主体部的气罐顶盖向大致水平方向突出的凸缘部；隔着空间覆盖气罐主体部的气罐罩；和设置于凸缘部和气罐罩的上侧开口缘部之间，用于密封空间的膨胀橡胶部的、设置于液化气罐上的气罐顶盖凸缘部的结构中，在凸缘部中至少位于气罐顶盖的侧壁和膨胀橡胶部之间的规定部分上设置有由纤维强化塑料制成的热输入抑制材料部。由于热输入抑制材料部形成在从所述凸缘部的所述规定部分至所述凸缘部的外周缘部的范围内，可以有效地抑制外气的热从凸缘部的外周缘部侧热输入至低温的气罐顶盖侧的热量。另外，凸缘部的 FRP 制成的外周侧部的水平部及垂直部的上部达到大致外气温度。然而，该 FRP 制成的外周侧部的热传导率较小，因此热基本上不会传递至由隔热材料所覆盖的其垂直部的下部及与其结合的连接部，因此该垂直部的下部及与其结合的连接部的温度与气罐顶盖的温度相比稍微高但为低温。而且，凸缘部的金属制成的内周侧部的基端部的温度与气罐顶盖的温度大致相等且为低温。因此，可知外气的热基本上不会通过该凸缘部传递至气罐顶盖。

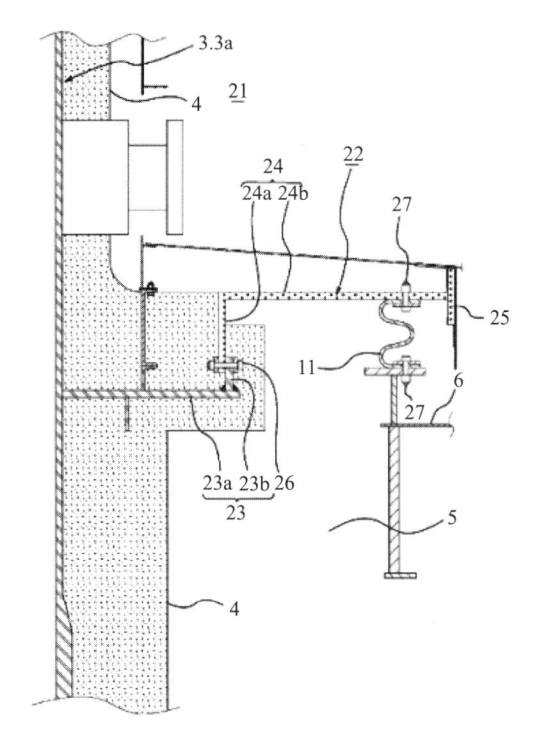

图 3-2-18　JP5670225B2 技术方案示意图

专利 CN106958738A 由浙江大学于 2017 年 2 月 28 日提出。如图 3－2－19 所示，该专利技术主要涉及一种带有多孔介质的低温液体储罐，带有多孔介质的低温液体储罐中多孔介质与壁面接触热阻大，即通过在所述低温储罐罐体内填充多孔介质消除冷热流体对流传热、强化冷热流体导热，从而消除储罐内低温液体热分层。低温储罐罐体由上下椭圆形封头和圆柱形筒体组成，多孔介质填料只布置在低温液体中，多孔介质填料为 5～10 层，每层所含片数为 100～400 片，所有层的总厚度与低温储罐罐体高度的比值 0.1～0.4，间隔距离与低温储罐罐体高度的比值 0.1～0.2。另外，多孔介质填料可为高导热的金属多孔介质/金属自由纤维或金属丝网。

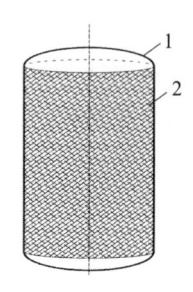

图 3－2－19　CN106958738A 技术方案示意图

（3）真空绝热技术

高真空多层绝热技术和真空粉末绝热技术是基于高真空绝热技术发展而来，高真空绝热技术的优点是结构较为简单和重量轻，但有辐射热交换，绝热性能不是很好，绝热技术瓶颈突破较高，因此技术改进点相对较少，专利申请量也不高。真空多层绝热技术是在真空夹层中装入许多辐射屏，用来减少壁面之间的辐射换热，有效地解决了高真空绝热技术的辐射热交换问题，但结构比较复杂，成本也比较高。真空粉末绝热技术是通过真空夹层中的绝热材料来削弱壁面之间的辐射换热，若在绝热材料中加入一定比例的金属粉末，还可以起到阻光作用，使绝热性能大为提高。

根据专利申请的同族数量、申请人重要程度、技术相关度以及被引频次考量，筛选出以下 6 件代表专利，专利详细信息请见表 3－2－3。

表 3－2－3　真空绝热技术部分专利

领域	公开号	申请人	优先权	同族国家/地区	被引次数
高真空绝热技术	CN205137053U	中国国际海运集装箱（集团）股份有限公司｜南通中集能源装备有限公司｜中集安瑞科投资控股（深圳）有限公司	—	—	5
	CN207438128U	张家港富瑞氢能装备有限公司｜张家港富瑞特种装备股份有限公司	—	—	0

续表

领域	公开号	申请人	优先权	同族国家/地区	被引次数
高真空多层绝热技术	KR100970146B1	三星重工	KR1020080019481 KR1020090000333 KR1020090009676	CN、EP、JP、KR、US、WO	0
	FR3004507A1	GTT	FR13053262	AU、CN、EP、FR、JP、KR、RU、SG、US、WO	2
真空粉末绝热技术	CN203348900U	石家庄安瑞科气体机械有限公司	—	—	2
	CN104712899B	南京航空航天大学	—	—	0

高真空绝热技术中，中国国际海运集装箱（集团）股份有限公司在 2015 年 11 月 19 日申请了一项涉及支撑结构的改进，通过减少罐体的支撑数量来降低热桥传热，从而提高真空绝热性能。该专利的公开号为 CN205137053U，如图 3 - 2 - 20 所示，公开了一种卧式低温储罐，包括内容器、外壳、设置于内容器与外壳之间并分列于储罐轴向两端的前端支撑结构和后端支撑结构；所述前端支撑结构和所述后端支撑结构均具有沿所述内容器周向分布的一个上部径向支撑和两个下部径向支撑；所述上部径向支撑位于所述内容器的顶部；所述下部径向支撑位于所述内容器的水平中轴面以下，两下部径向支撑分列于内容器的纵向中轴面两侧。

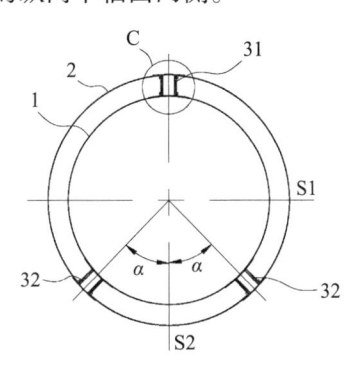

图 3 - 2 - 20　CN205137053U 技术方案示意图

张家港富瑞氢能装备有限公司在 2017 年 7 月 7 日提交了公开号为 CN207438128U 的专利申请，如图 3 - 2 - 21 所示，该申请涉及对立式低温真空容器的支撑结构的隔热性能的改进，立式低温容器包括内胆和外壳，内胆顶部外侧与外壳顶部内侧之间设有封头轴向支撑，内胆底部外侧与外壳底部外侧之间设有钢管玻璃钢支撑。封头轴向支撑包括上组件和下组件，下组件包括固定在内胆顶部外侧的垫板一，垫板一上连接有支撑钢管一，支撑钢管一内侧上下设置两个固定环，两个固定环之间夹持有环形玻璃钢；上组件包括一端穿入固定环和环形玻璃钢的轴向支撑件，外壳顶部设有与所述轴向支撑件另一端固定的通孔，外壳外侧顶部设有封住通孔的封板，轴向支撑件外侧固定有支撑环，支撑环同时通过支撑钢管二与固定在所述外壳内侧顶部的垫板二连接。该专利技术容器封头顶部支撑结构，充分考虑容器气相空间冷能低、传热小的特点，在保证罐体运行稳定性的前提下，最大程度保证了罐体的真空绝热性能；其下部支撑采用支腿玻璃钢双重组合结构的真空支腿，加长了传热路径，最大限度降低综合传热系数，最大程度减小工作介质的静态蒸发率。

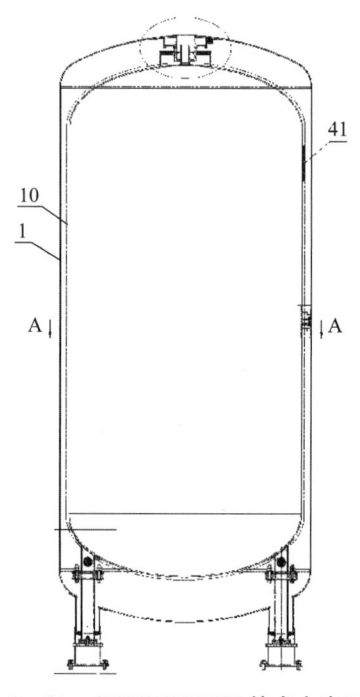

图 3-2-21　CN207438128U 技术方案示意图

在高真空多层绝热技术方面，三星重工最早在 2008 年 3 月 3 日提出了公开号为 KR100970146B1 的专利申请，该专利涉及一种可防止波纹部分形状的坍塌的金属膜，从而增加液化天然气货物的隔热效果。如图 3-2-22 所示，该金属膜片是与具有 -163℃温度的低温状态 LNG 直接接触的，上面设有正交的波纹部，波纹部突出向液货舱内表面，波纹部内填充有加固构件，加固构件可以使用酚醛泡沫（phenol foam）或其他不易燃的泡沫，或者，加固构件可由合成树脂制成，然后被安装进内部为中空的管内，并且与管一起安装进波纹部内侧。

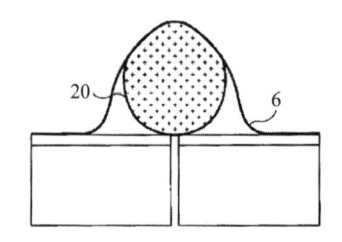

图 3-2-22　KR100970146B1 技术方案示意图

该专利的 INPADOC 同族有 20 个，从 2008 年延续到 2016 年，具体情况如表 3-2-4 所示，该项技术申请国家/地区包括韩国、日本、中国、美国和欧洲，其中 3 件基础专利（申请号为 KR1020080019481、KR1020090000333 和 KR1020090009676）均在韩国提出，然后分别在中国、日本、美国和欧洲提出基于该 3 件专利的其他专利申请，并不断改进技术，保持对该项技术的专用权力。

表 3-2-4　KR100970146B1 的 INPADOC 同族专利情况

序号	公开号	发明名称	优先权	申请日	法律状态
1	KR1020090094505A	Material corrugation to LNG cargo	KR1020080019481	2008-03-03	有效
2	KR100970146B1	Metal membrane of LNG cargo	—	2008-03-03	有效
3	KR101052516B1	Reinforcing member for corrugated membrane, membrane assembly having the reinforcing member and method for constructing the same	—	2009-01-05	有效
4	KR1020100081064A	Reinforcing member for corrugated membrane, membrane assembly having the reinforcing member and method for constructing the same	—	2009-01-05	有效
5	KR101031242B1	Corrugation membrane reinforcement structure of LNG cargo	—	2009-02-06	有效
6	KR1020100090416A	Corrugation membrane reinforcement structure of LNG cargo	—	2009-02-06	有效
7	CN101959752B	LNG 液货舱的波纹膜片的加固构件、具有所述加固构件的膜组件以及构造所述膜组件的方法	KR1020080019481 KR1020090000333 KR1020090009676	2009-03-03	有效
8	CN101959752A	用于 LNG 液货舱的波纹膜片的加固构件、具有所述加固构件的膜组件以及用于构造所述膜组件的方法	KR1020080019481 KR1020090000333 KR1020090009676	2009-03-03	有效
9	EP2261110A2	Reinforcement member for membrane of liquefied natural gas cargo, membrane assembly having same, and construction method for same	KR1020080019481 KR1020090000333 KR1020090009676	2009-03-03	未决

续表

序号	公开号	发明名称	优先权	申请日	法律状态
10	EP2261110A4	Reinforcement member for membrane of liquefied natural gas cargo, membrane assembly having same, and construction method for same	KR1020080019481 KR1020090000333 KR1020090009676	2009－03－03	未决
11	JP5519535B2	Liquefied natural gas cargo tank and the waveform of a reinforcing material for the membrane, the membrane assembly having the same	KR1020080019481 KR1020090000333 KR1020090009676	2009－03－03	有效
12	JP2011512287A	Liquefied natural gas cargo tank and the waveform of a reinforcing material for the membrane, the membrane assembly having the same and method of constructing the same	KR1020080019481 KR1020090000333 KR1020090009676	2009－03－03	有效
13	US20110186580A1	Reinforcing member for corrugated membrane of LNG cargo tank, membrane assembly having the reinforcing member and method for constructing the same	KR1020080019481 KR1020090000333 KR1020090009676	2009－03－03	失效
14	WO2009110728A2	Reinforcement member for membrane of liquefied natural gas cargo, membrane assembly having same, and construction method for same	KR1020080019481 KR1020090000333 KR1020090009676	2009－03－03	—
15	WO2009110728A3	Reinforcement member for membrane of liquefied natural gas cargo, membrane assembly having same, and construction method for same	KR1020080019481 KR1020090000333 KR1020090009676	2009－03－03	—

续表

序号	公开号	发明名称	优先权	申请日	法律状态
16	JP5811477B2	Liquefied natural gas cargo tank and the waveform of a reinforcing material for the membrane, the membrane assembly having the same and method of constructing the same	KR1020080019481 KR1020090000333 KR1020090009676	2014-04-03	有效
17	JP2014132199A	Reinforcing member for corrugated membrane of liquefied natural gas cargo tank, membrane assembly having the same and method for constructing the same	KR1020080019481 KR1020090000333 KR1020090009676	2014-04-03	有效
18	US20150114970A1	Reinforcing member for corrugated membrane of LNG cargo tank, membrane assembly having the reinforcing member and method for constructing the same	KR1020080019481 KR1020090000333 KR1020090009676 WOPCT/KR2009/001035 US12/920446	2014-10-24	失效
19	US20170108169A1	Reinforcing member for corrugated membrane of LNG cargo tank, membrane assembly having the reinforcing member and method for constructing the same	KR1020080019481 KR1020090000333 KR1020090009676 WOPCT/KR2009/001035 US12/920446 US14/522757	2016-10-27	有效
20	US10132446	Reinforcing member for corrugated membrane of LNG cargo tank, membrane assembly having the reinforcing member and method for constructing the same	KR1020080019481 KR1020090000333 KR1020090009676 WOPCT/KR2009/001035 US12/920446 US14/522757	2016-10-27	有效

另外 2 件基础专利均是在 2009 年提出的。在 2009 年 1 月 5 日，在公开号为

KR100970146B1 的专利申请基础上,三星重工提出了公开号为 KR101052516B1 的专利申请。该专利主要涉及对加固构件结构的改进,在加固构件内设置绝热材料可以提高加固构件的绝热性能,并且增加了加固构件的安装结构,如图 3-2-23 所示。该专利作为基础专利之一为三星重工后续相关的 8 件专利申请所用。

在 2009 年 2 月 6 日,三星重工提出了另一件基础的专利申请,该专利申请的公开号为 KR101031242B1。该专利主要在加固构件的内部结构进行改进,形成流动通道,以便实现气密性试验,其结构如图 3-2-24 所示。

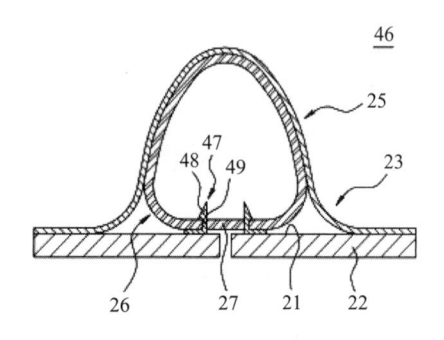

图 3-2-23 KR101052516B1 技术方案示意图　　图 3-2-24 KR101031242B1 技术方案示意图

GTT 在 2013 年 4 月 11 日申请了 1 件涉及高真空多层绝热技术的专利,该专利公开号为 FR3004507A1,专利技术公开了一种密封且隔热的罐,如图 3-2-25 所示,该罐包括在承载结构上的罐壁,所述罐壁包括隔热阻挡层、密封阻挡层和锚固件,所述密封阻挡层包括:布置在隔热阻挡层的第一部分上的第一起伏式金属膜、布置在隔热阻挡层的第二部分上的第二起伏式金属膜,沿着与锚固件的纵向平行的组装边缘位于锚固件的两侧处,第一和第二膜以与边缘相交的第一系列起伏部起伏,以组装与第一膜的第一系列起伏部相关联的末端起伏部分,所述末端起伏部分在横向于第二膜的方向

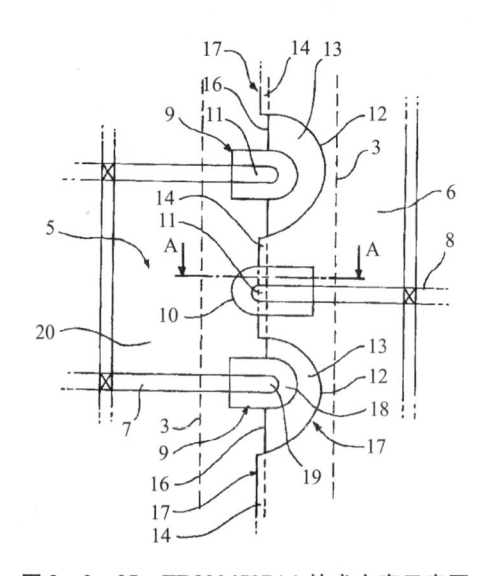

图 3-2-25 FR3004507A1 技术方案示意图

上的组装边缘的方向上延伸到与第二膜的第一系列起伏部相关联的末端起伏部分之外。这样密封膜便可在连接区域中保持柔性，同时保持起伏部的封闭以产生密封作用，从而提高绝热性能。另外，该专利还公开了第一起伏式金属膜和第二起伏式金属膜限定了以角度 α 相交的两个平面，其中，配合的起伏部的中央起伏部包括由折角件分隔的直线形起伏部分，该折角件使中央起伏部的第一部分的方向通过角度 α 转向到中央起伏部的第二部分的方向上。使得在第一起伏式金属膜和第二起伏式金属膜的形成二面体的两个面的连接处保持柔性，加强罐体的绝热性能。

在真空粉末绝热技术中，石家庄安瑞科气体机械有限公司在 2013 年 6 月 8 日提交了公开号为 CN203348900U 的专利申请，该专利涉及对真空粉末绝热方式的卧式储罐夹层绝热层结构的改进，该改进增加了珠光砂的填充量和填充厚度，增强了绝热性能；并且采用绝热纸和铝箔层对传入内罐的热量具有阻碍作用，进一步增强了真空绝热夹层的绝热性能，使储罐绝热系统的性能得以提高。如图 3-2-26 所示，专利技术方案具体为，卧式储罐的结构中包括外壳、内罐和设置于外壳与内罐之间的真空绝热夹层，所述真空绝热夹层的结构中包括缠绕在内罐外壁上的绝热纸和铝箔层以及填充在绝热纸和铝箔层与外壳内壁之间的珠光砂。内罐外壁使用绝热纸和铝箔层代替玻璃纤维棉，其厚度约为 2~3mm、厚度较薄，且使铝箔在最外层，从而使珠光砂的填充量和填充厚度加大；珠光砂导热系数在常压下、温度 77~310K 时的平均值不大于 0.03W/(M·K)，而玻璃纤维棉导热系数约为 1.4W/(M·K)，可见珠光砂绝热性能好于玻璃纤维棉，当珠光砂的填充量和填充厚度加大时，真空绝热夹层的绝热性能增强；而且铝箔具有光反射功能，阻碍热量向内罐传递，这些都大大提高了罐体的绝热性能。

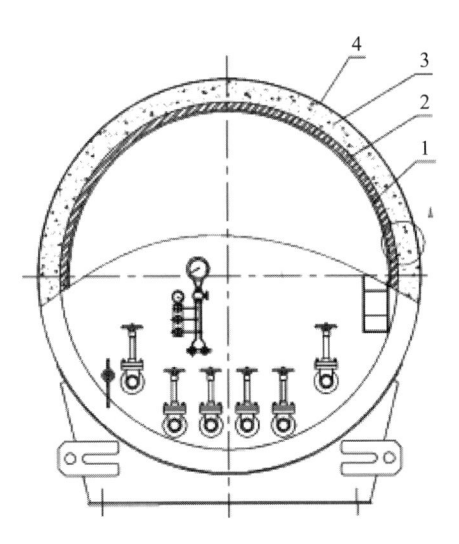

图 3-2-26　CN203348900U 技术方案示意图

南京航空航天大学在 2013 年 12 月 13 日提交了公开号为 CN104712899B 的专利申请，该专利涉及一种真空绝热板保温的深冷液体储运罐，罐体采用双壁夹层结构，如图 3-2-27 所示，罐体经多层材料复合连接而成，由内到外依次是内罐、中间复合保冷层和外罐。内罐的厚度为2~10mm，材质为低合金钢，具有较高的强度和低温冲击韧性，能够盛载一定容量的低温液体。所述的外罐的厚度为2~15mm，材质为不锈钢、铝合金、碳纤维增强树脂基复合材料、玻璃纤维增强树脂基复合材料，可以承受外部载荷，防腐蚀，有效保护内部罐体结构。内罐与中间复合保冷层之间存在有低温胶黏剂的黏接。中间复合保冷层是由真空绝热材料层和聚氨酯泡沫薄层所组成。真空绝热材料层的厚度为2~100mm，是用膜材封装的超薄玻璃棉芯材、超薄玻璃棉芯材与铝箔交替叠层的真空层，层内压力小于100Pa；所述的聚氨酯泡沫薄层厚度为5~50mm，填充在外罐与真空绝热材料层之间的空隙中。该罐体结构能够有效阻止热的三种传递方式，保温绝热效果大幅度提高。

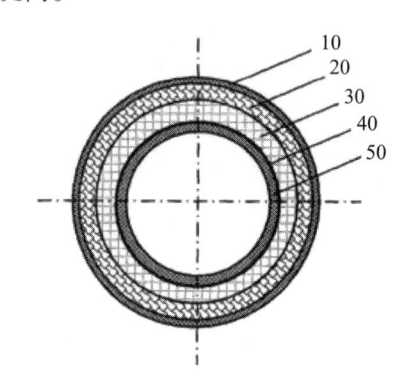

图3–2–27 CN104712899B技术方案示意图

3.2.4.2 绝热技术重点技术专利申请趋势

从各绝热技术重点技术来看，2008年以前各绝热技术重点技术专利申请量较少，且波动性较强，均处于技术发展的萌芽期。

在2008年以后，各绝热技术重点技术均有了不同程度的增长，其中，结构改进类绝热技术的专利申请量明显高于其他绝热技术重点技术，说明改进点主要在于罐体结构改进且可用在其他绝热技术重点技术中的结构改进类绝热技术是目前主要的技术发展方向。其他较为重要的绝热技术重点技术是堆积绝热技术和高真空多层绝热技术。

从图3–2–28可以看出，堆积绝热技术专利申请量近年来平稳增长，而高真空多层绝热技术专利申请趋势则是波动曲线，在2011年到达一个小高峰，专利申请量达24项，之后受到全球造船市场整体低迷的影响，专利年申请量回落到7~9项，之后在2014年又快速回弹，年申请量恢复到21项左右。高真空绝热技术和真空粉末绝热技术的专利年申请量增幅不大，真空粉末绝热技术的最高年申请量为13项，高真空绝热技术的最高年申请量为6项。其中高真空绝热技术的技术瓶颈较大，其绝热性能一般，制作成本高。而真空粉末绝热技术专利年申请量增幅较小，则可能由于高真空多层绝热技术趋于成熟，有替代真空粉末绝热技术导致真空粉末绝热技术研发投入较小所致。

近20年来，各绝热技术重点技术占比情况由大到小排列依次为：结构改进类绝热技术、堆积绝热技术、高真空多层绝热技术、真空粉末绝热技术和高真空绝热技术，分

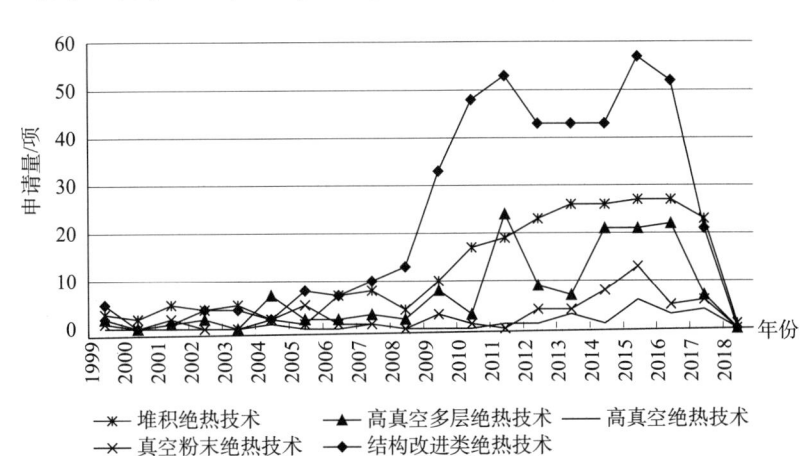

别占比约49%、30%、15%、4%和2%。

图3-2-28 绝热技术领域全球专利申请趋势

3.2.4.3 绝热技术主要分支分布分析

下面针对专利申请量较多的堆积绝热技术、高真空多层绝热技术和结构改进类绝热技术展开分析。

如图3-2-29所示，韩国、中国、日本和法国均为堆积绝热技术、高真空多层绝热技术和结构改进类绝热技术专利申请中的主要来源国家。

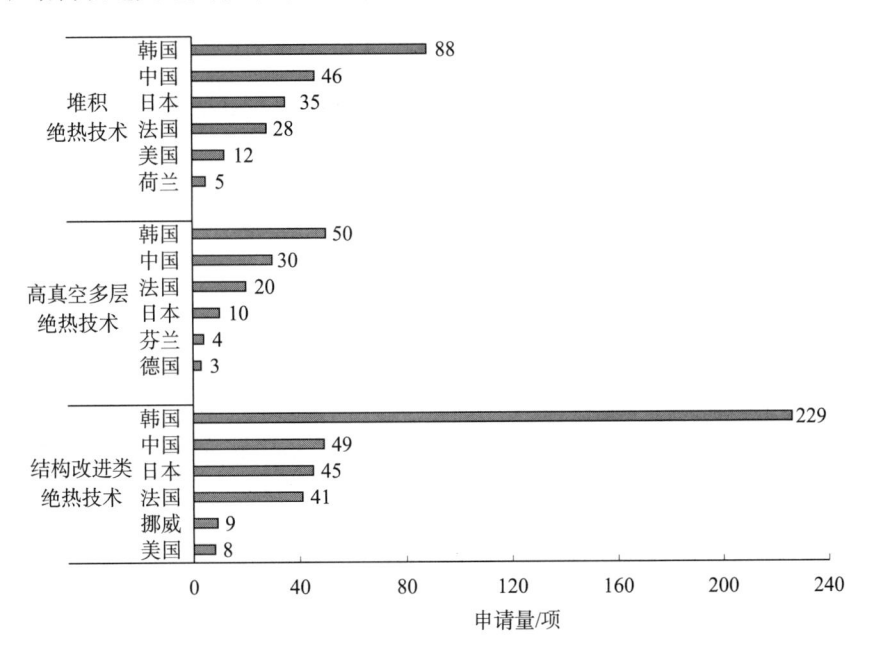

图3-2-29 绝热技术主要分支领域专利来源国家分布

韩国在这三个绝热技术分支的专利申请中位列榜首，且专利申请量远超其他国家的申请人，说明韩国申请人对这三个绝热技术研发投入较大且较为重视这三个绝热技术的发展。专利申请量排名第二位的均为中国申请人,中国申请人的专利申请量与排名第三位、第四位的专利来源地差距不大。中国申请人显然都非常重视在这三个绝热技术分支的研究,专利申请量在30~49项,发展较为平衡。日本申请人较为重视堆积绝热技术和结构改进类绝热技术的研究,专利申请量均位列第三位,分别为35项和45项,而高真空多层绝热技术专利申请量则位列第四位,仅为10项。同样,美国申请人也较为重视堆积绝热技术和结构改进类绝热技术的发展,专利申请量分别在堆积绝热技术位列第五位,在结构改进类绝热技术位列第六位,而高真空多层绝热技术方面则不在榜上。

另外,堆积绝热技术、高真空多层绝热技术和结构改进类绝热技术的来源地较为集中,前六位的技术来源地的专利申请量占各技术分支申请总量的比重均超过60%。

图3-2-30中示出了绝热技术分支领域专利申请受理局分布情况。

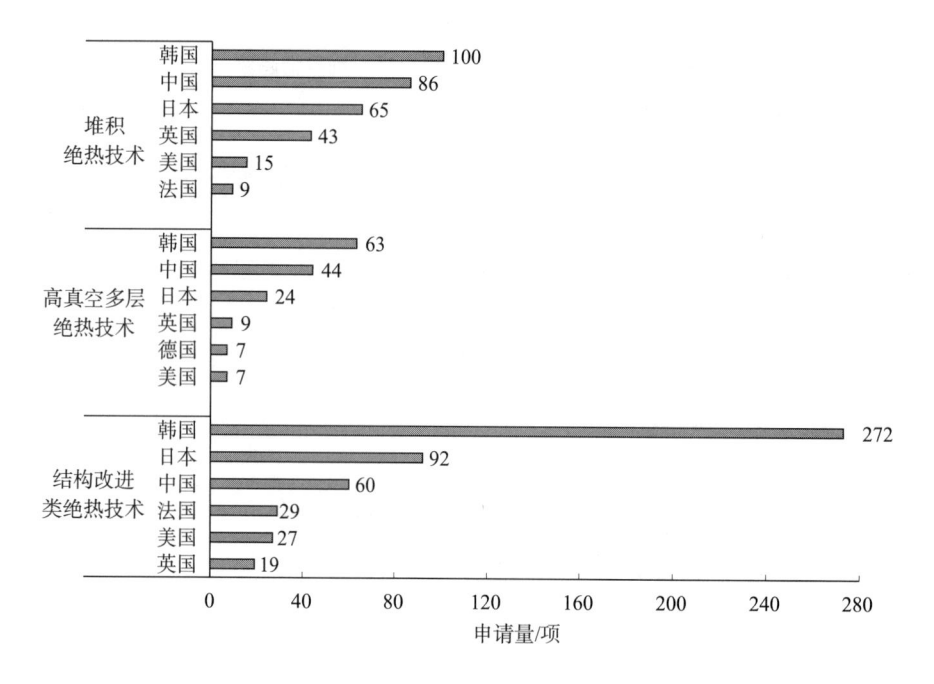

堆积绝热技术:
- 韩国 100
- 中国 86
- 日本 65
- 英国 43
- 美国 15
- 法国 9

高真空多层绝热技术:
- 韩国 63
- 中国 44
- 日本 24
- 英国 9
- 德国 7
- 美国 7

结构改进类绝热技术:
- 韩国 272
- 日本 92
- 中国 60
- 法国 29
- 美国 27
- 英国 19

图3-2-30 绝热技术分支领域专利申请受理局分布

在全球的堆积绝热技术领域、高真空多层绝热技术领域和结构改进类绝热技术领域中,受理局排名情况基本相同。韩国、中国、日本均位列前三位,而第四位到第六位中,排名均有出现的是英国和美国。这与全球LNG/LPG运输船订单量的分布也较为一致,说明专利申请量的分布与全球绝热技术领域应用的市场是趋于一致,专利申请的情况一定程度上反映了市场需求。在韩国的应用市场中,结构改进类绝热技术最受重视,其申请量在三个绝热技术中最高且远超其他国家,这表明韩国非常重视基本的罐体结构研发应用,可能在绝热技术上会有新的突破,应重点关注这部分专利的申请情况。中国市场较为关注堆积绝热技术,专利申请量为86项,远高于高真空多层绝热技术的44项和结构改进类绝热技术的60项。日本市场同韩国市场一样,偏向重于结构改进类绝热技术的专利申请，专利申请量达 92 项，远高于堆积绝热技术的 65 项和高真空多层绝热技术的 24 项。

此外，堆积绝热技术、真空多层绝热技术和结构改进类绝热技术的前六位受理局的专利申请量占各技术分支申请总量的比重在 86%～90%，专利申请分布高度集中，表明这三个绝热技术分支的应用市场高度集中。

3.2.4.4 绝热技术主要分支申请人分析

图 3-2-31 中分别示出绝热技术主要分支的堆积绝热技术、高真空多层绝热技术和结构改进类绝热技术排名前八位的申请人。排名中可以看出，在三个绝热技术子分支中，法国 GTT 的申请量均位列榜首且其有效专利和未决专利均占比较大，表明 GTT 在此三绝热技术子分支中专利申请活跃度较高，近年来应有持续的研发投入。其中 GTT 在结构改进类绝热技术专利申请量最大，远高于堆积绝热技术和高真空多层绝热技术，但未决状态的专利量中，高真空多层绝热技术和结构改进类绝热技术的数量持平，表明近年来高真空多层绝热技术也是该公司的研发重点。

技术分支	申请人	失效	未决	有效
堆积绝热技术	GTT/法	8	10	21
堆积绝热技术	大宇造船/韩	12	8	12
堆积绝热技术	壳牌公司/荷	26	1	0
堆积绝热技术	三星重工/韩	6	11	9
堆积绝热技术	麦克唐纳/美	24	0	0
堆积绝热技术	IHI公司/日	11	0	3
堆积绝热技术	现代重工/韩	5	2	5
堆积绝热技术	中集集团/中	0	3	9
高真空多层绝热技术	GTT/法	14	22	16
高真空多层绝热技术	三星重工/韩	12	6	19
高真空多层绝热技术	大宇造船/韩	9	3	8
高真空多层绝热技术	中集集团/中	2	0	1
高真空多层绝热技术	现代重工/韩	5	1	2
高真空多层绝热技术	IHI公司/日	2	0	0
高真空多层绝热技术	壳牌公司/荷	5	0	0
高真空多层绝热技术	NKK公司/日	4	0	0
结构改进类绝热技术	GTT/法	39	22	44
结构改进类绝热技术	大宇造船/韩	29	25	37
结构改进类绝热技术	三星重工/韩	21	3	66
结构改进类绝热技术	现代重工/韩	18	5	7
结构改进类绝热技术	IHI公司/日	11	0	6
结构改进类绝热技术	壳牌公司/荷	14	0	1
结构改进类绝热技术	川崎重工/日	6	2	5
结构改进类绝热技术	三菱重工/日	9	0	2

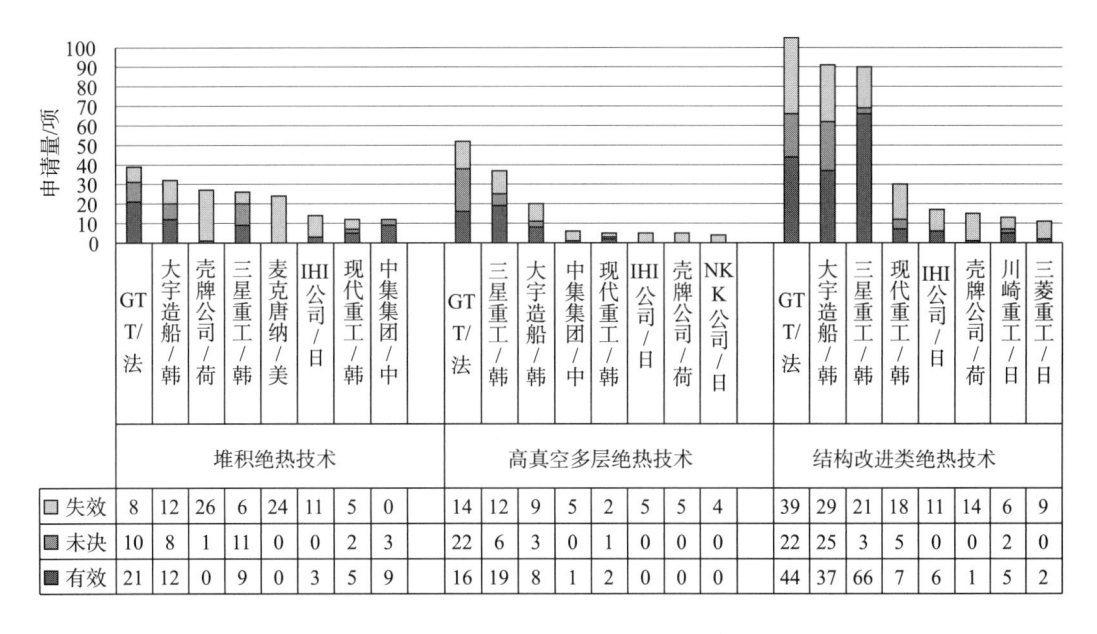

图 3-2-31 绝热技术主要分支专利申请人排名

另外，在三个绝热技术子分支中，均有三家韩国公司位列排名内，为大宇造船、三星重工和现代重工。对比这三家公司在三个绝热技术分支中的专利申请量可以发现，这三家公司主要专利申请在结构改进类绝热技术领域，其次大宇造船和现代重工的专利申请在堆积绝热技术领域较多，而三星重工则在高真空多层绝热技术领域较多；三星重工虽然相对于大宇造船和现代重工在结构改进类绝热技术领域的有效专利拥有量最高，但未决专利却是最少，只有 3 项专利，而在堆积绝热技术和高真空绝热技术则分别有 11 项和 6 项专利在未决状态，可能该公司近年来的研发重点有所转移，对于结构改进类绝热技术研发投入较少。

荷兰的壳牌公司在绝热领域涉及的专利申请较早，但在近20年来在该领域几乎没有专利申请，该公司应是已退出该领域。

日本公司也是更为注重在结构改进类绝热技术领域的发展。在结构改进类绝热技术的专利申请排名中，日本公司有3家上榜，分别为IHI公司、川崎重工和三菱重工。而在高真空多层绝热技术的专利申请排名中，日本的IHI公司和NKK公司分别上榜，但IHI公司和NKK公司在高真空多层绝热技术领域的专利均处于失效状态。在堆积绝热技术的专利申请中，仅有IHI公司一家公司上榜，该公司在堆积绝热技术领域的有效专利为3项。

在三个绝热技术领域申请人排名中，只有堆积绝热技术和高真空多层绝热技术中出现中国公司，即中集集团，但其在高真空多层绝热技术领域的5项专利处于失效状态，而在堆积绝热技术领域则有专利12项，其中9项为有效专利，3项专利在未决状态。

该三个绝热技术的技术集中度都较高，排名前八位申请人的专利申请量占总申请量均超过50%。

从以上申请人分析可以看出，在堆积绝热技术领域的重点申请人分别为GTT、大宇造船、三星重工、现代重工和中集集团；在高真空多层绝热技术领域中，重点申请人有GTT、三星重工、大宇造船和现代重工；在结构改进类绝热技术领域中，重点申请人分别为GTT、大宇造船、三星重工、现代重工、川崎重工和三菱重工。下面对该三个绝热技术分支领域的重点申请人申请趋势进行分析。

如图3-2-32所示，在堆积绝热技术领域中，重点申请人基本都是在近10年开始在该领域有持续的专利申请。其中，GTT、大宇造船、三星重工和中集集团是该领域近年来技术输出的主力；但在近年来，GTT的专利申请量呈现递减状态，由2013年的年申请量10项递减到2017年的年申请量2项。

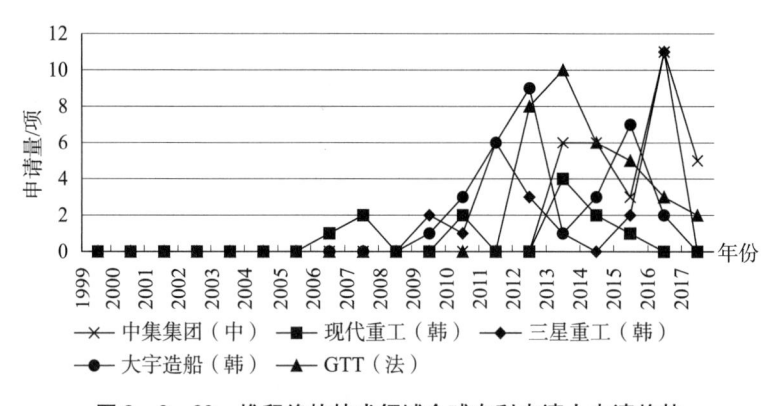

图3-2-32 堆积绝热技术领域全球专利申请人申请趋势

从图3-2-33可以看出，在高真空多层绝热技术领域中，GTT近年来专利申请量迅速增加，在2016年达到年申请量11项，其他近年来的主力技术输出企业有三星重工和大宇造船。

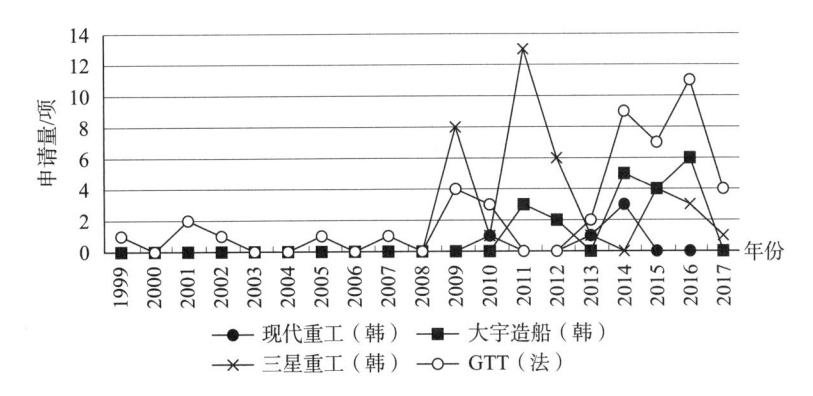

图 3 – 2 – 33　高真空多层绝热技术领域全球专利申请人申请趋势

从图 3 – 2 – 34 可以看出，在结构改进类绝热技术领域中，三菱重工的申请量非常少，近 20 年仅申请了 4 项专利；而 GTT 则在近 10 年间持续申请专利，共申请专利 99 项；另外大宇造船和三星重工近 10 年来专利申请量也比较大，分别为 89 项和 90 项。

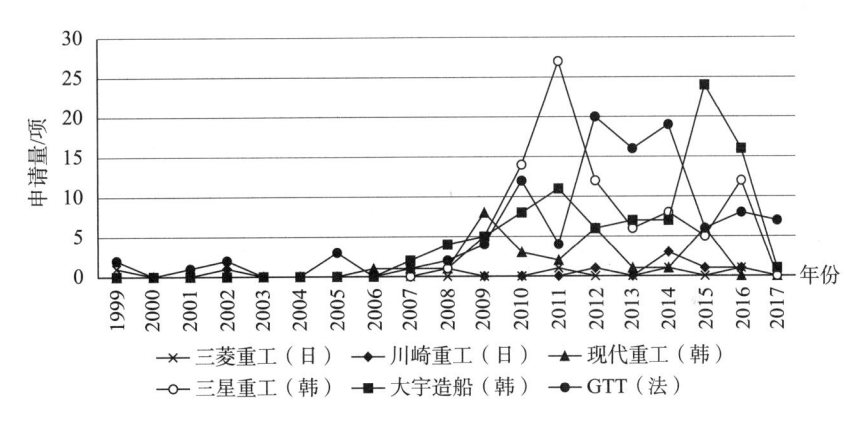

图 3 – 2 – 34　结构改进类绝热技术领域全球专利申请人申请趋势

3.2.4.5　绝热技术重点专利

本小节根据专利的被引证次数的统计，该技术领域里被引证次数超过 30 次的专利共有 13 件，这些专利绝大部分是该技术领域的国外企业，申请年份主要集中在 1960 ~ 1995 年，其中有 11 件专利已经失效，可以无偿使用，仅有 2 件专利仍然有效。

2000 年以后的专利文献由于距今时间不长，所以被引证次数在 5 次以上的专利很少，大多数专利的被引证次数集中在 2~3 次，对于这些专利同时结合同族国家数量、专利申请人、专利有效性、优先权和权利要求数量等因素。

根据专利申请的同族数量、被引频次、申请人重要程度和诉讼情况等方面来考量和筛选重点专利，具体筛选方法参照附录 1，根据筛选方法具体筛选出以下重点专利，共 40 件重要专利文献，该 40 件专利详细信息如表 3 – 2 – 5 所示，其中公开号为 US4162341、US4088723、US3993213、US3112043 和 JP2003042394A 的专利技术主要涉及堆积绝热技术领域；公开号为 US5450806、JP5242217B2、FR2724623A1、CN1182003C、KR101280332B1 和 KR101280527B1 的专利技术主要涉及高真空多层绝热技术领域；FR2887010A1、US9518700、US7344045、US6675731、KR100644217B1、JP5269778B2、EP2157013B1、KR101345809B1、KR101225180B1、KR101012644B1、KR100325441B1、JP3175526U 和 JP5076779B2 的专利技术主要涉及结构改进类绝热技术。

表3-2-5 绝热技术领域重点专利列表

序号	公开号	申请人	优先权	同族国家/地区	被引次数
1	US6503584	MCALISTER ROY E	US09370431 US08921134	US	126
2	US5586513	GAZTRANSPORT TECHNIGAZ	FR94011165	US、TW、DE、IT、KR、FR、JP	86
3	US5450806	GAZ TRANSPORT	FR93010721	IT、DE、JP、KR、FR、TW、US	50
4	US4496073	UNIV JOHNS HOPKINS		US	69
5	US4162341	SUNTECH	US05500966	US	47
6	US4088723	SUNTECH	US05500966	US	33
7	US4041722	PITTSBURGH DES MOINES STEEL	—	US	65
8	US3993213	MC DONNELL DOUGLAS CORP	—	US、JP、BE、GB、NO、SE、DE、FR	31
9	US3112043	CONCH INT METHANE LTD	—	FR、NL、BE、GB、US、DE、DK	38
10	US3064612	MARYLAND SHIPBUILDING AND DRYD	—	US	39
11	JP5242217B2	FURUKAWA ELECTRIC CO LTD；OIL GAS AND METALS NATIONAL AGENCY	—	JP	31
12	FR2724623A1	GAZTRANSPORT ET TECHNIGAZ	—	US、TW、IT、JP、KR、DE、FR	82
13	FR2887010A1	GAZTRANSPORT ET TECHNIGAZ	—	FR	31
14	US9518700	GAZTRANSPORT ET TECHNIGAZ	FR12059622	US、RU、CN、FR、IN、AU、JP、KR、WO、BR、EP、SG	4

续表

序号	公开号	申请人	优先权	同族国家/地区	被引次数
15	US7344045	WESTPORT POWER INC	CA2441775	IN、AU、CN、GB、US、WO、CA	15
16	US6675731	GAZ TRANSPORT TECHNIGAZ	FR01008592	ES、FI、IT、PL、US、CN、FR、JP、KR、DE、DK、TW	29
17	KR100644217B1	KOREA GAS CORPORATION	KR1020060035743	US、JP、CN、EP、KR	16
18	JP6250139B2	GUITAR TRANSMISSION TECHNOLOGY	FR13053322	US、AU、CN、PT、RU、WO、EP、FR、JP、KR、ES、IN、SG	3
19	JP5165068B2	SAMSUNG HEAVY IND CO LTD	KR1020080028727	CN、WO、JP、RU、CA、KR、US	2
20	JP5269778B2	ENGINEERING TANKER AKUTI ANGELES TURNIP508374047	NO20062869	JP、RU、EP、IN、KR、WO、CN、DK、MY、NO、AT、DE、ES	2
21	JP5367983B2	CHUGOKU MARINE PAINTS LTD-390033628	JP2005306074	JP、CN、EP、IN、KR、WO	2
22	EP2157013B1	DAEWOO SHIPBUILDING MARINE ENGINEERING CO LTD	KR1020080081676 KR1020090036404 KR1020090037864	ES、US、AT、EP、WO、CN	2
23	CN1182003C	GAZTRANSPORT ET TECHNIGAZ	FR00010704A	PL、DE、FR、FI、KR、JP、US、ES、CN、IT	2
24	KR101375257B1	SAMSUNG HEAVY IND CO LTD	—	KR	2
25	KR101412489B1	SAMSUNG HEAVY IND CO LTD	—	KR	4
26	KR101349873B1	SAMSUNG HEAVY IND CO LTD	—	KR	2
27	KR101273923B1	STX OFFSHORE SHIPBUILDING CO LTD	—	KR	2
28	KR101345809B1	SAMSUNG HEAVY IND CO LTD	—	KR	2
29	KR101280332B1	SAMSUNG HEAVY IND CO LTD	—	KR	2

续表

序号	公开号	申请人	优先权	同族国家/地区	被引次数
30	KR101280527B1	SAMSUNG HEAVY IND CO LTD	—	KR	2
31	KR101231636B1	DAEWOO SHIPBUILDING MARINE ENGINEERING CO LTD	—	KR	2
32	KR101264886B1	DAEWOO SHIPBUILDING MARINE ENGINEERING CO LTD	—	KR	3
33	KR101496485B1	HYUNDAI HEAVY INDUSTRIES CO LTD	—	KR	2
34	KR101225180B1	SAMSUNG HEAVY IND CO LTD	—	KR	3
35	KR101012644B1	DAEWOO SHIPBUILDING MARINE ENGINEERING CO LTD	—	KR	4
36	KR100325441B1	GAZTRANSPORT ET TECHNIGAZ	FR98009486 FR99007254	IT、PL、CN、DE、ES、KR、JP、US、TW	2
37	JP3175526U	GAZTRANSPORT ET TECHNIGAZ	FR11052338	CN、KR、FR、JP	6
38	JP5076779B2	IHI CORPORATION99	—	JP	2
39	JP2007261539A	KAWASAKI SHIPBUILDING CORP	—	JP	5
40	JP2003042394A	OSAKA GAS CO LTD；OHBAYASHI CORP；TOYO TIRE RUBBER CO	—	JP	7

注：表中 TW 指中国台湾，HK 指中国香港，下同。

接下来，从表 3-2-5 中选出 3 件专利进行进一步分析。

（1）US6675731

专利 US6675731，于 2002 年 7 月 1 日由法国 GTT 在美国提出，涉及高真空多层绝热技术方面，具体涉及具有纵向立体斜交角的防水热绝缘罐。该专利含有 19 项权利要求，在 12 个国家或地区进行了专利布局，同族专利有美国、意大利、中国、韩国、丹麦、波兰、德国、日本、西班牙、中国台湾、芬兰和法国。截至 2018 年 10 月，该专利及其同族专利在全球被引用 82 次，体现了该技术的重要程度。

如图 3-2-35 所示，US6675731 技术方案中记载一种建造在船只的支承结构内的防水隔热容器，所述支承结构具有多边形的横截面，而且包括多个大体为平面状的刚性壁，该刚性壁通过其纵向边缘相邻接，至少一个所述壁的宽度在其至少部分长度范围内是变化的，支承结构的立体交角由所述宽度可变的壁和倾斜定向的相邻壁形成。该专利技术提高储罐隔热性能，避免传统支承结构具有的许多缺陷，施工更加简单，避免柱子扭曲。虽然专利目前已失效，但是仍可以考虑对该技术进行开发利用。

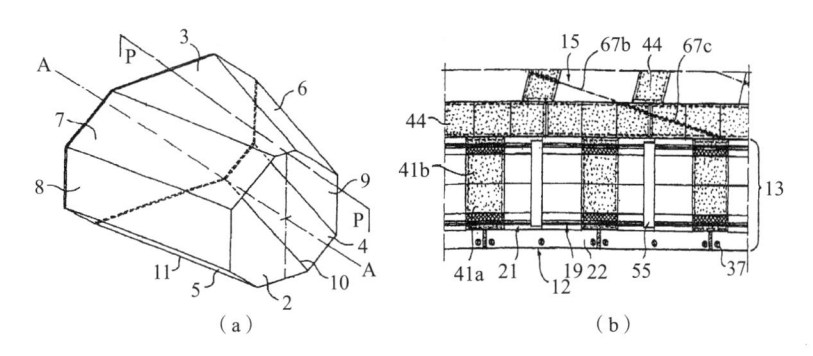

图 3-2-35 US6675731 技术方案示意图

(2) KR100644217B1

韩国 GAS 公社于 2006 年 4 月 20 日申请了专利 KR100644217B1，该专利技术属于高真空多层绝热技术，涉及 LNG 存储罐的隔离结构的改进和这种储罐的制造方法。该技术在 5 个国家或地区申请了专利布局，同族专利有美国、欧洲、日本、中国和韩国。截至 2018 年 10 月 31 日，该专利及其同族专利在全球被引用 50 次，体现了该技术的重要程度。

专利 KR100644217B1 涉及具有改进的隔离结构的液化天然气存储罐，如图 3-2-36 所示，其包括：隔离壁，其安装在贮罐的内壁上；密封壁，其安装在隔离壁的上表面上且直接与液化天然气接触；以及多个锚定结构，其穿过隔离壁而安装在贮罐的内壁上以支撑密封壁。具体而言，密封壁具有邻近的双重密封结构，且密封壁彼此分离。通过简化隔离体和密封壁的结构和密封壁之间的组装机制并改进组装工作来增加密封可靠性，且可通过简化制造结构和过程来减少建造贮罐所花费的时间。

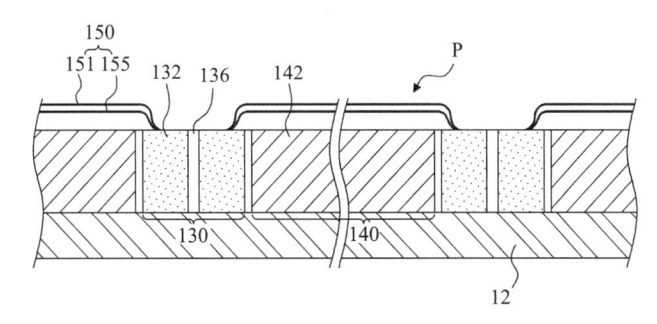

图 3-2-36 KR100644217B1 技术方案示意图

(3) US3112043

专利 US3112043 涉及堆积绝热技术，由康奇国际甲烷公司在 1962 年 3 月 12 日在美国提出。该专利在 7 个国家进行了专利布局，同族专利有丹麦、德国、英国、法国、美国、荷兰和比利时。截至 2018 年 10 月，该专利及其同族专利在全球被引用 47 次，体现了该技术的重要程度。虽然该专利目前已失效，但仍可以考虑对该技术进行开发利用。

具体地，如图 3-2-37 所示，专利 US3112043 涉及一种用于储存低温液体的容器，特别是用于储存液化天然气的容器，包括内部刚性壳体，其中隔热板与刚性壳体的内表面间隔开，罐体位于隔热刚性内部外壳，固定在内表面上的固定条，每个面板的外边缘以这样的方式黏接到固定条的内表面上，相邻的面板通过所述固定条相互连接，另外的面板也保持在适当的位置通过固定在壳体内表面上并位于固定条之间的螺柱，在相邻板之间存在的板的内表面方向上加宽的间隙，所述间隙填充有密封材料并且由薄的封闭痂。该专利克服传统容器通常很复杂并且不完全可靠、安装困难、耗时且昂贵的问题。

至 2018 年 10 月，作为最近一次被引用是在 2017 年 5 月 9 日（公开号为 US9803353B2），US9803353B2 由 IHI 公司提出，涉及一种膜锚定机构，其公开的技术方案中记载主要改进点在于，将按压零件固定在被插通到此种贯穿孔的锚，且利用该按压零件按压膜。US9803353B2 的改进使得贯穿孔的位置和按压膜的位置可任意被设定，不影响贯穿孔的形成位置的脚部与锚的安装，且容易将锚配置在可插入到贯穿孔的位置。

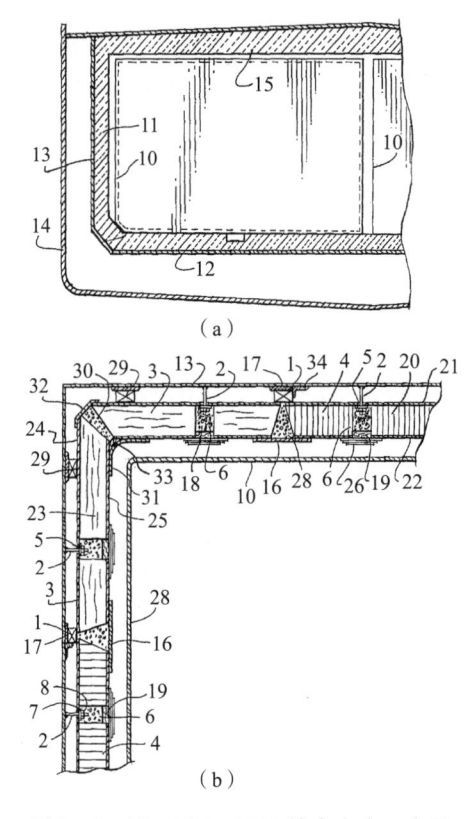

图 3-2-37　US3112043 技术方案示意图

3.3　耐低温技术

3.3.1　技术概况

作为液化天然气船上的液货舱，因其要直接或者间接地承受极低的温度，使用的金属材料不仅要具备一定的强度，还要有足够的低温延展性，也就是不容易脆化，有韧性。最常用的除了金、银、铂等贵金属外，还有较为便宜的镍、铜、铝等以及含有这些金属的合金，但在 LNG 船上用得最多的是 9% 镍钢、铝合金和奥氏体不锈钢。MOSS 球型系统主要金属材料为 9% 镍钢和 5083 铝合金；GTT 的 NO96 型围护系统主要金属材料为 36% 镍钢合金，即因瓦合金；GTT 的 Mark Ⅲ 型围护系统主要金属材料为 304L 不锈钢；SPB 型系统主要金属材料为含镁 4.5% 的 5083 铝合金。

液货舱材料的选用取决于使用的最低温度以及与载运货物的相容性。在考虑选用液货舱材料时最重要的性质是其低温韧性。因为绝大多数金属和合金（除铝外）在低于某一温度时会出现脆裂，表 3-3-1 列出了几种材料的常见特性。

表 3-3-1 液货舱材料特性

材料	热应力 (MPa)	抗拉强度 (N/mm²)	屈服点 (N/mm²)	比重 (kg/m³)	平均热膨胀系数 $-10^{-6}/℃$
9% 镍钢	321.77	≥686.7	≥588.6	7850	9.7
铝合金 A5083	241.33	≥274.7	≥127.5	2660	19.1
奥氏体不锈钢 304、304L、316	472.84	≥519.9	≥206.5	7930	14.1

（1）9% 镍钢，主要组织是铁素体，可在 -196℃ 使用，因强度高、热膨胀率小而在 LNG 储罐中广泛应用。随着热处理技术的进步，淬火回火材料经过调质处理，生成了微细的回火马氏体组织，低温韧性好，屈强比高于二次正火回火材料。9% 镍钢作为耐低温材料的性能非常优越。可加工性和焊接性都比较良好。特别是热膨胀系数，仅为铝合金的一半左右。为了提高其经济性，在炼钢方面，除了采用传统的钢锭法生产工艺之外，几年来又成功地采用了连续铸造的炼钢工艺。

因瓦合金（INVAR，含镍 36%）是一种铁镍合金，热膨胀系数极小，导热系数低，强度、硬度不高，塑性、韧性高，能在很宽的温度范围内保持固定尺寸。这些特殊的材料特性决定了它可以防止船体结构在超低温环境下冷裂，是 LNG 船的关键材料。因瓦合金含有大量的镍，价格十分昂贵，制造困难。GTT 型 LNG 船主次屏壁由成千上万的 0.7mm 厚因瓦合金焊接而成。液货舱不允许任何泄漏，因瓦合金极易生锈和腐蚀，对温湿度要求很高，作业人员的汗水就会造成其腐蚀，因此对焊接工艺要求非常高。只有具备 GTT 认可的手工焊和自动焊证书才可以进行因瓦合金薄膜的焊接操作。

（2）奥氏体不锈钢，它的可焊接性良好，又有很好的耐腐蚀性，与其他材料相比强度较低。但是这种材料的价格较贵，因此一般只作为液货舱的屏壁薄膜。同时，由于它的热膨胀系数比因瓦合金大，故用作液货舱薄膜时一般做成波形结构。

（3）铝合金，作为耐低温用材料，它有优良的特性。由于球形液货舱的结构特点，主要用作支撑裙结构。作为液货舱的使用材料，其广泛性仅次于 9% 镍钢。但是，由于它的热传导系数较高、气割较难。为了确保开口坡度的清洁度和防止铁粉等杂质的混入，在施工工艺和设备的管理方面必须严格。而且它的热膨胀系数较大，在结构设计和工艺上需要进行详尽的考虑。20世纪日本在LNG船舶和LNG储罐的制造中也大量选用了5083铝合金，其中有主体壁结构完全是5083铝合金的LNG储罐，这种铝合金还以其特有的防火性、耐腐蚀性、洁净性和经济性等方面的优点而成为低温储罐顶部结构的重要材料。

3.3.2 技术发展趋势

货物围护系统中使用的耐低温技术专利申请数量不是很多，从图3-3-1可以看出，全球专利申请整体呈现上升趋势，由于专利申请数量较小，所以从图中看来基本处于波动状态。货物围护系统用耐低温材料主要有因瓦合金、9%镍钢、不锈钢和铝合金。21世纪以前专利申请量较为稳定，进入21世纪以来，随着液化石油气和液化天然气的需求迅速增大，对耐低温技术材料的研究也不断深入，其专利申请量也随之增长。而中国在货物围护系统耐低温技术的专利申请出现在2000年以后，相对来说起步较晚，专利申请量也基本维持在每年两三项左右，近几年略有增加但也没有达到10项，说明中国在此领域不具有技术优势。目前中国企业在因瓦合金领域也投入了大量研究，国产因瓦合金取得了GTT的认证，有望打破由国外公司垄断供货的局面。

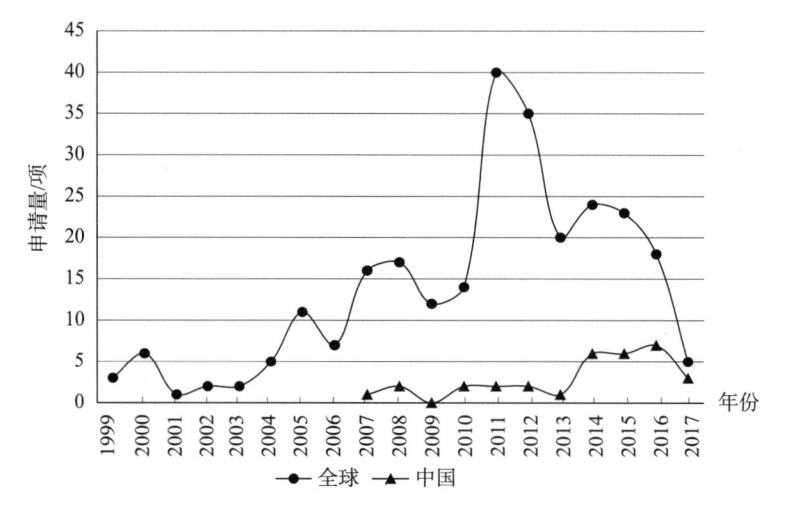

图3-3-1 耐低温技术全球、中国专利申请趋势

在耐低温材料中，因瓦合金非常重要，也是对技术要求非常高的材料。因瓦合金特有的低膨胀性能，使其在液化天然气运输船及储罐中得到广泛的应用，如果采用因瓦合金作为罐体材料，可以有效抵御高温照射、低温环境、昼夜温差带来的罐体体积变化和焊缝开裂的危险。因瓦合金被发现近100年来，从种类、性能、应用领域等方面得到很大提高。中国也于19世纪50~60年代研制出4J32和4J36因瓦合金。

如图3-3-2所示，在全球耐低温技术的专利申请中，目前有效专利125项，占比约为45%，失效专利128项，占比约为46%，处于未决状态的专利申请24项，占比约为9%。失效专利主要由于未缴年费、放弃、期限届满、撤回、驳回等。通过全球耐低温技术专利的法律状态可以看出，在耐低温技术领域，技术研发活跃度并不是很高，这与液化气体船的储罐和包覆运输管道的耐低温保温材料长期被国外垄断有一定的关系。由于耐低温材料使用温度为 -163℃，研制的技术难度较大，因此在这方面的技术研发并没有普及，还是相对垄断的状态。2017 年中国企业宝钢特钢公司成功研发出 LNG 运输船用因瓦合金并获得 GTT 的认证，成为全球第二家可供应薄膜型 LNG 运输船用因瓦合金的合格供应商，打破了全球垄断的局面。

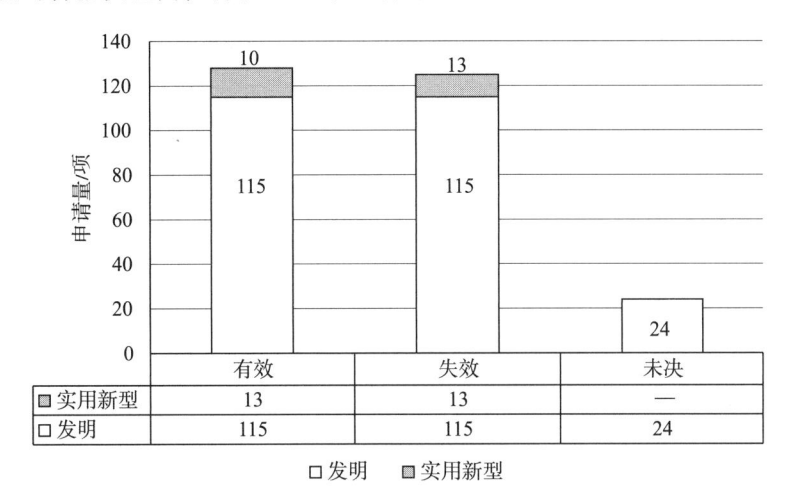

图 3 - 3 - 2 耐低温技术专利法律状态分析

图 3 - 3 - 3 为耐低温技术专利转让趋势情况，从图中可以看出，专利转让整体呈稳定状态，基本维持在 0 ~ 2 件，2007 年专利转让数量最多，达到 5 件。稳定的转让态势说明耐低温技术相关专利技术的流通较为平缓，与行业内的技术研发突破难、关键技术被少数几家大公司垄断有关。

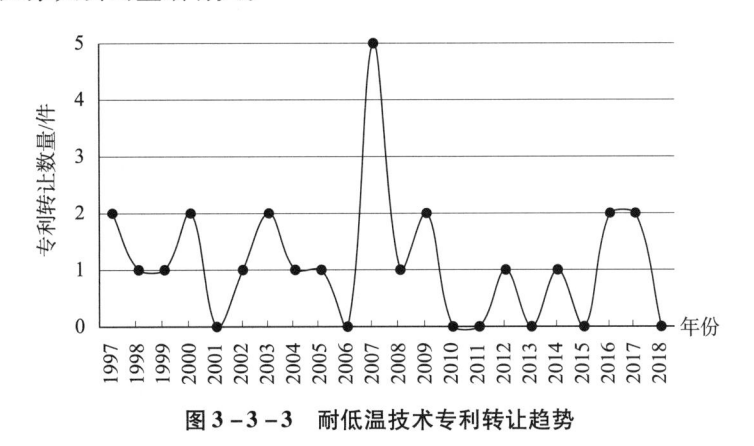

图 3 - 3 - 3 耐低温技术专利转让趋势

3.3.3 国家/地区分析

3.3.3.1 原创国/地区分析

耐低温技术领域的专利技术主要原创于韩国、中国、日本、美国等主要国家（见图 3 - 3 - 4）。其中，韩国是最主要的技术原创国，在该技术领域原创的专利技术共计

136 项，远远超出其他技术原创国；其次是中国，其专利技术原创量为 32 项；日本排名第三位，共输出专利 25 项，美国紧随其后，共输出专利 16 项；除此之外，德国、芬兰、荷兰、法国、挪威等国家/地区也有一定的技术原创，但原创量相对较少。可见，在耐低温技术领域，韩国、中国和日本是主要的技术原创国，其中韩国技术创新能力较好，对推动耐低温技术领域的技术发展起着较为重要的作用。

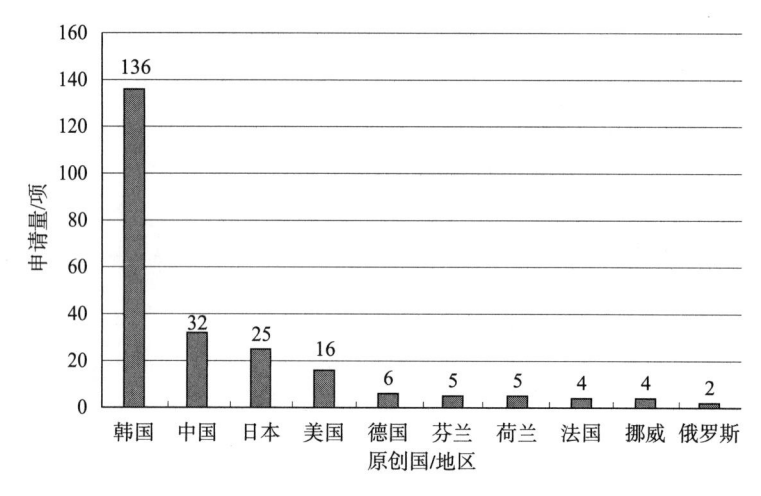

图 3 - 3 - 4 耐低温技术原创国/地区分布

3.3.3.2 受理局分析

货物围护系统耐低温技术专利申请最多的受理国家是韩国，其次是日本、中国和美国（见图 3 - 3 - 5）。

韩国造船企业在做大的基础上，还致力于生产高技术、高附加值的船舶，提高生产效率。韩国主要几家造船厂都有自己独到的强项。现代重工以建造液化天然气运输船见长；而三星重工则在建造海洋勘探船方面独占鳌头；大宇造船在建造大型油船方面称雄，在全球造船业中名列前茅。20 世纪 90 年代以前，LNG 船的设计、建造和运营主要掌握在欧洲和日本造船企业的手里。进入 90 年代以后，韩国船舶企业开始有目的有计划地引进 LNG 船相关技术，对该项技术进行消化、吸收，并在引进技术的基础上进行自主创新。1994 年，韩国船舶企业制造出自己的第一艘 LNG 船，从而大规模挺进国际 LNG 船市场。韩国船舶企业的技术创新发展迅速，建造出了世界上最大的 LNG 船。韩国在液化气船的耐低温技术方面最开始是引进国外技术和材料，本国企业在生产中探索学习，逐渐形成自主研发能力，在大规模建造液化气体船的过程中形成了一定的技术优势和经验积累，因此在韩国申请的专利数量较大。

日本在 20 世纪 60～70 年代是造船业发展的黄金时代，90 年代以后逐渐没落，但基于前期的技术优势，日本曾主宰大型 LNG 船市场，在液化气船的货舱建造方面有一定的经验和技术积累。日本大型船企有三菱重工、川崎重工、三井造船等，这些企业均进行过 LNG 船、LPG 船的建造，在液货舱耐低温技术方面也有一定的技术积累。因此日本也是主要的技术聚集地之一。

中国近几十年来造船业发展迅速，国内不少船企在耐低温技术方面投入大量研究并试图打破国外技术垄断。随着中国造船业的发展和中国船企研发的投入，中国在耐低温技术方面取得了一系列的技术突破，在专利方面也有了一定的积累。另外，中国广阔的市场环境吸引着众多国家纷纷来中国进行专利申请，中国的专利市场不断扩大。

目前美国在船舶建造市场份额比较少，远远落后于中国、日本、韩国，但是美国在早期造船业鼎盛时期积累了一定的技术和经验，到目前为止依然是技术产出高地。美国市场为全球各国所重视，因此不少国家在美国申请专利，扩大技术保护范围。综上，美国受理的专利数量也比较可观。

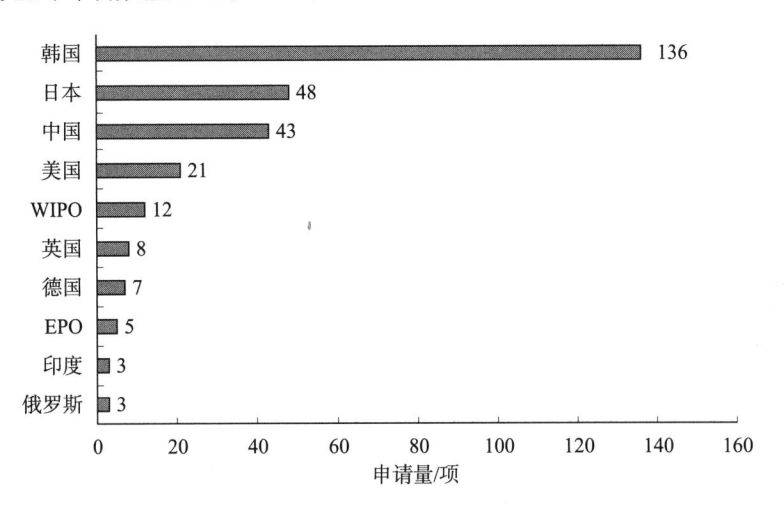

受理局	申请量/项
韩国	136
日本	48
中国	43
美国	21
WIPO	12
英国	8
德国	7
EPO	5
印度	3
俄罗斯	3

图 3-3-5 耐低温技术专利申请受理局分布

3.3.4 技术分析

3.3.4.1 技术构成分析

由于 LNG/LPG 的运输时的储存特性，容纳 LNG/LPG 气体的场所是处于极冷、极高压的极限状态，为了保证运输的安全性，对罐体材料的耐冷性、强韧性、低温下的组织结构稳定性、抗硫酸盐及硫化物腐蚀性等都具有较高的要求。另外，焊接性将影响到储罐施工的质量和安全性，因此还要求材料具有良好的焊接性和加工成型性。目前，耐低温技术领域的专利技术主要分为 9% 镍钢、因瓦合金、不锈钢、铝合金、复合材料等材料在液货舱的应用。下面将对耐低温技术的技术流向、技术功效矩阵、重点专利等专利技术进行分析，以期获得耐低温技术的主要研究发展地区，耐低温技术目前的功效研究情况和耐低温技术的重要应用技术情况等。

3.3.4.2 耐低温技术流向分析

表 3-3-2 为耐低温技术专利技术原创地和目标市场地分布，可示意专利技术的流向。从表中分析可知，韩国是全球最大的技术原创国，其次是日本、美国、中国。近年来液化气体船建造市场基本被中、日、韩瓜分，因此中国、日本、韩国专利申请量较大。韩国在液化气体船建造市场占据较大的市场份额。自 1990 年开始，韩国大举扩张造船能力，迅速在全球造船业站稳脚跟。韩国船厂中的三巨头——三星重工、现代重工和大宇

造船在过去10年一直引领全球LNG新造船市场，在该领域有很强的竞争优势。从表3-3-2中可以看到韩国产出的专利主要集中在本国市场，国外布局不是很全面。

日本造船业兴起于20世纪50年代，当时，在日本政府相关政策的支持下，日本凭借较低的劳动力成本以及应用新技术所带来的生产效率提升，使造船产量迅速增长，逐渐取代欧洲成为全球造船业中心。1965~1975年是日本造船业发展的黄金时段。后来经历了两次石油危机和20世纪80年代的经济持续低迷，日本造船产量开始大幅下降。进入20世纪90年代以后，日本开始削减造船能力，韩国取代了日本全球第一造船大国的地位。但由于日本造船业发展较早，在核心技术方面具有一定的技术积累，所以在专利技术输出方面占据一定的优势。从表3-3-2中可以看到日本的专利技术主要集中在本国，在中国、欧洲、英国、法国等国家或地区也进行了专利布局，布局意识较强。

美国造船业有着悠久的历史。"二战"后，美国造船业处于鼎盛时期，引领全球。美国为本国造船业制造了一个不公平的竞争环境并由此带来了严重的后果。在没有任何政府行动来执行公平市场参与的情况下，美国商业造船业在20世纪80年代遭遇了持续下滑，美国造船业逐渐没落，其中美国劳动力成本较高也是重要原因，较高的成本使美国造船业不具备竞争优势。美国在民用船舶领域处于弱势地位，但在军用船舶领域始终处于领先地位。美国本身属于技术强国，拥有较多的专利积累。值得注意的是，美国企业具有很强的专利布局意识，向多个国家进行技术输出，布局非常全面。

近十几年间，中国造船业迅速崛起，目前已超过日本，占据了除韩国外最大的造船市场。中国造船业起步较晚，在20世纪前并没有形成有竞争力的规模，但是近年来由于市场需求的刺激、政府政策的支持以及国内船企的研发等，中国造船业发展蓬勃，形势较好。但是中国的专利布局主要集中在本国，在海外专利布局力度较弱。

法国、英国、芬兰、荷兰等国家作为技术输出国，专利申请数量不是很多，但是布局较为全面。法国企业GTT作为货物围护系统"专家"拥有大量相关专利，在行业内属于技术垄断者，目前很多国家的船企需要通过向法国支付专利费用来使用其技术。在低温材料专利申请方面法国占据一定的技术优势，布局意识较强，在韩国、美国、中国、德国等多个国家均有专利布局。荷兰在"二战"以后造船业发展迅速，造船历史悠久，在造船质量方面颇受好评，也是重要的技术输出国，在日本、美国、中国和欧洲等地均进行了专利布局。

从技术目标市场来看，韩国是最大的技术流入目标市场，韩国本身是造船大国，每年承接的订单数量遥遥领先，在耐低温技术方面自身具备一定的技术实力。韩国大部分专利申请集中在本国，又有大宇造船、三星重工、现代重工等龙头船企，国内市场竞争较为激烈。韩国的技术流入主要原创于美国、法国等国家。中国是第二大目标市场，其专利主要来自本国，其次是德国、韩国、日本、美国和荷兰等。日本是第三大目标市场，由于日本造船实力逐渐削弱，国内造船业竞争并不激烈，日本的技术流入绝大多数原创于本国专利申请，其次是美国、韩国和荷兰。美国是第四大目标市场，技术流入主要来自本国，其次是韩国、荷兰、日本、德国等国家。从表中可以看出，全球各国都积极在中国市场进行专利布局，包括韩国、日本、美国、德国、荷兰等国家,说明中国市场需求较大,各国越来越重视中国市场,纷纷在中国布局专利,这也说明,中国在全球造船业的地位愈加重要。

表 3-3-2 耐低温技术领域专利技术原创国和目标市场地分布　　单位:件

原创国/地区\公开地	韩国	中国	日本	美国	WIPO	EPO
韩国	134	2	1	6	6	3
中国	0	32	0	0	0	0
日本	3	2	21	1	2	2
美国	0	2	2	8	7	1
德国	1	3	0	1	2	0
荷兰	0	2	1	2	3	2
芬兰	1	1	0	1	0	1
新加坡	1	1	0	0	0	0

3.3.4.3 技术功效矩阵分析

液货舱耐低温技术领域专利申请包含9%镍钢、因瓦合金、不锈钢、铝合金、复合材料等。根据不同材料的特性,其所达到的效果也是不同的。9%镍钢便于加工、焊接性能好、强度大,因此在液化气船建造中得到广泛使用。因瓦合金韧性好、焊接性能好,但是强度不高,而且因含有大量的镍而十分昂贵。铝合金具有防火性,便于加工,耐腐蚀性好,焊接性能好,在造船中也广泛使用。不锈钢有很好的耐腐蚀性,可焊接性能良好,但是这种材料价格较贵,一般只作为液货舱的屏壁薄膜。复合材料是由两种或两种以上不同性质的材料,通过物理或化学的方法,在宏观上组成具有新性能的材料。各种材料在性能上互相取长补短,产生协同效应,使复合材料的综合性能优于原组成材料而满足各种不同的要求。复合材料的基体材料分为金属和非金属两大类。金属基体常用的有铝、镁、铜、钛及其合金。非金属基体主要有合成树脂、橡胶、陶瓷、石墨、碳等。复合材料结合多种材料的优点,同时具有较好的经济性,如图3-3-6所示。

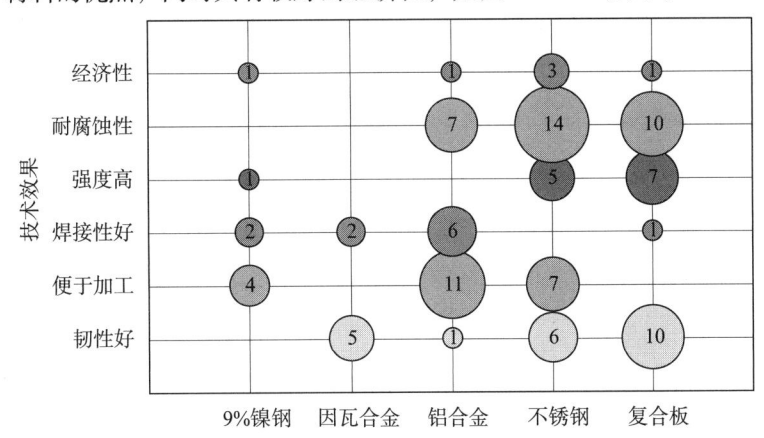

图 3-3-6 耐低温技术专利技术功效矩阵图

注:圈中数字表示申请量,单位为件。

3.3.4.4 重点专利分析

依据附录1，筛选出部分耐低温技术领域重点专利（见表3-3-3）。在表中列出的各项专利中，US6984452、US4170952、DE2608459C2、US6261654 和 EP2100073B1 主要是涉及货物围护系统液货舱耐低温材料应用的改进，而 KR100766309B1 和 US5913929 是涉及关于耐低温材料的制作方法和设备。

表3-3-3 耐低温材料部分重点专利列表

序号	公开号	发明名称	优先权	同族国家/地区	法律状态
1	EP2100073B1	Use of a composite material as a barrier under cryogenic conditions	EP06125501 2006-12-06	CA、DE、AT、CN、JP、US、AU、DK、KR、NO、BR、EP、WO	未决
2	KR100766309B1	Forming machine of membrane for lng storage tank coupled connected with support bar	KR1020070041906 2007-04-30	KR	有效
3	US6984452	Composite steel structural plastic sandwich plate systems	US10801331 2004-03-15; US09496072 2000-02-01; US09053551 1998-04-01; US08746539 1996-11-13	ID、NO、EP、ES、PL、UA、CA、CN、EE、TR、US、WO、AU、BG、BR、DE、HK、KR、DK、PT	失效
4	US6261654	Composite resin film and metallic sheet coated with same	JP08001860 1996-07-05	US	失效
5	US5913929	Bending arrangement for aluminum profile	FI951826 1995-04-13	KR、FI、US	失效
6	US4170952	Cryogenic insulation system	US05665285 1976-03-09	US、BE	失效
7	DE2608459C2	Composite material for sealing barriers on walls of containers or lines for liquefied gas	FR75006732 1975-03-04; FR76004810 1976-02-20	DE、US	失效

按照附录1的筛选原则，表3-3-3中的EP2100073B1（序号1）价值度最高，课题组对其进行了深入分析。

(1) 基本情况

EP2100073B1于2007年由壳牌公司提出申请，同时要求优先权（优先权号EP20061206），并以该优先权为基础，分别在德国、澳大利亚、巴西、丹麦、日本、韩国、中国、挪威、美国等国家或地区或组织申请了专利（见表3-3-4）。

表3-3-4 EP2100073B1同族专利概况

序号	公开号	国家/地区	申请日	法律状态
1	NO342347B1	挪威	2009-07-03	—
2	KR101506192B1	韩国	2009-05-26	有效
3	JP5312344B2	日本	2007-12-06	有效
4	US8678225	美国	2007-12-06	有效
5	CA2670920C	加拿大	2007-12-06	有效
6	JP5312344B2	日本	2007-12-06	有效
7	BRPI0719424A2	巴西	2007-12-06	—
8	WO2008068303A1	WIPO	2007-12-06	—
9	DK2100073T3	丹麦	2007-12-06	—
10	DE602007005696D1	德国	2007-12-06	有效
11	AT462922T	奥地利	2007-12-06	失效
12	CN101548129B	中国	2007-12-06	有效
13	EP2100073B1	EPO	2007-12-06	有效
14	AU2007328923B2	澳大利亚	2007-12-06	有效

(2) 公开的技术方案和解决的技术问题

EP2100073B1主要涉及复合材料作为在低温条件下的流体隔离件的应用，所述复合材料具有：(a)在环境条件下小于50GPa的拉伸杨氏模量；(b)在环境条件下为至少5%的断裂拉伸应变。主要解决的技术问题为：降低引入复合材料引起的高应力问题，因此替代现有低温流体隔离件。

(3) 引用与被引用情况

专利EP2100073B1及其专利同族共引用31件在先专利，被在后申请专利引用22次，其中引用在先的专利情况见表3-3-5。通过分析，揭示早期耐低温技术的情况。

表3-3-5 专利EP2100073B1及其同族引用情况

申请人	引用次数	涉及低温材料技术专利
GTT	6	US4378403
壳牌公司	2	WO2014001429A1
		JP2008506078A
EADS LAUNCH VEHICLE	2	US6962672
埃克森美孚	2	US7147124
		US6460721
HOECHST CELANESE	2	EP0465252A1
KURARAY	2	JP2000266282A
		US5150812
AIRBUS	1	US8329085

参照表3-3-5，GTT的专利US4378403，主要采用层压复合材料，由第一端层、第二端层、第三层中间层和第四层组成，其中第三中间层为不透流体的柔性片材（铝、不锈钢），第一和第二端层是由玻璃纤维制成的柔性织物，第四层为弹性体（聚氨酯弹性体，氯磺化聚乙烯弹性体和聚氯丁二烯弹性体），该结构不仅能够减轻现有技术整体结构的重量，而且能够较好地承载机械载荷，响应热收缩和膨胀。

壳牌公司的专利WO2014001429A1，主要涉及运输LNG等低温液体的管道，其主要采用外管套内管的结构，并在外管和内管之间设置机械支撑框架，保证管道柔韧性的同时，还能防止现有技术中低温流体进入管道的织物层的问题。

HOECHST CELANESE公司的专利EP0465252A1，其涉及一种由复合材料和不承载的衬里制成的容器。复合材料包括在低温下具有至少约3千兆帕斯卡的剪切模量和至少约65J/m³的能量吸收能力的树脂，容器适用于承受1035~7590kPa的压力和-123~-62℃的温度；衬里的材料选自（i）金属箔材料（ii）合成的聚合物薄膜，（iii）薄聚合物基材上的金属箔（iv）金属涂覆的聚合物基材，（v）包含夹在聚合物层之间的金属衬里的层压材料，（vi）层压材料包括至少一片铝箔夹在至少两片聚酯薄膜之间，和（vii）至少一层复合材料和至少一片铝箔。

表3-3-6主要通过分析专利EP2100073B1被在后专利引用的具体情况，揭示耐低温技术的发展动态。

表3-3-6 专利EP2100073B1及其同族被引用情况

申请人	被引用次数	涉及低温材料技术专利
NANOPORE	5	US10139035
		US9849405

续表

申请人	被引用次数	涉及低温材料技术专利
壳牌公司	3	WO2016102624A1
		EP2472165B1
雪佛龙	3	US9284227
		US8871306
IGLO CONTRACTORS	3	US8857650
AIRBUS DEFENCE & SPACE	2	US20160264752A1

壳牌公司的专利 WO2016102624A1，涉及一种在物体上制造复合材料流体致密层的方法，包括：（a）在物体的墙上黏附一层复合材料；（b）在（a）中第一层复合材料的基础上继续黏附一层复合材料，第二层复合材料覆盖住第一层复合材料的所有边缘，其中复合材料是由热塑性材料基片和取向的热塑性材料构成的。用这种材料建成的低温流体储罐（LNG 储罐）在低温条件下能显示出优异的应力性能，且成本较低，制造所花费的时间更短。

IGLO CONTRACTORS 的专利 US8857650，其低温罐中的内叶片是夹层构造，包括内混凝土层、金属中心层和外混凝土层，外叶片是由外混凝土层（由金属连续外叶片金属膜衬垫）。

AIRBUS DEFENCE & SPACE 的专利 US20160264752A1，其公开的低温液体容纳装置的构成组分之一为复合材料，该复合材料由组合物组成，其组分为 60%~90% 的聚酰胺-6、聚酰胺66、聚酰胺6/66 或者其混合物，还有 10%~30% 的初生合成石墨颗粒，0~10% 的抗氧剂。

从上述的 EP2100073B1 专利引用和被引用情况分析可以看出，利用复合材料解决面临低温流体时的应力问题，仍具有较大的研发空间。

3.4 止荡技术

3.4.1 技术概况

3.4.1.1 止荡技术

晃荡是在外界激励下，载液舱体内自由液面的波动现象，它具有强烈的非线性和随机性。当外界激励频率接近自由液面的固有频率时，液舱内液体产生共振，尤其是当接近自由液面的一阶固有频率时晃荡最为剧烈，同时对舱壁作用巨大的冲击压力，会对舱壁结构的安全性产生非常大的影响。为了防止部分装载下液舱内液体产生剧烈晃荡，各大船级社均对 LNG 薄膜型液舱的载液率提出了要求：在满载航行下，载液率大于等于 70%；在压载航行下，载液率小于等于 10%。英国劳氏船级社认为 30% 载液率下，液体晃荡最剧烈。而 FLNG 是液化天然气外海开采输运的中转站，其功能要求液舱无载液率限制。在部分载液率下，液舱内液体运动很剧烈甚至会影响到液舱结构的安全性和船体的稳定性。

除此之外，如果装配有液货舱的船舶在航行或停泊时发生运动，那么液货舱中的液体也会发生运动，从而导致对液货舱的顶壁和侧壁产生晃荡冲击。由于晃荡冲击，可能会对该货舱的结构及绝热材料造成损坏。

通过在液舱腔体增加止荡设施可以起到降低冲击压力，保护舱壁结构的作用。目前液货舱晃荡的止荡装置主要有固定式和浮动式两种形式。固定式止荡装置需要固定在舱壁上，因此需要调整原有的舱壁结构；灵活性差，无法根据载液率的变化而变化。浮动式止荡装置可以根据载液率的变化而变化，但很难适应不同形状的液货舱，且结构复杂，体积较大，往往降低了液货舱的载货量。

3.4.1.2 晃荡分析技术

液货舱装载的带有自由表面的液体在外界激励下会发生晃荡运动，当外界激励频率接近液体的固有频率时，液体运动加剧并强烈冲击舱壁，严重时会导致围护系统的失效与破坏。LNG/LPG 运输船航行状态下运动复杂，变速、摇摆等运动形式都会引起货舱内 LNG 晃荡。而货舱内纵向自由液面长，晃荡情况下液体压强变化幅度大，容易对结构强度计算产生较大影响。

为了控制围护系统内 LNG/LPG 的晃荡压力，LNG/LPG 运输船的设计充装高度通常小于 10% 的舱长或者大于 70% 的舱高。未来 LNG/LPG 运输船向大型化发展，舱内液面高度将逐渐降低，这使得深入研究 LNG/LPG 运输船在各种充装高度时的液货舱晃荡特性和试验分析显得更加重要。基于对薄膜型围护系统的一系列冲击试验，对加固聚氨酯泡沫进行回复位移的测量，评估结构的阻尼特性和抗断裂特性。这种绝热材料的加固改进对舱内晃荡有一定的改善作用。

结合 LNG/LPG 运输船货舱装载情况，计算航行过程可能出现的晃荡周期和晃荡载荷，和船体自身纵摇周期比较，可以避免共振加剧液体晃荡问题。涉及多种激发条件，开展波浪、船体和液化天然气三相耦合的强非线性问题的研究是未来解决晃荡问题的重要手段。

3.4.2 技术发展趋势

如图 3-4-1 所示，止荡技术领域的专利以发明专利为主，占专利申请量的 90%，仅有 10% 的专利是实用新型专利，这是因为实用新型专利保护主题是具有确定形状或构造的产品，而止荡技术领域的专利主要是检测、抑制液货舱液体晃荡的方法或装置，而保护主题是装置类的专利也是可以用发明专利保护的，且发明专利的保护时间更长。发明专利里已经授权的专利较多，占总量的 53%，而仍然处于审查状态的发明专利占有 11%，这些专利申请处于"未决"状态，在后续的审查过程中可能被授权，也可能因为专利技术缺乏三性而被审查员驳回，或者因为专利申请人因其专利布局策略的变化而撤回或者放弃。

由止荡技术相关专利的申请趋势可知，全球范围内与 LNG/LPG 运输船的货物围护系统中的止荡技术相关的研究较早，虽然止荡技术领域的年度专利申请不多，但是基本上呈现逐年增长的趋势，2011年达到峰值，专利年申请量约为33项，2013年骤然减少。

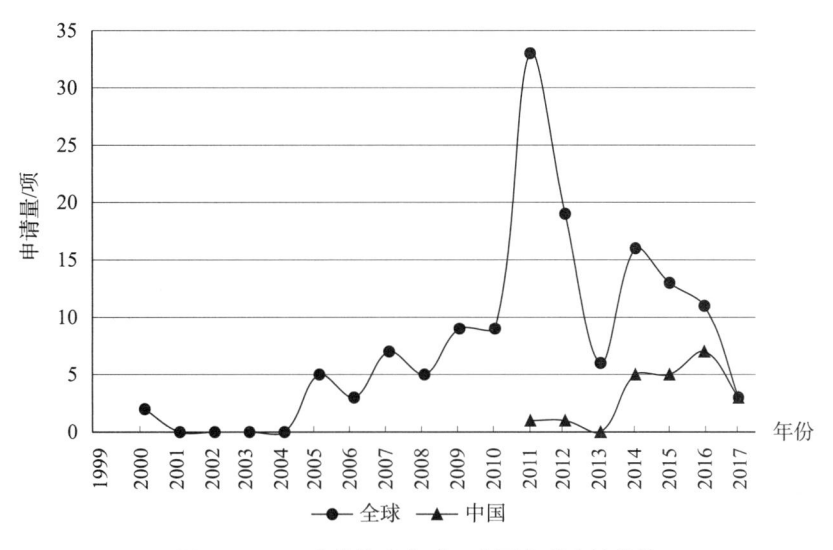

图3-4-1 止荡技术全球、中国专利申请趋势

液化石油气船及液化天然气船液货舱中的液体都会产生液体晃荡。晃荡又是一种非常复杂的液体流动，这种流动具有很强的非线性，即使在外部很小激励的情况下，也有可能产生很大的抨击力。由于液货舱内流体对舱壁的冲击作用而导致的船舶事故很多，比较典型的包括"Polar Alaska"号、"Arctic Tokyo"号和"Catalunya Spirit"号LNG船因低温液体剧烈冲击液货舱而发生的液体泄漏事故。

中国对于货物围护系统止荡技术的专利申请出现在2010年以后，相对来说起步较晚，专利申请量也基本维持在每年两三项左右，近几年略有增加，但也没有达到10项。

从图3-4-2中可以看出，目前，在止荡技术领域中，已授权并维持有效状态的专

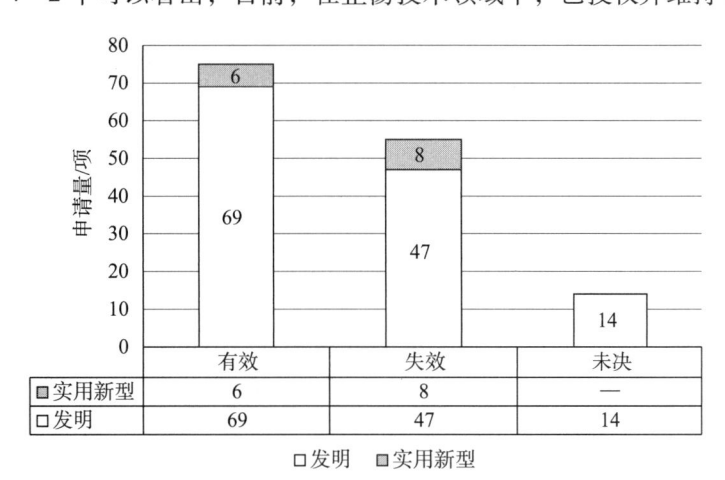

	有效	失效	未决
实用新型	6	8	—
发明	69	47	14

图3-4-2 止荡技术领域专利法律状态分布图

利占52%；处于未决状态的专利占10%。而失效专利约占专利申请总量的38%，该部分专利多数是2000年之前申请的专利，因期限届满或者未缴纳年费而终止，也有一部分是在审查过程中因为申请文件问题或技术缺乏新颖性或创造性而被驳回的专利申请。

3.4.3 国家/地区分析

3.4.3.1 原创国/地区分析

通过对止荡技术领域的专利技术原创国的分析发现（见图3-4-3），韩国是该技术领域最主要的技术原创国，产出相关专利96项，远远超出其他国家，这意味着在全球范围内，韩国在该技术领域占据着近乎垄断的地位，因此研究韩国在该技术领域的专利技术，能够有效地掌握该技术发展的方向和研究的热点。

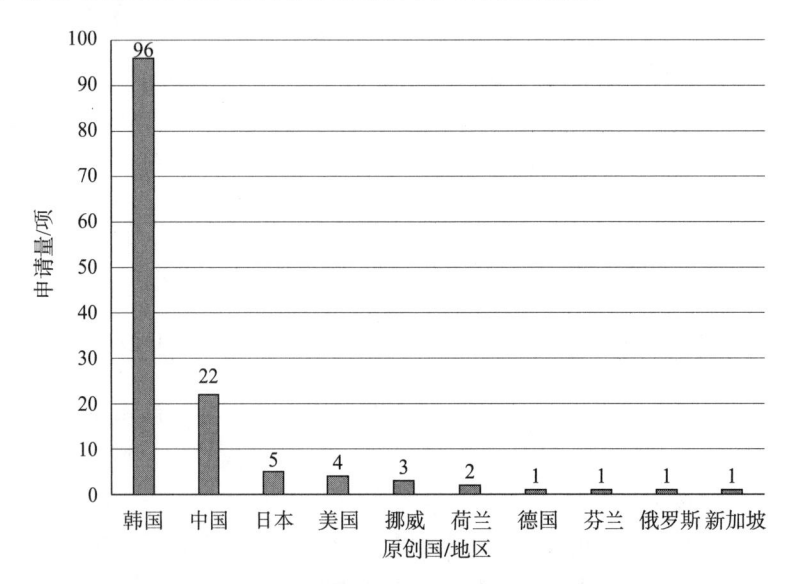

图3-4-3 止荡技术领域专利技术原创国分布

随着中国船舶产业的快速发展以及"国货国运、国船国造"的需求的提出，中国也表现出对于该技术领域的关注，产出相关专利22项。日本在这方面也有一定的研究和专利产出，相关专利申请5项，位于韩国、中国之后。另外，美国、挪威、荷兰、德国、芬兰、俄罗斯等国家也有少量专利产出。

3.4.3.2 受理局分析

通过对止荡技术专利申请的受理局进行分析发现（见图3-4-4），韩国以96项的专利申请量成为该技术领域最重要的专利申请国，远远超出其他国家，这与韩国旺盛的造船市场需求相一致。其次是中国，在止荡技术领域申请专利27项。中国的造船实力虽不如韩国，但是近几年造船业发展迅速，可以预计创新主体在中国进行专利布局的意愿将会增强。日本的造船实力几乎可以和韩国比肩，但是其在该技术领域的专利申请量却远远低于韩国，仅有12项专利申请，这可能与日本造船业近几年走势下滑有关，也可能是因为研究方向发生转变。除此之外，在美国、EPO、WIPO、巴西、俄罗斯等国家/地区/组织也有少量专利申请。总体而言,韩国在货物围护系统止荡技术领域是当之无愧的专利申请大国,是创新主体较为关注的目标市场。

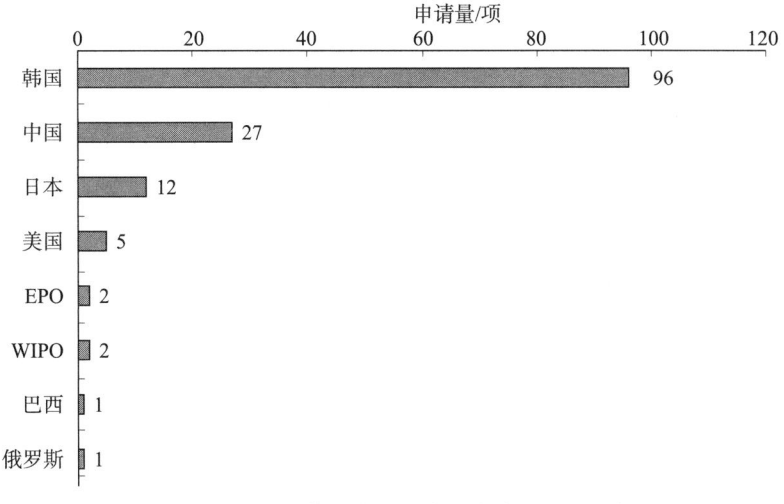

国家/地区/组织	申请量/项
韩国	96
中国	27
日本	12
美国	5
EPO	2
WIPO	2
巴西	1
俄罗斯	1

图 3-4-4　止荡技术领域专利申请受理局分布

3.4.4　技术分析

3.4.4.1　技术构成分析

止荡技术领域的专利技术主要分为晃荡分析技术和止荡装置,而止荡装置又分为浮动式和固定式两种。其中,浮式止荡装置的主要技术创新在于浮动构件的创新和改进,相关专利申请达到54件,是止荡领域的研究热点。对于固定式止荡装置的研究主要集中在三个方面,分别是储罐结构、阻隔结构和震动构建,其中又以储罐结构和阻隔结构的技术创新为主,在储罐结构上进行技术改进的相关专利申请为48件,在阻隔结构上进行技术改进的相关专利申请为37件,而对于震动构件的研究相对较少,有15件专利申请。而在晃荡分析技术上的创新集中在对于检测计量装置的研究上,相关专利仅有4件(见图3-4-5)。

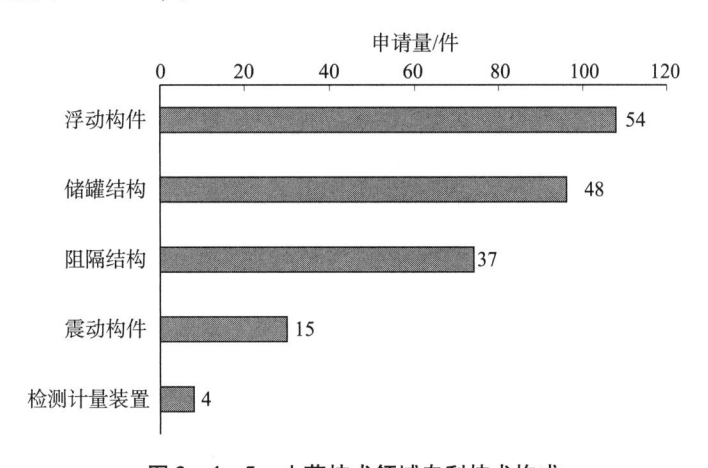

技术构成	申请量/件
浮动构件	54
储罐结构	48
阻隔结构	37
震动构件	15
检测计量装置	4

图 3-4-5　止荡技术领域专利技术构成

3.4.4.2 技术流向分析

表 3-4-1 是止荡技术专利技术原创国和目标市场地分布,以示意专利技术流向。

韩国是全球最大的技术原创国,其次是中国、日本、美国。近年来液化气体船建造市场基本被中日韩瓜分,从表中可以看到韩国产出的专利主要集中在本国市场,国外布局不是很多,但相对而言,布局较为全面。

表 3-4-1 止荡技术领域专利技术原创国/地区和目标市场地分布 单位:件

公开国/地区 原创国/地区	韩国	中国	日本	美国	EPO	WIPO
韩国	99	2	1	3	2	2
中国		22				
日本		1	5			1
美国				3		1
德国		1				
荷兰		1			1	
挪威				1		2
芬兰	1					
新加坡	1	1				

3.4.4.3 技术功效矩阵分析

通过对止荡领域专利技术手段和技术功效进行分解,得到该技术领域的技术功效矩阵图(见图 3-4-6)。图中可见,该技术领域的技术功效主要集中在防晃荡上,为实现该技术功效可以利用的技术手段包括四个,分别是对浮动结构、储罐结构、阻隔结构和震动结构的研究。通过改进浮动结构、储罐结构和阻隔结构来实现抑制液货舱晃荡的相关专利分别为 54 件、48 件和 37 件,表明在液货舱止荡技术主要集中在对浮动结构、储罐结构和阻隔结构的研究,是该技术领域研究的重点/热点。

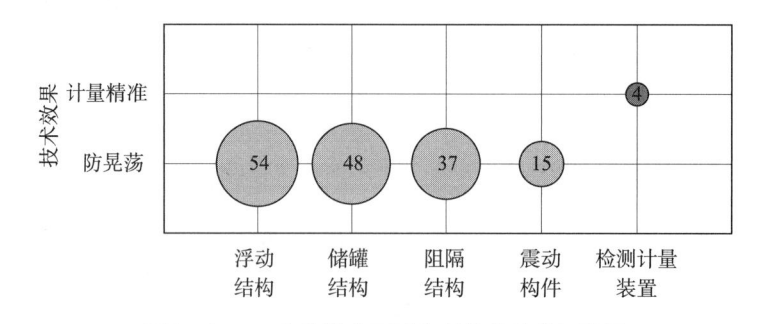

图 3-4-6 止荡技术领域专利技术功效矩阵图

注:圈中数字代表申请量,单位为件。

3.4.4.4 技术发展路径分析

图 3-4-7 是止荡技术领域各技术分支技术发展路线图。止荡技术领域的研究最早始于对于振荡的检测,主要研究晃荡检测装置,如专利 JP54063415A,是由日本钢铁

第3章 关键技术之"货物围护系统"专利分析

浮式止荡装置	浮动构件	US8079321B2 WO2008076168A1 埃克森美孚 2007	KR101259092B1 KR101313200B1 KR101314820B1 KR101350494B1 KR101387752B1 JP5607828B2 CN103038129B 三星重工 2011	WO2012144641A1 US20140144915A1 三星重工 WO2013015618A2 横滨国立大学 2012	KR101590797B1 三星重工 2014		
固定式止荡装置	储罐结构	KR101242321B1 罐结构 Eseutiekseu oh why Finland 2005	US7458329B2 旋转部件 US7469651B2 罐角结构 埃克森美孚 2006		US8783502B2 支撑结构 Aker工程科技 2010	CN202912201U 支撑结构 中集集团 EP2766283B1 支撑结构 Accede B V 2012	CN105711737B 支撑结构 江南造船 2014	CN105151227B 防浪舱壁 南通中远船务 2015
	阻隔结构	JP2005111721 三菱重工 2005	KR102006049377 三星重工 2006	CN101883715B 三星重工 2007	KR100935906B1 三星重工 晃动抑制孔 2007	KR1020110074643A 三星重工 2011 CN201180023644.7 新加坡大学 2011		
	震动构件	JP55148682A 波运动 川崎重工 1980	JP2549436B2 阻尼装置 大林 1989	WO9930965A1 阻尼装置 NAVION AS; BREIVIK KAARE; EGGE TRYGVE 1998 JP2000130496A 震动倾倒装置 川崎重工 1998	KR100961863B1 阻尼器 大宇造船 2008	KR1020110055871A 弹簧构件 现代重工 2009	KR20048056Y1 波运动 大宇造船 2011 CN103354792B 阻尼器 艾克斯德 2011	CN103492261B 防晃荡构件 横滨国立大学 2012 JP5937713B2 防晃荡构件 三星重工 2012
晃荡分析技术	检测计算装置	JP54063415A 震荡检测装置 日本钢铁 1977	KR1020110101261A KWAK JONG HYUN 晃荡检测装置 2010	JP6089642B2 晃荡计量装置 IHI 2012	KR101856466B1 模拟仿真系统 Total Softbank 2016			KR1020180003071A 防晃荡和自由水面效 应装置 大宇造船 2016 KR101874600B1 冲溢式连接装置 大宇造船 2018

图3-4-7 止荡技术领域各技术分支技术发展路线

公司在1977年提交的专利，用于检测储罐液面的振荡情况，之后几十年对晃荡检测装置的研究几乎停止，直到2010年KWAK JONG HYUN公司提出通过利用晃荡检测装置的方法来实现抑制液面晃荡的效果，该技术发展到现在已经提出仿真系统的概念，通过分析控制仿真模块的晃动来实现液货舱的晃动。

在晃荡检测装置之后，企业开始通过设置震动构件的方法达到抑制液货舱晃荡的效果，如川崎重工的专利JP55148682A，就是通过研究液货舱波浪运动、设置波抑制板的方法抑制液货舱晃荡。因为在液货舱内设置构件的方法能有效地抑制液货舱晃荡，所以该技术得到更大的发展，之后的很多创新主体通过研究阻尼装置、防晃荡构件等抑制液货舱晃荡。

2005年，三菱重工（专利JP2005111721）开辟性地通过在液货舱内设置阻隔结构的方法抑制液货舱晃荡，后来三星重工重点发展相关技术，产出较多重点专利，如KR1020060049377、CN101883715B和KR1020110074643A。与此同时，一些创新主体着手于对储罐结构的改进来抑制液货舱晃荡，如设计旋转部件（如US7458329B2，埃克森美孚）、角结构（如US7469651B2，埃克森美孚）、晃动还原孔（如KR100935906B，三星重工）、支撑结构（如US8783502B2，Aker工程科技）和防浪舱壁（如CN105151227B，南通中远船务）等改善液货舱晃荡的情况，而其中以对支撑结构的设计研究较多。

浮式止荡装置的研究相对较晚，2007年美国埃克森美孚的专利US8079321B2通过控制储罐流体与浮动容器的共振能量，减少晃动载荷。三星重工在利用浮式止荡装置抑制液货舱晃荡上核心技术较多，2011年申请7件、2012年和2014年又有相关技术实现突破。

3.4.4.5 重点专利分析

依据附录1，筛选出部分耐低温材料领域重点专利（见表3-4-2）。在该表列举的13件重点专利中，8件专利KR100785475B1、WO2013015618A3、US9599284、WO2009072681A1、US8235242、KR101324605B1、KR101358326B1、KR100935906B1均来自三星重工，其他的来自埃克森美孚等企业。

表3-4-2 止荡技术部分重点专利列表

序号	公开号	发明名称	INPADOC同族数量/件	被引用数量/件	法律状态
1	KR100785475B1	Anti-sloshing structure for LNG cargo tank	2	19	授权
2	WO2008076168A1	Long tank fsru/flsv/lngc	11	11	未决
3	WO1999030965A1	Stabilized monohull vessel	8	8	未决
4	WO2009072681A1	Anti-sloshing structure for LNG cargo tank	10	9	未决

续表

序号	公开号	发明名称	INPADOC 同族数量/件	被引用数量/件	法律状态
5	US8235242	Anti-sloshing structure for LNG cargo tank	10	7	授权
6	US7469651	LNG sloshing impact reduction system	3	6	授权
7	KR101358326B1	Anti sloshing apparatus, ship having the same and method using the same	2	6	授权、复审
8	US8079321	Long tank FSRU/FLSV/LNGC	11	6	授权
9	KR101324605B1	Liquid cargo storage tank for reducing sloshing and marine structure including the same	2	5	授权、复审
10	KR101221547B1	Floating structure having roll motion reduction structure	2	3	授权、复审
11	US9599284	Device for reducing sloshing impact of cargo hold for LNG and method for reducing the same	12	3	授权
12	WO2013015618A3	Anti-sloshing apparatus	16	3	—
13	KR100935906B1	Float for sloshing reduction installed in fluid tank	2	3	授权

基于表3-4-2，本课题组选取排在前两位的专利KR100785475B1和WO2008076168A1进行深入分析，以揭示研发主体在止荡技术方面的部分研发思路。

（1）KR100785475B1-液化天然气货舱的防晃荡结构

①基本情况

三星重工于2006年申请了韩国专利KR100785475B1，目前三星重工没有在韩国以外的国家或地区布局相关的专利，中国的企业可以充分利用该专利技术进行开发。

②公开的技术方案和解决的技术问题

KR100785475B1主要涉及一种用于LNG货舱的防晃动结构，该防晃动结构主要是通过在液货舱内部固定设置防晃舱壁，该防晃舱壁上设有锯齿形波纹形状，并且防晃舱壁上设有通孔，使得液货舱内部的低温液体可以在防晃舱壁两侧流动。

③引用与被引用情况

KR100785475B1及其专利同族共引用4件在先专利，被在后申请专利引用48次，其中引用在先的专利情况见表3-4-3（主要通过分析专利KR100785475B1引用在先专利的具体情况，揭示其在先技术的情况）。

表 3-4-3　专利 KR100785475B1 及其同族引用专利

序号	公开号	发明名称	申请人
1	JP1984167390A	Method of constructing ship having independent tanks on board	日立造船
2	JP1986001592A	Method of assembling bulkhead of ship hold	日本钢管株式会社
3	JP1987292943A	Dynamic vibration reducer	三菱重工
4	US20040035979A1	Integrally stiffened axial load carrying skin panels for primary aircraft structure and closed loop manufacturing methods for making the same	波音公司

三菱重工的专利 JP1987292943A 公开了一种减震器，如图 3-4-8 所示，该减震器采用了网状的挡板来抵抗罐体内流体的黏性阻力来抵抗流体的运动，能有效降低 x-z 平面上的振动和 y-z 平面上的振动，在罐体内减震器的数量可根据罐体的形状及液罐所装液体量来设定。

日本钢管株式会社的专利 JP1986001592A 公开了一种制造船舱中隔板的结构，如图 3-4-9 所示，该结构为：在舱壁的一端设置有倾斜表面的桩块，在舱壁和桩块的连接处有一非切口平台，通过在该平台上设置波纹块，并且波纹块与上述的平台连接。

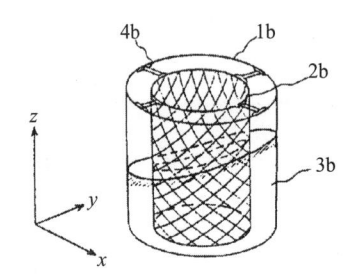

图 3-4-8　JP1987292943A 技术方案示意图 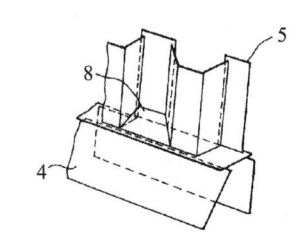　　图 3-4-9　JP1986001592A 技术方案示意图

接下来，主要通过分析专利 KR100785475B1 被在后专利引用的具体情况，揭示耐低温技术的发展动态（见表 3-4-4）。

表 3-4-4　专利 KR100785475B1 及其同族被三星重工自引用情况

序号	公开号	发明名称	申请日	法律状态
1	KR101784913B1	Liquid storage tank for ship	2015-09-25	有效
2	KR101691010B1	Vessel	2015-08-13	有效
3	KR101399599B1	Cargo having sloshing reduction structure	2012-03-20	失效
4	KR101206240B1	An apparatus for sloshing reduction of a cargo	2010-05-10	失效

如图 3-4-10 所示，专利 KR101784913B1 解决液货舱中低温流体的晃动，主要是通过从液货舱的上盖突出分隔壁将液货舱分成至少两个存储空间，分隔壁包括从液货舱上盖突出的主板以及在主板上突出的子板。

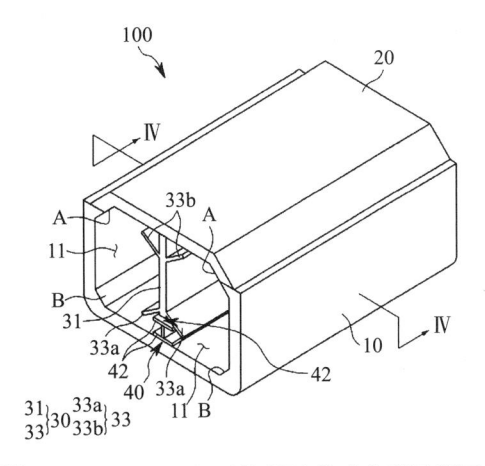

图 3-4-10　KR101784913B1 技术方案示意图

如图 3-4-11 所示，专利 KR101399599B1 提供具有晃荡减少结构的液货舱，以通过倾斜液货舱的底面来减少由液货舱中填充的流体引起的晃动。组成具有晃动减少结构的货舱包括顶表面，底表面和侧壁。止荡的方案主要是通过设计一种斜坡减小结构，包括沿纵向延伸的中央部分和从中央部分向两个侧壁部分的倒角倾斜的倾斜表面。

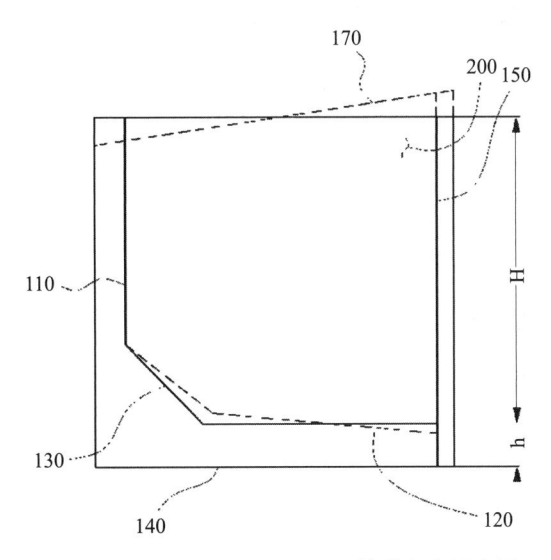

图 3-4-11　KR101399599B1 技术方案示意图

专利 KR101206240B1 公开的技术方案的目的是，改善当液货舱中的低温流体比较集中在某一方向流动时，对舱壁的冲击载荷越大，而传统的阻隔膜无法有效地将这些低温流体分散开，止荡的效果不理想。如图 3-4-12 所示，该发明是通过货舱的晃荡减少装置的特征在于货舱的膜板的褶皱和褶皱相交突起分别设置的板状部件，该板构件的折痕交叉突出部相互连接形成的褶有一杆构件，包括多个沿着液货舱内壁设置的晃荡减小结构。

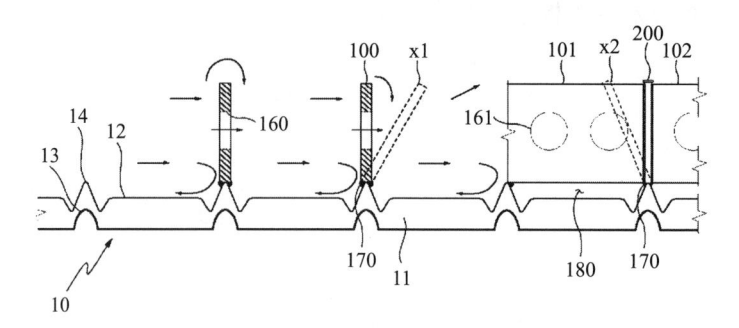

图3-4-12 KR101206240B1技术方案示意图

从上述的专利引用情况可以看出，在货物围护系统的止荡技术方面，三星重工通过液货舱的内部形状、沿着液货舱内壁固设横纵交叉的阻隔板、在液货舱内设置分隔壁（防晃舱壁）来改善液货舱内部低温液体的晃动。

（2）WO2008076168A1 – Long tank FSRU/FLSV/LNGC

①基本情况

埃克森美孚2007年申请了PCT专利WO2008076168A1，埃克森美孚在加拿大、欧洲、日本、美国和韩国对该技术布局了相关专利，在中国没有布局专利，中国相关企业和其他研究主体均可以充分利用该技术进行研发（详见表3-4-5）。

表3-4-5 专利申请WO2008076168A1及其同族专利情况

序号	公开号	申请日	法律状态
1	KR101502793B1	2009-06-12	有效
2	US8079321	2007-10-18	有效
3	WO2008076168A1	2007-10-18	—
4	JP5282336B2	2007-10-18	有效
5	EP2091810A4	2007-10-18	失效
6	CA2670350C	2007-10-18	失效

②公开的技术方案和解决的技术问题

一种设计用于存储船舶流体的储罐的方法，该方法包括：确定作用在船舶上的预期波浪力的能谱；基于船舶的船舶尺寸确定一个或多个放大方案，一个或多个放大方案中的每一个具有一系列周期，在该周期范围内，作用在船舶上的预期波浪力被放大；并且设计储罐以具有在一个或多个放大方案之外的储罐中提供晃动周期的物理尺寸。

通过上述技术方案，液货舱中的低温流体的自然共振落入了包括液货舱在内的浮动容器的自然共振的周期之内，对赋予储存在液货舱的流体的浮动容器的共振能量进行控制，可以减少液货舱中低温液体的晃动载荷，从而避免对浮动容器造成损害。

③引用与被引用情况

专利WO2008076168A1及其专利同族共引用17件在先专利，被在后申请专利引用18次，其中引用在先的专利情况见表3-4-6（通过分析专利WO2008076168A1引用在先专利的具体情况，揭示其在先专利申请技术情况）。

表3-4-6　专利申请WO2008076168A1及其同族引用专利情况

申请人	被引用次数	涉及止荡技术专利
埃克森美孚	3	US20040188446A1
		US6494271
CONOCO公司	1	US20050150443A1
艾默生康明	1	US5803004
ESSO RES & ENG	1	US3759209
GTT	1	FR2938498A1
		US3332386
KAISER ALUMINUM CHEM	1	US3941272

专利US20040188446A1涉及一种矩形流体存储罐，存储罐内部的框架结构包括一系列的板梁环架、多个桁架结构和围绕内框架架构的板盖。如图3-4-13所示，其中有一部分板梁环架沿着宽度和高度的方向设置，另一部分沿着长度和高度的方向设置，沿着不同方向设置的板梁环架之间交叉形成多个连接点，从而形成整体的内框架结构。板盖用于容纳流体，并将板盖与容纳的流体接触所引起的局部载荷传递到内部框架结构。

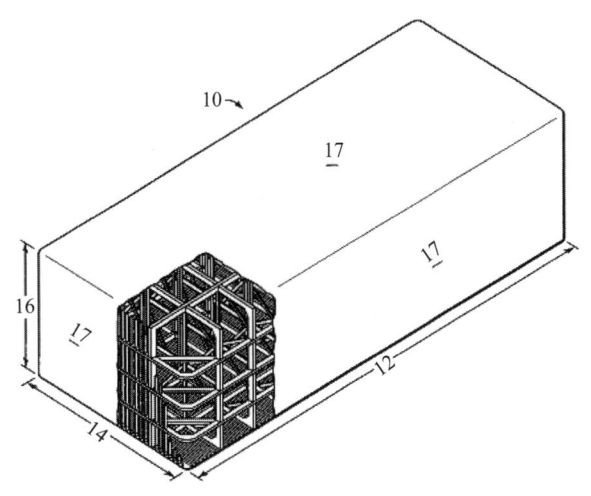

图3-4-13　US20040188446A1技术方案示意图

如图 3-4-14 所示，CONOCO 公司的专利 US20050150443A1 涉及一种可以减少液体晃动的大容量货物围护系统，包括限定了总内部容积的非球形舱柜，舱柜包括至少三个向上会聚的壁，会聚的壁在其间限定了总内部容积的至少约 10%。

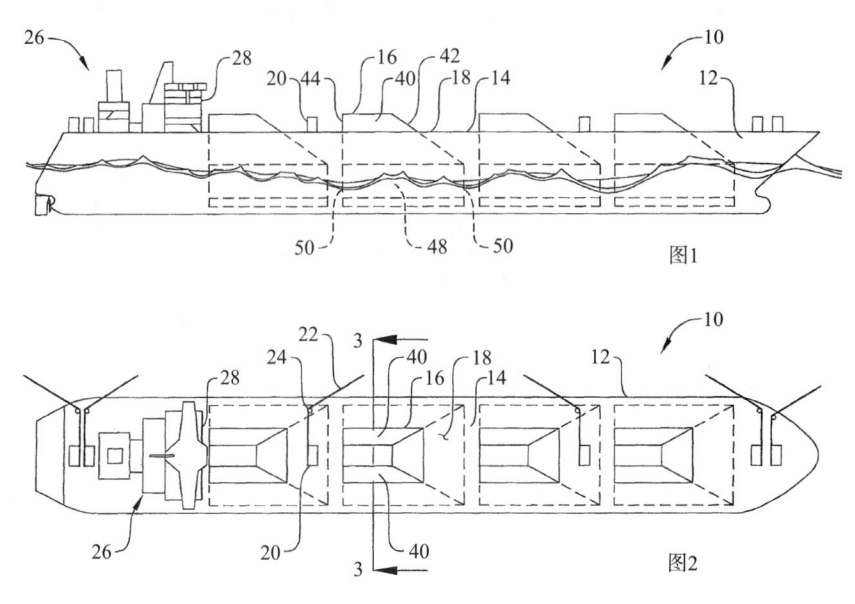

图 3-4-14　US20050150443A1 技术方案示意图

如图 3-4-15 所示，GTT 的专利 FR2938498A1 的容器装备有一个以上的液体运动减弱设备，并且包括用于在容器内部移动液化气液体的移动装置，以便在紧邻液化气体的自由表面下方局部在至少 0.5m 的深度上形成水平流。

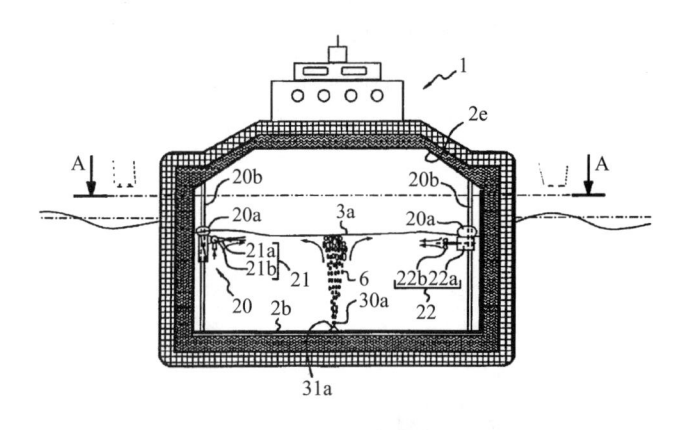

图 3-4-15　FR2938498A1 技术方案示意图

接下来，通过分析专利 WO2008076168A1 被在后专利引用的具体情况，揭示止荡技术的发展动态（见表 3-4-7）。

表 3-4-7　专利申请 WO2008076168A1 及其同族被引用情况

申请人	引用次数	涉及止荡技术专利
塞派姆股份公司	10	CN102421664A
埃克森美孚	2	US8915203
壳牌公司	3	EP3254948A1
三星重工	2	US8327783
波音公司	1	US8643509

塞派姆股份公司的专利 CN102421664A 公开了一种能够检测极低温度下液体的自由表面的装置，该装置由振动加速度计型振动传感器、电子计算单元（具有微处理器和集成存储器）和数据传输设备组成，使得船长能够提前获知液货舱的液体晃动情况，及时对船速和行驶方向等作出相应的调整。

埃克森美孚的专利 US8915203 公开了一种运输液体货物减少液体货物晃动的方法，该方法主要通过在不同的液货舱中填充不同水平的液体货物，使得不同的液货舱之间的晃动周期被分隔开，从而减少液货舱中液体货物的晃动。

壳牌公司的专利 EP3254948A1 涉及一种烃处理船上液货舱的设置方式，该船上设有多个储罐，其中一部分布置在纵向中平面的右舷侧，另一部分储罐相对于布置于右舷侧的储罐对称的并排布置方式布置在纵向中平面左舷侧，一个以上的纵向隔壁沿中平面延伸，并且设置在相邻的两个储罐之间。

波音公司的专利 US8643509 提供了一种可能由船舶运输的液体货物造成晃动损坏时提供警报方法。该方法包括利用处理装置基于罐的配置和填充水平计算容纳液体货物的罐的自然晃动周期，在处理装置处接收描述船的实际或预测运动的数据。在三个正交轴上，利用处理装置确定罐的自然周期与由船的实际或预测运动限定的周期的接近度，如果接近周期内的门槛值，则向用户提供警报。

从专利 WO2008076168A1 及其专利家族的引用与被引用的情况可获知，货物围护系统止荡技术的其他研发思路，一是即利用液货舱中低温流体的晃动周期，分别可以进行船体或者舱体尺寸设计、液体晃动的预警；二是提高液货舱抵抗液体晃动载荷的能力。

3.5 支撑技术

3.5.1 技术概况

低温液体（液化石油气、液化天然气等）等非常温液体的运输船，如 LNG/LPG 运输船等船型主要采用独立液罐的运输方式，即独立型液货舱。独立液货舱船体与液货舱的结构分别独立，独立舱设置在船体的中央区。独立液货舱应以适当的支撑装置支持，使其与船体结构不直接固定，以使液货舱的热膨胀变形不会直接影响船体。支撑装置需采用具有良好绝热性能的材料，从而避免船体的局部热应力过高。对独立液货舱底部的支撑采用多支点支撑，以便独立液货舱及货物的重力均匀传递给船底结构。支撑应设置在独立液货舱和船体的主要构件上。

独立式液货舱尽管独立于船体结构，但其结构仍然须在构件的位置、间距等方面与船体结构保持一致，以利于液货舱及货物的重力传递给船体结构。

从独立型液货舱的三种类型来看，A 型液货舱主要采用的是方形方式，设计基准定位在深型罐，并且需要完全的双层复壁。A 型液货舱作为独立结构体，是由货舱内的垂向支座支撑，再利用防横摇支座、纵向限位支座和止浮装置来限制其各向运动，不参与船体总纵强度。在实际运营过程中，海上风浪导致的船体运动以及液货舱内液体的运动非常复杂；船体和液货舱通过支撑系统传递载荷，相互制约和影响。液货舱支撑系统受力评估是该船的关键，直接影响到船体结构的安全性。对于满载液货舱，两端支座受力变大，中间支座受力变小；对于隔舱装载时的空舱，两端支座受力变小，甚至为零，中间支座受力变大。支撑结构通过环氧树脂、垫木、不锈钢垫片连接，只能传递压力。

B 型液货舱一般为平面结构形式（如棱柱型），或者是压力容器型结构（如回转球型），熟知的 B 型液货舱为球形液舱。B 型液货舱若采用球罐形式时，球罐与船体通过支座（支撑结构）相连，支座采用群支撑形式，每个球罐都只与一个相对应的裙座接触，裙座安装在船体上。这样球罐可以自由地收缩和膨胀而不承受较大的负荷。裙座与球罐焊接在一起，并承受吸收船体结构的变形。群支撑结构从出现到现在发展的几十年中，其结构不断在优化。目前，裙座上半部分材料通常与球罐材料相同，中部为不锈钢，起阻热作用，下部分为低温钢，与船体焊接在一起。

C 型液货舱相对于 A 型、B 型液货舱而言具有综合成本较低、装载灵活方便和安全性高等特点，在中小型液化天然气运输船中具有较广泛应用。C 型液货舱坐落于主船体中，通常由主船体上的前后两道支座（鞍座）结构支撑，一个是固定支座，另一个是滑动支座。液货舱与支座钢结构之间铺设有层压木，层压木不仅要承受来自液货舱的机械载荷作用，在装载低温货品时，还需要为主船体结构提供绝热保护，以确保主船体材料温度始终处于可接受的水平之上。固定支座通过止滑移装置与层压木结合，使液货舱与主船体之间保持相对固定；滑动支座处则允许液货舱与主船体间相对滑移。固定支座面板设有由两道挡板形成的较深的槽用于固定压层木的一端，另一端则由液货舱筒体上的止移键板伸入压层木的一端，另一端则由液货舱筒体上的止移键板伸入层压木凹槽内以固定；滑动支座处设有上下两部分压层木，分别由位于支座面板及液货舱筒体上的小挡板固定，上下两部分层压木之间设有薄不锈钢片，以减少二者在发生相对滑移时的摩擦力。C 型液货舱因支座存在较为特殊的结构形式，受到业界较多关注。杨青松等对鞍座及附近船体结构进行了结构强度分析；杨光等尝试利用不同单元来模拟层压木以及液货舱的支撑刚度。

而薄膜型液货舱是紧贴于双层船壳结构的非自撑式液舱。其支撑结构主要是设置在船体内。船体内壳体除了作为船体梁所承担的静水和波浪载荷外，船体内壳体还承担所有的围护系统和货物载荷。薄膜型液舱的绝缘层除隔热外还起支撑货物载荷的作用。

3.5.2 技术发展趋势

世界范围内货物围护系统技术领域中，支撑技术的专利申请量较少。从图3-5-1可以看出，近20年来支撑技术在全球和中国的专利申请整体呈现上升趋势。从1999年开始直到2008年的10年间，全球支撑技术方面的专利申请量基本维持在每年1项，处于技术发展的萌芽期。从2008年开始，货物围护系统技术领域的支撑技术进入快速发展期。2014年全球专利申请数量达到最高峰，为25项。

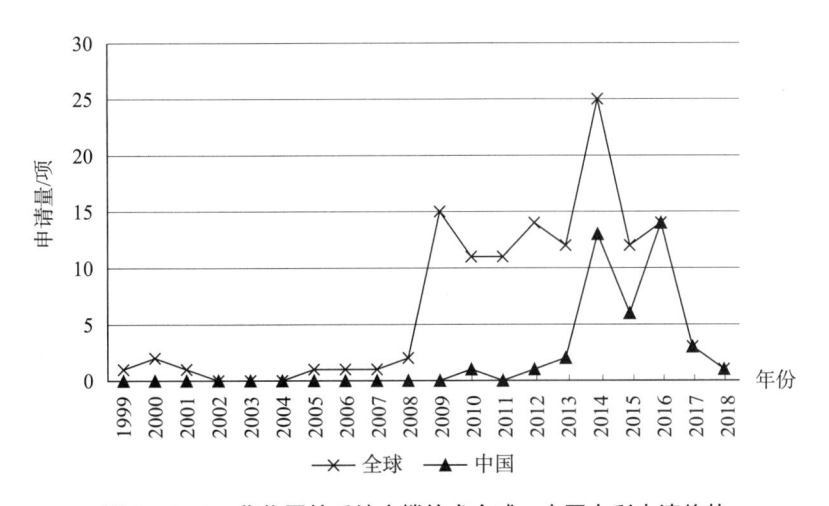

图3-5-1 货物围护系统支撑技术全球、中国专利申请趋势

而中国货物围护系统技术领域中，支撑技术的专利申请量于2016年达到了最高峰，为14件，主要原因在于随着对液化石油气和液化天然气的需求迅速增大，无论是产业发展现状还是产业政策环境都是呈现一个向上的趋势，中国政府更是相关政策频繁出台，助力中国发展LNG/LPG运输船等高技术船舶。2013年7月31日，国务院印发《船舶工业加快结构调整促进转型升级实施方案（2013～2015年）》指出，要大力发展大型液化天然气船，开展液化天然气存储技术研究，中国企业专利申请量也随之增长。2015年、2016年全球申请量还是保持在较高水平，因发明专利申请一般自申请日起18个月公布、PCT专利申请可能自申请日起30个月甚至更长时间之后才能进入国家阶段，没有公开的专利文件在数据库里是检索不到的，所以检索到的2016年后的专利申请量较少，并不能代表实际真实的申请趋势。

总体来看，货物围护系统技术领域的支撑技术方面的专利申请数量较少。

如表3-5-1所示，支撑技术领域全球的专利申请共有184件，其中发明有155件，实用新型有29件，发明专利申请数量占比约84%，在发明专利中可以看出失效专利占比高达约43%。以上从一定程度上可以说明相对于货物围护系统中的绝热技术、止荡技术和耐低温技术来说，申请人因其结构原理复杂等原因对支撑技术的关注较少。

表 3-5-1 全球货物围护系统支撑技术专利法律状态分布情况

专利类型 \ 法律状态	有效专利/件	失效专利/件	未决/件
发明	52	67	36
实用新型	15	14	—

3.5.3 国家/地区分析

3.5.3.1 原创国/地区分析

在支撑技术领域专利技术中，主要原创于韩国、中国、日本、法国、美国等国家或地区（见图 3-5-2）。其中，韩国是最主要的技术原创国，在该技术领域的专利申请数量为 42 项，这主要源于韩国的造船业经过多年积累，掌握了大量的核心专利技术并能够在原技术基础上再改革再创新；其次，中国紧跟其后，专利申请数量为 32 项，这可以间接说明中国高技术船舶领域的企业的发展势头很猛；日本在技术原创国中排名第三位，共输出专利 19 项，经过分析，其中失效专利数量仅有 6 项，原因皆为因期限届满或未缴年费，说明了日本企业非常强劲的技术创新实力。而法国、美国紧随其后，共输出专利 13 项和 8 项。除此之外，挪威、德国等国家也有相对较少的技术原创。可见，在支撑技术领域，亚洲国家发展势头明显高于其他国家，从一定程度上反映亚洲国家对石油和天然气的强烈需求。

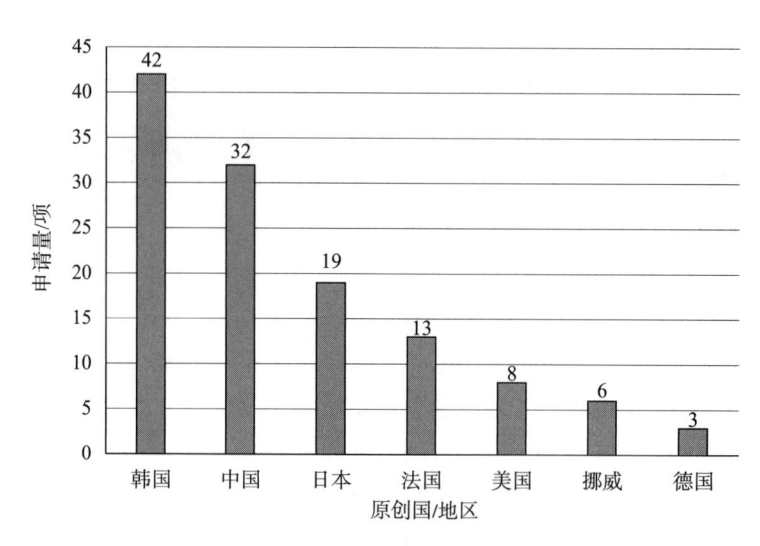

图 3-5-2 货物围护系统支撑技术原创国/地区申请量排名分布图

3.5.3.2 受理局分析

从图 3-5-3 可以看出，在支撑技术领域的原创国/地区分析中的领航国家类似，亚洲国家韩国、中国和日本的受理局分别以受理 51 项、40 项和 32 项稳稳地占据了前三甲，远远超过了美国、德国等的申请量。

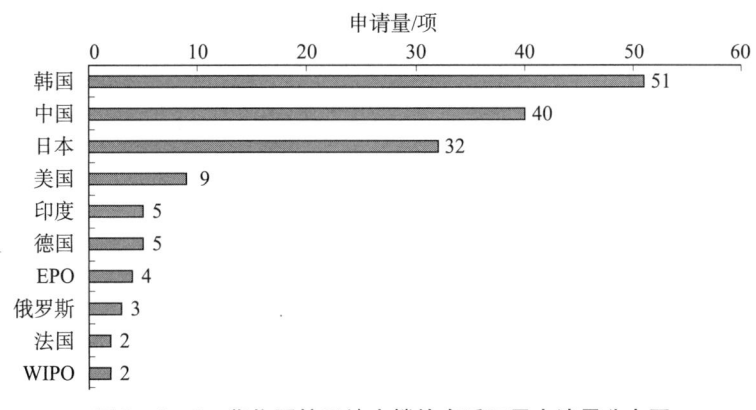

国家/组织	申请量/项
韩国	51
中国	40
日本	32
美国	9
印度	5
德国	5
EPO	4
俄罗斯	3
法国	2
WIPO	2

图3-5-3 货物围护系统支撑技术受理局申请量分布图

韩国受理局所受理的51项申请中，除本土申请人外，还有来自法国、美国、日本、挪威申请人所提交的申请。其中在支撑技术领域国外来韩的专利申请共有11项，占比22%，说明外来申请人比较重视在韩国市场的专利布局；中国受理局所受理的40项申请中，除本土申请人外，还有来自法国、日本、韩国、挪威和美国申请人所提交的申请；日本受理局所受理的32项申请中仅有1项来自挪威，其余都是本土申请人的申请，可以说明日本企业的技术原创性较高，专利布局较为紧凑，外国申请人很难进入。

除此之外，美国、印度、德国等国家受理局受理的专利申请量较少，说明不是该技术领域创新主体重点关注的市场。

3.5.4 专利申请人分析

本节对支撑技术方面的专利技术的主要申请人进行统计分析，图3-5-4示出了支撑技术领域排名前六位申请人的全球专利申请情况。占据前六位的都是高技术船舶领域的国际巨头。在整个支撑技术领域的156项申请中，大宇造船、GTT、三菱重工依次居前三位，其中大宇造船有14项、GTT有11项、三菱重工有11项。前三位申请人申请量总共为36项，占据总申请量的大约1/4。

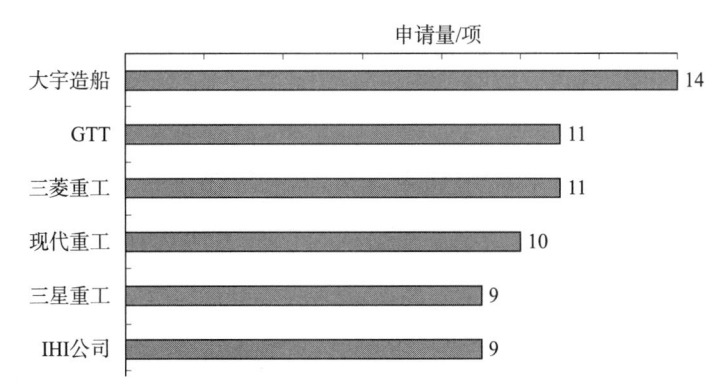

申请人	申请量/项
大宇造船	14
GTT	11
三菱重工	11
现代重工	10
三星重工	9
IHI公司	9

图3-5-4 货物围护系统支撑技术领域主要申请人的全球专利申请情况

支撑技术领域前六位申请人中韩国申请人有三个，分别是排在第一位的大宇造船、排在第四位的现代重工和排在第五位的三星重工。大宇造船、现代重工和三星重工都较侧重底部支撑的专利布局和技术研发。GTT作为拥有造船核心技术的北欧强企，在支撑技术领域的专利申请紧紧排在大宇造船之后，且均为2009年之后的申请。GTT在支撑技术领域的研究重点在密封支撑这一分支。日本申请人三菱重工在支撑技术领域的研究重点较为分散，分别在底部支撑、柔性支撑、侧部支撑和密封支撑领域都有布局。IHI公司则较为注重侧部支撑的技术研发和专利布局。

3.5.5 技术分析

3.5.5.1 支撑技术构成分析

在货物围护系统技术中，支撑技术主要包括柔性支撑、密封支撑、底部支撑和侧部（周向）支撑，以分担储罐中液体负荷对船体产生的影响。其中，底部支撑是最为普遍也是应用最广的支撑方式。

根据图3-5-5可以看出，底部支撑技术在全球范围内总共有79项专利申请，占总申请项数的50%，是支撑技术中的研究热点。三星重工、大宇造船、现代重工、川崎重工等重点造船企业均在底部支撑技术领域有布局。侧部（周向）支撑也是支撑技术领域的一个热点方向，主要是指支撑体是环绕在储罐的周围，诸如一个支撑结构，包括基部支撑体、储罐支撑面、船舱支撑面，三者共同起支撑作用。两个支撑面朝向储罐的热移动方向延伸，并且以水平方向与铅直方向之间的中间角度延伸从而抑制储罐相对于船舱的横向运动。侧部（周向）支撑技术领域在全球范围内共有27项专利申请。柔性支撑技术的诞生主要是为了解决支撑块安装精度不足而导致的独立液罐与支撑块之间出现接触不足，导致局部的应力集中和热量集中，进而导致独立液罐结构和船体结构的破坏而产生的。现有的柔性支撑块主要包括围框，非金属弹性支撑垫块和一块金属调整垫块。围框采用可焊接铸钢或锻钢材料组成，焊接在船体结构上，非金属弹性支撑垫块能够吸收温度传递，并支撑上面货物的重量；金属调整垫块主要功能为调整整体高度。柔性支撑技术领域在全球的专利申请量为18项。其中韩国申请人和中国申请人均各有6项申请，日本籍申请人共有4项申请，其余2项分别是德国籍申请人和俄罗斯籍申请人。

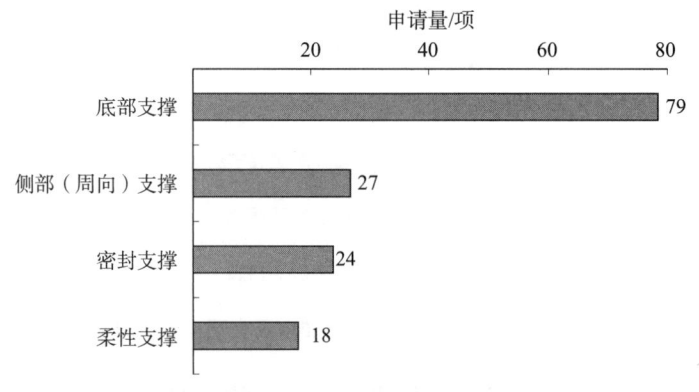

图3-5-5 货物围护系统支撑技术领域专利技术构成

支撑技术领域中的柔性支撑、密封支撑、底部支撑、侧部支撑并不都是单独存在的个体，其实在很多支撑架构建的过程中交叉涉及。例如公开号为CN205131577U，名称为"一种用于船舶独立液罐的支撑块"，其涉及一种用于船舶独立液罐的支撑块，包括焊接在船体上的围框以及从上往下依次叠放于围框内的多块非金属弹性垫块、多块高度调节垫块和一块坡度调节垫块；该专利中涉及的支撑块，因其是在独立液罐和主船体之前设置的支撑块，用作主船体对独立罐的支撑，该支撑技术可算作底部支撑；因其具有多块非金属弹性垫块，该支撑技术也可分类为柔性支撑。

公开号为KR101209356B1，名称为"储罐的弹性支撑机构"的专利，其主要涉及一种用于储罐的弹性支撑结构，以简化储罐的内部加强结构并安全地支撑运载流体的船的储罐。储罐的弹性支撑结构包括支撑构件，支撑构件沿储存流体的储罐的圆周安装，并支撑对应的储罐，储罐根据温度变化而收缩和膨胀。支撑构件包括弹性构件和面板，弹性构件安装在储罐的每个侧表面中并且布置成多条线；该专利技术所述的支撑结构很明显属于柔性支撑技术领域，但又因其是安装在储罐的每一侧面以支撑储罐的圆周表面的面板，所以也可将此技术归类为侧部（周向）支撑。

3.5.5.2 支撑技术领域重点专利分析

依据附录1，筛选出部分支撑技术领域重点专利，如表3-5-2所示。

表3-5-2 货物围护系统支撑技术领域重点专利列表

序号	公开号	发明名称	同族国家/地区	优先权	法律信息
1	US9022245	Universal support arrangement for semi-membrane tank walls	BR、CN、EP、IN、JP、KR、MX、US、WO	US11/723039 US13/032813	授权
2	KR101579227B1	Tank support structure and floating construction	BR、CN、EP、ES、JP、KR、PL、SG、US	JP2011176833	授权
3	JP5946910B2	A sealing insulating tank integrated with the supporting structure	AU、BR、CN、EP、ES、FR、HRP、IN、JP、KR、RU、SG、US、VN、WO	FR2011056092	授权
4	US9303791	Apparatus and methods for supporting an elongated member	AU、CA、CN、EP、KR、SG、US、WO	US61/119657	授权
5	KR101503989B1	Support structure for independent tank	CN、JP、KR、WO	JP2010277282	授权
6	EP2293971B1	Systems and methods for supporting tanks in a cargo ship	CN、EP、JP、KR、US、WO	US61/129639 US12/484772	授权

115

接下来，笔者对选取的这6件专利进一步分析。

专利公开号为US9022245，名称为Universal support arrangement for semi－membrane tank walls的专利，其主要涉及用于经受热膨胀和收缩的半膜罐壁的通用支撑装置，其涉及罐组件，罐组件具有罐壁、部分邻近于该罐壁的支撑结构以及将罐连接到支撑结构上的连接部件。该连接部件可以被构造成通过转动适应罐与支撑结构之间的相对运动。该连接部件可以通过球窝接头与罐壁连接，并且通过另一球窝接头与支撑结构连接，从而允许罐壁相对于支撑结构进行基本不受限的面内运动。支撑组件可以与其他罐构造一同使用，并且可以选择性地被配置在半膜罐上。该专利通过将连接半膜罐和周围结构的支撑组件，构造成允许半膜罐和周围结构可以相对运动的结构，这样半膜罐柔性地连接在周围结构上，罐的温度波动期间产生的热收缩和热膨胀就不会对周围结构产生不可接受的应力。

公开号为KR101579227B1，名称为"储罐支撑结构及浮体结构物"的专利，主要涉及一种即使在储罐收纳部具有倾斜面或多级台阶面的情况下，也能够应对储罐的热收缩或热膨胀，并且使容积效率提高的储罐支撑结构及浮体结构物。搭载于浮体结构物内所形成的收纳部的储罐的支撑结构包括：倾斜面或多级台阶面，其形成在收纳部的侧面部；多个支撑基础部，其配置在该倾斜面或该多级台阶面上；多个支撑块，其配置在包括与倾斜面或多级台阶面对置的部分在内的储罐的底面部并配置在支撑基础部上。支撑块的配置在支撑基础部上的支撑块底面和所述支撑基础部的支撑所述支撑块的支撑面，具有与平面平行的面，该平面包括连接各个支撑块与储罐接触的两个接触点的线段和通过储罐的不动点并与线段平行的直线。收纳部的侧面部具有倾斜面或多级台阶面，支撑块底面及支撑面形成具有与包括连接支撑块与储罐接触的两个接触点的线段和通过储罐的不动点并与线段平行的直线平面平行的面，因此即使在储罐收纳部具有倾斜面或多级台阶面的情况下，也能够沿倾斜面或多级台阶面配置储罐的底面部，能够使容积效率提高。另外，支撑块底面及支撑面形成在沿储罐的热收缩或热膨胀移动的方向上，因此能够对应于储罐的热收缩或热膨胀而支撑储罐。

公开号为KR101503989B1，名称为"独立储罐的支撑结构"的专利，主要涉及一种独立储罐的支撑结构，该支承结构具有多个储罐侧支撑座，其固定设置于独立储罐的底面；多个船体侧支撑座，其固定设置于船体的储罐收纳空间的底板；隔热性支撑材料，其介于储罐侧支撑座与船体侧支撑座之间，形成与储罐侧支撑座和船体侧支撑座中的至少一方相对滑动自如。支撑结构的特征在于，独立储罐的底面构成为因温差而相对于底板不进行相对位移的起点为中心呈放射状伸缩，在储罐侧支撑座和船体侧支撑座各自的包含偏心区域的部位设置有针对储罐载荷而加强支撑座的加强部件，该偏心区域是储罐侧支撑座的载荷中心与所述船体侧支撑座的载荷中心因所述底面的伸缩而相互偏心的区域。该专利的技术效果在于随着独立储罐的温度变化而产生的热伸缩，使储罐侧支撑部和船体侧支撑部的载荷中心相互偏心的情况下，也能够缓解对这些支撑部的应力集中，能够稳定地支撑独立储罐。

公开号为 US9303791，名称为"Apparatus and methods for supporting an elongated member"的专利，主要涉及用于支撑一个或多个细长构件的设备和方法。用于支撑一个或更多细长构件的支撑构件可包括：主体；至少四个支撑臂，其从主体延伸；以及至少一个弯曲表面，其设置在所述支撑臂之间。每个弯曲表面相对于所述主体的中心线可以是凹的。至少一个弯曲表面的长度是至少一个其他弯曲表面的长度的至少两倍。

公开号为 JP5946910B2，名称为"集成到支撑结构上的密封和绝热的储罐"的专利，主要涉及一种密封和绝热的储罐，包含绝热层和密封层，绝热层包含多个在支撑结构上的并列设置的保温砌块，密封层包含多个在保温砌块上并彼此焊接到一起的密封金属板。机械耦合部件在保温砌块的边缘的层面上贯穿绝热层、并以承接啮合的方式把保温砌块固定到支撑结构上。金属板的边缘相对于底部保温砌块的边缘有偏移。金属板仅通过耦合部件以啮合的方式被固定到保温砌块上。机械耦合部件在结合点远离金属板边缘的地方附加于金属板。该专利的技术效果在于给金属密闭膜提供一个尽可能一致的支持面，避免密闭膜的压力在某些地方的聚集。

公开号为 EP2293971B1，名称为"Systems and methods for supporting tanks in a cargo ship"的专利，主要涉及一种独立储罐的支撑结构，该支承结构具有多个固定设置于独立储罐的底面储罐侧支撑座；船体侧支撑座固定设置在船体的储罐收纳空间的底板；并具有介于储罐侧支撑座与船体侧支撑座之间的隔热性支撑材料，形成与储罐侧支撑座和船体侧支撑座相对滑动自如。该专利的技术效果在于随着独立储罐的温度变化而产生的热伸缩使储罐侧支撑部和船体侧支撑部的载荷中心相互偏心的情况下，也能够缓解对这些支撑部的应力集中，能够稳定地支撑独立储罐。

3.6 安全性能技术

LNG 运输船装载 $-163℃$ 的液化天然气，液化天然气的装载、运输、卸载等均需在极低温条件下完成，因此 LNG 除了具有易燃易爆等常见危险性以外，还具有其特殊的低温危险，容易给人体、船体及其设备等造成损害。例如，LNG 运输船超低温的液货和普通的船体接触，容易导致船体自发性的脆裂、从而危及船体的结构；同时，LNG 于氧气混合存在爆炸风险，并且 LNG 极易汽化，容易导致液货舱压力和温度升高、存在造成液货舱结构损失的风险。因此，对 LNG 运输船货物围护系统的安全性能要求很高，本节将从专利技术的角度分析安全性能技术的发展现状。

3.6.1 技术发展趋势

统计全球在安全性能技术领域的专利申请，结果如表 3-6-1 所示，共计 240 件专利，其中发明专利 207 件，发明专利申请量占比约 86%；而实用新型专利 33 件，可见在安全性能技术领域以发明专利为主。发明专利中有效专利为 68 件，失效专利为 92 件，处于未决状态的专利 47 件。实用新型专利中有效专利 17 件，失效专利 16 件。

表 3-6-1 安全性能专利法律状态分布表

法律状态 专利类型	有效专利/件	失效专利/件	未决/件
发明	68	92	47
实用新型	17	16	—

全球安全性能技术领域专利申请数量共计 219 项,根据申请年份统计分析安全性能技术领域的专利申请量变化趋势,结果如图 3-6-1 所示。1999~2003 年全球的专利申请量出现一个小高峰,呈现波动状态,但整体申请量不高。2003 年之后全球专利申请量回落,2004~2006 年持续处于较低水平,这段时期安全性能技术处于发展低迷期。2007 年之后,专利申请逐渐回温,呈现波动增长趋势,并在 2012 年进入高速增长期,2013 年专利申请量达到高峰。随后的 2014 年、2015 年安全性能技术领域专利持续保持高申请量。2015 年之后,全球专利申请呈现下滑趋势,这主要归因于专利公开的滞后性,发明专利申请一般自申请日起 18 个月公布、实用新型专利申请在授权后才能获得公布,而 PCT 专利申请可能自申请日起 30 个月甚至更长时间之后才能进入国家阶段。由于未公开专利在专利数据库中无法检索,检索到的 2016 年、2017 年和 2018 年的专利申请量比实际申请少,因而 2015 年之后的申请量呈现下滑趋势。来源于中国的安全性能技术专利的申请量变化趋势,如图 3-6-1 所示,与全球申请趋势基本保持一致,同样在 2013 年之后保持较高申请量,表明在货物围护系统的安全性能技术领域,中国在本领域的研发发展情况与全球整体情况较为契合。

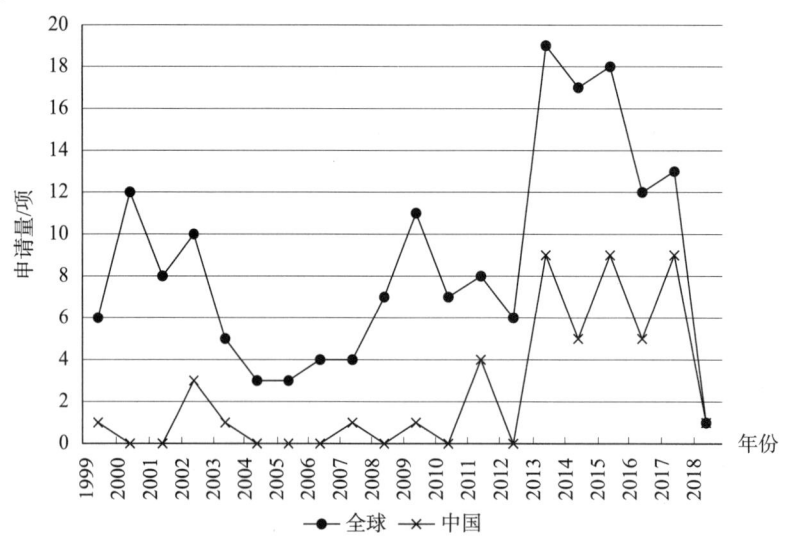

图 3-6-1 安全性能技术全球、中国专利申请趋势

3.6.2 国家/地区分析

3.6.2.1 原创国/地区分析

分析安全性能技术领域的专利技术主要来源，结果如图3-6-2所示，中国、日本、韩国、美国等国家为主要的技术原创国。其中，来源为中国的申请量居于首位，在安全性能技术领域专利量共计51项；其次为日本，在本领域的专利申请量为38项；排名第三的为韩国，其专利申请量为26件；紧随其后的是美国，共输出专利18项；此外，法国、德国、芬兰、意大利等国家同样是技术原创国，但其专利申请量较少，均为个位数。综上，在安全性能技术领域，中国、日本、韩国是主要的技术原创国，表现出较强的技术创新实力，说明中国、日本、韩国三国对推动安全性能技术领域的技术发展起着较为重要的作用。

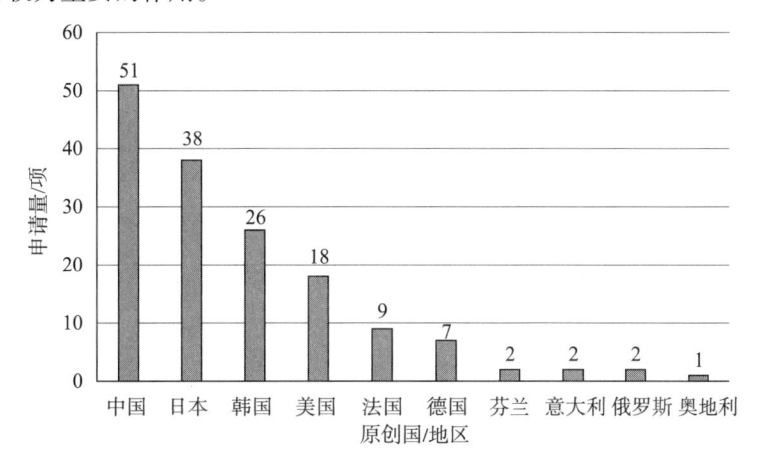

图3-6-2 安全性能技术专利技术原创国/地区分布

3.6.2.2 受理局分析

全球安全性能技术领域专利主要受理局如图3-6-3所示，可见，日本、中国、

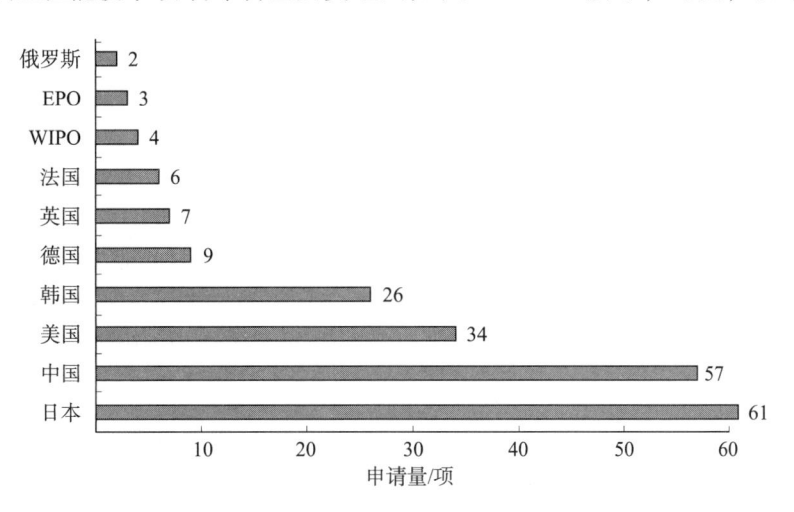

图3-6-3 安全性能技术专利申请受理局分布

韩国、美国为专利受理的主要分布地。其中，日本的专利申请量最多，达 61 项；中国紧随其后，专利申请量为 57 项。排名第三、第四的为美国和韩国，其专利申请量分别为 34 项、26 项。日本、中国的申请量远大于其他受理国，一方面可能归因于两国是主要的技术原创国，另一方面则体现两国是安全性能技术领域创新主体的主要目标市场国，其市场吸引力大于美国、韩国。此外，德国、英国、法国等国家也受理部分安全性能技术领域的专利，但是申请量较少，体现上述国家在本领域可能市场吸引力较弱，但同时也表明本领域产品进入该市场壁垒较低。

3.6.2.3　在华专利分析

进一步分析安全性能技术领域专利在华申请情况，在华专利申请数量共计 57 件，其中发明专利申请数量为 33 件，实用新型专利申请数量为 24 件。从法律状态的角度来看，当前在华有效专利数量 26 件，失效专利数量 20 件，未决专利数量 11 件。

图 3-6-4 展示在华专利申请趋势。第一件在华申请的安全性能技术领域专利申请于 1987 年。2011 年之前本领域专利仅有间断零星的申请，2011 年之后专利申请量增长，虽然呈现波动状态，但整体上保持较高申请量，说明近几年安全性能技术发展较为活跃。

图 3-6-4　安全性能技术在华专利申请趋势

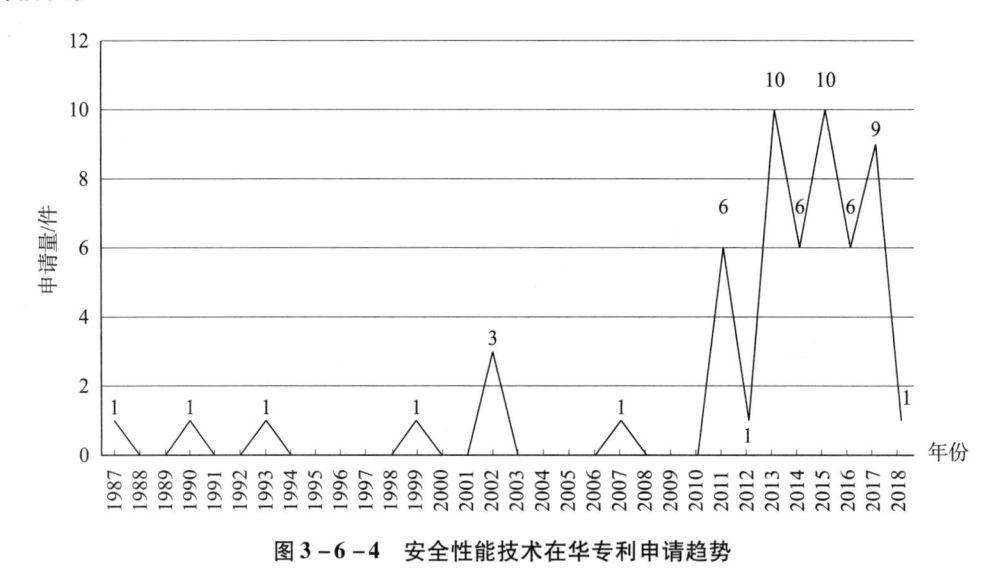

图 3-6-5 显示在华专利的主要技术来源国，从图中可知，大部分在华专利来源于本国，占比 82%；除了中国以外，在华专利的技术原创国还包括日本、芬兰、法国、哥伦比亚、韩国、新加坡。与中国相比，上述技术原创国在华专利申请量较少，一定程度上反映了在安全性能技术领域，中国市场的主导者主要为中国主体。

进一步分析在华专利的主要申请人，如表 3-6-2 所示，排名前五的申请人分别为成都华气厚普、中集集团、三菱重工、上海华篷以及中国海油。其中，三菱重工为日本来华企业。中集集团与三菱重工已在前文中介绍，二者在全球范围内专利申请量排名靠前。成都华气厚普成立于 1994 年，由成都厚普电子科技有限责任公司与华油天然气股份有限公司发起。中国海油成立于1982年,早期单纯从事油气开采业务,经过不断发展壮大,其目前的主流业务扩展至油气勘探开发、专业技术服务、炼化销售及化肥、天然气及发电、金融服务、新能源等板块。虽然上述申请人排名靠前,但是其专利申请量较低,与其他专利主体并无明显差距,表明在华的安全性能技术领域专利申请主体较为广泛,集中程度较低。

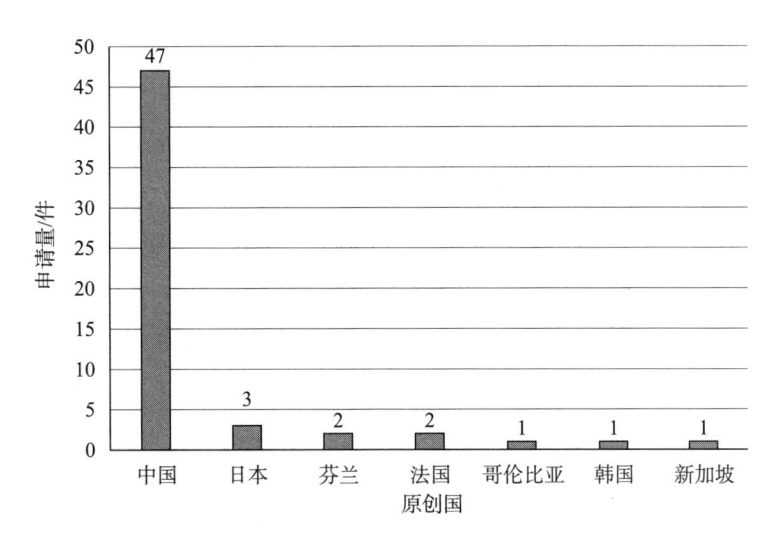

图3-6-5 安全性能技术在华专利原创国分布

表3-6-2 安全性能技术在华专利主要申请人

主要专利申请人	申请量/件
成都华气厚普	3
中集集团	3
三菱重工	2
上海华篷	2
中国海油	2

从技术领域的角度分析在华专利,如图3-6-6所示,在华专利主要分布于液货舱布置、安全部件、泵塔三个分支,其中与液货舱布置相关的安全性能技术专利申请数量为26件,与安全部件相关专利申请数量为16件,泵塔相关专利申请数量较少,仅12件。结合全球安全性能领域专利的各技术分支申请量分析可知,在液货舱布置技术分支领域,在华专利数量占全球专利总量的25%;在安全部件技术分支领域,在华的专利数量占全球专利总量的20%;在泵塔技术分支领域,在华的专利数量占全球专利总量的60%。可见,在液货舱布置、安全部件、泵塔三技术分支中,泵塔相关的安全性能技术较多分布于中国。

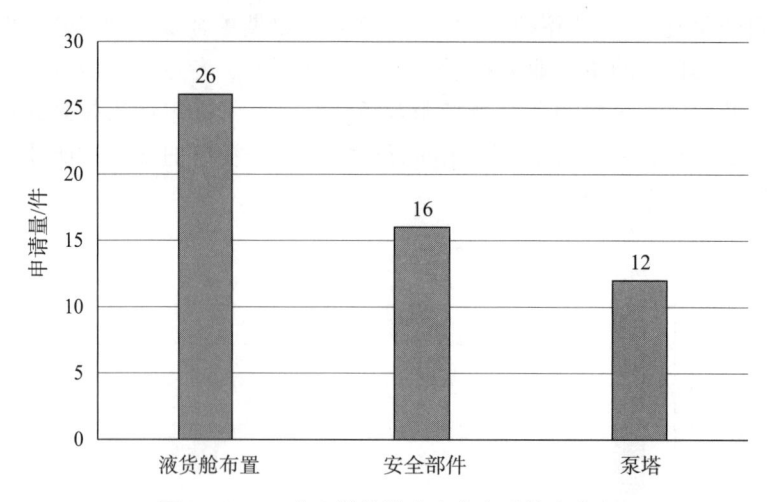

图 3-6-6　安全性能技术在华专利技术分支

3.6.3　专利申请人分析

图 3-6-7 展示安全性能技术领域申请量排名前十位的专利申请人。其中，IHI 公司申请量位于榜首，共计 13 项。IHI 公司来自日本，其前身为石川岛造船厂，为日本重要的军事防务品供应商，第二次世界大战时期开始军舰及飞行器的制造。位列第二的是韩国的大宇造船，其在安全性能技术领域的专利申请量为 9 项。大宇造船是全球第二大造船公司，其主营业务包括船舶、离岸平台、钻机、浮油生产装置、潜艇、驱逐舰等的建造。

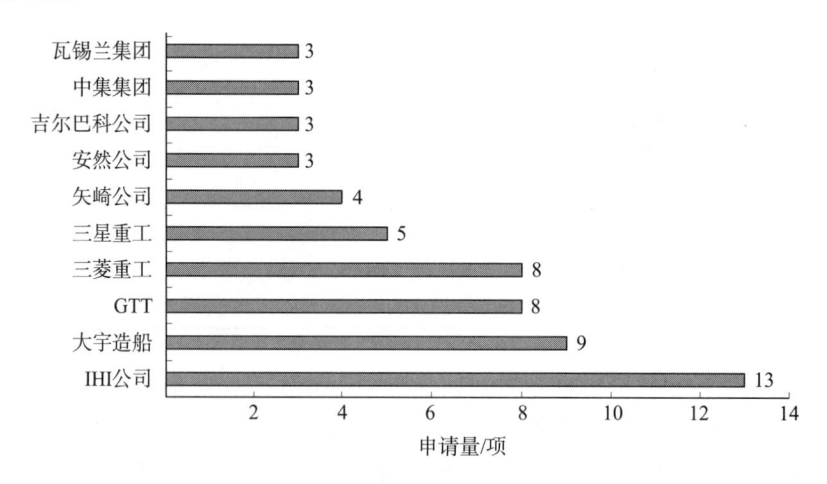

图 3-6-7　安全性能技术主要专利申请人

排名紧随其后的 GTT 和三菱重工申请量均为 8 项，其中，GTT 来自法国，三菱重工来自日本。GTT 成立于 1994 年，在液化天然气的散装运输方面具有丰富的经验。日本三菱重工前身为长崎造船所，由岩崎弥太郎创办，目前业务涵盖机械、船舶、航空航天、原子能、电力、交通等领域。三星重工以 5 项专利的申请量在全球排名第五位，其是三星集团的核心子公司，也是全球最大的造船企业，主要业务涉及船舶、海上漂浮物、门式起重机、船舶数字设备以及其他建筑和工程。

排名三星重工之后的为矢崎公司、安然公司、吉尔巴科公司、中集集团以及瓦锡兰集团，上述申请人的申请量均较低。矢崎公司（YAZAKI CORP）专利申请量为4项，该公司来自日本，是全球最大的生产汽车线束的跨国公司之一，主要产品包括电气分配系统、电子元件、仪表、连接件等。安然公司、吉尔巴科公司、中集集团以及瓦锡兰集团的专利申请量均为3项。中集集团来自中国，成立于1980年1月，总部位于中国广东省深圳市，主要业务领域包括集装箱、道路运输车辆、能源和化工装备、海洋工程、物流服务、空港设备等。综合对上文专利原创国和受理局的分析结果，日本不仅具有排名前沿的技术创新实力和市场吸引力，同时拥有较多实力较强的专利申请人；而中国虽然是主要的技术原创国和目标市场，但是排名靠前的专利申请人较少。

进一步分析安全性能技术领域专利的技术集中度，结果见表3-6-3。技术集中度包括两个评价指标，集中度指标1为全球申请量排名前五位的申请人的申请总量占该全球专利申请量的总量的百分比；集中度指标2则是全球申请量排名前十位申请人的申请总量占该全球专利申请量的总量的百分比。如表3-6-3所示，全球范围内安全性能技术专利申请集中度比较高，排名前五位的专利申请人掌握了19.72%的专利申请，排名前十位的专利申请人掌握了27.06%的专利申请。

表3-6-3 安全性能技术专利申请的集中度

分析项目	集中度指标1	集中度指标2
全球安全性能技术专利	19.72%	27.06%

3.6.4 技术分析

3.6.4.1 安全性能技术构成分析

根据涉及结构不同，安全性能技术专利主要分为与液货舱布置、安全部件、泵塔等相关的技术分支，参见图3-6-8。液货舱布置相关的专利最多，共计104项，占专利申请总量的48%。涉及安全部件专利申请量为78项，占专利申请总量的36%。安全部件领域专利技术方案主要着重于提供或改进液化天然气储罐的压力调节装置、流量控制装置、泄漏检测装置、运输辅助装置等部件。泵塔是工作人员进入液货舱的通道，泵塔设置于LNG船液货舱顶部，通常由液货泵排出管和应急液货泵通道组成基本框架，泵塔呈自下而上的三角形结构。泵塔相关的专利申请较少，仅为20项，占专利申请总量的9%。

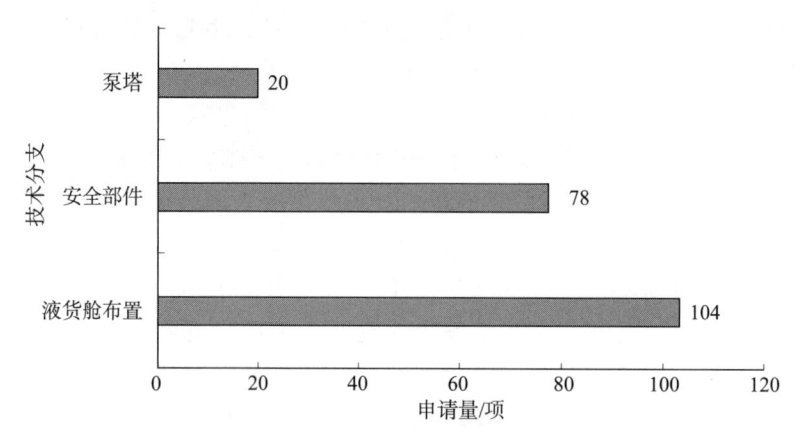

图 3-6-8　安全性能技术重点专利技术构成

3.6.4.2　安全性能技术重点专利

根据专利申请的同族数量、被引频次、申请人重要程度和诉讼情况等方面来考量和筛选重点专利，具体筛选方法参照附录1筛选出以下重点专利，专利详细信息请见表3-6-4。

表3-6-4　安全性能技术领域重点专利列表

序号	公开号	申请人	申请日	同族国家/地区	被引次数
1	US6640554	CHART INC.	2002-04-26	US	27
2	US8789562	FURUKAWA ELECTRIC CO. LTD.、JAPAN OIL, GAS AND METALS NATIONAL CORPORATION	2009-03-09	AU、BRPI、EP、JP、US	9
3	US6688323	GAS PRODUCTS SALES, LLC	2002-02-26	US	5
4	US8678711	WU ZHIRONG	2011-03-04	US、CN	4
5	KR100873300B1	KOREA GAS CORPORATION	2007-11-27	KR	3
6	US8539970	TECHNIP FRANCE	2008-03-31	AT、AU、BRPI、EP、ES、FR、US	2
7	KR100936394B1	DAEWOO SHIPBUILDING & MARINE ENGINEERING CO. LTD	2008-03-05	KR	2
8	GR1007468B	PASCHOS GEORGIOS	2010-09-29	GR	2
9	KR100980269B1	SAMSUNG HEAVY IND. CO. LTD	2008-05-14	KR	1

进一步分析上述重点专利的技术方案，其中专利 US6640554、US8789562、US6688323、KR100873300B1、GR1007468B 的技术方案均涉及安全部件的改进，可见，目前安全部件领域的技术发展相比其他领域更为成熟。具体地，专利 US6640554 涉及用于可移动液体天然气分配站的容器模块的改进；专利 US8789562 公开用于输送低温流体的柔性管和用于检测管内流体泄漏的结构；专利 US6688323 展示一种新型的储气罐与压力调节器的联接器；专利 KR100873300B1 公开具有防止超压功能的液化气容器；专利 GR1007468B 涉及防止低温液体泄漏的、配有安全阀的小型容器。下面根据专利被引用次数，从重点专利中选取引用量最高的 3 件专利进行分析：

（1）公开号 US6640554

专利名称为"用于可移动液体天然气分配站的容器模块"，申请日为 2002 年 4 月 26 日，专利权人为 Chart 公司。本专利公开的技术方案为：便携式独立液体天然气（LNG）分配系统容纳在容器中，该容器具有相对的侧壁和端壁以及底板。容器分为通风部分和被覆盖部分，屋顶在覆盖部分上方，而通风部分具有敞开的顶部。位于容器内的散装罐包含 LNG 供应源，其上方具有顶部空间，并且泵被浸没在 LNG 内的集水槽内，该集水槽也定位在容器内并与散装罐连通，该容器衬有不锈钢板以限定容纳空间，该容积能够将整个 LNG 供应容纳在散装罐中；排气阀与散装罐的顶部空间连通，并且位于容器的通风部分的敞开顶部下方；电控装置位于容器的被覆盖部分的端壁的下部，以便根据适当的安全准则定位。本技术方案的技术效果是提供一种新型的用于可移动液体天然气分配站的容纳模块，使得分配站独立且易于安装，避免防爆设备的成本。本专利未发生诉讼行为。

本专利被引用次数较多，共计 27 次，技术内容涉及两个 IPC 小组，体现本专利技术先进性较好。本专利权利要求多达 20 条，体现本专利保护范围较广。

（2）公开号 US8789562

专利名称为"用于输送低温流体的柔性管和用于检测管内流体泄漏的结构"，申请日为 2009 年 3 月 9 日，专利权人为古河电气工业公司（Furukawa Electric Co., Ltd）和日本国家石油天然气和金属公司（Japan Oil Gas and Metals National Corporation）。该专利技术方案为提供一种柔性管，其用于将来自海上浮动设施的流体加载到油轮上，该油轮适于输送诸如 LNG 的低温流体，并且能够快速且可靠地检测管中的流体泄漏。该技术方案提供了一种用于检测管中的流体泄漏的结构；在绝热层的外周上设置不透水且绝热的层；不透水和隔热层与隔热层一起使流过波纹管的 LNG 与柔性管的外部隔热；与隔热层不同，不透水隔热层的透液性差，LNG 等流体难以透过不透水隔热层，因此不透水和隔热层用作不透水和隔热层的内部和外部之间的不透水层。本专利解决的问题一方面是传统浮动软管柔软度不够，容易脆化破损，另一方面传统的浮动软管用于低温运输时容易发生内管泄漏。另外，该专利在全球被引用 9 次，权利要求数量为 10 项，在五个国家进行布局申请，体现了较好的技术先进性和保护强度。

(3) 公开号 US6688323

专利名称为"储气罐与压力调节器的联接器",该技术方案公开一种用于将 LPG 罐上的气瓶阀连接到压力调节器入口的联接器,联接器包括接头、塑料联接器以及将接头固定到气瓶阀的螺母,接头具有用于与气瓶阀连接的上游端和用于与压力调节器连接的下游端。螺母的端壁在其内侧具有金属传热垫圈,并且在接口通道中设置有压力响应柔性截止阀板。截止阀板在其上压力不超过 15psi、并且联接螺母的端壁和传热垫圈温度于 240 ℉和 300 ℉之间时关闭通道,使得接口从气瓶阀移开。该专利技术方案改进过流、热响应关断装置,克服了当前关断装置易变形磨损、响应灵敏度低的问题。本专利为有效发明专利,技术稳定性好;被引用 5 次,且专利曾发生转让,体现其较好的技术先进性;另外本专利有 46 项权利要求,且独立权利要求 4 项,在一定程度上说明其保护范围广。

3.6.4.3 技术活跃度分析

进一步从技术活跃度角度分析安全性能技术领域专利现状。其中,技术活跃度的评估标准是近 5 年年均申请量除以往年年均申请量获得的比值,比值越大代表技术活跃度越高。技术活跃度可按照下列箭头表示,箭头朝上表明处于技术较为活跃状态,箭头朝下则表明较低的活跃度,如图 3-6-9 所示。

↓↓↓	↓↓	↓	—	↑	↑↑	↑↑↑
0~0.1	0.1~0.5	0.5~0.9	0.9~1.1	1.1~1.5	1.5~2	2~∞

图 3-6-9 安全性能技术领域技术活跃度分析

对全球及主要技术原创国中国、日本、韩国的技术活跃度进行分析,结果如表 3-6-5 所示,全球整体上,安全性能技术领域近年来技术活跃度较高。中国近年来在该领域的技术活跃度处于领先地位,并且高于全球水平,体现近几年来在安全性能技术领域的研发产出较多,这主要归功于中国近年来整体经济高速发展以及政府对船舶行业的政策扶持。另外,韩国的技术活跃度次于中国和全球水平,但是仍然属于活跃度较高状态;日本的技术活跃度与中国、韩国相比则处于较弱地位。

表 3-6-5 安全性能技术专利申请的活跃度

项目		活跃度	
全球整体		↑↑↑	4.41
主要国家/地区	中国	↑↑↑	4.59
	日本	↑↑	1.84
	韩国	↑↑↑	2.12

3.7 强度技术分析

3.7.1 技术概况

LNG/LPG 运输船的液货舱应能承受 -163℃ 的温度,并应与船体结构绝热。另外,为了防止液货汽化和危险压力的产生,液货舱亦应被绝热。在某些设计中,次屏壁也可能成为舱的支撑系统的一部分。通常可以认为液化气船的液货舱有足够的强度,且与其他油船的货舱相比,具有更高的可靠性。主要在于液舱的材料。

液货船的货物围护系统主要包括液货舱的主屏壁和次屏壁,隔热绝缘以及壁间空间等。主屏壁是指货物围护系统具有两层界面时用来装储液货的内层结构。次屏壁是指货物围护系统中靠近船体内壳的液密外层结构,用以容纳主屏壁失效而泄露的货物,保护船体结构,避免紧急情况下低温货物泄露导致的结构失效。次屏壁有两种,即完整次屏壁和局部次屏壁。根据液货舱类型不同,次屏壁的类型要求也不同。完整次屏壁用于液货舱型应考虑到 IGC 的设计假定条件下结构完全失效的情况,而局部次屏壁用于液货舱类型考虑到根据规则估算可能在设计假设情况下出现的有限失效。

3.7.2 技术发展趋势

全球强度技术领域专利共计 113 项,根据申请年份统计分析强度技术领域的专利申请量变化趋势,如图 3-7-1 所示。1999~2004 年全球的专利申请量处于平稳状态,每年全球申请数量在 2~3 项左右,处于技术发展的萌芽期;在此期间,中国申请人并没有在强度技术领域的专利申请和布局。2005~2010 年出现第一次快速发展期。2011 年之后发展到现在,全球申请数量都保持在 6 项以上,2012 年更是达到最高峰,全球申请数量 11 项。2013 年全球申请数量为 9 项,2014 年全球申请数量

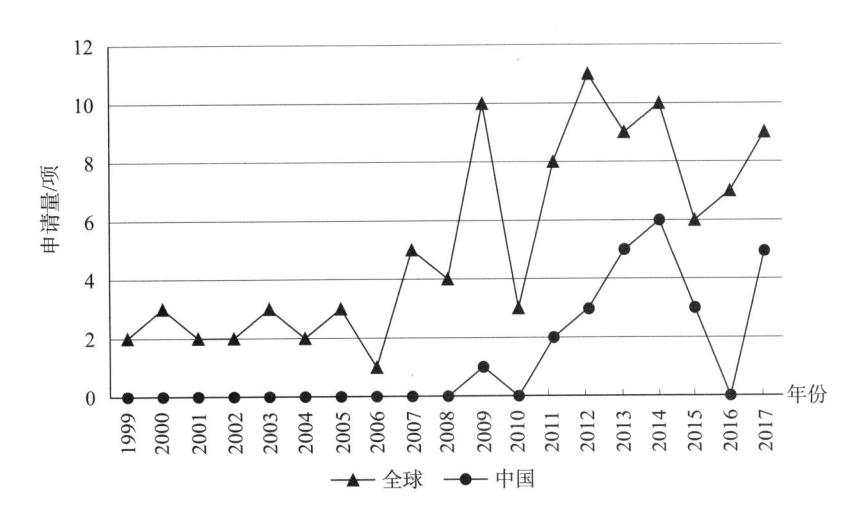

图 3-7-1 强度技术全球、中国专利申请趋势

为10项。这主要在于随着经济日益全球化，高技术船舶产业得以迅猛发展，越来越多的公司开始投入强度技术领域的研究，其中韩国企业大宇造船和韩国科学研究院等较为活跃，不仅积极在国内进行专利布局，更是通过PCT途径以及《保护工业产权巴黎公约》（以下简称《巴黎公约》）途径进行全球性的专利布局。中国在强度技术领域的专利申请在1999～2008年处于空白期，2009～2014年处在快速增长时期。2014年中国专利申请数量达到6件，占全年全球申请数量的60%，说明中国申请人越来越重视货物围护系统中强度技术领域的专利申请和布局。

统计全球在强度技术领域的专利申请（见表3-7-1），可见发明专利数量占比约85%，且其约为实用新型专利数量的5倍；而在发明专利中可以看出失效专利数量占比高达50%。从货物围护系统的重点技术分支的专利申请数量来看，强度技术相关专利申请的数量较少。

表3-7-1 强度技术专利法律状态分布情况

专利类型	有效专利/件	失效专利/件	未决/件
发明	42	67	26
实用新型	16	7	—

3.7.3 国家/地区分析

3.7.3.1 原创国/地区分析

分析强度技术领域的专利技术的原始来源，如图3-7-2所示，韩国、中国、挪威、日本等国家为主要的技术原创国。其中，韩国是最主要的技术原创国，在该技术

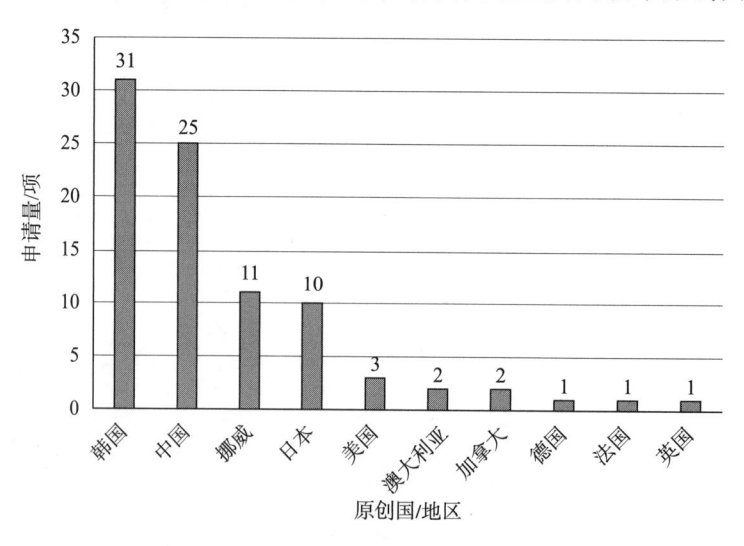

图3-7-2 强度技术专利原创国/地区分布

领域的专利技术共计 31 项，中国紧跟其后，申请数量达到 25 项，挪威和日本分别以 11 项、10 项位居第三位和第四位。其中，挪威船级社于 2004 年申请的公开号为 NO20042702D0，名称为"存储低温流体的分格式罐"的是一项关于强度技术领域价值较高的专利，被引用 11 次。该发明涉及用于在超低温下存储流体（如 LNG）的罐，该罐包括形成顶部、侧壁和顶部的外板以及内部分格结构，在罐的底部平面处的分格结构内的所有分格之间存在流体连通。外板的一部分包括分层结构，并且其中内部分格结构形成自平衡支撑并锚定到外板。除此之外，美国、德国、法国等国家也有相对较少的技术原创。

3.7.3.2 受理局分析

全球强度技术领域专利主要受理局如图 3-7-3 所示，中国和韩国分别以 35 件和 34 件专利申请量位居第一位和第二位。在中国受理局提交的专利申请中，中国本土申请人提交了 25 件，挪威、韩国、法国和日本申请人分别向中国受理局申请了 5 件、3 件、1 件和 1 件，说明挪威申请人和韩国申请人比较重视在中国专利市场的布局。韩国受理局所接收的专利申请中，韩国申请人共向本国申请了 24 件，其他 10 件分别来自加拿大申请人，挪威申请人，澳大利亚申请人和日本申请人。EPO 接收的关于强度技术方面的专利申请分别来自韩国重工、三星重工、韩国 GAS 公社。

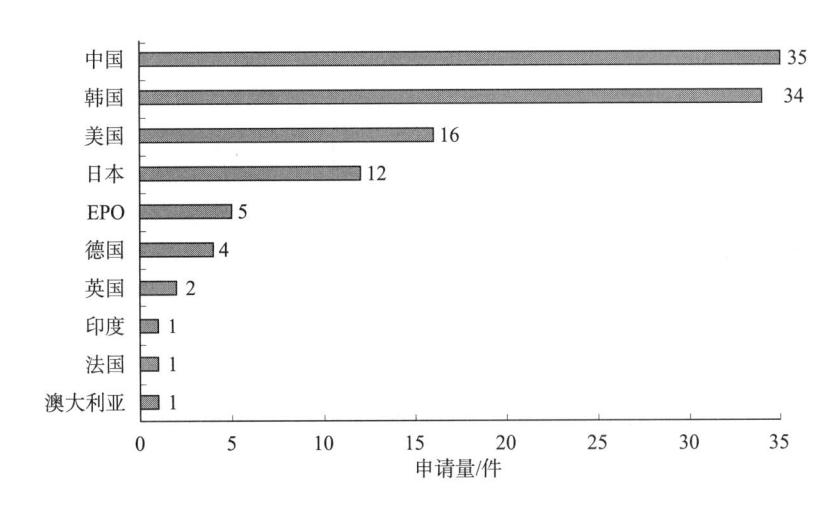

图 3-7-3 强度技术专利申请受理局分布

3.7.4 专利申请人分析

图 3-7-4 展示了强度技术领域申请量排名前五位的专利申请人。在整个强度技术领域的 113 项专利申请中，三星重工申请量位于榜首，共计 7 项。位列第二的是韩国的大宇造船，其在强度技术领域的专利申请量为 6 项。排名紧随其后的现代重工和 Aker Solutions 均有 5 项专利申请。中集集团以 3 项专利数量位于第五位。前五位申请人总共申请量为 26 项，仅占强度技术领域总申请量的 23%，说明强度技术领域的专利有比较多的申请人进行申请，但几乎都没有展开布局，申请 1~2 项的申

请人较多。

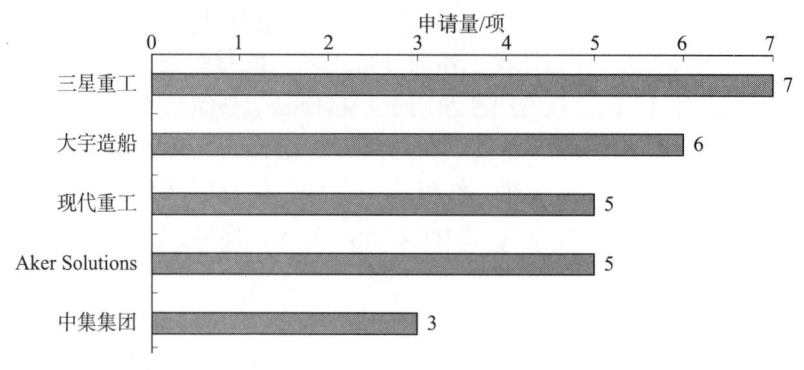

图 3-7-4 强度技术主要专利申请人

申请人	申请量/项
三星重工	7
大宇造船	6
现代重工	5
Aker Solutions	5
中集集团	3

其中，前三位都是韩国的造船强企，排名第四的 Aker Solutions 是挪威的一家石油天然气相关产品、系统和服务的全球供应商，其在 LNG 和气体处理、技术和项目管理方面有悠久的历史，20 世纪 70 年代第一个研发球罐型 LNG 运输船，如今，由其参与的 LNG 项目遍布全球各地。Aker Solutions 在强度技术领域的专利申请主要分布在 2009~2012 年。

3.7.5 技术分析

3.7.5.1 强度技术构成分析

液货舱的强度技术领域的专利技术主要分为主屏壁加强技术和次屏壁加强技术。其中，次屏壁加强技术的主要技术创新点略多，是强度技术领域的研究热点。次屏壁是指货物围护系统中被设计成能暂时容纳可能从主屏壁泄露的液货的液密外层构件，同时也为了防止船体结构的温度下降至不安全的程度。其作用是为了保护主屏壁及主、次屏蔽之间的保冷材料，可对泄漏液体与蒸发气实现完全封拦，确保储存安全。是当主屏壁万一泄漏时，能防止低温液货舱泄露到船体普通构件处。

大部分低压全冷式货舱的主屏壁强度和安全可靠性较差，所以必须设置次屏壁。压力式货舱则可不设次屏壁。对于方形和棱柱形的 A 型独立液舱、整体式液舱、薄膜式或半薄膜式液舱和内部绝热式货舱都要求有完整的次屏壁结构。对于球形的 B 型独立液货舱，因它与其他低压全冷式货舱相比，能够准确地进行应力分析，渗漏的可能性较小，所以允许只设置部分次屏壁。

表 3-7-2 可以看出，在强度技术领域，全球申请人较为倾向于次屏壁的研发，但是实际应用中，多采用次屏壁结合主屏壁的技术方案。

表 3-7-2 强度技术专利构成申请分布

强度技术分类	主屏壁	次屏壁
专利数量/项	53	60

3.7.5.2 强度技术领域重点专利分析

依据附录1，筛选出部分强度技术领域重点专利列表，如表3-7-3所示。

表3-7-3 强度技术部分重点专利

序号	公开号	发明名称	优先权	同族国家/地区	法律状态
1	CN202469464U	一种液化天然气运输罐体	—	—	授权
2	US8453868	Gas cylinder	—	EPO、ES、JP、KR、US、WO	授权
3	JP5403900B2	液化气体运输船	—	CN、JP、KR、RU、WO	未决
4	AU2012254258B2	Structure and manufacturing method of liquefied natural gas storage container	KR1020120050301 KR1020110044529 KR1020120045978 KR1020120045979 KR1020120048232	AU、ID、KR、US、WO	授权
5	EP2896868A1	Pressure container for liquid cargo storage	KR1020120089260	BR、CN、EP、JP、KR、WO	未决

（1）CN202469464U

公开号CN202469464U的专利名称为"一种液化天然气运输罐体"，主要涉及一种液化天然气运输罐体，它包括外罐、内罐和一组加强圈，内罐安装在外罐内，一组加强圈安装在外罐外壁上，并且还包括两组局部加强筋，加强筋两侧局部厚度减小，两组局部加强筋分别安装在外罐两侧的外壁上，且位于加强圈两侧局部厚度减少处。该专利技术解决了将加强筋安装在外罐的内壁处所带来的使液化天然气运输罐体内的有效体积减小，装载量就被限制的缺陷。将加强筋安装在外罐外壁上，增加了外罐内的有效空间，进而增加了内罐内径，加大了液化天然气运输罐体的载货量。本专利被引用6次。

（2）US8453868

公开号US8453868的专利名称为"Gas cylinder"，主要涉及一种由合成或复合材料制成的气瓶，用于在压力下储存气体。该专利公开的技术方案包括由复合材料制成的刚性壁，复合材料包含增强纤维的增强层和限定内表面。柔性密封壁通过口连接到刚性壁上，并且适于与刚性壁的内表面压力接触地黏结。复合气瓶与钢制气瓶相比具有非常低的重量/容量比。本专利所改进的技术点在于，提供的复合钢瓶其具有诸如在长操作时间的情况下，改善不渗透性并且参照现有技术避免结构劣化现象的特征。本专利被引用3次，技术性较强，并在2012年发生过一次转让。

（3）JP5403900B2

公开号为 JP5403900B2 的专利名称为"液化气运输船"，该专利于 2007 年在日本提出申请，并于 2008 年通过 PCT 途径进行了海外布局，分别进入了俄罗斯、韩国、中国等国家，说明三菱重工较为重视在亚洲 LNG/LPG 消耗大国中国和日本以及相邻国家俄罗斯的市场布局。该专利公开的技术方案记载，其主要涉及提供一种液化气输送船液化气输送船，其具备多个球形罐和一个连续的罐罩，多个球形罐在内部储藏液化了的气体，并且沿船首尾方向配置，且经由裙部固定于船身，罐罩覆盖所述球形罐的上半部，且沿船首尾方向及船宽方向延伸，罐罩相对于船身刚性结合，且与船身成为一体而确保纵向强度。该发明的技术特点在于其能够降低船身的宽度，并能够降低船身阻力及船身重量，从而能够提高航行性能。

（4）AU2012254258B2

公开号为 AU2012254258B2 的专利名称为"Structure and manufacturing method of liquefied natural gas storage container"，如图 3-7-5 所示，主要涉及一种液化天然气储存容器，该储存容器包括内壳，液化天然气储存在内壳内；外壳，用于包围内壳的外部，以在内壳和外壳之间形成空间；支撑件以及用于减少热传递的隔热层部分，设置在内壳和外壳之间的空间中。该专利技术方案的技术亮点在于，所制造的内壳能够有效地储存在预定压力下压缩的液化天然气并且可以将其供应到消耗的地方，并且可以最小化使用具有优异低温特性的金属以节省制造成本。

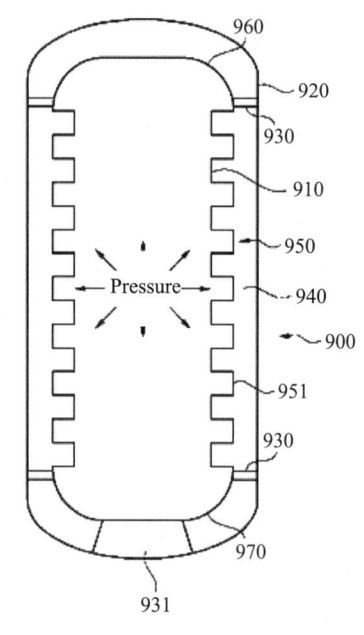

图 3-7-5　AU2012254258B2 技术方案示意图

（5）EP2896868A1

公开号为 EP2896868A1 的专利名称为"Pressure container for liquid cargo storage"，主要涉及一种用于储存液体的压力容器，该压力容器通过组合多个第一加强板形成用于储存液体的空间，每个第一加强板具有褶皱由凹槽部分和脊部分形成的横截面结构，具有至少一个具有平板横截面结构的第二加强板。本发明的技术效果在于，当使用具有折痕横截面结构的加强板制造用于散装储存液体的压力容器时，压力容器的一部分使用具有平板交叉的加强板形成。截面结构，从而形成能够使储存的液体有效地在压力容器中流动的结构环境。特别是当使用具有平板横截面结构的加强板形成压力容器的底部时，本发明可以防止液体在从压力容器卸载液体时停滞在压力容器的特定部分中，因此，本发明的优点在于可以更有效地进行液体卸载。

3.8 小　　结

本章通过对 LNG/LPG 运输船的关键技术之一，即货物围护系统领域及其重点技术分支——绝热技术、耐低温技术、止荡技术、支撑技术、安全性能以及强度方面的专利总体分析，可得出如下主要结论：

（1）专利申请发展态势分析

对于 LNG/LPG 运输船的货物围护系统领域，在全球范围内，研究起步较早，行业整体上呈增长态势，且专利类型绝大部分是发明专利；中国在货物围护系统相关技术的研究比较晚，前期增长缓慢，于 2010 年之后基本上呈现逐年增长的趋势，且国内申请人的专利申请量最多，其余国家在中国布局的专利数量不多，相较而言，不太重视中国市场；各省市中江苏省专利申请量最多，专利申请类型中，实用新型专利较多。

对于货物围护系统领域中的绝热技术，全球范围内的专利申请在 2000 年前专利申请较少，2000 年之后，专利申请量开始逐年增加，且 2008 年之后，专利申请量开始大幅度增加，技术发展进入快速发展期；中国在绝热技术领域的专利申请趋势与全球申请趋势基本一致；专利法律状态中，全球有效专利有 657 项，其中发明专利占绝大部分。

对于货物围护系统领域中的耐低温技术，专利申请数量不是很多，全球专利申请整体呈现上升趋势；中国对于货物围护系统耐低温技术的专利申请出现在 2000 年以后，相对来说起步较晚，且在此领域不具有技术优势；全球专利转让整体呈稳定状态；专利法律状态中，全球失效专利占比略高。

对于货物围护系统领域中的止荡技术，全球相关技术的研究较早，虽然年度专利申请不多，但是基本上呈现逐年增长的趋势；中国对于货物围护系统止荡技术的专利申请出现在 2010 年以后，相对来说起步较晚；专利法律状态中，全球已经授权并维持有效状态的专利占 52%，且专利类型以发明专利为主，占专利申请量的 90%。

对于货物围护系统领域中的支撑技术，专利申请量较少，但整体呈现上升趋势；中国对于支撑技术领域的专利申请始于 2010 年，2014 年申请较多，基本与全球的申请趋势一致；专利法律状态中，全球失效专利数量多于有效专利数量。

对于货物围护系统领域中的安全性能技术，全球相关技术的研究较早，虽然专利申请数量不多，但是整体上呈现逐年上升趋势；中国在安全性能技术方面的申请起步较晚，但年申请趋势与全球趋势相契合，呈现逐年增长；专利法律状态中，全球有效状态的专利占比35%，其中以发明专利为主，全球失效专利最多，占比45%。

对于货物围护系统领域中的强度技术，是货物围护系统领域技术分支中申请量最少的技术分支，全球仅有113项有关申请。2006年开始，全球申请量每年平均在5项以上，中国则是呈现逐年增长趋势，但每年申请量都少于6项；专利法律状态中，失效专利占比较多。

(2) 技术原创国家/地区专利申请分析

对于LNG/LPG运输船的货物围护系统领域，韩国、日本是主要的技术原创国，技术积累较多；韩国一直处于全球领先地位；日本在货物围护系统领域的研究较早，但技术发展较为缓慢；中国在货物围护系统领域的技术研究较晚。

对于货物围护系统领域中的绝热技术，主要技术原创于韩国、中国、日本、法国、美国等主要国家；韩国在绝热技术领域的早期技术发展十分缓慢，2007年之后技术发展实现飞跃；中国在绝热技术领域的技术研究较晚；日本的技术发展较早，但是技术发展较为缓慢，技术发展远没有韩国快速；法国在绝热技术领域的技术研究时间最早，其年度专利申请量始终不高。

对于货物围护系统领域中的耐低温技术，技术主要原创于韩国、中国、日本、美国等主要国家，其中韩国是最主要的技术输出国，远超出其他技术输出国。

对于货物围护系统领域中的止荡技术，韩国是该技术领域最主要的技术原创国，远远超出其他国家，韩国在该技术领域占据着近乎垄断的地位。

对于货物围护系统领域中的支撑技术，韩国和中国是该技术领域最主要的原创国，两者各自的申请量都远远大于排名第三的日本。

对于货物围护系统领域中的安全性能技术，技术主要原创于中国、日本、韩国，中日韩三国的专利申请量远大于其他技术输出国。

对于货物围护系统领域中的强度技术，原创技术主要来源于韩国。其申请量占前十位技术原创国总申请量的36%。

(3) 专利公开地分布分析

对于LNG/LPG运输船的货物围护系统领域，主要分布在韩国、日本、中国、美国、英国等国家。韩国是货物围护系统专利的主要受理国家，相关专利申请量最多。

对于货物围护系统领域中的绝热技术，主要分布在韩国、中国和日本，其中韩国的专利申请量最多，可见韩国、中国和日本是货物围护系统绝热技术领域创新主体的主要目标市场国。韩国PCT专利申请最多，对比之下中国创新主体不太注重海外专利布局。

对于货物围护系统领域中的耐低温技术，专利申请最多的受理国家是韩国，其次是日本、中国和美国。

对于货物围护系统领域中的止荡技术，韩国申请量远超出其他国家，说明韩国是创新主体较为关注的目标市场。

对于货物围护系统领域中的支撑技术，韩国、中国和日本受理局公布的申请量较多，说明韩国、中国和日本是该技术领域创新主体较为关注的目标市场。

对于货物围护系统领域中的安全性能技术，中国、日本受理局公布的专利申请量远远超过其他国家或地区，体现中国和日本市场的吸引力较强。

对于货物围护系统领域中的强度技术，中国受理局公布的申请量和韩国受理局公布的申请量远高于其他国家受理局公布的申请量，并且国外来华和国外来韩的申请人较多，说明较为重视中国和韩国的市场。

（4）重点技术分析

对于LNG/LPG运输船的货物围护系统领域，功效上看，绝热技术、耐低温技术、止荡技术、支撑技术、安全性能以及强度方面比较重要。

对于货物围护系统领域中的绝热技术，主要分为堆积绝热技术、真空绝热技术和结构改进类绝热技术。2008年以前各绝热技术重点技术专利申请量较少，且波动性较强，均处于技术发展的萌芽期。在2008年以后，各绝热技术重点技术均有了不同程度的增长。韩国、中国、日本和法国均为堆积绝热技术、高真空多层绝热技术和结构改进类绝热技术专利申请中的主要原创国家，在三个绝热技术中，法国GTT的申请量均位列榜首。

对于货物围护系统领域中的耐低温技术，韩国是全球最大的技术原创国，但韩国产出的专利主要集中在本国市场，国外布局不是很全面；日本的专利技术主要集中在本国，在中国、EPO、英国、法国等处也进行了专利布局，布局意识较强；美国企业具有很强的专利布局意识，向多个国家进行技术输出，布局非常全面；中国的专利布局主要集中在本国，在海外专利布局力度较弱。耐低温材料领域专利申请包含9%镍钢、因瓦合金、不锈钢、铝合金、复合材料等。

对于货物围护系统领域中的止荡技术，主要分为晃荡分析技术和止荡装置；韩国是全球最大的技术原创国，其次是中国、日本、美国。韩国产出的专利主要集中在本国市场，国外布局不是很多，但相对而言，布局较为全面；而技术功效主要集中在防晃荡上。

对于货物围护系统领域中的支撑技术，主要又分为柔性支撑、密封支撑、底部支撑和侧部（周向）支撑。其中在技术创新和研发过程中，各支撑技术又是相辅相成，互有涉及。

对于货物围护系统领域中的安全性能技术，主要包括与液货舱布置、安全部件、泵塔等相关的技术分支，其中以液货舱布置相关的专利申请量最多，占比48%，可见液货舱布置是安全性能技术的研究热点；而重点专利则主要集中于安全部件领域，可见安全部件领域研究较之其他分支技术，更为成熟。

对于货物围护系统领域中的强度技术，次屏壁加强技术的主要技术创新点较多，是强度技术领域的研究热点；韩国和中国是全球主要的技术原创国，其中韩国无论是国内申请还是全球布局都走在其他国家前列。

第4章 关键技术之"BOG再液化系统"专利技术分析

蒸发气回收利用系统的主要子技术分支包括BOG再液化系统、LNG/LPG再气化和冷能回收；其中，BOG再液化技术领域的专利申请数量占蒸发气回收利用系统总体数量的56%（见第2章图2-1-7），本课题组将本章"BOG再液化系统"作为关键技术之一进行分析。

通过人工去噪、补充检索后，"BOG再液化"在全球范围内共检索到相关专利1227项，本课题组在该数据基础上进行宏观和微观分析。

4.1 技术概况

由于LNG/LPG的低温特性，即使在储存容器绝热性能良好的情况下，外界热量也会漏入储存容器使LNG/LPG吸热产生蒸发气（Boil-Off Gas，BOG）。蒸发气会使得储存LNG/LPG的容器内压力、温度以及LNG/LPG的密度发生变化。因为货舱的设计压力都小于环境温度下的液货蒸气压力，当储存容器内压力过高时，压力释放阀被迫打开，将液货蒸气排入大气中，造成直接的经济损失。如果压力释放阀失灵，则会破坏液储存容器结构，造成危险，这会直接危害船舶航行安全。对于大型LNG/LPG运输船，除了安全因素之外，将BOG直接排放会造成能源的大量损失。因此，对蒸发气进行再液化回收是本领域内关注的关键技术之一。

再液化过程是指将BOG（蒸发气，-110℃左右）通过低温制冷变成LNG（-163℃左右）并重新输送回货舱的过程，是一个从低温到更低温的制冷过程，主要采用的是逆布雷顿循环制冷原理，由等熵压缩、等压冷却、等熵膨胀和等压吸热四个过程组成，并可简单归结为：冷却介质（一般为氮气）在压缩机中被压缩，然后在膨胀过程得到低温氮气（-170℃左右），通过热交换器来冷却BOG变为LNG/LPG，其中氮气循环量的变化与再液化装置的热负荷相对应。而再液化装置一般可分为以下三种类型：全部再液化装置、自持式再液化装置和部分再液化装置。简述如下：①全部再液化装置理论上没有货物损失，且可以取消对蒸汽动力装置的使用，但需要较大电力负荷；②自持式再液化装置是靠部分BOG来推动燃气轮机，满足再液化装置所需的动力，同时让剩余的BOG再液化，这种装置需要额外配置1台燃气轮机，占用较大空间，成本也较高。③部分再液化装置是将BOG的30%进行再液化，其余部分除了用于再液化过程的热交换之外，可在锅炉内作为燃料被燃烧掉，主要对LNG/LPG蒸发率较高且动力装置用不完 BOG 的 LNG/LPG 运输船比较实用。

LNG/LPG 运输船 BOG 再液化系统与制冷循环基本相同，包括：直接式再液化、间接式再液化和复叠式再液化循环，其中，直接式再液化分为单级压缩再液化、双级压缩再液化和多级再液化循环。

在 LNG/LPG 运输船上装备再液化装置，可以有以下三种方式：①全部再液化，②自持式再液化和③部分再液化。再液化装置的额外投资很高，约占整船造价的5%。从技术上来讲，在船上装备再液化装置是可行的，因为再液化装置的各种部件和设备在深冷领域都有进行过设计。可以采用闭式布雷顿循环，以氮气作为制冷剂来实现再液化。该循环是由两个可逆等压过程和两个等熵过程组成。理论上是利用等熵膨胀制冷循环，图 4-1-1 为其单级布雷顿循环的 T-S 图和系统图。

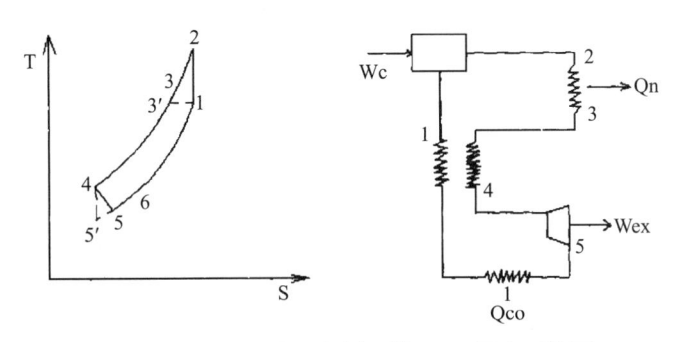

图 4-1-1　单级布雷顿循环的 T-S 图和系统图

该循环的原理可以简单归结为：氮气作为制冷剂在压缩机中被压缩，在膨胀过程后得到低温，再通过热交换器来冷却液化天然气。从能量观点来说，以自持式再液化装置为例，装置本身耗用1/3的蒸发气并回收2/3的蒸发气，具有很高的节能价值。从经济观点来看，带有再液化装置的 LNG 船可选用低耗油率主动推进装置来节省燃料费用。

现在，绝大多数 LNG/LPG 运输船使用蒸汽轮机推进的。一般在航行时把蒸发气引入锅炉进行燃烧，用于推动蒸汽轮机，但在机动航行或停泊时，全部或部分蒸发气只能浪费，这显然不利于营运的经济性。目前，全球有不少公司在开展 LNG/LPG 运输船用再液化装置的研究，图 4-1-2 为瑞士苏尔寿公司开发的 ZERO-LOSSER 型再液化系统流程图。

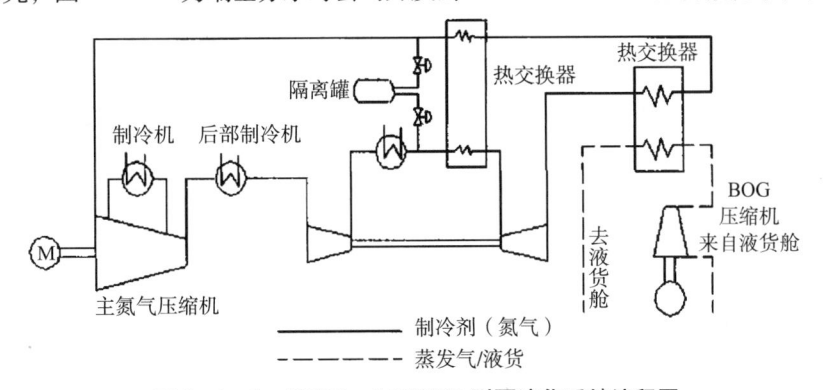

图 4-1-2　ZERO-LOSSER 型再液化系统流程图

该再液化系统具有如下优点：①基于布雷顿循环，冷却循环构成简洁，设备类别少而精；②操作可靠性高；③可以自由控制系统运转容量，在不降低效率的情况下，可使运转容量低于50%，甚至可以无负荷连续运转；④通过低气化率和强制蒸发装置的组合，在低速区至高速区的全部区域内能有效利用蒸发气，提高航运的经济性。

4.2 全球专利发展趋势分析

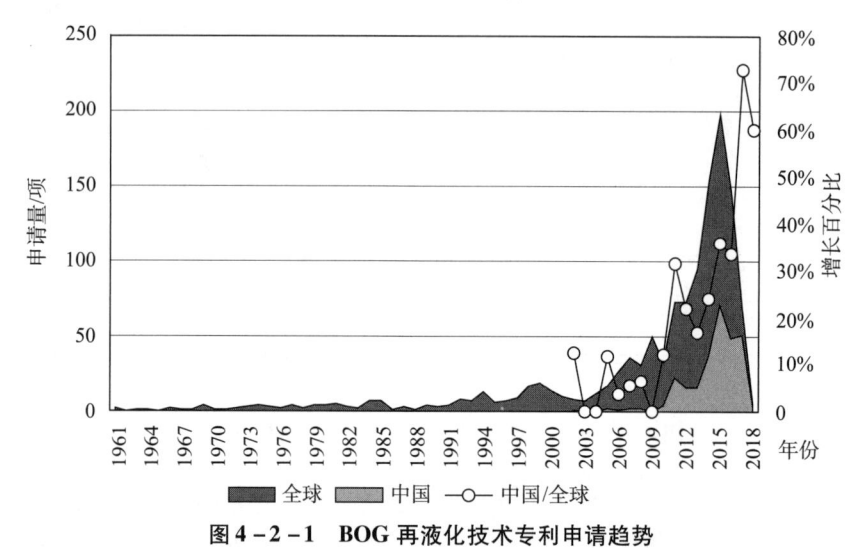

图4-2-1示出了BOG再液化技术的专利申请趋势。

图4-2-1 BOG再液化技术专利申请趋势

从20世纪60年代开始，随着LNG应用的发展，BOG再液化技术成为LNG运输领域发展中的重要问题，因此从20世纪60年代开始，BOG再液化技术的相关专利开始出现，但早期技术发展十分缓慢，直到20世纪90年代，BOG再液化技术发展加速。在2005年之后，BOG再液化技术进入快速发展阶段，并在2015年达到BOG再液化技术专利申请量的顶峰。2016年之后的专利申请呈现下降的趋势，这是由于专利申请公开延迟导致，不能反映近两年真实的情况。中国BOG再液化技术起步较晚，在2002年才有相关专利出现，在2010年之前都处于萌芽阶段。2010年之后，中国BOG再液化技术得到快速发展，专利申请呈现波动式快速增长趋势。从中国专利申请量占比上也可以明显看出来，中国的相关专利申请量在全球范围内的占比越来越大，到2016年增长到将近30%。

从整体来看，全球和中国的专利申请均呈现快速增长的态势，侧面反映出全球和中国BOG再液化技术呈现快速发展的趋势，中国技术发展在全球范围内作用逐渐凸显，各专利权人争先在BOG再液化技术领域进行专利布局以提高和巩固市场竞争力。

BOG再液化专利技术最早可以追溯到1961年，至今已有50多年的历史。为了便于分析BOG再液化技术近年来的技术发展情况，图4-2-2截取了1997~2016年近20年的专利申请情况，绘制形成货物围护系统技术生命周期图。其中，由于2017年和

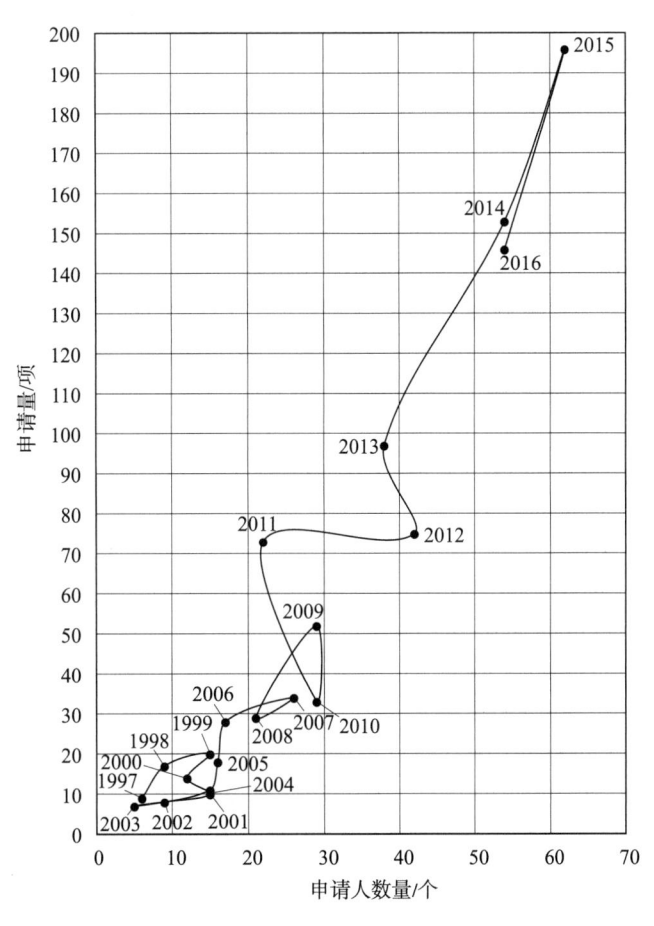

2018年的专利数据因专利文献数据库不完整而未被使用。

图 4-2-2 BOG 再液化技术全球生命周期

  自1961年开始，BOG再液化技术已经开始为申请人所关注，但在1991年以前，BOG再液化技术发展十分缓慢。Kawakami等曾讨论了日本IHI公司的极低温BOG压缩机在LNG终端上的应用情况，这是较早用于工程实际的BOG压缩回收。1984年，NKK曾提出在用柴油驱动的LNG船上加装一套BOG再液化装置，比起通常将BOG作为燃料的方案，其经济性提高了10%~15%。1994年，Kaharrs等从安全性、操作维护、经济性及环境因素等方面评估了包括NKK公司的方案（柴油动力加再液化）在内的五种方案后指出，蒸气透平与CRP相结合的LNG运输方案是更加节能并适合以后的LNG船舶运输的方案。对于BOG再液化技术，在船上的应用最初仅止于LPG船，直到2000年，BOG再液化技术才开始在LNG运输船上首次实施。2008年以后，BOG再液化专利技术的申请人数量和专利申请量总体趋势是在上升，BOG再液化技术处于技术成长期。在2010年，受欧债危机的影响，申请人数量相对于2009年波动不大，但是申请量骤减，其中在2009年申请量第一的大宇造船由18项的年申请量减为4项的年申请量。2011年，BOG再液化专利技术的申请量开始复苏，随着老牌大公司的恢复,如三星重工和大宇造船,以及新兴介入的公司,如中国寰球工程公司,专利申请量由2010年的33项提升到2011年的73项并在之后保持上升。随着相关技术的不断进步,LNG蒸发气的处理措施也将趋于多样化。再液化装置型式也趋于多样。通过调研发现,氮气膨胀制冷液化技术、混合制冷液化技术和直接制冷液化技术是目前主要采用的三种技术。

LNG船上的再液化装置普遍采用氮气膨胀制冷液化技术。氮气膨胀制冷液化技术采用布雷顿循环原理,亦称焦耳循环或气体制冷机循环,以气体为介质,包含等熵压缩、等压冷却、等熵膨胀和等压吸热四个工作过程,氮气在该工艺流程中不发生相态改变。这种技术简单,容易实现。2008年以来,采用氮气膨胀制冷液化技术的再液化装置在诸多实船上得到应用,例如,在韩国建造的49艘LNG船、在日本建造的3艘LNG船和在中国建造的8艘LNG船上都安装有采用氮气膨胀制冷液化技术的再液化装置,运行记录显示良好,获得了船东的肯定。

混合制冷液化技术采用二级制冷液化设计,由2个制冷循环组成,即混合制冷剂系统和丙烷系统。该技术是船用新技术,具有能耗低、耗电量小、便于模块化集成整合、安装方便和造价低等优势。2016年在韩国建造的某17.4万m^3 LNG船上安装了4t/h的蒸发气制冷液化系统,一旦通过实船营运检验,未来会有更多的船舶选择采用混合制冷液化技术。

直接制冷液化技术采用逆布雷顿循环原理,逆布雷顿循环是采用气体作为介质的制冷循环,通过压缩机等熵压缩,经过后冷却器冷却、回热器降温,在透平膨胀机内等熵绝热膨胀并对外做功,获得低温气流,由此制取冷量。尽管该技术是船用新技术,但具有结构紧凑、占地面积小、便于在船上布置、能耗相对低、耗电量较小和造价较低等优势。2017年壳牌公司在LNG船船东的某6500m^3 LNG加注船上安装了0.5t/h的蒸发气制冷液化系统,运行情况良好,获得船东的好评。此外,在韩国建造的两艘17.4万m^3 LNG船上也安装了1.2t/h的蒸发气制冷液化系统。[1]

表4-2-1示出了BOG再液化技术领域的专利法律状态分布。

表4-2-1 BOG再液化技术领域专利法律状态分布

专利类型	专利数量/件	法律状态	专利数量/件	占比
发明	1340	有效	600	45%
		失效	478	35%
		未决	262	20%
实用新型	160	有效	96	60%
		失效	64	40%

从表中可见,BOG再液化专利技术中,以发明专利为主导,说明多数专利权人/申

---

[1] 徐帅,施方乐.制冷液化技术在LNG船上的应用[J].船舶与海洋工程,2018,34(5):35-38.

请人较为重视该领域技术。在发明专利中，处于有效状态的专利数量占比约45%，失效专利数量占比约35%，说明BOG再液化专利技术更新较快。

4.3 国家/地区分析

4.3.1 技术原创国/地区专利申请分析

图4-3-1示出了BOG再液化技术原创国分布。图中可见，BOG再液化相关专利技术主要原创于韩国，其次是中国、日本、美国以及欧洲地区的一些国家；其中，韩国在BOG再液化技术领域产出的相关专利最多，高达486项，远远超出其他国家，占全球BOG再液化专利申请量的39%，成为最重要的技术原创国。作为主要专利技术原创国，韩国、中国、日本、美国共产出专利申请量有933项，占全球BOG再液化专利申请量的76%。这表明BOG再液化专利技术主要原创于韩、中、日、美四国，这四国在BOG再液化技术上具有很大的话语权，而其中属韩国的技术研发实力最强，专利产出能力强劲。

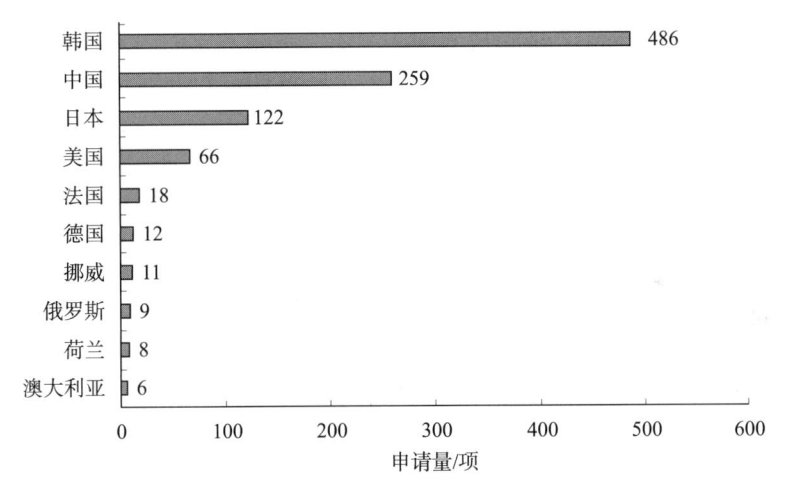

图4-3-1 BOG再液化技术专利技术原创国分布

4.3.2 受理局分析

图4-3-2示出了BOG再液化技术全球专利受理局分布。图中可见，BOG再液化技术相关专利申请量最多的是韩国，其次是中国、日本、美国等主要国家；其中，韩国专利申请量远远超出其他国家，占全球BOG再液化专利量的41%，成为专利申请量最多的国家。专利申请量排名前四位的韩国、中国、日本、美国四国的专利申请量合计达到1067项，占全球BOG再液化专利申请量的近87%。这表明BOG再液化专利技术高度集中在韩国，目标市场主要集中在韩国、中国、日本、美国四国，侧面反映这些国家受到相关申请人的高度关注。

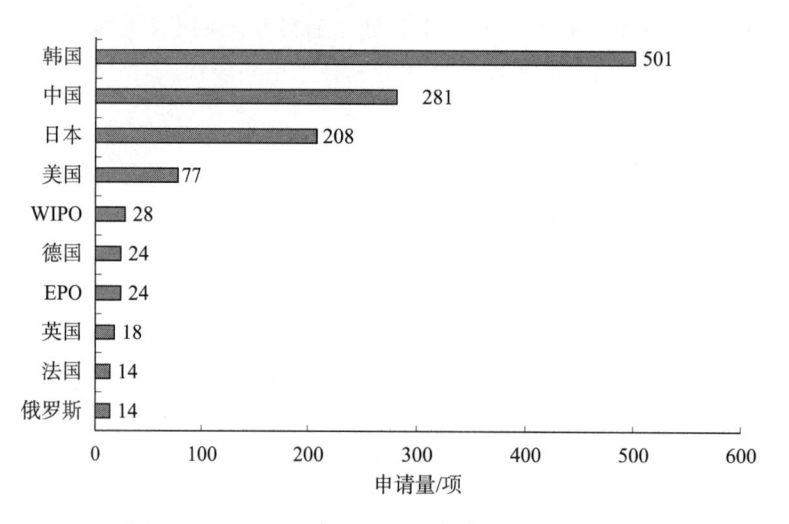

```
韩国    ━━━━━━━━━━━━━━━━━ 501
中国    ━━━━━━━━━ 281
日本    ━━━━━━━ 208
美国    ━━ 77
WIPO   ━ 28
德国    ━ 24
EPO    ━ 24
英国    ━ 18
法国    ━ 14
俄罗斯  ━ 14
       0    100   200   300   400   500   600
                    申请量/项
```

图 4-3-2 BOG 再液化技术全球专利受理局分布

4.3.3 技术流向分析

表 4-3-1 示出了 BOG 再液化技术领域主要专利技术原创国的技术流向。表中可见，韩国产出的专利绝大部分布局在韩国本土，在海外也有专利布局，更关注美国市场，其次是日本和中国。与韩国相似，日本除了在本土布局了大量专利外，在韩国、中国、美国、英国都有专利布局，但是在海外偏向于韩国和中国市场。

表 4-3-1 BOG 再液化专利技术流向　　　　　　　　单位：件

技术来源国 目标市场国	韩国	日本	中国	美国	英国	法国	挪威
韩国	486	10	0	13	6	3	3
日本	13	158	0	13	5	3	4
中国	8	5	144	5	9	3	4
美国	24	1	0	32	5	6	4
英国	0	2	0	3	7	2	0
法国	0	0	0	2	4	13	0
挪威	0	0	0	1	0	0	2

中国几乎只在中国本土进行专利布局，可见中国创新主体仅关注中国市场，不注重对海外市场的开拓。与中国形成鲜明对比的是美国，美国十分注重海外专利布局，在韩国、日本、中国、英国、法国和挪威都有专利布局，更关注的是韩国和日本市场。英国、法国与美国相似，非常关注海外市场。挪威的技术产出较少，但也在韩国、日本、中国、美国布局相对多的专利。

由此可见，各国除了看重本土市场外，还看重中国市场，纷纷在中国进行专利布局。除中国外，其他国家都向海外进行技术输出，所以，中国籍申请人应加强海外专利布局。

4.3.4 中国专利分析

中国的 BOG 再液化技术的相关专利主要分布在沿海省市，如江苏、广东、上海等地，以及沿内河流域的省市，如四川、安徽等（见图 4-3-3）。沿海及内河的省市 BOG 再液化技术发展需求明显，因此相关专利申请量较多。北京的专利申请量最多，主要申请人为中国寰球工程公司、中海石油炼化有限责任公司、中海石油气电集团有限责任公司等石油公司，其次是江苏、四川、广东等地。这表明各申请人更关注这些区域市场的发展，也从侧面反映产业需求是推动技术发展的重要原因，技术的发展推动产业的发展。

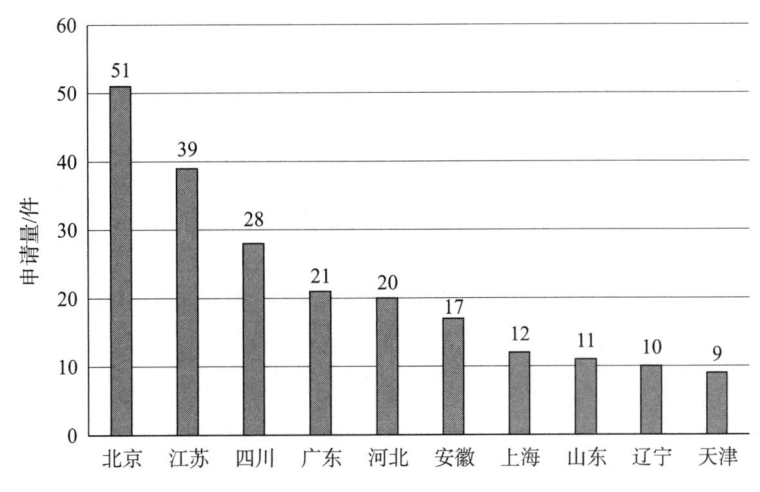

地区	申请量/件
北京	51
江苏	39
四川	28
广东	21
河北	20
安徽	17
上海	12
山东	11
辽宁	10
天津	9

图 4-3-3　BOG 再液化技术中国专利地域分布

4.4　申请人分析

4.4.1　主要申请人排名

图 4-4-1 示出了 BOG 再液化技术全球专利主要申请人排名。

从图中可以看出，韩国的重要造船企业大宇造船、三星重工和现代重工以绝对优势占据排行榜前三席，专利申请量远远超出其他专利申请人；大宇造船、三星重工和现代重工的专利申请数量占比分别约为 17%、11% 和 10%。

日本申请人共有五位，分别是 IHI 公司（专利数量占比 3%）、TGC（专利数量占比 2%）、三菱重工（专利数量占比 2%）、大阪瓦斯（专利数量占比 1%）、千代田，但上述日本企业的专利申请量之和仅占专利申请总量的 10%，与排名第一的大宇造船相比仍有不小的差距,与排名第三的现代重工刚好持平;中国申请人中有中国海油、中国石油上榜,相关专利申请量24项和19项;另外,德国工业气体巨头林德公司、法国的Cryostar公司、荷兰的壳牌公司和美国的埃克森美孚公司分别以16项、16项、14项和13项专利申请位列第10位、第11位、第13位和第14位,其中Cryostar公司目前为林德公司所合并。

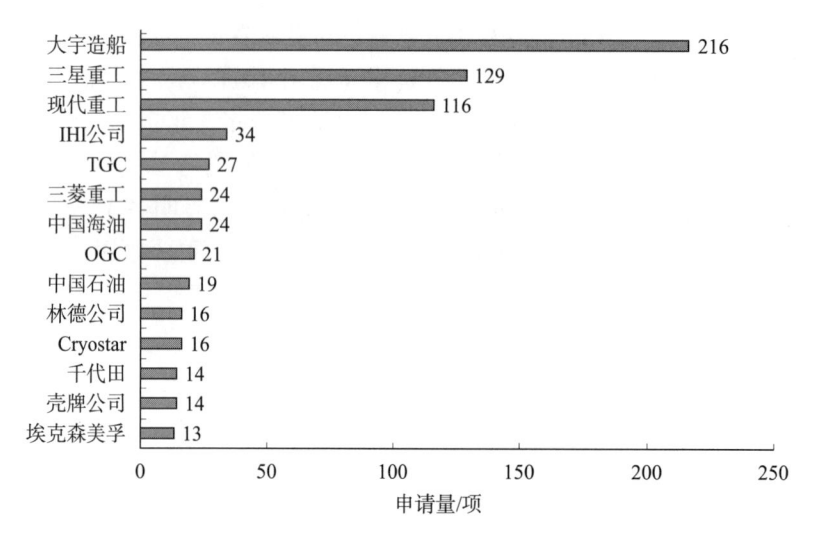

申请人	申请量/项
大宇造船	216
三星重工	129
现代重工	116
IHI公司	34
TGC	27
三菱重工	24
中国海油	24
OGC	21
中国石油	19
林德公司	16
Cryostar	16
千代田	14
壳牌公司	14
埃克森美孚	13

图4-4-1 BOG再液化技术全球专利申请人排名

如图4-4-2所示,通过对中国BOG再液化技术领域主要申请人分析可以看出,中国BOG再液化技术相关专利申请量较少、创新主体较多,因此主要申请人专利申请量相对较少,专利技术比较分散。中国主要专利申请人中以中国海油、中国石油等相关公司为主,专利申请量最多的是中国海油,拥有相关专利24件。在上榜的专利申请人中,海外企业中仅有韩国1家,即大宇造船。可见,在BOG再液化技术领域,海外企业在中国布局的不多;而上海交通大学作为高校列于前十位榜单中,中国企业可与高校或科研机构联合研发,以提升BOG再液化技术领域的研发能力,助力企业发展。

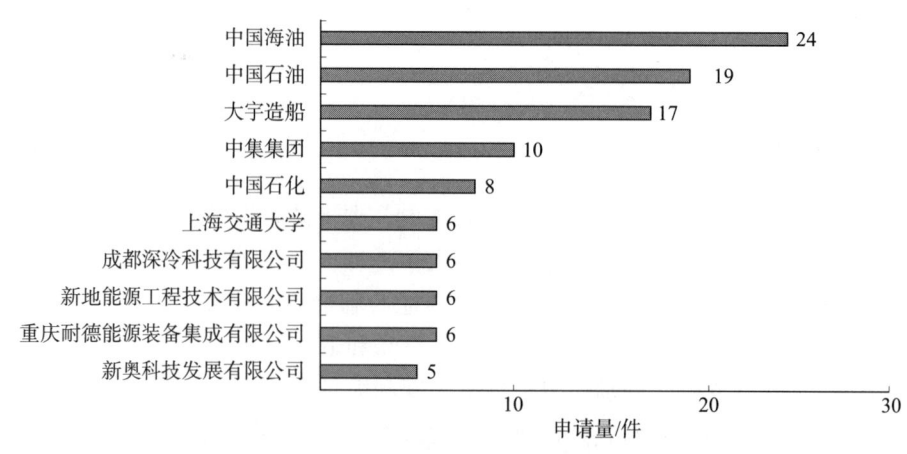

申请人	申请量/件
中国海油	24
中国石油	19
大宇造船	17
中集集团	10
中国石化	8
上海交通大学	6
成都深冷科技有限公司	6
新地能源工程技术有限公司	6
重庆耐德能源装备集成有限公司	6
新奥科技发展有限公司	5

图4-4-2 BOG再液化技术中国专利申请人排名

4.4.2 研发合作分析

表4-4-1示出了全球BOG再液化系统领域专利主要申请人进行的研发合作情况，经分析可知，在BOG再液化系统领域全球主要申请人进行研发合作的情况并不多。

表4-4-1 BOG再液化系统领域主要申请人研发合作情况表

序号	公开号	申请日	发明名称	申请人	法律状态	合作类型
1	WO2011061169A1	2010-11-16	处理蒸发气体流的方法及其设备	壳牌公司、PAULUS PETER MARIE、VINK KORNELIS JAN	—	C, P
2	WO2010007535A1	2009-07-15	液化天然气的转化	CRYOSTAR、POZIVIL JOSEF、RAGOT MATHIAS	—	C, P
3	WO2009141293A2	2009-05-18	冷却和液化烃物流的方法，实施该方法的设备以及包括这种设备的浮式结构、沉箱或海上平台	壳牌公司、VAN AKEN、MICHIEL GIJSBERT	—	C, P
4	WO2008049818A2	2007-10-23	Method and apparatus for controlling a compressor for a gaseous hydrocarbon stream	壳牌公司、STRAVER ALEXANDER EMANUEL MARIA	—	C, P
5	JP3908881B2	1999-11-08	重新液化蒸发气体的方法	大阪瓦斯、日本邮船、三菱重工、千代田	有效	C, C
6	KR101167148B1	2007-04-20	Boil-off gas reliquefying apparatus	大宇造船、信永重工业株式会社	有效	C, C
7	KR101618697B1	2014-05-08	液化石油气储罐的泵塔	韩国GAS公社、现代重工、三星重工、大宇造船	有效	C, C
8	JP2017137978A	2016-02-05	用于低温液化气体的BOG加热系统	川崎重工、新日本石油株式会社	有效	C, C
9	JP3790393B2	1999-11-05	用于液化天然气载体中的液货舱的压力控制装置及其压力控制方法	大阪瓦斯、日本邮船、三菱重工、千代田	有效	C, C

续表

序号	公开号	申请日	发明名称	申请人	法律状态	合作类型
10	JP5148319B2	2008-02-27	Liquefied gas, a liquefied gas storage facility and equipped with a liquefied gas tanker, and liquefied gas re-liquefying method	三菱重工、中部电力株式会社	有效	C, C
11	CN104862025B	2015-05-18	一种浮式液化天然气油气储卸装置的燃料气处理方法	中国海油、中国石油大学	有效	C, U
12	JP2018091391A	2016-12-01	System for liquefying boil-off gas	株式会社前川制作所、中部电力株式会社、株式会社竹中工务店	未决	C, C

注：申请人类型中，C 表示企业，U 表示高校和科研院所，P 表示个人。

日本籍申请人与其他国家申请人相比，更加重视合作研发，更愿意共享信息和研究成果，提高研发效率。大阪瓦斯、三菱重工与多家造船企业都有研发合作，并且大阪瓦斯和三菱重工两家公司也合作紧密。大阪瓦斯、三菱重工、日本邮船与千代田 4 家企业在 1999 年共同申请了 2 件 BOG 再液化领域的专利。JP3790393B2 主要是将产生的液化天然气的 BOG 由压力控制装置经由压缩机供应到焚烧系统来控制储罐的压力，再液化装置设置在第一和第二压缩机的下游和储罐的上游的位置，第二压缩机排出的 BOG 由再液化装置液化并返回到储罐。技术效果在于将储罐压力控制在规定范围内，安全处理 BOG。

JP3908881B2 主要是将产生的蒸发气体由 BOG 压缩机压缩，然后由热交换器的液化部分冷却。所获得的处于饱和状态的液体被引导至液体分离鼓，该步骤的意义在于将不可冷凝的部分分离掉。然后再将液体引导到热交换器的过冷部分，并再次冷却到过冷状态以使液体返回到储罐；技术效果在于该方法减少了从储罐产生的再蒸发气体中产生的闪蒸气体的量，提高了效率。该专利技术效果较好，在 2016 年还被中国公司引用。

除此之外，日本企业川崎重工与新日本石油株式会社、三菱重工与中部电力株式会社等都在 BOG 再液化系统领域有研发合作。日本申请人在 BOG 再液化领域的合作申请专利总量占全球主要申请人合作申请总量的 42%。

韩国大宇造船在 BOG 再液化系统领域研发合作较为活跃，与信永重工业株式会社于 2007 年合作申请的 KR101167148B1 专利涉及一种蒸发气体再液化装置（蒸发气体重炉装置），其发明点之一在于在装置中加入一个预冷却热交换器，用于将储罐中产生的蒸发气体在再液化之前，先进行预冷却交换；解决了蒸发气体和与冷凝的蒸发气体混合时，产生的冷却装置的负荷和功耗增加的问题。大宇造船还与韩国 GAS 公社、现代重工、三星重工3家造船强企强强联手，展开合作研发。

中国海油从2011年开始与中国石油大学（华东）展开紧密合作。在科学研究方面，双方科技合作的重点包括国家油气重大科研项目及中海油国内外油气勘探开发以及超前储备研究等。中国海油和中国石油大学（华东）于2015年5月18日申请的CN104862025B的专利，主要涉及一种浮式液化天然气油气储卸装置的燃料气处理方法；该方法中也涉及将高压液化天然气节流的闪蒸气、液化天然气储罐吸热蒸发的闪蒸气和液化石油气储罐产生的闪蒸气再液化的步骤，但目的在于作为燃料气使用。

另外，荷兰申请人壳牌公司与个人合作也有一些专利申请，此处不展开分析。

综上所述，在BOG再液化领域，日本企业之间合作较为紧密，韩国企业合作情况位居第二；除此之外，中国企业与高校之间、荷兰企业与个人之间、法国企业与个人之间也有较少合作情况。在全球排名前14位的申请人中，德国申请人和挪威申请人都没有与本国相关企业、高校或个人的合作情况。

除此之外，中国海油子公司之间也有不少合作，表4-4-2列出了中国海油子公司在BOG再液化领域的合作情况。

表4-4-2 BOG再液化系统领域中国海油子公司研发合作情况表

序号	公开号	申请日	发明名称	申请人	法律状态
1	CN203979877U	2014-06-27	一种LNG接收站回收冷量用于处理BOG的装置	中国海洋石油集团有限公司、中海石油炼化有限责任公司、中海油石化工程有限公司	有效
2	CN203979876U	2014-06-27	一种综合处理LNG接收站所产生的BOG的装置	中国海洋石油集团有限公司、中海石油炼化有限责任公司、中海油石化工程有限公司	有效
3	CN106838605B	2017-02-09	一种用于LNG接收站BOG系统的工艺方法及装置	中国海洋石油集团有限公司、中海石油炼化有限责任公司、中海油石化工程有限公司	有效

中国海洋石油集团有限公司、中海石油炼化有限责任公司、中海油石化工程有限公司3家公司分别于2014年和2017年共同申请过3件有关BOG再液化领域的专利。

CN203979877U的专利涉及一种处理BOG的新型装置，该装置通过降低再冷凝器的设备负荷及其尺寸，节约了设备成本，并且在LNG接收站极限最小外输（30%高压LNG泵外输能力）的情况下，能够全部冷凝所产生的BOG，有效降低了传统BOG冷凝处理的能耗。

CN203979876U的专利所述的LNG储罐通过管线与低压BOG压缩机连通，低压BOG压缩机通过管线与BOG液化装置的进气口连通，BOG液化装置的出液口通过管线与LNG储罐连通的设置方式使得该装置有操作方法灵活，易于运行等优点。

2017年申请的CN106838605B的发明专利可完全隔离带液管线与BOG压缩机入口

管线，极大提高了 BOG 压缩机运行的安全性，也消除了液柱背压对热力安全阀的潜在影响；排放管线与 LNG 储罐连通，也利于放空气体的回收再利用。

4.5 技术分析

4.5.1 BOG 再液化系统技术发展情况

结合技术调研，目前可知挪威 Hamworthy 公司和法国 Cryostar 公司在 LNG 船用 BOG 再液化装置（前者的 BOG 再液化装置如图 4-5-2 所示）领域进入实际应用阶段。[1] 本节对上述 2 家公司的技术发展过程中的重要专利进行梳理，以了解其在 BOG 再液化领域的技术发展情况（参见图 4-5-3）。

4.5.1.1 Hamworthy 公司

（1）2001 年

Hamworthy 公司在 20 世纪 90 年代获得 KVAERNER 公司专利许可（公开号为 NO941704D0，技术方案见图 4-5-1）的基础上，对 NO941704D0 的专利进行技术改进，[2] 并申请了专利 NO20013298D0。

（2）2003 年

专利 NO20035047D0 公开了蒸发气体与 LNG 之间进行热交换，其中蒸发气体温度降低，并且 LNG 被完全地蒸发；以及可控地混合完全汽化的 LNG 与蒸发气体。该方案可以在蒸发气体进入压缩机之前更大程度地控制蒸发气体的温度。

（3）2004 年

专利 NO20040306A 公开了一种较高氮含量蒸发气体的闭环制冷系统，制冷

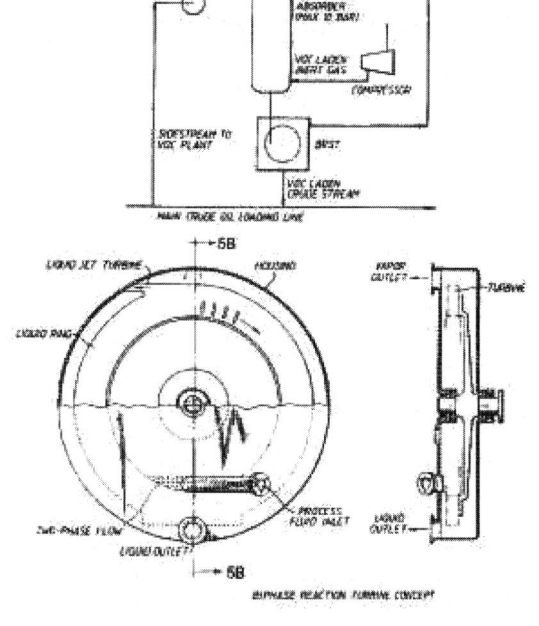

图 4-5-1 NO941704D0 技术方案示意图

包括将冷却剂流分成第一冷却剂流和第二冷却剂流并且等熵膨胀冷却剂流，并选择性地热交换高氮含量蒸发气体，之后第一冷却剂流和第二冷却剂流进行合并。该专利技术方案实现了蒸发不会完全再液化或在通往罐的途中开始沸腾的问题。

（4）2005 年

专利 NO20051315D0 公开了在压缩之前冷却汽化气体流的系统，包括在封闭环路制冷系统热交换前把汽化气体供入压缩机的管线，所述制冷系统包括压缩机、膨胀器和与汽

---

[1] 叶冬青，谷林春，吴军. 再液化装置在 LNG 船舶上的应用 [J]. 中国科技纵横，2013（18）.

[2] Wärtsilä BOG Reliquefaction [EB/OL]. [2018-10-16]. https：//www.wartsila.com/products/marine-oil-gas/gas-solutions/lng-solutions/wartsila-bog-reliquefaction.

化气体流进行热交换的多个热交换器,其特征在于所述膨胀器是串联布置的。该专利记载的技术方案与 NO20040306A 中采用的分流气流方法不同,减少了热力学损失。

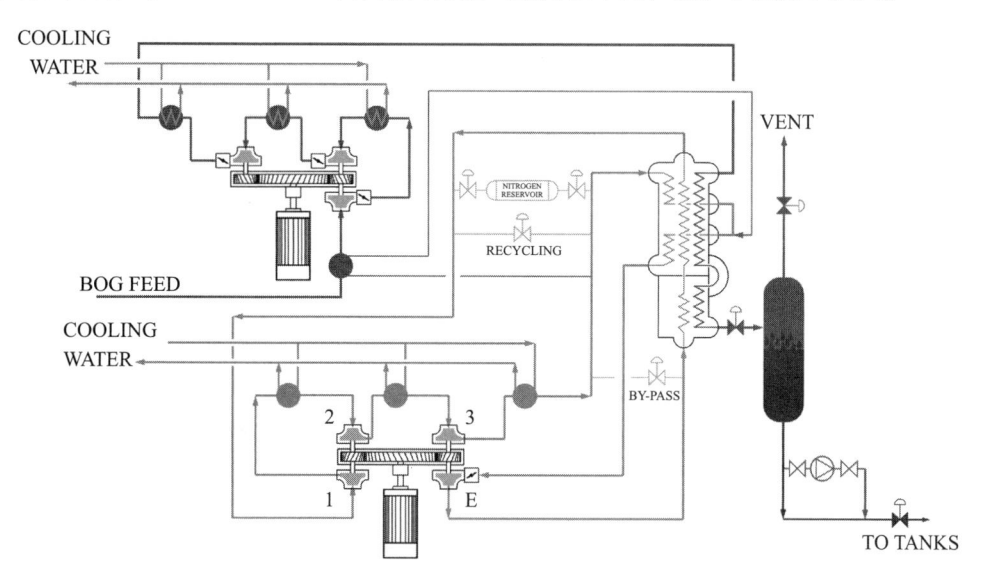

图 4-5-2　Hamworthy 公司 BOG 再液化装置

（5）2007 年

专利 WO2007117148A1 公开了一种在压缩之前将从再液化系统中的贮存器流出的 LNG 蒸发气（BOG）流预热的方法和设备。包括在第一热交换器中使 BOG 流与第二冷却剂流（温度高于该 BOG 流）进行热交换,其中,通过选择地将第一冷却剂流分离成第二冷却剂流和第三冷却剂流来获得第二冷却剂流,第三冷却剂流流入到在再液化系统的冷箱中的第一冷却剂通道。由此 BOG 在压缩之前已经达到接近常温,并且来自 BOG 的低温负荷基本上保持在再液化系统中,冷箱中的热应力被降低。

（6）2008 年

专利 NO20084656A 公开了一种双布雷顿循环或三布雷顿循环,膨胀机和压缩机组件组装在机械地连接的两个压缩机和膨胀机机组中,其中的一个机组由燃气涡轮机驱动,且另一个机组由蒸汽涡轮机驱动,蒸汽主要由来自废热回收单元中的燃气涡轮机的废气产生,并且其特征在于,膨胀机和压缩机组件分布在两个压缩机和膨胀机机组之间,以使蒸汽利用最优化,且使由燃气涡轮机和蒸汽涡轮机生成的功率平衡。

（7）2011 年

专利 WO2012165967A1 公开了一种用于液化 LPG 的 BOG 系统,由 LPG 货物系统和 LNG 燃料供应系统组成,LPG 货物系统包括 LPG 货物罐、BOG 管线和再液化单元（设有冷凝管）,LNG 燃料供应系统包括 LNG 燃料罐、LNG 燃料管线和第二 LNG 燃料管线。LNG 燃料管线设在 LNG 燃料管线和第二 LNG 燃料管线之间,其上有汽化器,用于汽化来自燃料罐的 LNG 使得 BOG 冷凝；再液化单元布置在汽化器前面,用来使 BOG 充分加压成为冷凝流体。

(8) 2012 年

专利 NO335213B1 公开了一种供气系统,包括 LNG 货舱、泵、压缩机、低温换热器以及向发动机输送气体的高压泵,该系统还包括喷射器和吸鼓;喷射器接收来自泵的 LNG 流体,从低温热交换器吸取冷凝物并将 LNG 流体和冷凝物的混合物排出到吸鼓;吸鼓将混合物供给高压泵。本专利技术方案有利于高压泵在所有操作模式下维持净压吸高。

从以上 Hamworthy 公司在 BOG 再液化技术方面的专利申请可以看出,Hamworthy 公司较为关注 BOG 再液化中能耗问题以及高氮含量 BOG 的液化技术。BOG 再液化能耗的降低主要通过膨胀机的串联设置、多布雷顿循环中驱动蒸汽的利用优化、利用冷却剂预热蒸发气流;高氮含量 BOG 的液化技术的思路主要采用冷却剂分流封闭冷却循环的方式。

Hamworthy 公司通过寻求许可的方式,然后结合自身技术上的改进,成功将 MARK 系统应用到 LNG 船上。

Hamworthy 公司目前已经被芬兰瓦锡兰集团(Wartsila)收购,Hamworthy 公司 BOG 再液化技术相关的专利也已转到该集团名下,因此后续需要针对瓦锡兰集团在 BOG 再液化技术方面的研究进行跟踪。

4.5.1.2 Cryostar 公司

本节针对 Cryostar 公司在随着时间推移申请的专利进行技术方案分析,并试图揭示 Cryostar 公司在 BOG 液化装置领域的研发路线,如图 4-5-6(见文前彩色插图第 3 页)所示。

(1) 2000 年

专利 GB0005709D0 公开了让蒸汽在压缩的上游与液态天然气相混合的方法;该专利记载的技术方案还公开了使液态天然气流流入至少一个在压缩机的上游形成部分的流体循环的混合器。压缩机上游的蒸汽的稀释使得减小由于蒸汽温度波动引起的压缩功的波动成为可能。

(2) 2001 年

专利 EP1120615B1 公开了一种装置,其包括两个预装件,一预装件上有一热交换器,另一预装件包含另一热交换器、压缩机和膨胀涡轮,两个预装件分别装在两个不同的平台上。通过将压缩机和膨胀涡轮装在同一平台上,就可将它们一起放到发动机房内,或者甲板室内一个专门通风的货物电机房内,其安全性较高,装置得到简化。

(3) 2003 年

专利 GB0320474D0 公开了一种受控存储的设备及其方法,在根据来自容器内的压力和温度信号而操作的控制系统的控制下,部分液体被抽出并被送入外部制冷单元内经过低温冷却并通过一个或多个阀门控制的集管,过冷液体由外部制冷单元被重新引入容器内,其中低温冷却的水平与进入容器内的热量渗入相匹配,并且大部分或所有过冷液体被直接重新引入存储液体内以便维持存储液体内的稳定状态并使其中的蒸发达到最小。

(4) 2004 年

专利 GB0400986D0 公开了一种旋转式的用于汽化的液化天然气的压缩机,该压缩机具有两个以上串联的压缩级,压缩级设有气体通道,冷却装置设置在一对压缩机或者相邻压缩机之间,冷却装置中至少一个为深冷冷却装置,深冷冷却装置中设置有控

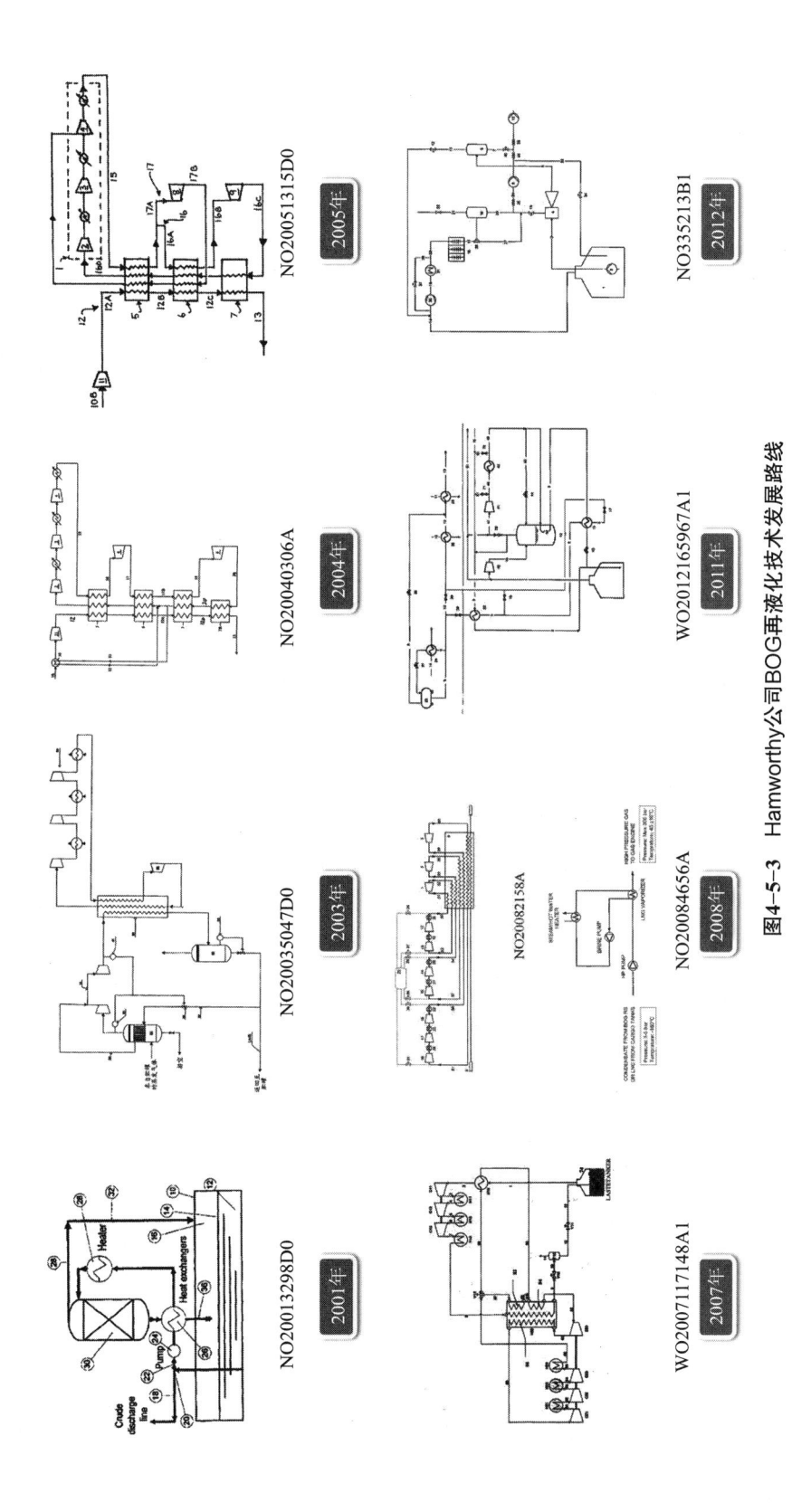

第4章 关键技术之"BOG再液化系统"专利技术分析

图4-5-3 Hamworthy公司BOG再液化技术发展路线

制阀以控制深冷冷却剂流入，用于保持下一压缩机的入口温度或者相关参数保持在低于环境温度的一定范围之内。本专利技术方案有利于减小压缩机的尺寸和降低功耗。

（5）2011年

专利 EP2584188A1 公开了一种低温液体膨胀涡轮机，干气体密封装置沿着旋转轴位于涡轮机叶轮与轴承之间的位置。在涡轮机叶轮与干气体密封装置之间存在隔热构件，在隔热构件的干气体密封装置侧上存在气体腔室，并且存在至气体腔室的用于低温气体的进口。

（6）2012年

专利 EP2746707B1 公开了压缩天然气流的至少一部分被发送到液化器。来自最后级的压缩天然气的温度通过穿过热交换器而降低到低于0℃。第一压缩级作为冷压缩器且所得的冷压缩天然气被用于热交换器中以实现对来自压缩级的流体的必要冷却。在其穿过热交换器的下游，冷压缩天然气流过其余三个压缩级。热交换器的位置避免了压缩级上游的压降。

（7）2013年

专利 GB201316227D0 公开了一种用于回收来自低温罐的蒸汽的装置，交换器布置在低温罐和压缩单元之间，以便在气体进入液化系统之前冷却气体并由此在蒸发气体进入压缩单元之前加热来自罐的蒸发气体。

（8）2015年

专利 EP3362353A1 公开了一种用于向 LNG 运输船供应天然气燃料的设备，包括两条管线，第一管线中的压缩机具有与液化天然气储罐的缺量空间连通的入口以及连通发动机导管的出口；第二管线的强制气化器具有与储罐液体储存区域连通的入口，有利于降低功耗。

（9）2017年

专利公开了 EP3396169A1 一种用于控制多级压缩机的方法：a - 测量压缩机入口处的温度，b - 测量压缩机第一级的出口压力（Pout）和入口压力（Pin）之间的比率，c - 至少根据入口温度（Tin）的值和测量的压力比（Pout／Pin）计算系数（Ψ），d - 如果计算的系数（Ψ）在预定范围内，则作用于安装在为第一级压缩机的入口供应的管线中的控制阀或在通向第一级间线路的气体再循环管线中。多级压缩机可以是四级或六级压缩机。避免了压缩机的石墙线和喘振。

法国 Cryostar 公司在 GB0005709D0、EP1120615B1、GB0320474D0 和 GB0400986D0 的基础上开发出 ECOREL 再液化装置（见图4-5-4和图4-5-5），该装置以氮气为工作介质的透平膨胀机产生冷量，在低温冷却器内部货舱挥发的 BOG 被冷却成 LNG 然后送入液货舱。货舱来的 BOG 由两级离心式压缩机进行压缩。每台压缩机进口配置有导流叶片（Deflector Guide Vane，DGV）。BOG 由低温氮气进行中间冷却。压缩后的氮气在 BOG 降温器（板式翅片冷却器）中进行预冷，然后在 BOG 冷器中被再液化。这种设计的优势为，不锈钢换热器可以有效缓冲系统内温度波动，保护铝质 BOG 冷凝器。在此系统中，如果 BOG 中氮气含量低，再液化的 BOG 有稍微的过冷度，因此再液化的液体可以直接返回液货舱而不必经过气液分离器。然而，在 BOG 中气含高的时候，再液化的 BOG 需要引入气液分离器，不凝性氮气返回液货舱或者送入 GCU 中处理，而再液化的 BOG 返回液货舱。

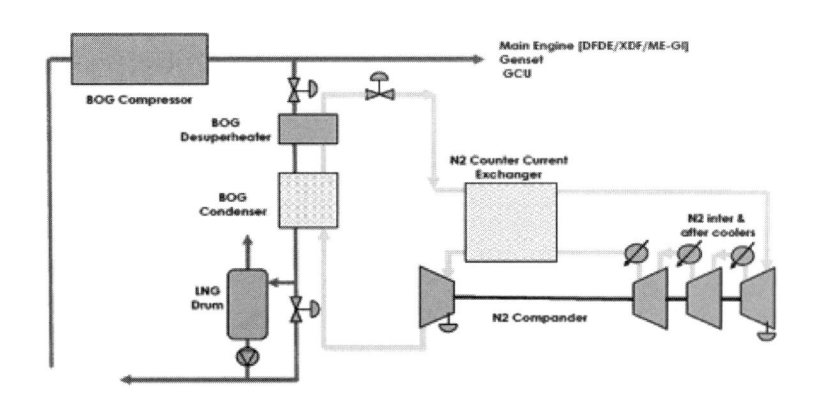

图 4-5-4　Cryostar 公司 Ecorel-S 型 BOG 再液化装置

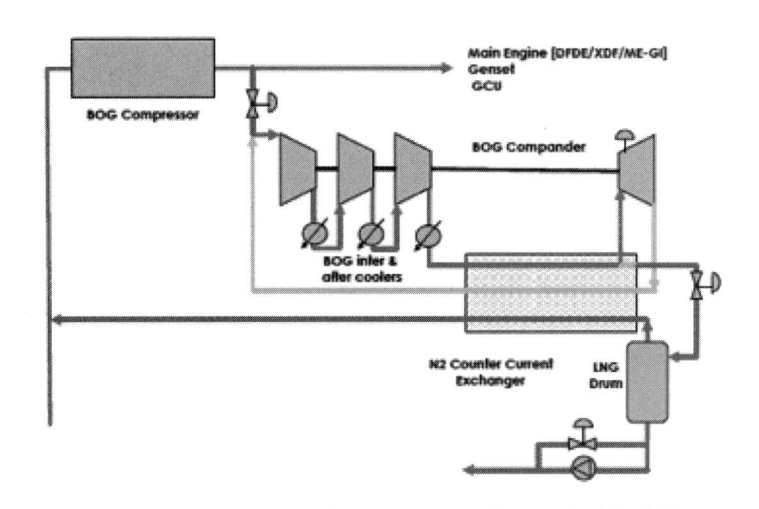

图 4-5-5　Cryostar 公司 Ecorel-X 型 BOG 再液化装置

综上所述，法国 Cryostar 公司在 BOG 液化装置方面的研发思路主要如下：

①通过压缩机上游的混合器减小由于蒸汽温度波动引起的压缩功的波动；

②通过将压缩机和膨胀涡轮装在同一平台上实现模块化，简化装置的结构；

③通过控制系统，低温冷却的水平与进入容器内的热量渗入相匹配，减少液化天然气的蒸发量；

④通过改进热交换器的位置避免了压缩机上游的压降，从而避免液货舱中霍如空气，导致不安全因素。

近年来，Cryostar 公司进一步在换热器与压缩机之间的位置关系、以及多级压缩机的布置上进一步改善 BOG 再液化装置的性能。

进一步可以根据表 4-5-1 得知 Cryostar 公司的 BOG 再液化技术在中国均有相应的专利布局，且其专利均处于有效或实质审查法律状态，因此中国的专利申请人在进行研发时应当避免有效专利带来的风险，同时针对处于实质审查状态的专利申请进行法律状态跟踪。专利申请 EP3396169A1 虽然还未有相应的中国同族专利申请，但是根据 Cryostar 公司的专利国际布局趋势，下一步 Cryostar 公司仍极有可能通过 PCT 途径在中国布局该技术对应的专利。

表 4-5-1 Cryostar 公司 BOG 再液化装置专利申请法律状态

公开号	申请年份	法律状态	中国同族公开号	中国同族法律状态
GB0005709D0	2000	放弃	CN1335475A	有效
EP1120615B1	2001	失效	CN1320540A	有效
GB0320474D0	2003	放弃	CN103090180A	有效
GB0400986D0	2004	驳回	CN1910370A	有效
EP2584188A1	2011	撤回	CN104136767A	未决
EP2746707B1	2012	授权	CN105008834A	有效
GB201316227D0	2013	驳回	CN105593114A	未决
EP3362353A1	2015	未决	CN108137145A	未决
EP3396169A1	2017	公开	—	—

4.5.2 BOG 再液化系统重点专利

根据附录 1，筛选 BOG 再液化系统领域的重点专利，如表 4-5-2 所示。

表 4-5-2 BOG 再液化系统重点专利

序号	公开号	发明名称	申请日	法律状态	被引次数
1	US6449983	Reliquefaction of compressed vapor	2001-03-08	有效	37
2	KR101289212B1	A treatment system of liquefied gas	2013-05-30	有效	32
3	KR101511214B1	BOG Re-liquefaction apparatus and method for vessel	2015-02-04	有效	24
4	US7493778	Boil-off gas condensing assembly for use with liquid storage tanks	2006-08-11	有效	23
5	KR100875064B1	A method and apparatus for treating boil-off gas in a LNG carrier having a reliquefaction plant and LNG carrier having said apparatus for treating oil-off gas	2007-06-15	有效	12

续表

序号	公开号	发明名称	申请日	法律状态	被引次数
6	KR100747372B1	BOG reliquefaction apparatus and method	2006-02-09	有效	13
7	KR100747232B1	Apparatus and method for reliquefying boil-off gas, and LNG carrier with the apparatus	2006-10-27	有效	13
8	US8256230	Operating system of liquefied natural gas ship for subcooling and liquefying boil-off gas	2010-01-15	有效	11
9	US9927068	LNG Boil off Gas Recondensation Configurations And Methods	2012-11-26	有效	10
10	US8650906	System and method for recovering and liquefying boil-off gas	2007-04-25	有效	9
11	KR101026180B1	Boil off gas control apparatus of LNG carriers	2008-10-07	有效	7
12	KR100758394B1	Reliquefaction gas storage system for reliquefaction system of LNG carrier	2006-02-14	有效	6
13	JP6423297B2	BOG processing device	2015-03-20	有效	6
14	KR101309963B1	Re-liquefaction process for BOG	2013-06-27	有效	5
15	KR100899997B1	Sloshing free cargo tank by re-liquefaction of boil off gas	2007-10-11	有效	5
16	KR100747371B1	BOG reliquefaction apparatus and constructing method thereof	2006-02-07	有效	5
17	KR100613430B1	Process and apparatus for boil-off gas treatment	2005-07-27	有效	5
18	JP2011162038A	Reliquefying device mounted on liquefied gas carrying vessel	2010-02-09	有效	5
19	CN105318190A	BOG 液化回收系统及方法	2014-08-05	未决	5
20	KR100761975B1	LNG BOG reliquefaction apparatus and LNG BOG reliquefaction method	2006-10-04	有效	4

表 4-5-2 中的各专利，其技术方案主要涉及 BOG 再液化的设备或基于该设备的方法。在表 4-5-2 列出的重点专利中，韩国专利占比最多，共计 12 件；韩国专利主要申请人为大宇造船，其次来自三星重工。美国专利共计 5 件，均来自美国本土专利申请人。中国专利 CN105318190A，处于实质审查阶段，专利申请人为中集集团，技术方案涉及用于 LNG 船的 BOG 再液化回收系统以及基于该系统的再液化方法。此外的 2

件重点专利均来自日本专利权人,分别是三菱重工和千代田化工建设株式会社,技术方案均与 BOG 再液化装置相关。接下来,对表 4-5-2 中的专利进一步分析。

首先,选取大宇造船的重点专利进行分析,专利如图 4-5-7 所示:

```
                        大宇造船
         ┌─────────────────┼─────────────────┐
   KR100747371B1      KR100875064B1      KR101511214B1
   2006-02-07         2007-06-15         2015-02-04

   KR100747372B1
   2006-02-09

   KR100758394B1
   2006-02-14

   KR100761975B1
   2006-10-04

   KR100747232B1
   2006-10-27
```

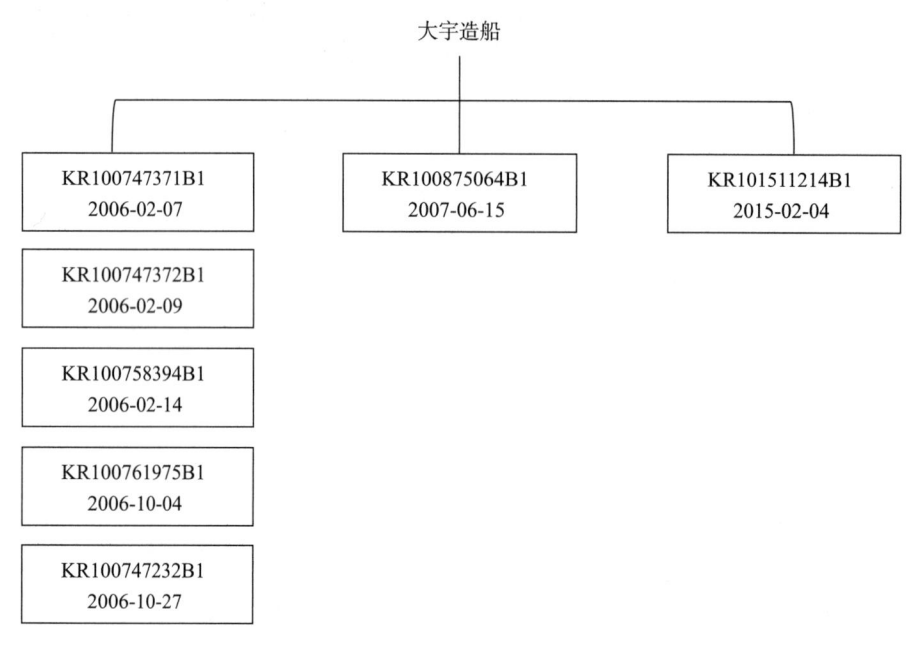

图 4-5-7 大宇造船的重点专利

下面,对来自大宇造船的重点专利进行一一分析,分析结果如下。

(1) KR100747371B1

本专利申请于 2006 年 2 月 7 日,技术方案涉及 BOG 再液化装置。在进行 LNG 船 BOG 液化系统的改进时,需要考量三个方面的问题:首先,应该考虑 BOG 再液化系统的安装便利性以及对船舶空间的有效利用。BOG 再液化系统需要占据 LNG 船一定的空间,并且系统各装置的安装需考虑 BOG 的泵送问题、系统隔热问题等,充分考虑安装和空间问题有利于改进再液化系统的性能和工作效率。其次,应该考虑 BOG 中 N_2 浓度增加的问题,氮杂质最初包含在天然气中、通常约为 0.5%,BOG 中 N_2 浓度过多将影响蒸发气的重熔作用,因此需要考虑如何保持蒸发气中组合物相对稳定。最后,应该考虑再液化系统的压缩机或冷凝器负担的问题。产生的 BOG 量取决于 LNG 船储罐中装载的 BOG 量,BOG 量或温度变化易引起的压缩机或冷凝器负担问题。本发明综合考虑上述因素,提供一种使用氮制冷剂的 BOG 再液化装置,包括多个压缩机、热交换器、冷却装置、电机。至少一个压缩机用于压缩从 LNG 船储存罐中生成的 BOG;再液化装置热交换器使用氮气制冷剂作为工作流体,使氮气制冷流体和压缩蒸发气之间进行热交换。冷却装置包括闪蒸室,用于将热交换器、冷却装置中蒸发气的气体和液体分离。蒸发气体再液化装置还包括氮气压缩装置,所述氮气压缩装置包括氮气膨胀器,用于产生工作氮气。图 4-5-8 为本专利优选实施例的 BOG 再液化系统示意图。

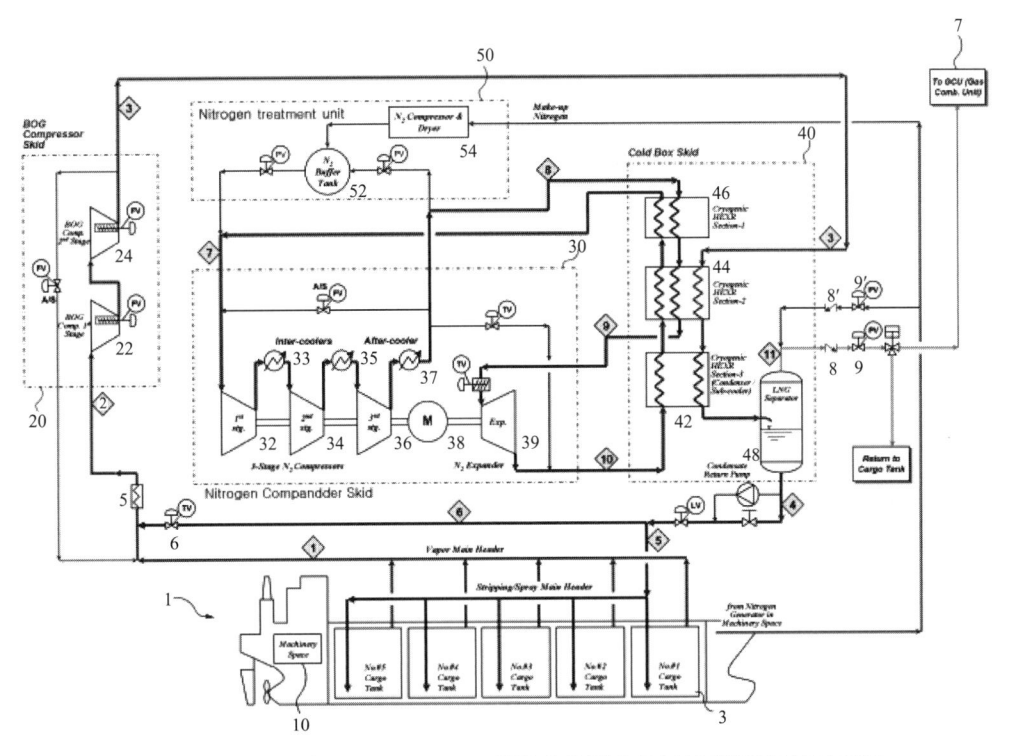

图 4-5-8 专利 KR100747371B1 优选实施例中 BOG 再液化系统示意图

本专利为有效的发明专利，说明其专利稳定性较强；本专利在全球被引用 5 次，并且参与的研发人员较多，体现了其技术先进性；另外本专利授权权利要求达 16 项，一定程度上体现其保护范围较广。

(2) KR100747372B1

本专利名称为"BOG 的再液化装置和方法"，申请于 2006 年 2 月 9 日。本专利的技术方案主要为：本发明再液化装置，压缩 LNG 船运行过程中储罐产生的 BOG、再液化压缩的 BOG 并将再液化 BOG 输送回 LNG 储罐。本发明的再液化装置包括第一氮气热交换器、第二氮气热交换器、第三氮气热交换器。具体地，高压氮气通过氮气加压冷却装置冷却后形成氮气循环，氮气循环用于加热和冷却 BOG。氮气膨胀器膨胀通过第二氮气热交换器的高压氮气，使其成为超低温低压的氮气；BOG 经过第一氮气热交换器的处理后进入第二氮气热交换器，第二氮气热交换器的超低温抵押氮气与压缩 BOG 进行热交换，从而冷却 BOG。另外，第三氮气热交换器向氮气加压冷却装置提供高压氮气，第二氮气热交换器同时也用于冷却通过第三氮气热交换器的高压氮气。本发明的再液化装置和方法，较之先前技术，最主要的创新之处是在压缩 BOG 之前，通过氮气热交换器对 BOG 进行预冷，从而增强 BOG 再液化效率、降低设备负荷。

本专利仅在韩国申请，说明其在海外布局方面表现较为弱势。本专利的技术方案被多次引用，表 4-5-3 列举部分引用本专利的专利文件。可见，引用本专利的申请人较多，体现本专利的技术内容在本领域影响力较大。但是除了瓦锡兰集团的专利以外，其他引用本专利技术方案的专利文件均为韩国专利，并且申请人均为韩国企业，结合本专利的海外布局情况，在一定程度上说明本专利海外的影响力较差。

表 4-5-3 引用 KR100747372B1 的专利列表

公开号	申请日	发明名称	专利权人
KR101043425B1	2008-10-28	用于加热锅炉废气释放系统的排气的系统	三星重工
US9163873	2009-08-27	用于优化 LNG 生产的方法和系统	瓦锡兰集团
KR101496576B1	2013-10-31	液化气处理系统	现代重工
KR101498387B1	2013-10-30	液化气体处理系统	现代重工
KR1020150041856A	2013-10-10	冷冻干燥机	U MENTORS 公司
KR101514319B1	2013-03-15	冷冻干燥机	OPERON 公司
KR1020150112676A	2014-03-28	减少海底液体氧气罐沸腾气体的系统及其方法	大宇造船
KR101623092B1	2010-07-26	再液化的使用冷能的蒸发气体的产生的方法和设备	大宇造船
KR101480253B1	2013-10-31	液化气处理系统	现代重工
KR101637334B1	2010-04-30	天然气液化装置及其方法	大宇造船

(3) KR100758394B1

本专利为有效发明专利，主要关于液化天然气（LNG）船的再液化系统。本发明的目的是提供用于 LNG 运输船的再液化系统的再液化气体保存系统，再液化天然气自动重新液化天然气，从而最大化工作的效率。技术方案公开了 LNG 船再液化系统的再液化气体保存装置，其适应容量和储存量并自动储存再液化气体。在 LNG 船运输过程中，储罐会产生蒸发气（BOG），对 BOG 进行再液化处理可以防止 LNG 在储罐中溢出。本发明所述的再液化系统根据填充在储罐中的 LNG 的量进行液化，并将多个储罐容量填充到空的储罐中。再液化系统主要结构包括再液化压缩机、剥离/喷射主集管、控制单元、分配管道、第一阀门、第二阀门。再液化压缩机将 LNG 储罐（50）中产生的蒸发气体压缩，并且将它供应给再液化装置。剥离/喷射主集管件将液化的天然气输送至多个储罐；分配管道（2）通过设置多个分支管道连通剥离/喷射主集管和多个储罐；多个第一阀门（3）安装在分支管道上，用于调控再液化天然气进入多个储罐中；多个第二阀门（4）安装在分支管道上，用于调控经过第一阀门（3）及多个储罐的在液化天然气的输入或输出。控制单元（5）用于检测多个储罐的内容物填充量，并根据检测结果控制第一阀门（3）、第二阀门（4）对再液化天然气的输入/输出进行调控。图 4-5-9 为本发明优选实施例的 LNG 船再液化系统示意图。

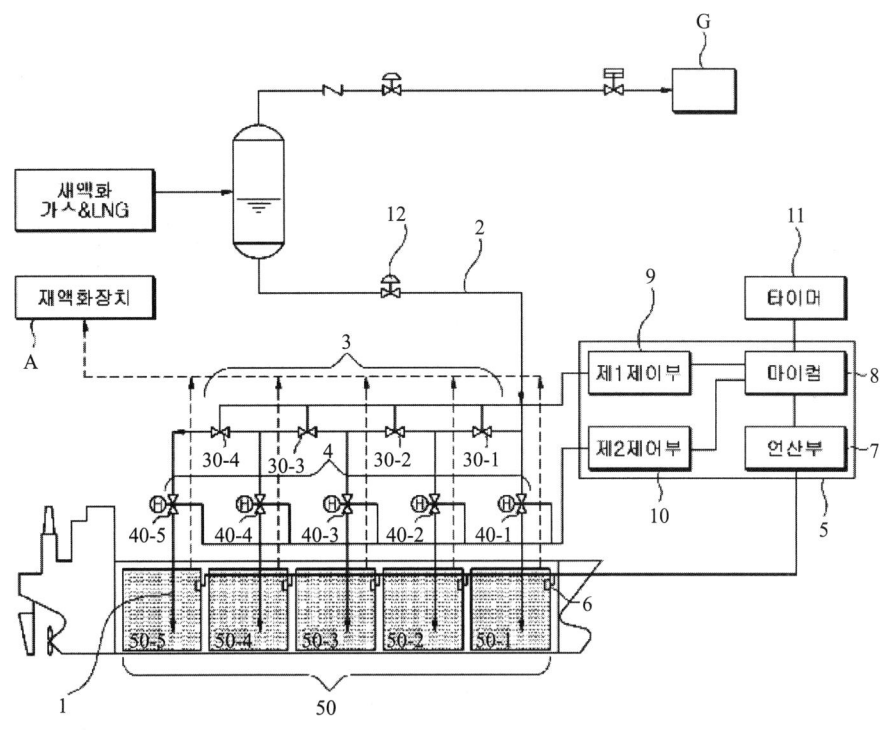

图4-5-9 专利KR100758394B1优选实施例中BOG再液化系统示意图

(4) KR100761975B1

本专利为申请人包括大宇造船和信永重工业株式会社，技术方案主要公开一种LNG船BOG再液化装置和方法，目前为有效状态的发明专利。本发明的BOG再液化装置包括BOG压缩单元、冷凝器、氮循环系统、自热交换器；BOG压缩单元用于压缩LNG船储罐中产生的蒸发气，冷凝器用于冷凝由BOG压缩单元压缩的BOG，氮循环系统用于向冷凝器提供冷气；自热交换器设置在BOG传输管道上，自热交换器通过将被压缩的高压BOG与从深冷的LNG储罐产生的低温蒸发气之间进行热交换来冷却BOG。简言之，本发明方案的再液化装置利用氮冷却剂、来源储罐的低温蒸发气与压缩BOG进行热交换，从而降低BOG的温度。下图4-5-10为本发明优选实施例中BOG再液化系统的示意图。

(5) KR100747232B1

本专利为有效发明专利，其专利技术方案同样公开了一种蒸发气的再液化装置和方法。本发明的技术方案主要创新之处在于，使用来源深冷LNG储罐的低温蒸发气来冷却高温的BOG，避免增加BOG再液化设备和再液化系统的负载。本发明方案的BOG再液化装置包括压缩单元、液化热交换器、增压器、预冷却热交换器、蒸发排气管线、蒸发气体返回管线。压缩单元（30）安装在从LNG储罐（1）连接到液化热交换器的蒸发排气管线（L1）的中间，用于压缩高温的BOG、并将压缩BOG传输到液化热交换器。增压器（132）安装在LNG储罐和压缩单元之间形成的蒸发排气管线上；预冷却热交换器（140）安装在形成于压缩单元和增压器之间的蒸发排气管线上；压缩蒸发气体返回管线（L4）联通压缩单元与预冷却热交换器（140），以在压缩单元中压缩的蒸发气体与LNG储罐产生的低温蒸发气体之间进行热交换。图4-5-11为本发明优选实施例中BOG再液化装置结构示意图。

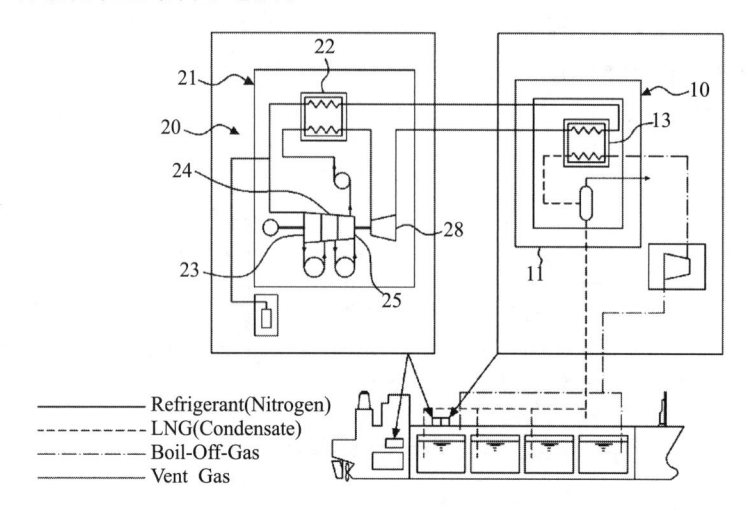

图4-5-10 专利KR100761975B1优选实施例中BOG再液化装置示意图

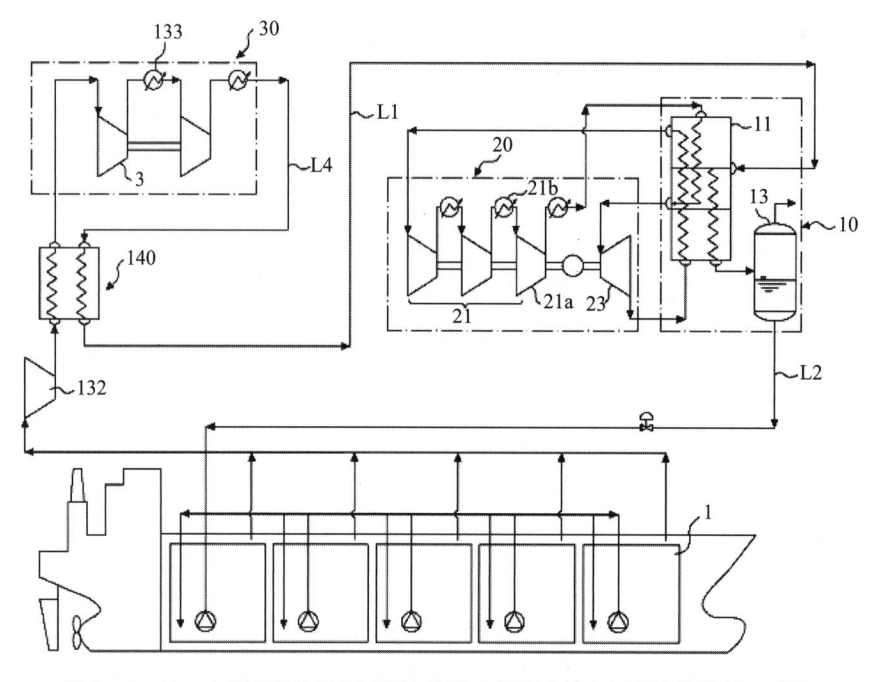

图4-5-11 专利KR100747232B1优选实施例中BOG再液化装置示意图

（6）KR100875064B1

本专利名称为"具有蒸发气处理装置的LNG船和用于处理LNG船蒸发气的再液化装置和方法"，申请于2007年6月15日。本专利技术方案公开了一种向LNG船供应燃料气体的系统，该系统允许LNG船运输期间蒸汽压力的增加和LNG液货舱中LNG温度的升高，从而降低 BOG 的浪费。上述向 LNG 船供应燃料气体的系统包括一燃料气体供应线和一热交换器；上述燃料气体供应线从 LNG 船的液货舱获取 LNG，并将 LNG 作为燃料气体供应；上述热交换器用于 LNG 和 BOG 的热交换，热交换器被安装于上述燃料气体供应线、连通 LNG 液货舱。图 4-5-12 为本专利具体实施例中，具有 BOG 处理装置的 LNG 船结构示意图，其中，数字 1 所指为 LNG 船的 LNG 液货舱，数字 110 所指为 BOG 压缩部分，数字 120 指示冷凝器，数字 130 指出制冷剂循环。

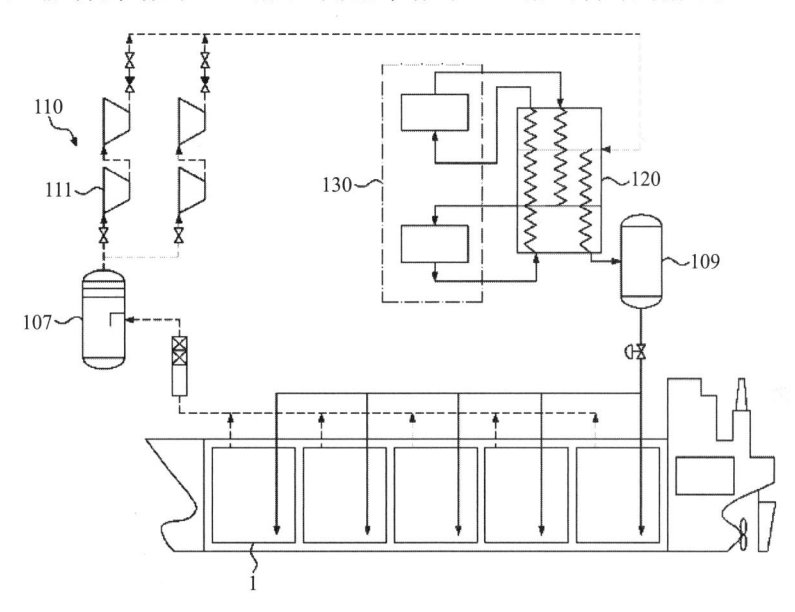

图 4-5-12　专利 KR100875064B1 优选实施例中 BOG 再液化装置示意图

本专利授权权利要求达 15 项，技术方案涉及 4 个 IPC 小组，体现了本专利技术领域的保护范围较广。本专利的技术方案在 12 项专利中被引用，说明本专利方案在本领域的重要性。引用本专利技术方案的专利文件见表 4-5-4，可见除了本专利自身专利权人外，对本专利引用最多的申请人是三星重工。列表中，三星重工的专利主要围绕 LNG 船 BOG 再液化的技术内容，可见本专利的技术方案为后续的 BOG 再液化领域研究提供了参考基础。

表 4-5-4　引用 KR100875064B1 的专利列表

公开号	发明名称	申请日	申请人
WO2011078689A1	向双燃料或气体发动机提供燃气的系统以及燃油消除装置	2010-12-20	HAMMWORTHY OIL & GAS SYSTEMS AS、MELAAEN EIRIK
KR101187532B1	具有再液化功能的电力推进 LNG 运输船的蒸发气管理装置	2009-03-03	STX 造船海洋株式会社
KR1020110077332A	LNG 储罐的蒸发气压缩方法和系统	2009-12-30	三星重工

续表

公开号	发明名称	申请日	申请人
KR101122548B1	液化天然气再液化装置	2009-08-19	三星重工
KR101052533B1	用于货舱冷却的管道系统和具有该系统的LNG船	2009-04-24	三星重工
WO2015133806A1	燃料电池供电方法及系统	2015-03-04	大宇造船
KR101224906B1	船舶和液化天然气装置	2010-11-01	三星重工
KR101623092B1	再液化的使用冷能的蒸发气体的产生的方法和设备	2010-07-26	大宇造船
KR101681703B1	液化气燃料推进集装箱船	2009-10-29	大宇造船
KR101304076B1	液化天然气生产基地的蒸发气体控制设备	2011-06-15	韩国GAS公社
KR101722613B1	液化燃料气体推进容器载体	2016-06-22	大宇造船
KR101654220B1	浮动发电设备的燃料供给方法	2014-03-07	大宇造船

（7）KR101511214B1

本专利名称为"BOG再液化装置和方法"，专利申请人为韩国的大宇造船。液化天然气的蒸发气（BOG）超过安全压力时，会被排出液化天然气储罐，排出的蒸发气会被用作船舶燃料或者会被再液化并回收入液化气储罐。已有的再液化技术存在再液化效率低的局限，本专利为了解决上述问题，公开了一种用于LNG船的蒸发气再液化装置，该再液化装置包括压缩单元、自热交换器、冷却装置、第一减压装置。压缩单元，用于压缩从LNG储罐排出的蒸发气体；自热交换器，用于在从储罐排出的蒸发气体和由压缩单元压缩的蒸发气体之间进行热交换；冷却装置，用于再次冷却通过压缩单元和自热交换器的蒸发气体；减压装置，用于减压由冷却部分冷却的蒸发气体。图4-5-13为本发明优选实施例的用于船舶的BOG再液化装置的示意图。

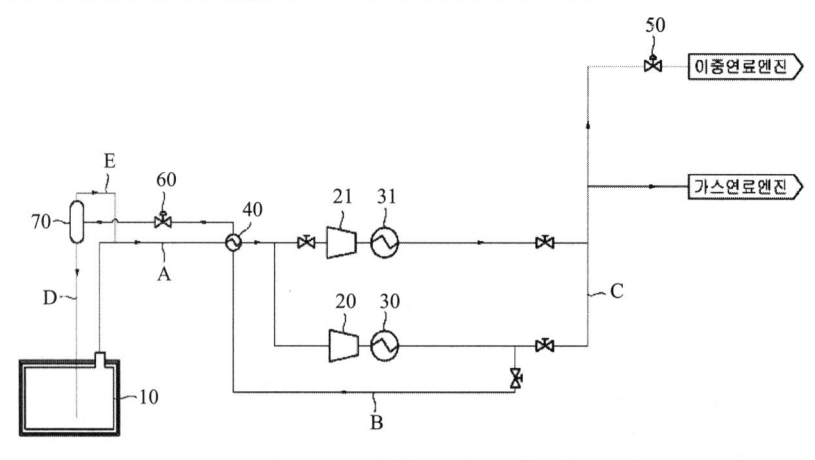

图4-5-13 专利KR101511214B1优选实施例中再液化装置示意图

本专利技术方案提高再液化效率并且降低设备成本。本专利的被引用次数共计 24 次，技术领域涉及 7 个 IPC 小组，研发投入人员 6 名，在一定程度上体现了本专利的技术先进性。本专利申请于 2015 年 2 月 4 日，剩余专利权有效期较长，并且权利要求数量达 14 项，可见其专利保护强度较强。

除了上述对大宇造船的重点专利进行分析外，下面选取其他被引用超过 5 次的专利文件进行具体分析，分析结果如下：

（1）US6449983

本专利名称为"压缩蒸汽的再液化"，技术方案公开将储罐中天然气的蒸发气再液化的方法以及应用设备。在远程运输液化天然气的过程中，液化天然气的汽化是不可避免的，因此再液化汽化的天然气是必不可少的环节。本专利技术方案公开一种蒸发气再液化装置，该装置包括流体循环系统，流体循环系统包括蒸汽管路、冷凝管路以及混合器管路；蒸汽管路从液化天然气储罐出发经过压缩机并延伸至压缩蒸发气的冷凝器，冷凝器管路则从冷凝器出发并返回液化天然气储罐；混合器管路联通压缩机上游和混合器，实现蒸发气和液化天然气的混合。基于上述装置，本专利公开的再液化蒸发气的方法包括：压缩机压缩来自液化天然气储罐的蒸发气，压缩后的蒸发气部分被冷凝并回收入储罐；部分蒸发气则在混合器中与液化天然气混合，控制混合作业，保持压缩机入口的温度恒定。本专利最主要的技术改进是增加了蒸发气和液化天然气的混合步骤，解决其他处理方案中，蒸发气冷凝返回储罐后容易导致剩余蒸发气中氮浓度升高、冷凝难度的成本增高等问题。

本专利为有效的发明专利，专利稳定性较好；同时本专利被引用次数高达 37 次，并且其技术方案涉及 6 个 IPC 小组，体现其技术方案的先进性。另外如表 4-5-5 所示，本专利拥有多个同族专利，在中国、美国、日本、韩国、英国、德国等 8 个国家进行专利布局，可见本专利技术实力强、保护范围广泛。不过，本专利申请日为 2001 年 3 月 8 日，剩余专利权有效期较短，保护期限届满，本领域研究人员即可将其作为公知公用技术加以利用。

表 4-5-5 US6449983 同族专利

公开号	申请号	申请日	优先权文件	
			2000-03-09	2000-06-16
			GB2000005709	GB2000014868
AT330194T	AT2001301891T	2001-03-01	√	
CN1201130C	CN01119276.3	2001-03-09	√	√
DE60120527D1	DE60120527	2001-03-01	√	
EP1132698B1	EP2001301891	2001-03-01	√	
ES2261345T3	ES2001301891T	2001-03-01	√	
GB0005709D0	GB2000005709	2000-03-09		

续表

公开号	申请号	申请日	优先权	文件
GB0014868D0	GB2000014868	2000-06-16	√	
JP4782296B2	JP2001065107	2001-03-08	√	√
KR100803409B1	KR1020010011425	2001-03-06	√	√
US6449983	US09/801954	2001-03-08	√	√

（2）KR101289212B1

本专利名称为"液化气处理系统"，专利申请人为来自韩国的现代重工，本专利技术方案提供一种液化气处理系统，在具体实施例中，液化气处理系统如图4-5-14所示包括蒸发气体供应管线（16），蒸发气体压缩机（50），蒸发气体热交换器（60），蒸发气体减压器（80），气液分离器（90）和气体回收线（17）。蒸发气体供应管线从液化气储罐（10）连接到所需位置（20）。蒸发气体压缩机压缩从液化气储罐产生的蒸发气体；蒸发气体热交换器（60）将沿着蒸发气体供应管线回收的蒸发气体与从液化气体储罐供应的蒸发气体进行热交换；蒸发气体减压器（80）对热交换的蒸发气体进行减压；气液分离器（90）将闪蒸气体与减压蒸发气体分离；气体回收线（17）将闪蒸气体供应到蒸发气体热交换器（60）。

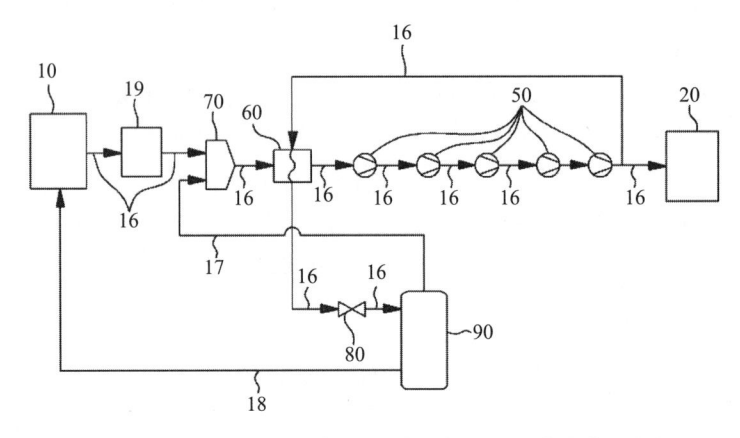

图4-5-14 专利KR101289212B1液化气处理系统优选实施例示图

本专利技术方案通过防止蒸发气体被丢弃来减少燃料浪费，并通过使用与蒸发气体混合的闪蒸气体来提高驱动效率。本专利为有效状态的发明专利，技术稳定性高；技术领域涉及4个IPC小组，说明其技术范围广；另外本专利申请于2013年，剩余专利权保护期限较长。

本专利的技术方案被后续的多项专利引用，表4-5-6列举了25件引用本专利技术方案的专利文件，其中主要是来自本专利权人现代重工的专利。除了自引用外，本专利的技术方案也被来自大宇造船的专利所借鉴，可见本专利方案在BOG再液化领域的重要性较强。

表 4-5-6 引用专利 KR101289212B1 的专利列表

公开号	申请日	发明名称	申请人
KR1020150039427A	2013-10-02	液化气处理系统	现代重工
KR101380427B1	2013-07-19	液化气处理系统	现代重工
KR1020150062841A	2013-11-29	液化气处理系统	现代重工
KR101431419B1	2014-02-20	液化气处理系统	现代重工
KR1020150062791A	2013-11-29	液化气处理系统	现代重工
KR1020140075582A	2013-10-24	再液化蒸发气体的系统和方	大宇造船
KR101557571B1	2014-01-27	液化气处理系统	现代重工
KR101496577B1	2013-10-31	液化气处理系统	现代重工
KR101485685B1	2013-07-23	液化气处理系统	现代重工
KR101525728B1	2014-01-27	液化气处理系统与方法	现代重工
KR1020150062824A	2013-11-29	液化气处理系统	现代重工
KR101496576B1	2013-10-31	液化气处理系统	现代重工
KR101643038B1	2013-11-29	液化气处理系统	现代重工
KR101498387B1	2013-10-30	液化气处理系统	现代重工
KR101788752B1	2015-03-26	BOG 再液化装置和方法	大宇造船
KR1020160069606A	2014-12-08	一种液化气体处理系统	现代重工
KR1020160074282A	2014-12-18	用于处理船舶燃烧废气的系统	大宇造船
EP3112249A4	2015-02-27	蒸发气体处理系统	大宇造船
KR101586124B1	2013-12-06	润滑剂分离器和液化气体处理系统	现代重工
KR101658278B1	2014-04-02	液化气体处理系统	现代重工
KR101848119B1	2014-05-08	一种液化气体处理系统	现代重工
KR1020150139646A	2014-06-03	一种液化气体处理系统	现代重工
KR101857320B1	2014-05-19	一种液化气体处理系统	现代重工
KR1020150062826A	2013-11-29	液化气处理系统	现代重工
KR101634848B1	2013-10-31	液化气处理系统	现代重工

（3）US7493778

本专利名称为"用于液体储罐的蒸发气冷凝组件"，申请于 2006 年 8 月 11 日，当前专利权人为美国的芝加哥桥梁及钢铁公司。本专利公开一种蒸发气冷凝装置，该装置与天然气储罐一起使用。本装置与现有冷凝装置相同之处在于，包括蒸发气体管线、冷凝液体管线以及液体输出管线和冷凝水管线；蒸发气体管线将蒸发气体从储存罐运送到蒸发气体冷凝器，冷凝液体管线从冷凝液中吸取冷凝液体，冷凝液体返回液体输出管线以输送到增压泵。本专利方案对冷凝装置的改进之处在于，本专利的冷凝液体管线上具有液位控制阀，该液位控制阀可以基于冷凝器中的液位主动控制管线的流量。例如，液位控制阀可以通过来自蒸发气体冷凝器上的液位变送器或来自差压变送器的输入来控制阀，该差压变送器测量冷凝器中的蒸汽空间中的压力和冷凝物的压力。冷凝液体流量的控制基于冷凝器中的液位而不是冷凝器压力,当冷凝器中的压力低于液体输出管线中的级间压力时,可能导致通过冷凝水管线的流量反转。因此本专利技术方案在冷凝水管线上设置止回阀,用于防止来自输出管线的液体通过冷凝管线流入冷凝器。

本专利为有效发明专利,相对其他专利类型,发明专利稳定性更强。本专利拥有权利要求21项,说明其保护范围较广。本专利的技术方案在全球被多次引用,说明其技术方案较为先进。下面列举部分引用本专利技术方案的专利,见表4-5-7,本专利被多个专利申请人的专利文件所引用,可见本专利的技术方案在本领域影响力较大,是本领域后续研究的重要参考。中国的研发人员应当在进入本领域的工作时,对于此类专利进行重点研究。

表4-5-7 引用US7493778的专利列表

公开号	申请日	发明名称	专利权人
US20090266086A1	2009-04-23	Floating marine structure having LNG circulating device	大宇造船
US8893515	2009-04-07	Methods and configurations of boil-off gas handling in LNG regasification terminals	氟石科技公司
US8943841	2009-04-23	LNG tank ship having LNG circulating device	大宇造船
US9239186	2011-12-20	Method for operating fuel supply system for marine structure having reliquefaction apparatus and high-pressure natural gas injection engine	大宇造船
US10065850	2017-04-24	Multiple pump system	GP Strategies 公司
US9829244	2011-07-29	Configurations and methods for small scale LNG production	氟石科技公司
JP2018080738A	2016-11-15	BOG recondenser and LNG supply system equipped with the same	乔治洛德方法研究和开发液化空气有限公司
US20130055757A1	2011-09-06	Method and system to prevent carry-over of hydrocarbon mist from an LNG column of an lng plant	雪佛龙美国公司
US9927068	2012-11-26	LNG boil off gas recondensation configurations and methods	氟石科技公司

(4) US8256230

本专利的技术方案公开了再液化LNG船产生的BOG的方法,主要包括步骤:用压缩机压缩在液货舱中产生的BOG,对压缩的蒸发气体进行过冷却;将液化气体送入气相分离器,通过第一管道将气相分离器中产生的闪蒸气体排出,通过第一管道将来自气相分离器的排出的闪蒸气体送入船舶的气体燃烧装置,氧化气体燃烧装置中排出的闪蒸气体；将压缩的BOG的一部分从压缩机转移通过第二管道，将压缩的BOG从压缩机输送到气相的上部区域分离器并将液化气从气相分离器返回到液货舱。

在具体实施例中，该再液化BOG的方法包括以下步骤：用压缩机将在液货舱中产生的BOG压缩至约3.49pa，温度约为-27℃；将压缩的BOG在热交换器中过冷却至约-161.7℃的温度，以使压缩的蒸发气体液化；将液化气体送入气相分离器。用第一压力控制阀监测气相分离器内的气体压力；通过连接到气相分离器的第一管道排出气相分离器中产生的闪蒸气体，当通过第一压力控制阀检测到气相分离器中的气体压力增加时，闪蒸气体由第一压力控制阀排出，第一止回阀安装在第一管道、用于防止闪蒸汽反向流入气相分离器中；通过第一管道将排出的闪蒸气体从气相分离器送入船舶的气体燃烧装置。同时也用第二压力控制阀监测气相分离器内的气体压力；第二管道连接在压缩机和气相分离器之间，用于将一部分压缩蒸发气体从压缩机转移，通过第二压力控制阀调节从压缩机转移的压缩蒸发气体的量、并监测气相分离器内的气体压力，第二止回阀安装在第二管道、防止压缩蒸发气反向流出气相分离器。将压缩的蒸发气体的转向部分从压缩机供给到气相分离器的上部区域，用于覆盖气相分离器，从而稳定地控制气相分离器中的气体压力和液化气体的水平；并将液化气从气相分离器返回液货舱。图4-5-15是根据本发明优选实施例的用于在液化天然气船中进行蒸发气体的过冷液化的操作系统的示意系统图。

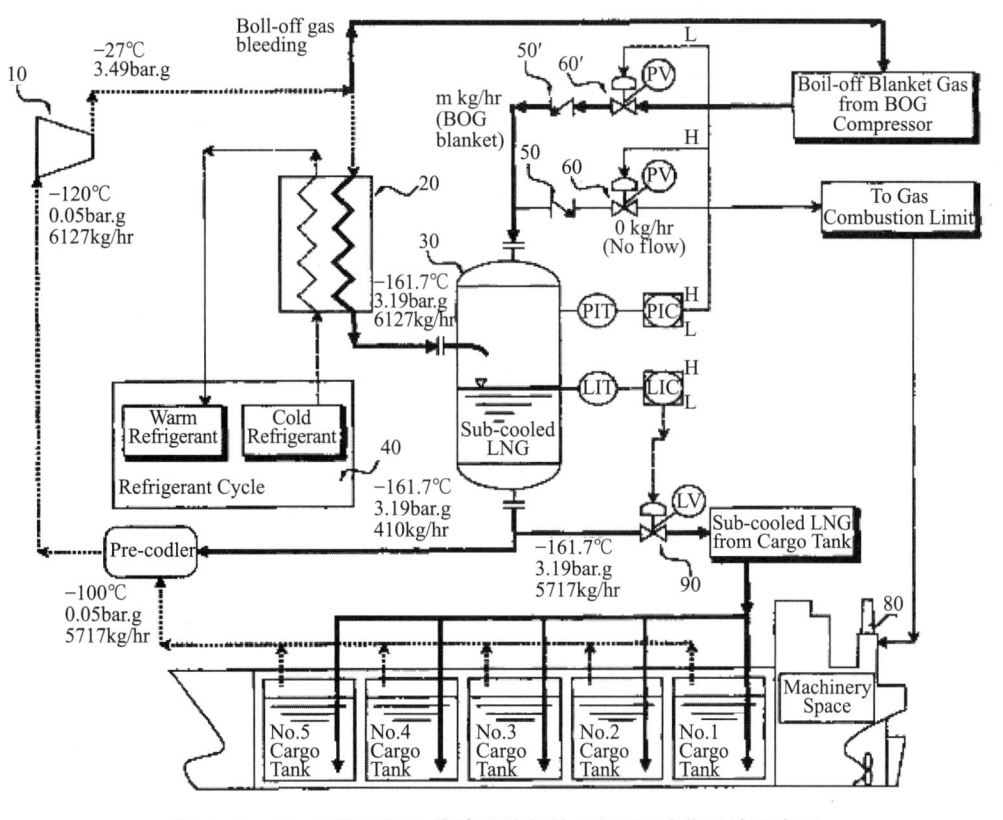

图4-5-15 US8256230优选实施例的BOG再液化系统示意图

本专利技术布局涵盖法国、日本、美国，拥有多个同族专利，同族专利见表4-5-8，优先权文件为专利KR100638925B1和专利KR100638924B1。本专利的专利权人为发明人安亨洙、金南守、柳珍烈等，上述发明人来自大宇造船。

表4-5-8 专利US825623同族专利列表

公开号	优先权文件	
	KR100638925B1	KR100638924B1
FR2880942B1	√	√
JP2006200735A	√	√
US20060156758A1	√	√
US8256230	√	√
US20080120993A1	√	√
US20100139316A1	√	√
WO2006078104A1	√	√

（5）US9927068

本专利为有效发明专利，来自美国氟石科技公司，技术方案公开了LNG蒸发气体再冷凝方法。本发明优选的BOG冷凝方案是，使用包含部分LNG发出无的冷凝剂与来自储罐的BOG直接或间接接触，以使BOG冷凝；BOG冷凝物和LNG发出物部分组合以形成过冷流，过冷流随后与余量的LNG发出物组合，然后进入高压泵。本发明方案的BOG再冷凝操作避免了大体积冷凝器的使用，减少设备空间和成本。图4-5-16为本发明优选实施例的BOG再冷凝系统示意图：

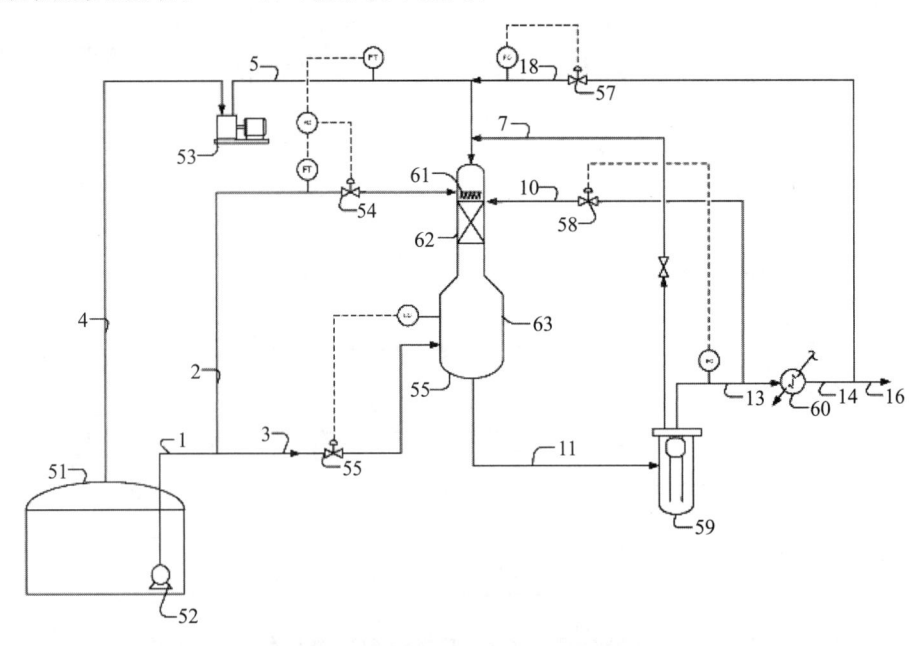

图4-5-16 US9927068优选实施例示意图

本专利在全球被引用10次，技术内容涉及3个IPC小组，可见其技术领域较为广泛、技先进性较强。另外，本专利拥有中国同族专利CN104321581B，申请日为2012年11月26日，专利权有效期较长，因此本领域研发单位应注意对本专利技术方案的规避。

（6）US8650906

本专利公开了回收和液化BOG的系统和方法，主要的改进方案是使用螺杆压缩机重新液化不同量的蒸发天然气，该螺杆压缩机的有效压缩范围为其额定容量的约10%至约100%。

本发明的回收和液化BOG系统包括制冷部分，该制冷部分包括具有制冷剂入口的第一热交换路径、具有减压制冷剂入口的第二热交换路径、制冷剂出口、螺杆压缩机、冷却器、分离器。螺杆压缩机，具有与减压制冷剂出口和高压制冷剂出口流体连通的入口，并适于产生压缩制冷剂。冷却器与高压制冷剂出口流体连通，并具有压缩的制冷剂入口和冷却的压缩制冷剂出口。分离器具有与冷却的压缩制冷剂出口流体连通的分离器入口，分离器液体制冷剂出口和分离器气态制冷剂出口。

本发明的技术方案还包括一种回收液化蒸发气体的方法，该方法主要包括：回收并将不同量的蒸发气体送入制冷段，以产生液化的蒸发气流和气态制冷剂流。将气态制冷剂流送入可变速率压缩机，该压缩机的工作范围为压缩机额定容量的约10%至约100%，以产生压缩的制冷剂流。冷却压缩的制冷剂流以产生混合的液态和气态制冷剂流；在分离区中分离液态和气态制冷剂。气体制冷剂通过第一管线以低于分离区压力的压力通过制冷部分；使液态制冷剂通过第二管线进入制冷区；调节第一管线中的压力以控制通过第二管线的液体制冷剂的量。

（7）KR101026180B1

本专利来自三星重工，申请于2008年10月7日，为有效发明专利，技术方案公开了LNG船的蒸发气控制装置。本发明方案的目的是降低LNG船的运行过程中蒸发气的产生率、减少储气罐的压力升高。基于上述目的本发明公开的蒸发气控制装置包括蒸发排气管（110），流管（130）和热交换器（150）。蒸发排气管从储气罐（100）的空间部分（102）延伸到外部。流管连接到蒸发气体连接管以使蒸发气体循环并连接到安装在储气罐内的泵塔的柱管（142）。热交换器连接到后管的端部并沿着储气罐的底侧安装，以热交换高温蒸发气体和低温液化天然气并喷出热交换气体。图4-5-17为本发明的优选实施例的用于LNG船的蒸发气控制装置的示意图，其中包括储气罐（100）、凹部（102）、蒸发气体排放管（110）、排气管（120）、检查阀门（122）、流管（130）、压缩机（132）、第一阀门（134）、第二阀门（156）、泵塔（140）、柱管（142）、热交换管道（150）、喷嘴部（152）、固定夹具（154）。

（8）JP6423297B2

本专利申请人为日本的千代田化工株式会社，为有效发明专利，其技术内容主要围绕BOG处理设备的改进，旨在提高设备运行效率、减少能源浪费。本发明公开的BOG处理设备（1）包括冷却装置（2）、压缩装置（3）、第二冷却装置（4）和收集装置（5）。冷却装置（2）包括冷却鼓（10）、用于向上喷射 LNG 的第一喷雾（12）、用于使 LNG 和 BOG 彼此接触的第一填充床（13）、用于向下喷射 LNG 的第二喷雾器游隙（14）、用于向下喷射 LNG 的第三喷雾（15）、用于吸收 BOG 中的雾的第二填充床（16）以及用于去除 BOG 中的雾的除雾器（17）。图 4-5-18 为本发明优选实施例中 BOG 处理设备的示意图。

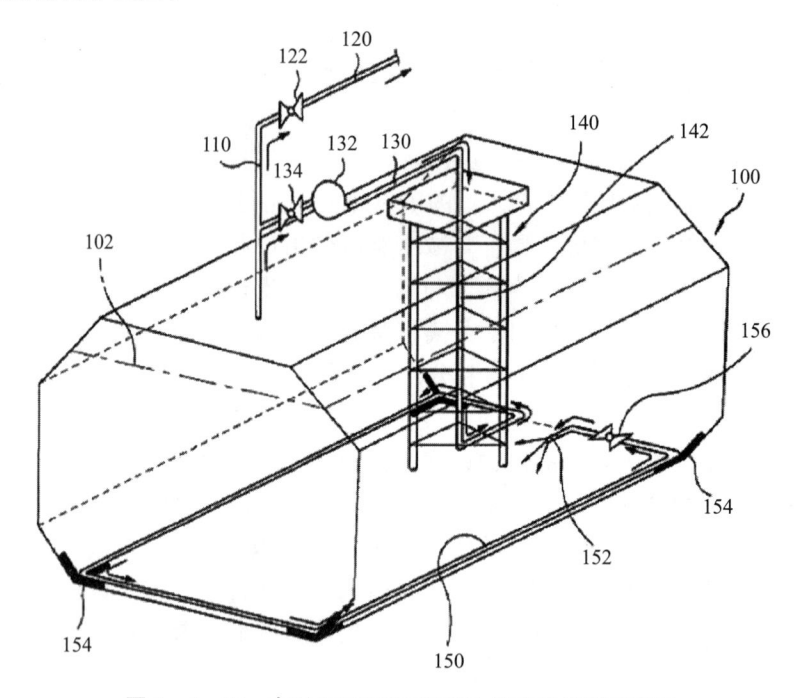

图 4-5-17　专利 KR101026180B1 优选实施例示意图

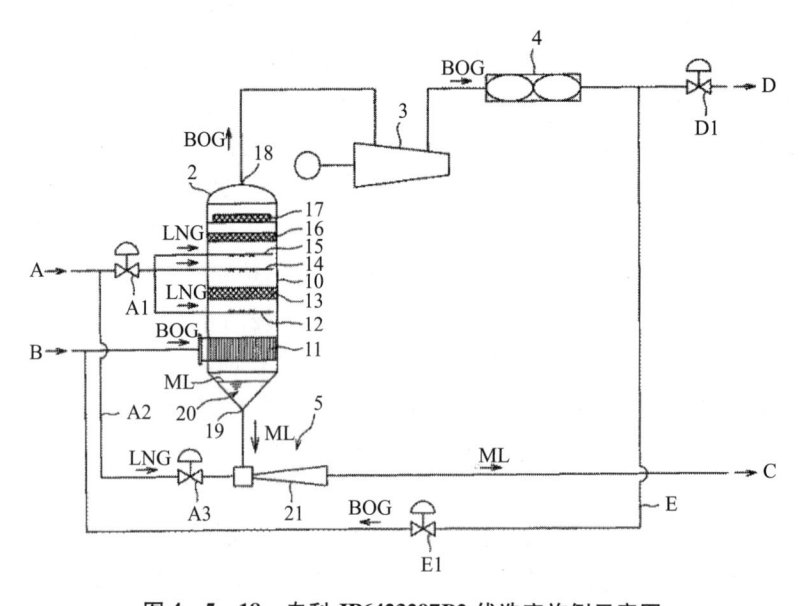

图 4-5-18　专利 JP6423297B2 优选实施例示意图

本专利拥有美国、加拿大等国家的同族专利，说明本专利的技术布局较为广泛；另外本专利申请于2015年，剩余有效专利权期限长，在进行同领域产品研发时应注意对本专利保护范围的规避。

4.6 小 结

本章通过对LNG/LPG运输船的关键技术之一，即蒸发气回收利用系统中的BOG再液化回收技术专利的总体分析，可得出如下结论：

（1）专利申请发展态势分析

BOG再液化技术，早期技术发展十分缓慢，但从整体来看，近10年来全球和中国在此技术领域的专利申请均呈现快速增长的态势，且近几年来中国的BOG技术发展在全球范围内作用逐渐凸显；BOG再液化技术的全球专利中，发明专利为主导。

（2）技术原创国家/地区专利申请分析

BOG再液化相关专利技术原创来自于韩国，韩国申请人在BOG再液化技术领域产出的相关专利最多，韩国的技术研发实力强，专利产出能力强劲。

（3）专利公开地分布分析

BOG再液化技术相关专利申请量最多的是韩国，其次来自中国、日本、美国等国家，说明BOG再液化专利技术高度集中在韩国，目标市场主要集中在韩国、中国、日本、美国四国，侧面反映这些国家/地区/组织受到相关申请人的高度关注。

（4）技术流向分析

分布于韩国的专利绝大部来自于韩国本土申请人，韩国的海外布局相对更关注美国市场和日本市场；中国几乎只在中国本土进行专利布局，可见中国创新主体仅关注中国市场，目前缺乏对海外市场的开拓。

（5）中国专利分析

中国的BOG再液化技术的相关专利主要分布在如北京、江苏、广东、河北、上海等地，可见其中沿海省市较多。北京的专利申请量最多，与申请主体总部位于北京有一定的关系。

（6）BOG再液化技术领域申请人分析

全球BOG再液化技术领域的专利申请人主要来自韩国、日本、荷兰、德国和中国等国家，且排名前三的皆为韩国重要造船企业，韩国实力突出。

中国BOG再液化技术相关专利申请量较少，创新主体较多，专利技术比较分散。海外企业在中国布局的不多。

从BOG再液化系统领域的研发合作情况来看，全球主要申请人进行研发合作的情况不多。相对来讲，日本企业之间合作较为紧密，其次是韩国企业之间。

第5章 重要申请人分析

对于高技术船舶中为较为受关注的 LNG/LPG 运输船领域,从全球来看,已历经多年发展,但由于技术限制,在很长一段时间内并没有很大的技术发展;而随着全球能源结构发生转变,以石油和天然气为主要能源的格局形成,现已进入快速发展期。

由第二章图 2-1-5 可知,全球申请人以企业为主,其次是个人,而从全球 LNG/LPG 运输船的主要申请人排名(图 2-1-6)可以看出,排名前列的申请人基本都是行业内的大型企业,前十申请人中没有研究机构、大学以及个人申请人,本领域的企业申请人也呈现专业化、细分化的发展趋势。在两关键技术(货物围护系统和 BOG 再液化技术)领域均有代表性的专利申请人(见第三章图 3-1-6 和第四章图 4-4-1),这些申请人在 LNG/LPG 运输船领域发挥着重要作用并根据自身优势在不同方向上进行了扩展和延伸,体现出各自不同的发展战略和专利策略。

现针对 LNG/LPG 运输船领域和各关键技术的申请人的排名进行一个对比分析,如表 5-1-1 所示。

表 5-1-1 LNG/LPG 运输船领域各关键技术申请人排名

申请人	LNG/LPG 运输船	货物围护系统	BOG 再液化
大宇造船	1	2	1
三星重工	2	1	2
现代重工	3	4	3
IHI 公司	4	3	4
三菱重工	5	6	6
GTT	6	5	0
壳牌公司	7	7	0
中集集团	8	9	0
大阪瓦斯	9	0	8
川崎重工	10	8	0

为了了解主要申请人的特点,本课题组针对上榜的 10 个申请人逐一进行分析,并着眼于两个关键技术(货物围护系统和 BOG 再液化系统)展开。其中,对于货物围护系统领域,本课题组选取大宇造船、三星重工、IHI 公司、现代重工、三菱重工、

GTT、川崎重工、中集集团、壳牌公司、大阪瓦斯进行分析；对于 BOG 再液化技术，根据各申请人的检索具体情况，则选取大宇造船、三星重工、IHI 公司、现代重工、三菱重工、中集集团、壳牌公司、大阪瓦斯进行分析。此外，课题组还选取了 2 家中国企业——中国海油和中国石油进行分析，为国内其他创新主体提供参考。

5.1 大宇造船

5.1.1 公司简介

大宇造船海洋株式会社成立于 1973 年 10 月，总部设在韩国首尔，造船厂位于韩国巨济岛奥波湾，现已发展成为全球第二大造船公司，建造各种船舶、离岸平台、钻机、浮油生产装置、潜艇以及驱逐舰。大宇造船生产的所有船舶和海上产品都具有无与伦比的质量，其具有先进的信息技术和系统化的造船技术。

LNG 船、集装箱船、油船是大宇造船最主要的民用产品，特别是 LNG 船和油船在全球具有相当强的竞争优势。其中，LNG 船在技术品质上处于全球领先地位，年产销量占全球 1/3 以上，排名全球第一位。

大宇造船发展历程：

大韩造船公司从 1973 年 8 月开工新建的玉浦造船厂。由于造船市场萧条，施工进度推迟，大韩造船公司自身经营非常困难。在此情况下，大宇集团以 138 亿韩元低价收购了尚未建成的玉浦船厂，随后在韩国产业银行的支持下（出资 49%），成立大宇造船工业公司。

1985 年大宇造船建造一艘 30 万吨的 VLCC。

1994 年大宇造船与大宇重工合并，同年公司的销售额超过现代重工，成为韩国最大的造船工业集团。

1995 年收购了罗马尼亚曼加利亚造船厂的产权，标志着大宇造船开始向国际化经营发展。

到 2001 年，大宇造船的 LNG 船手持订单位全球第一。

2003 年被劳式海事亚洲评选为"世界最佳船厂"。

2005 年设计、建造和交付世界首艘 LNG-RV，被韩国商务产业能源部评选为 10 种新技术之一。同年，大宇造船海洋（山东）有限公司在中国山东成立，其为大宇造船的独资子公司，主要产品为海洋钻井平台以及船舶用船段。

2008 年，大宇造船总销售额达到 100 亿美元。

2013 年之后，大宇造船呈现收缩态势，进入长期结构调整阶段。

2016 年，大宇造船联合浦项制铁公司致力于研发一种新型锰钢，以用来建造液化天然气存储系统。

2017 年成功交付给俄罗斯船东 Sovcomflot 公司建造的破冰级 LNG 船-"Christophe de Margerie"号，这也是全球首艘北极专用（ARC7 冰级）破冰 LNG 船。

5.1.2 专利申请态势分析

截至 2018 年 10 月，大宇造船在全球 LNG/LPG 运输船领域内的专利申请数量是 1144 项，在货物围护系统技术领域全球专利申请量排名第二，在 BOG 再液化系统技术领域专利申请量排名第一。

如图 5-1-1 所示，大宇造船在两关键技术——货物围护系统和 BOG 再液化系统的专利申请趋势整体呈上升状态，2006 年后开始增长，2010~2015 年增长快速，尤其是 2015 年达到顶峰状态的 100 件。

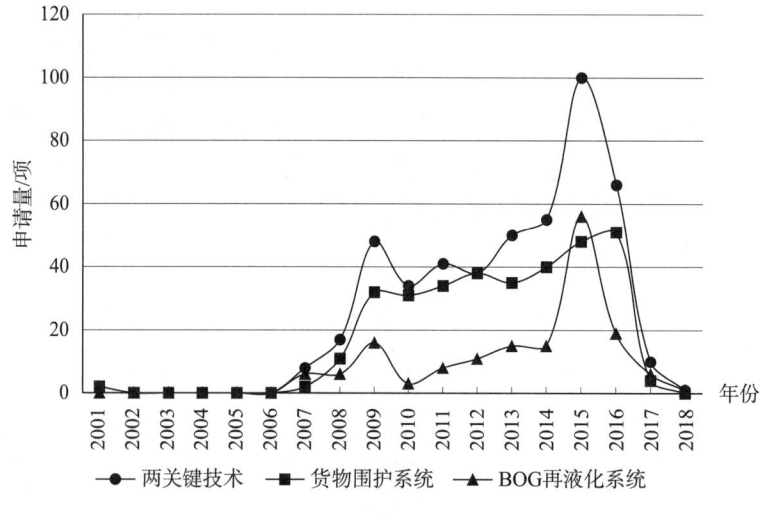

图 5-1-1 大宇造船在两关键技术领域的专利申请趋势

在货物围护系统技术领域，大宇造船的申请量主要集中在 2006~2017 年，且呈平缓上升状态。申请量最多是 2016 年的 51 项，主要分布于韩国、中国、EPO、美国和 WIPO；其中，在本国（韩国）的申请件数为 47 件，其次是向 WIPO 提出的 14 件国际申请。

在 BOG 再液化系统技术领域的专利申请趋势整体也呈上升状态，但是增长量明显小于货物围护系统技术领域的专利增长量。在 2015 年的申请量是 56 项，主要分布于韩国、WIPO、EPO、中国、日本、俄罗斯和美国。其中，在韩国的申请量超过 60 件，其他各国家/地区仅仅数件。

无论从货物围护系统技术领域还是 BOG 再液化系统技术领域来看，尤其是申请量位于顶峰的年份，大宇造船较为重视本国市场，其次在 WIPO 也申请了部分专利，为海外市场布局做好准备。

大宇造船作为韩国造船三巨头之一，在货物围护系统和 BOG 再液化技术领域的研发投入均较多，基于该两关键技术领域的范围不同，数量上稍有不同。经分析，如表 5-1-2 所示，大宇造船在货物围护系统技术领域中，失效专利数量占比约 32%，有效专利和未决专利数量总和占比约 68%；且有效专利和失效专利中的发明和实用新型的占比相近似。可见，该三部分的占比相对适中。而在 BOG 再液化技术领域中，失效专利数量占比仅仅25%，且有效专利数量占比超过50%，可见，大宇造船BOG再液化专利技术维持度较好，且在近几年研发投入明显增多。综合分析，与大宇造船在货物围护系统和BOG再液化系统的专利技术相比，有效、未决以及失效专利的占比大致相同。

表5-1-2 大宇造船在两关键技术领域的专利法律状态

技术领域	法律状态	占比	专利类型	专利数量/件
货物围护系统	有效专利	40%	发明	130
			实用新型	14
	失效专利	32%	发明	100
			实用新型	13
	未决专利	28%	发明	98
			实用新型	0
BOG再液化	有效专利	51%	发明	102
			实用新型	5
	失效专利	25%	发明	46
			实用新型	6
	未决专利	24%	发明	48
			实用新型	1

5.1.3 专利布局分析

5.1.3.1 受理局分析

图5-1-2是大宇造船在货物围护系统技术领域专利申请主要受理局分布情况，可以看出，大宇造船在全球各国家/地区布局，向本国递交的专利申请量在各个国家/

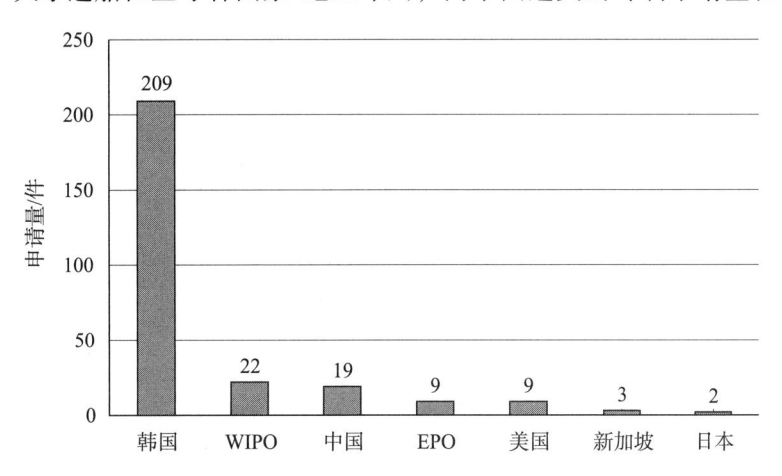

图5-1-2 大宇造船在货物围护系统技术领域专利申请主要受理局分布

地区/组织中最多，共209件，最重视本国市场。在海外的布局相对本国的申请量非常少，主要布局的海外国家/地区/组织为WIPO、中国、EPO、美国、日本等，其中在WIPO和中国的专利申请量分别位居第一位和第二位，EPO和美国的专利申请不足10件，日本、新加坡和印度的专利布局量更少，仅5件以内。

从全球各国家和地区的专利布局量的差异来看，很显然，大宇造船相较于海外市场，更加重视本国市场；对于海外市场，比较重视中国市场，而在WIPO的专利申请为向其他海外布局做好了准备。

图5-1-3是大宇造船在BOG再液化系统专利申请主要受理局分布情况，在BOG再液化系统技术领域中，大宇造船在全球各国家和地区布局中向本国递交的专利申请量最多，共168件，最重视本国市场。对于海外市场的布局主要包括EPO、WIPO、美国、日本、中国、印度、俄罗斯等。

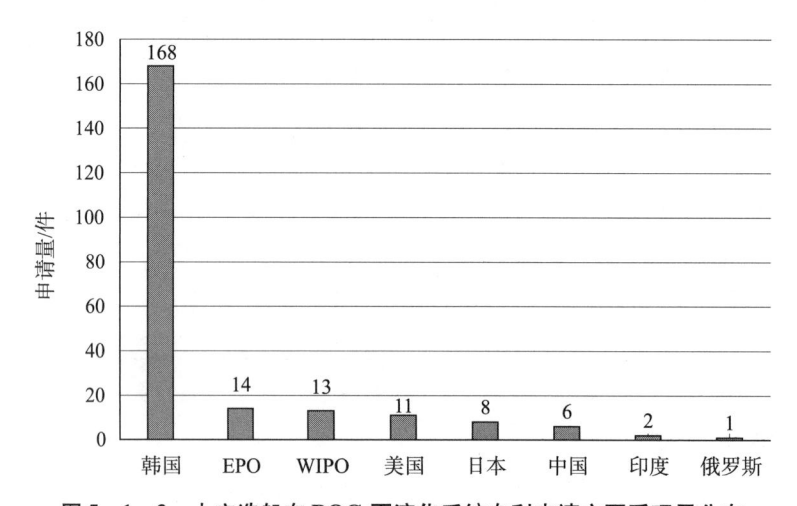

国家/组织	韩国	EPO	WIPO	美国	日本	中国	印度	俄罗斯
申请量/件	168	14	13	11	8	6	2	1

图5-1-3 大宇造船在BOG再液化系统专利申请主要受理局分布

位于第一梯队的EPO、WIPO和美国，说明大宇造船时刻准备向海外大范围进行布局，如欧洲市场和美国市场。其中，在EPO的布局集中在2007~2016年，在WIPO的布局集中在2013~2016年。

日本和中国位于第二梯队，在BOG再液化系统技术领域的申请量均在10件以内，布局均在2010年之后，是最近几年开始关注的市场，尤其是中国市场，与其最近几年的市场需求量增大有关。

5.1.3.2 主要发明人分析

在两关键技术领域中，发明人KANG JOONG KYOO和姜重圭申请的专利数量分别位于第一、第二，尤其是KANG JOONG KYOO的专利申请量超过100件。

表5-1-3示出大宇造船在货物围护系统领域发明团队的主要成员。可以看出，排名前十的发明人中KANG JOONG KYOO的发明数量比较突出，其次是姜重圭。在货物围护系统领域，KANG JOONG KYOO和姜重圭这两位发明人实力比较强，从一定程度上反映出其重要地位。

表5-1-3 大宇造船在货物围护系统技术领域的主要发明人排名

排名	发明人	专利数量/件
1	姜重圭	77
2	KANG JOONG KYOO	75
3	朴成宇	55
4	PARK SEONG WOO	53
5	KIM KWANG SEOK	39
6	金矿石	38
7	李才磊	33
8	KIM YOO IL	31
9	金勇泰	30
10	KIM YONG TAI	30

表5-1-4示出大宇造船在BOG再液化系统领域发明团队的主要成员前十排名情况。CHOI DONG KYU 和 MOON YOUNG SIK 的申请量最多且数量相当，而崔东奎、文英植、LEE JOON CHAE、JUNG JE HEON、SHIN HYUN JUN、郑制宪、尹相得和 AN SU KYUNG 的申请量从30余件到19件递减。

表5-1-4 大宇造船在BOG再液化系统技术领域的主要发明人排名

排名	发明人	专利数量/件
1	CHOI DONG KYU	51
2	MOON YOUNG SIK	50
3	崔东奎	36
4	文英植	31
5	LEE JOON CHAE	26
6	JUNG JE HEON	25
7	SHIN HYUN JUN	22
8	郑制宪	21
9	尹相得	20
10	AN SU KYUNG	19

经进一步分析，如图5-1-4在前五位发明人中，专利申请量比较多的主要集中在2015年和2016年。2015年，CHOI DONG KYU 和崔东奎申请的数量相同，2016年，CHOI DONG KYU 和 MOON YOUNG SIK 申请的数量相同。可见，在BOG再液化系统技术领域，CHOI DONG KYU、MOON YOUNG SIK 和崔东奎均为贡献比较突出的发明人。

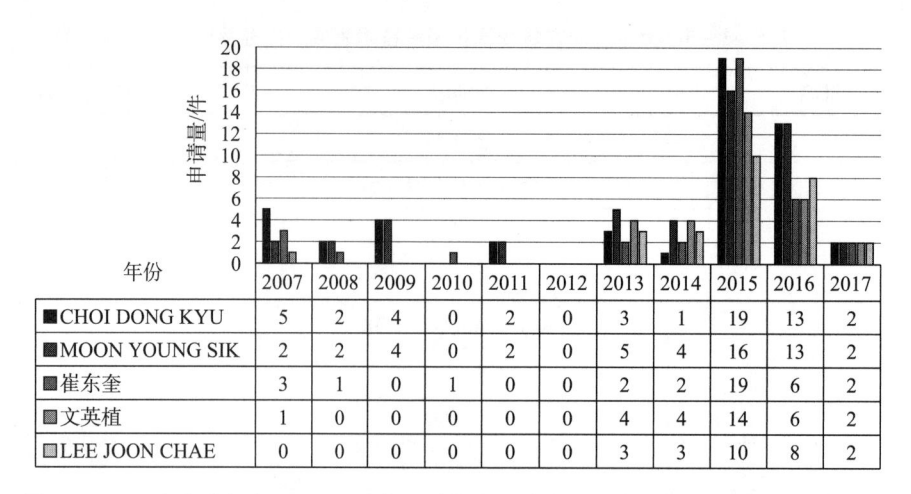

年份	2007	2008	2009	2010	2011	2012	2013	2014	2015	2016	2017
■CHOI DONG KYU	5	2	4	0	2	0	3	1	19	13	2
■MOON YOUNG SIK	2	2	4	0	2	0	5	4	16	13	2
■崔东奎	3	1	0	1	0	0	2	2	19	6	2
■文英植	1	0	0	0	0	0	4	4	14	6	2
■LEE JOON CHAE	0	0	0	0	0	0	3	3	10	8	2

图 5-1-4 大宇造船在 BOG 再液化系统技术领域专利申请量前五位发明人申请趋势

5.1.4 技术分析及重点专利分析

5.1.4.1 货物围护系统

在货物围护系统技术领域，如表 5-1-5 所示，大宇造船的专利分布情况，绝热技术的专利最多为 254 件，耐低温技术、止荡技术、支撑技术、安全性能和强度技术的专利申请数量均较少。

表 5-1-5 大宇造船在货物围护系统技术领域的技术分布情况   单位：件

绝热技术	耐低温技术	止荡技术	支撑技术	安全性能	强度
254	9	16	16	10	11

依据附录 1，选取专利文献如表 5-1-6 所示。具体专利摘要如表 5-1-7 至表 5-1-10 所示。

表 5-1-6 大宇造船货物围护系统重点专利列表

序号	公开号	优先权号	INPADOC 同族数量	被引次数	法律状态
1	US9180938	KR1020080081676 KR1020090036404 KR1020090037864	12	0/28	有权
2	US20170175952A1	KR1020140083670 KR1020140089311	10	0/1	未决
3	US20170144733A1	KR1020140083669 KR1020140083671	8	—	未决
4	SG11201701687RA	KR1020140125867	8	0/1	未决

（1）US9180938（见表5-1-7）

表5-1-7　US9180938专利摘要

专利名称	Liquefied gas storage tank and marine structure including the same		
专利权人	DAEWOO SHIPBUILDING & MARINE ENGINEERING CO., LTD.	公告日	2015-11-10
优先权	KR1020080081676、KR1020090036404、KR1020090037864		
同族专利	AT546349T、CN102159451A、CN102159451B、EP2157013A1、EP2157013B1、ES2383124T3、KR1020100117771A、KR1020100118912A、US9180938、US20100058780A1、WO2010021503A2、WO2010021503A3		
同族国家/地区	奥地利、中国、EPO、西班牙、韩国、美国、WIPO		
技术方案	储罐包含多个液化气储罐，所述多个液化气储罐接纳在通过隔离舱而在所述海运结构的船体中界定的多个空间中且布置成两排。隔离舱包含有在船体的纵向方向上延伸的至少一个纵向隔离舱以及在船体的横向方向上延伸的至少一个横向隔离舱。所述储罐中的每一者通过不间断地延伸的密封壁和绝热壁而密封和绝热		
技术效果	所述纵向隔离舱支撑上部结构的负荷，同时抑制晃荡现象		

（2）US20170175952A1（见表5-1-8）

表5-1-8　US20170175952A1专利摘要

专利名称	Liquefied natural gas storage tank and insulating wall for liquefied natural gas storage tank		
专利权人	DAEWOO SHIPBUILDING & MARINE ENGINEERING CO., LTD.	公告日	2017-06-22
优先权	KR1020140083670		
同族专利	CN106573663A、EP3165441A4、EP3165441A1、KR1020160008907A、KR101739463B1、KR1020160004755A、KR101686507B1、SG11201700049UA、WO2016003214A1、US20170175952A1		
同族国家/地区	中国、EPO、韩国、新加坡、WIPO		

技术方案	在第一绝热壁的上部和下部中具有狭缝及相关的绝热壁。该储罐包括：第一密封壁，该第一密封壁与储存在储罐中的LNG接触，以用于对LNG进行液密密封；以及第一绝热壁，该第一绝热壁设置在第一密封壁下面，以用于使LNG绝缘，其中，第一绝热壁在其上部中具有多个第一狭缝并且在其下部中具有多个第二狭缝	
技术效果	主绝热壁的上部和下部中形成有多个狭缝，从而可以在主绝热壁经受热收缩时防止主绝热壁向上弯曲，从而降低了主绝热壁420的应力。降低了绝热壁紧固元件中产生的应力，使得储罐能够是结构稳定的	

（3）US20170144733A1（见表5-1-9）

表5-1-9 US20170144733A1专利摘要

专利名称	Liquefied natural gas storage tank and insulating wall securing device for liquefied natural gas storage tank		
专利权人	DAEWOO SHIPBUILDING & MARINE ENGINEERING CO., LTD.	公告日	2017-05-25
优先权	KR1020140083669、KR1020140083671		
同族专利	CN106660617A、EP3165440A1、EP3165440A4、US20170144733A1、KR1020160004754A、KR1020160004756A、SG11201610948XA、WO2016003213A1		
同族国家/地区	中国、EPO、韩国、新加坡、WIPO		
技术方案	具有第一密封壁，该第一密封壁与储存储罐中的LNG接触，以对LNG进行液密密封；第一绝热壁，该第一绝热壁设置在第一密封壁下面，以对LNG进行绝热；第二绝热壁，该第二绝热壁设置在储罐的内壁中，以对LNG进行绝热；多个第一绝热壁紧固装置，所述多个第一绝热壁紧固装置用于将第一绝热壁和第二绝热壁紧固，其中，多个第一绝热壁紧固装置设置在第一绝热壁的顶角处		
技术效果	该LNG储罐具有用于LNG储罐的且安装在最佳位置处的绝热壁紧固装置，在热收缩方面是稳定的并且可以需要最少数目的绝热壁紧固装置		

(4) SG11201701687RA（见表 5-1-10）

表 5-1-10　SG11201701687RA 专利摘要

专利名称	Heat – insulation system for liquefied natural gas cargo hold		
专利权人	DAEWOO SHIPBUILDING & MARINE ENGINEERING CO., LTD.	公告日	2017-04-27
优先权	KR1020140125867		
同族专利	CN107107995A、EP3199445A1、EP3199445A4、KR1020160034653A、US20170320549A1、US10023270、WO2016047934A1、SG11201701687RA		
同族国家/地区	中国、EPO、韩国、美国、WIPO		
技术方案	包括主密封壁、次密封壁和次绝热层，并且应用于液化天然气货物围护。液化天然气货物围护的绝热系统包括轴环柱栓，所述轴环柱栓安装在其上安装有锚定带的、所述次绝热层的上表面上的线上		
技术效果	由于在次密封壁与主密封壁连接处的固定点即轴环柱栓被设置在其上设有锚定带的线上，所以除了次密封壁的四个侧边之外在次密封壁的表面上不存在其他的固定点。因此，次密封壁在温度降低时均匀收缩，从而形成在次密封壁上的褶皱能够适当地起作用。即将轴环柱栓置于其上设有锚定带的线上，所以第二密封壁可以被制成可抵抗热变形并且由 SUS 形成，由此能够制造具有高度气密性和竞争性价格的液化天然气货物围护系统		

5.1.4.2　BOG 再液化系统

（1）大宇造船在 BOG 再液化系统领域技术发展路线分析

如图 5-1-5（见文前彩色插图第 4 页）所示，在 BOG 再液化技术方面，大宇造船于 2006 年 10 月 19 日公开了 2005 年 1 月 18 日申请的第一件相关专利 KR100638924B1，以该专利为优先权，分别在美国、法国、日本、韩国和中国申请了相关专利，除此之外还提交了一份公开（公告）号为 WO2006078104A1 的 PCT 专利申请。

该专利申请涉及 LNG 船的过冷液化蒸发气的操作系统，主要包括蒸发气压缩机、低温热交换器、第一止回阀及第一压力控制阀，并行管道，第二止回阀及第二压力控制阀。该 BOG 再液化系统采用制冷剂冷液化，通过第二压力控制阀调节蒸发气压缩机产生的蒸发气量来维持液化天然气相分离器的预定压力，以便使液化天然气相分离器可以进行平稳操作，从而有效地降低功率消耗并且获得了经济效益。

此后，大宇造船提出其他技术方案来改进 BOG 再液化系统。如 2008 年 12 月 18 日公开的专利申请 US20080308175A1，根据再液化装置的处理能力来调节 LNG 储罐中排出蒸发气体的量，然后再由再液化装置再液化。

此后申请的专利 KR1020100049728A 和 KR101164087B1 则分别关注冷却效率和再液化装置功率消耗方面的技术改进，具体方案如下：

专利申请 KR1020100049728A（见图 5-1-6）是大宇造船在 2008 年 11 月 4 日提交的发明专利申请，涉及一种用于保持 BOG 再液化装置冷却系统效率的方法和装置。该装置主要由用于压缩制冷剂的多个压缩机，一个安装在压缩机下游用于冷却压缩的制冷剂的温度的中间冷却器和一个制冷剂流控制模块三部分组成，可以不用在不正常的开启防振阀和旁路阀的情况下控制制冷剂供给量，从而实现在 BOG 再液化处理过程中保持冷却的效率。

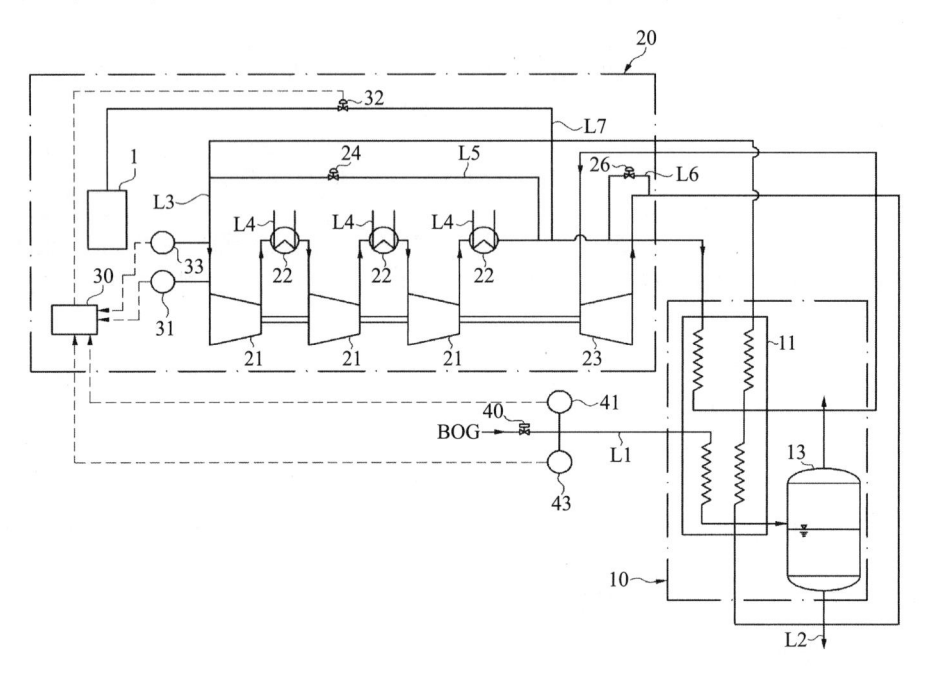

图 5-1-6　KR1020100049728A 的技术方案示意图

专利申请 KR101164087B1（见图 5-1-7）是 2010 年 4 月 26 日提交的专利申

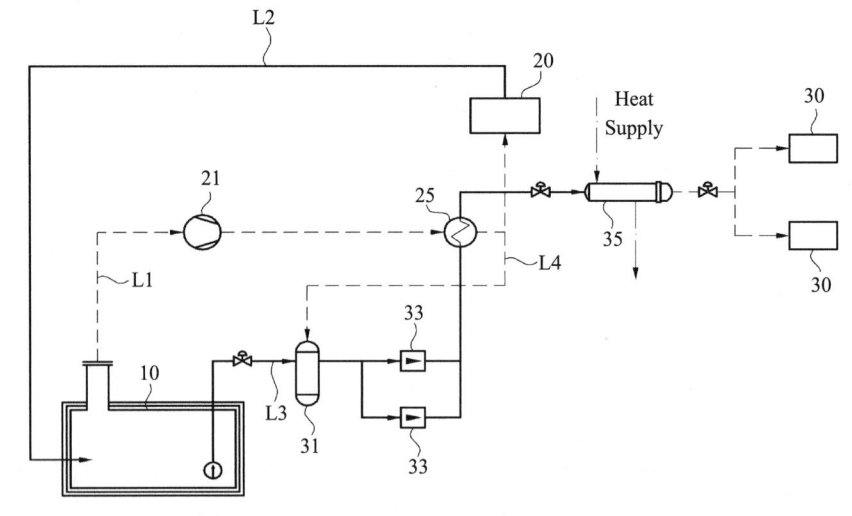

图 5-1-7　KR101164087B1 的技术方案示意图

请，涉及一种用于减少再液化功率消耗的 BOG 处理方法和装置，主要由再液化装置和热交换机组成，该装置在再液化装置或再冷凝器对蒸发气进行液化之前，将蒸发气与液化气体进行热量交换，从而在再液化装置进行 BOG 再液化时减少再液化功率的消耗。

通过对相关专利的标引发现，在 2011 年之后，大宇造船在对 LNG 运输过程中产生的 BOG 的回收处理上采用了新的技术方向。2014 年 6 月 10 日公告的专利 KR101408357B1，涉及的再液化装置利用 LNG 燃料储罐中排出的低温 LNG 液化来自 LNG 储罐的 BOG，然后经过液化的 BOG 通过液化管路供应给 LNG 储罐，而 LNG 燃料储罐中的 LNG 则用作 LNG 船的动力燃料。

专利 KR101593970B1、KR101707502B1 和 KR101699329B1 同属于一个扩展同族，专利技术的核心主题就是一部分 BOG 再液化后返回储罐，一部分 BOG 处理后用作动力燃料。而 KR101519541B1 和 CN106029491B 属于一个扩展同族，与 KR101511214B1 均关注 BOG 再液化系统结构的改进。

（2）大宇造船在 BOG 再液化系统技术领域的重点专利

依据附录 1，筛选出大宇造船的 BOG 再液化技术领域相关重点专利 15 件，详见表 5-1-11。

表 5-1-11 大宇造船在 BOG 再液化系统技术领域重点专利列表

序号	公开（公告）号	发明名称	申请日	INPADOC 同族数量	法律状态
1	KR100638924B1	Operating system for sub-cooled liquefaction boil-off gas of LNG ship	2005-01-18	2	授权
2	US20080308175A1	Method and apparatus for treating boil-off gas in an LNG carrier having a reliquefaction plant, and LNG carrier having said apparatus for treating boil-off gas	2007-09-20	2	授权
3	EP1956285A3	A method for treating boil-off gas of an LNG carrier	2007-09-12	20	授权
4	KR101408357B1	Reliquefaction apparatus of liquified gas using fuel LNG and liquefied gas carrier having the same	2011-06-08	2	授权
5	KR101593970B1	BOG multi-step reliquefaction system and method for boiled off gas	2013-10-24	24	授权

183

续表

序号	公开（公告）号	发明名称	申请日	INPADOC 同族数量	法律状态
6	KR101707502B1	Reliquefaction system and method for boil off gas	2013-10-31	24	授权
7	CN106029491B	蒸发气体处理系统	2015-02-27	11	授权
8	KR101699329B1	Reliquefaction system and method for boil off gas	2016-09-21	24	授权
9	KR101511214B1	BOG re-liquefaction apparatus and method for vessel	2015-02-04	1	授权
10	KR100747372B1	BOG reliquefaction apparatus and method	2006-02-09	1	授权
11	KR100747232B1	Apparatus and method for reliquefying boil-off gas, and LNG carrier with the apparatus	2006-10-27	2	授权
12	KR100875064B1	Method and apparatus for treating boil-off gas in a LNG carrier having a reliquefaction plant and LNG carrier having said apparatus for treating boil-off gas	2007-06-15	9	授权
13	KR100758394B1	Reliquefaction gas storage system for reliquefaction system of LNG carrier	2006-02-14	2	授权
14	KR100747371B1	BOG reliquefaction apparatus and constructing method thereof	2006-02-07	1	授权
15	KR100761975B1	LNG BOG reliquefaction apparatus and LNG BOG reliquefaction method	2006-10-04	2	授权/权利转移

大宇造船在BOG再液化技术领域的相关专利最早始于2005年，而发明专利一般从提交申请到获得授权一般需要花费近3年的时间，2015年至今大宇造船提交了大量的专利申请，因此有相当多的专利申请目前仍然处于审查阶段。另外，通过分析发现，较多专利来源于同一个专利家族。

在上述重点专利列表中（见表5-1-11），各专利均处于授权法律状态，其中，序号8~15的专利已在第4章中进行分析，此处不再赘述。

① KR100638924B1（见表 5-1-12）

表 5-1-12　KR100638924B1 专利摘要

专利名称	Operating system for sub-cooled liquefaction boil-off gas of LNG ship		
公开（公告）号	KR100638924B1	申请日	2005-01-18
专利权人	大宇造船株式会社	公告日	2006-10-19
当前法律状态	有效		
同族专利	US8256230B2、US20080120993A1、WO2006078104A1、FR2880942B1、JP2006200735A、US20060156758A1、KR1020060083727A、CN100529620C		
同族国家/地区	美国、中国、韩国、日本、法国、WIPO		
技术方案	提供一种用于对蒸发气进行过冷液化的液化天然气船的操作系统而实现，该操作系统包括：蒸发气压缩机；与制冷系统相连的低温热交换器；以及第一止回阀及第一压力控制阀，安装于连接液化天然气相分离器与气体燃烧单元的管道上；该操作系统还包括：并行管道，与用于连接液化天然气相分离器与第一止回阀的管道并行连接；第二止回阀，其被安装于并行管道上，并且防止当管道的压力异常增高时所产生的气体的倒流；以及第二压力控制阀，安装于并行管道上，通过调节由蒸发气压缩机产生的蒸发气量维持液化天然气相分离器的预定压力，以便在过冷状态下操作的所述液化天然气相分离器进行平稳操作；其中该并行管道的一端与蒸发气压缩机及低温热交换器之间的管道相连，用于将由蒸发气压缩机排放的蒸发气提供到液化天然气相分离器的上部蒸汽区，以便在过冷液化过程中起覆盖作用，以使液化天然气相分离器的液化天然气的压力及液位得以稳定控制		
附图			
技术效果	稳定地控制液化天然气相分离器的压力及液位，有效地降低了功率消耗并且获得了经济效益		

②US20080308175A1（见表 5-1-13）

表 5-1-13　US20080308175A1 专利摘要

专利名称	Method and apparatus for treating boil-off gas in an LNG carrier having a reliquefaction plant, and LNG carrier having said apparatus for treating boil-off gas
公开（公告）号	US20080308175A1　　申请日　　2007-09-20
当前专利权人	大宇造船株式会社　　公告日　　2008-12-18
当前法律状态	有效
同族国家/地区	美国、中国、韩国、日本、EPO
技术方案	一种处理 LNG 运输船的 LNG 储罐中产生的蒸发气体的方法，该 LNG 运输船具有蒸发气体再液化设备，其中从 LNG 储罐排出中蒸发气体的量根据再液化装置的处理能力进行调节，然后由再液化装置再液化
附图	
技术效果	储罐中产生的蒸发气体通过再液化装置返回液化天然气储罐，可以通过允许液化天然气储罐中的压力的增加来节省能源，防止蒸发气体的浪费
备注	该专利要求了 2007 年 6 月 15 日申请的公开号 KR100875064B1 的韩国专利的优先权

③EP1956285A3（见表 5-1-14）

表 5-1-14　EP1956285A3 专利摘要

专利名称	A method for treating boil-off gas of an LNG carrier		
公开（公告）号	EP1956285A3	申请日	2007-09-12
当前专利权人	大宇造船株式会社	公告日	2008-08-13
当前法律状态	授权公告		
专利引证	已被 7 件专利引证，EP1956285A2 引证：EP2003389A3、EP2767704A1、EP2767704B1、EP2447592A1、EP2444712A1、EP2840295A3、EP2848856A3		
同族国家/地区	美国、中国、韩国、日本、EPO		
技术方案	在用于输送 LNG 的 LNG 船储罐的上部设置安全阀，其中 LNG 装载期间安全阀的设定压力不同于安全阀的设定压力，在 LNG 运输船航行期间安全阀的设定压力高于 LNG 装载期间安全阀的设定压力；在此基础上，使用现有技术处理 BOG，如使用蒸发气体作为燃气发动机的燃料，如 DFDE 和 MEGI；使用蒸发气体用于燃气轮机；并且重新液化蒸发气体并将再液化的蒸发气体返回到 LNG 储罐		
附图	（附图：LNG 储罐示意图，标注 11、13、21、23；图例：Boil-off gas line、LNG line）		
技术效果	可以在不增加制造成本的情况下制造储罐并且可以减少蒸发气体的浪费		
备注	该专利申请要求了 KR1020070014405 的优先权，除此之外，以 KR1020070014405 为优先权的相关专利还有 19 件		

④KR101408357B1（见表 5－1－15）

表 5－1－15　KR101408357B1 专利摘要

专利名称	Reliquefaction apparatus of liquified gas using fuel LNG and liquefied gas carrier having the same
公开（公告）号	KR101408357B1　　　　申请日　　2011－06－08
当前专利权人	大宇造船株式会社　　　　公告日　　2014－06－10
当前法律状态	授权
同族国家/地区	美国、中国、韩国、日本、EPO、WIPO
技术方案	液化气再液化装置包括 LNG 燃料储罐和再液化储罐，LNG 燃料储罐储存的 LNG 用于 LNG 船的燃料，再液化储罐利用从 LNG 燃料储罐中排出的 LNG 的低温性能来液化气体管路供应的来自 LNG 储罐的 BOG，然后经过液化的 BOG 通过液化管路供应给液化气储罐
附图	（附图略）
技术效果	将未被液化的蒸发气作为燃料供给 LNG 船，避免排放到大气污染环境
备注	该专利要求该专利申请优先权的专利申请共有 5 件，分别是 JP6273472B2、EP2716542A4、US20140196474A1、CN103619705A 和 WO2012165865A3

⑤KR101593970B1（见表5-1-16）

表 5-1-16　KR101593970B1 专利摘要

专利名称	BOG multi-step reliquefaction system and method for boiled off gas		
公开（公告）号	KR101593970B1	申请日	2013-10-24
当前专利权人	大宇造船株式会社	公告日	2016-02-04
当前法律状态	授权		
同族国家/地区	克罗地亚、韩国、印度、美国、菲律宾、新加坡、俄罗斯、西班牙、丹麦、波兰、中国、韩国、日本、EPO、WIPO		
技术方案	涉及一种用于处理海上结构物中的蒸发气体以有效地使用蒸发气体的系统和方法，该系统包括：蒸发气体压缩部分，用于压缩从储罐接收的蒸发气体；高压天然气喷射发动机，其使用由蒸发气体压缩部分压缩的蒸发气体作为燃料；用于液化蒸发气体中未供给高压天然气喷射发动机的一部分蒸发气体的热交换器；以及通过热交换器液化的蒸发气体返回的储罐		
附图			
技术效果	高效利用LNG储罐的蒸发气，避免能源浪费		

⑥KR101707502B1（见表 5-1-17）

表 5-1-17　KR101707502B1 专利摘要

专利名称	Reliquefaction system and method for boil off gas		
公开（公告）号	KR101707502B1	申请日	2013-10-31
当前专利权人	大宇造船株式会社	公告日	2017-02-16
当前法律状态	授权		
同族国家/地区	克罗地亚、韩国、印度、美国、菲律宾、新加坡、俄罗斯、西班牙、丹麦、波兰、中国、韩国、日本、EPO、WIPO		
技术方案	涉及一种用于处理海上结构物中的蒸发气体以有效地使用蒸发气体的系统和方法，该系统包括：蒸发气体压缩部分，用于压缩从储罐接收的蒸发气体；高压天然气喷射发动机，其使用由蒸发气体压缩部分压缩的蒸发气体作为燃料；用于液化蒸发气体中未供给高压天然气喷射发动机的一部分蒸发气体的热交换器；以及通过热交换器液化的蒸发气体返回的储罐		
附图			
技术效果	高效利用 LNG 储罐的蒸发气，避免能源浪费		

⑦CN106029491B（见表 5-1-18）

表 5-1-18　CN106029491B 专利摘要

专利名称	蒸发气体处理系统		
公开（公告）号	CN106029491B	申请日	2015-02-27
当前专利权人	大宇造船株式会社	公告日	2018-02-06
当前法律状态	授权		
同族国家地区	克罗地亚、韩国、菲律宾、印度、日本、美国、中国、俄罗斯、EPO、WIPO、西班牙、新加坡、丹麦、波兰		
技术方案	涉及一种蒸发气体处理系统，其特征在于包括：压缩机，其压缩在船舶结构或浮式结构的液化天然气存储罐中产生的蒸发气体；热交换机，其通过与将被供应至所述压缩机的蒸发气体进行热交换而冷却由所述压缩机压缩的所述蒸发气体；膨胀单元，其执行由所述热交换机冷却的所述蒸发气体的绝热膨胀；气-液分离机，其执行经受由所述膨胀单元执行的绝热膨胀的所述蒸发气体的气/液分离，并将液化天然气供应至所述液化天然气存储罐；旁通线路，经受绝热膨胀的所述蒸发气体经所述旁通线路而自所述膨胀单元的下游侧被供应至所述气-液分离机的下游侧；再循环线路，由所述气-液分离机分离的气相的所述蒸发气体经由所述再循环线路而被引入至所述蒸发气体的流中，以自所述液化天然气存储罐供应至所述热交换机；以及冷却机，设置于所述再循环线路并利用由所述气-液分离机分离的所述蒸发气体额外地使由所述热交换机冷却的所述蒸发气体冷却		
附图			
技术效果	系统可通过对在 LNG 存储罐中产生的蒸发气体进行压缩而供应所述蒸发气体作为引擎燃料同时使用蒸发气体自身的冷热来实现剩余蒸发气体的再液化，因此不需要单独的制冷剂系统，从而降低了初始安装成本和减小了装备尺寸，同时容许进行简单的维护及修理		

⑧KR101699329B1（见表 5-1-19）

表 5-1-19　KR101699329B1 专利摘要

专利名称	Reliquefaction system and method for boil off gas		
公开（公告）号	KR101699329B1	申请日	2016-09-21
当前专利权人	大宇造船株式会社	公告日	2017-01-24
当前法律状态	授权		
同族国家/地区	克罗地亚、韩国、印度、美国、菲律宾、新加坡、俄罗斯、西班牙、丹麦、波兰、中国、韩国、日本、EPO、WIPO		
技术方案	涉及一种用于处理海上结构物中的蒸发气体以有效地使用蒸发气体的系统和方法。从储罐排出的大部分蒸发气体在压缩后用作海上结构中的高压天然气喷射发动机的燃料，其余部分返回到储罐。在通过从储罐新排出的蒸发气体的冷热液化之后。用于处理离岸结构中的蒸发气体的系统具有用于储存液化天然气的储罐和使用从储罐排出的蒸发气体的高压天然气喷射发动机作为燃料包括：蒸发气体压缩部分，用于压缩从储罐接收的蒸发气体；高压天然气喷射发动机，其使用由蒸发气体压缩部分压缩的蒸发气体作为燃料；用于液化蒸发气体中未供给高压天然气喷射发动机的一部分蒸发气体的热交换器；以及通过热交换器液化的蒸发气体返回的储罐		
附图			
技术效果	通过热交换器引入的蒸发气体通过高张力通过蒸发气体仅通过压缩机中的一部分压缩可以减少压缩机的功率消耗；不必做分离方式的冷却系统，最初可以降低安装成本充电和设备尺寸，维护也变得方便；可以提高经济效益，减少天然气的燃烧浪费		

5.2 三星重工

5.2.1 公司简介

三星重工于1974年8月5日成立,总部位于韩国首尔的三星镇,是全球最大的造船企业,也是韩国"三巨头"造船企业之一。它是三星集团核心子公司,主要业务涉及船舶、海上漂浮物、门式起重机、船舶数字设备,以及其他建筑和工程。

1977年4月,三星集团从高丽远洋渔业公司收购70%股权,并将其改名为三星造船公司;同年11月,三星集团又从日本两家公司收购了其余30%的股权,三星造船公司成为三星集团的全资子公司。1977年5月,收购大盛重工。

1983年决定将三星造船与三星重工业、大成重工业合并,并收购了韩国重工的工程机械部门,成立新的三星重工业公司。1983~1989年,三星重工发展成为重工业的主要参与者;随之而来的是新的技术和产品开发,同时也扩展到建筑设备和建筑。

1990~1999年,为了应对全球化和市场开放的时代,三星重工积极追求以质量为中心的管理理念。1992年1月,三星重工建造全球第一艘阿芙拉型双层船体油轮(AFRAMAX – class double hull oil tanker)。1993年4月,成功完成第一次超低温液化天然气储罐试验。1994年12月,交付100艘船舶。1996年8月,成为造船行业第一家获得ISO14001环境管理体系证书的公司。

2000年至今,三星重工开始建造超大型LNG船和大型客船,并向美国出口造船技术。2001年12月,三星重工建造了世界上第一台电力驱动的LNG油轮。2004年12月,开发了12000TEU级集装箱船。截至2006年8月,交付了500艘船舶。2008年5月,三星重工成立船舶研究中心,同年7月,建成世界上最大的266000平方米LNG船,也是同年9年,赢得了世界上第一台LNG – FPSO(浮式液化天然气生产储卸装置)的订单。2009年2月,成功建造全球四大液化天然气船。2009年7月,在韩国建成首个环保型LNG客船;同年11月,建成世界上第一个环保型LNG穿梭船(SRV)。2010年3月,赢得了世界上最大的LNG – FPSO的订单。2010年12月,被选为2010世界级产品(10000TEU级集装箱船,LNG – SRV)。

三星重工还先后在中国成立了两家公司,一家是三星重工业(宁波)有限公司,另一家是三星重工业(荣成)有限公司。

三星重工业(宁波)有限公司正式成立于1995年12月,是三星重工在中国的首个造船基地。三星重工业(宁波)有限公司以生产铁结构船体及面向国内外市场的造船为主体,凭借其丰富的SOC、精湛的人力资源及先进的技术,年生产能力达28万吨,能够专业生产中国国内独一无二的3000吨以上的超大型分段,以及各种船体分段与舱口盖。年出口额约8亿美元,产品主要销往韩国巨济造船所。

三星重工业（荣成）有限公司于 2006 年 3 月成立，主要从事大型船段的生产，2008 年公司年生产能力为 5 万吨大型分段，现阶段年产量达到 30 万吨的超大型分段。三星重工计划通过确保大宗供应的稳定性、成本竞争力以及对迅速增长的造船需求和生产力的响应，将荣成有限公司作为继宁波有限公司之后在中国的第二个生产基地，从而成长为世界领先企业。

除了在中国，三星重工还在美国休斯敦、日本东京、新加坡、迪拜、英国伦敦、挪威奥斯陆、尼日利亚拉各斯设有分公司，在印度设有研发中心。

三星重工目前较为依赖 GTT 的货物围护系统技术，需要为此支付巨额的专利费，每艘 LNG 运输船从 9 亿到 100 亿韩元不等。

5.2.2 专利申请态势分析

截至 2018 年 10 月，三星重工在全球 LNG/LPG 运输船领域内的专利申请数量约为 848 项，在两关键技术领域——货物围护系统和 BOG 再液化系统的整体呈上升趋势，在 2011 年的申请量有 115 项，达到顶峰，随后到 2013 年下滑，之后又上升。其中，在货物围护系统技术领域全球排名第一，在 BOG 再液化系统技术领域全球排名第二位（见图 5-2-1）。

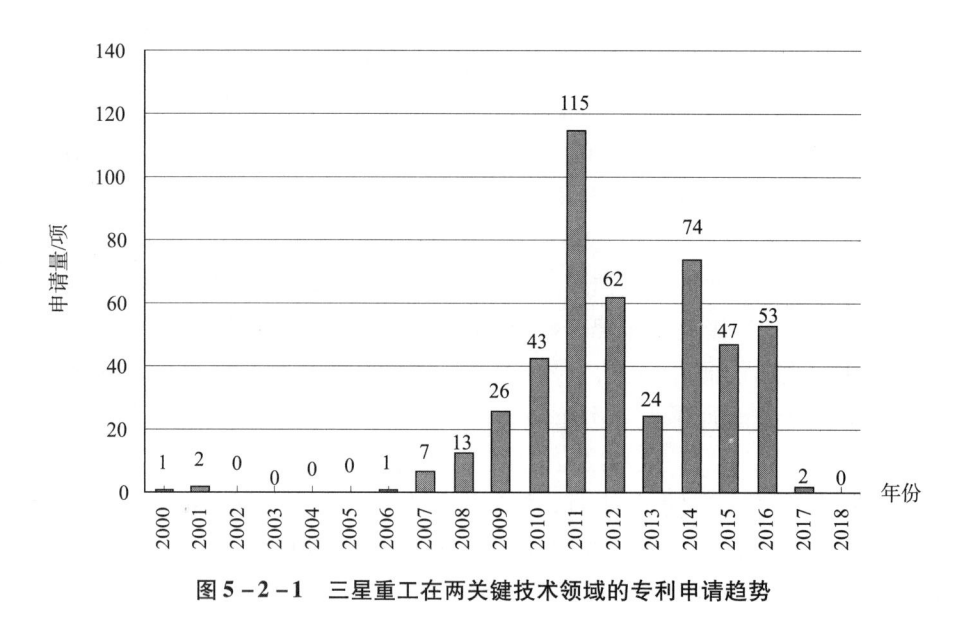

图 5-2-1 三星重工在两关键技术领域的专利申请趋势

5.2.2.1 货物围护系统专利申请态势分析

图 5-2-2 为三星重工在货物围护系统技术领域的专利申请趋势情况。

从图 5-2-2 中可以看出，在 2006 年之前，三星重工几乎没有在货物围护系统技术领域的专利，2006 年之后专利申请量呈增长趋势，特别是 2011 年增长快速达到顶峰阶段并突破 100 项的申请量；然而，在 2012 年之后开始下降，逐年呈起伏状态。

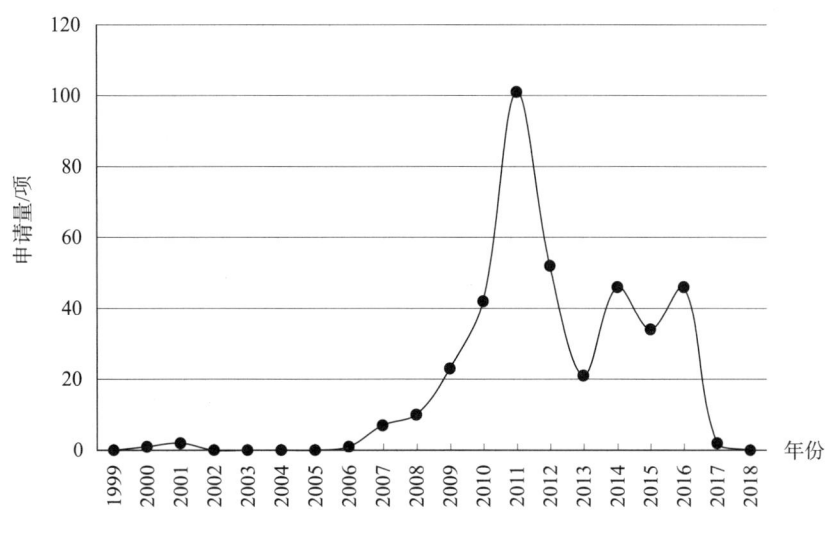

图 5-2-2　三星重工在货物围护系统技术领域的专利申请趋势

5.2.2.2　BOG 再液化系统专利申请态势分析

从图 5-2-3 中可以看出，在 2014 年之前，三星重工在 BOG 再液化系统技术领域的专利申请量总体呈递增状态，且具有三个峰值，分别位于 2009 年、2011 年和 2014 年。在 2014 年之后，三星重工在 BOG 再液化系统技术领域的专利申请量下滑，该部分可能涉及未公开的专利数据。

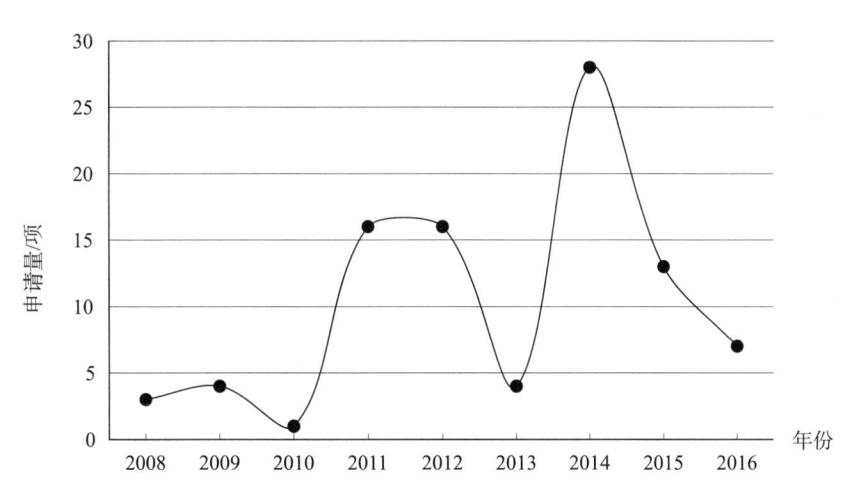

图 5-2-3　三星重工在 BOG 再液化系统技术领域的专利申请趋势

从专利申请类型上来看，三星重工在 BOG 再液化系统技术领域的专利均为发明，从一定程度上来说，专利的含金量均较高。

申请的专利中失效专利占比不足 1/3，而在有效专利和未决专利中，未决专利数量约为有效专利的 1/8。可见，最近几年中，在 BOG 再液化系统的新申请不多。

经分析可见，对货物围护系统技术领域和 BOG 再液化系统技术领域，三星重工均较为重视，尤其是货物围护系统技术领域，投入的研发较大。

从法律状态上来看，表5-2-1为三星重工在货物围护系统和BOG再液化两技术领域中有效专利、失效专利、未决专利的统计，以及各占比情况。在货物围护系统技术领域中，有效专利占比达到近70%，未决专利占比约7%，有效专利和未决专利数量占总量的比重很大。而在BOG再液化技术领域，有效专利占比达到近70%，未决专利占比约11%，有效专利和未决专利数量占总量的比重也很大。可见，货物围护系统和BOG再液化系统相比，三星重工有效、未决以及失效专利的占比大致相同，且均较为重视。

表5-2-1　三星重工在两关键技术领域的专利法律状态

技术领域	法律状态	占比	专利类型	专利数量/件
货物围护系统	有效专利	68%	发明	287
			实用新型	3
	失效专利	25%	发明	104
			实用新型	2
	未决专利	7%	发明	32
			实用新型	0
BOG再液化	有效专利	68%	发明	60
			实用新型	0
	失效专利	21%	发明	18
			实用新型	0
	未决专利	11%	发明	10
			实用新型	0

5.2.3　专利布局分析

在两关键技术领域—即货物围护系统和BOG再液化系统，三星重工在全球的国家和地区的布局主要在本国（韩国），约为457件专利。在海外的布局相对少了很多，主要涉及日本、美国、WIPO、中国、EPO等。

5.2.3.1　受理局分析

如图5-2-4所示，在货物围护系统技术领域，三星重工向本国递交的专利申请量在各个国家/地区中最大，达到376件；其他各国家/地区/组织，如日本、中国、美国、WIPO、EPO，仅 10 件左右，布局量较少。从各受理局的专利申请量的差异来看，显然三星重工十分重视本国市场。

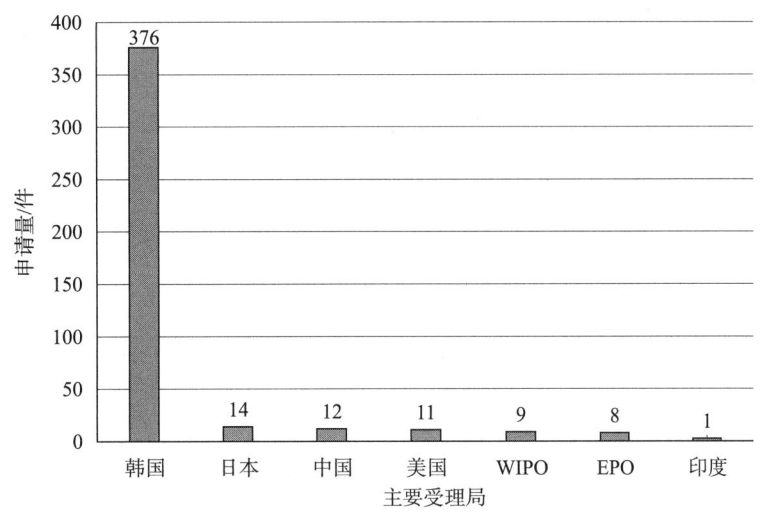

图 5-2-4　三星重工货物围护系统领域专利申请主要受理局分布

如图 5-2-5 所示，在 BOG 再液化系统技术领域，三星重工向本国递交的专利申请量在各个国家/地区中最大，达到 81 件；其他各国家/地区/组织，如 WIPO、日本、EPO 和美国，仅在 5 件以内，布局量非常少。从各受理局的专利申请量的差异来看，显然三星重工十分重视本国市场。

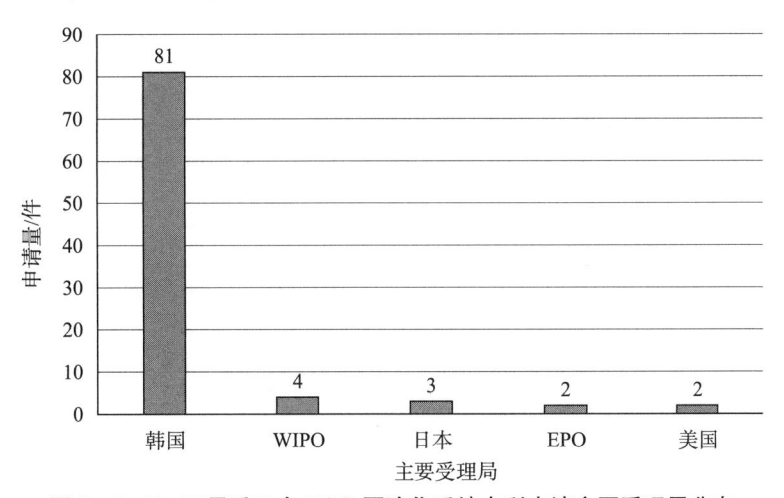

图 5-2-5　三星重工在 BOG 再液化系统专利申请主要受理局分布

5.2.3.2　主要发明人分析

图 5-2-6 为三星重工在货物围护系统技术领域发明团队的主要成员的排名，从图中可以看出，基本上可以分为两个梯队。第一梯队为全相言，其排名位于第一，且远超第二梯队，说明该发明人在货物围护系统技术领域实力较强，从一定程度上反映出此位发明人的重要地位。

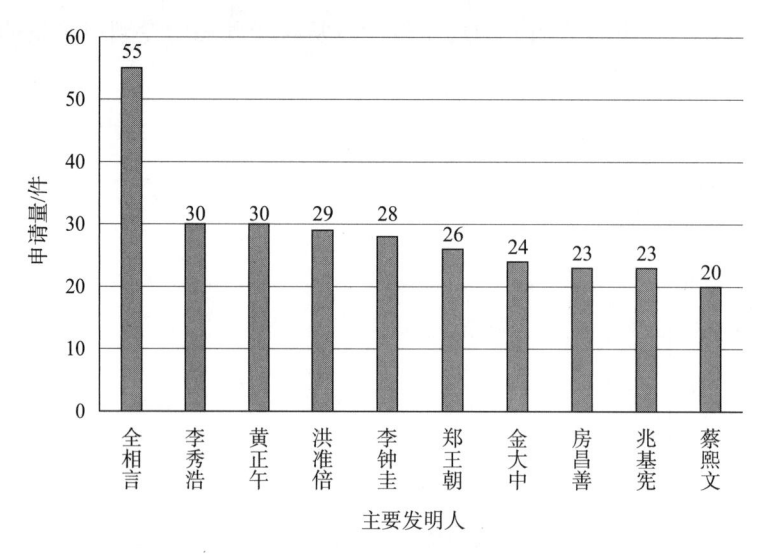

图 5-2-6　三星重工在货物围护系统技术领域的主要发明人排名

第二梯队为排在第二位至第十位的发明人,这九位发明人申请数量差别不大。

图 5-2-7 为三星重工在 BOG 再液化技术领域发明团队的主要成员的排名,从整体来看,排在前十的发明人申请的专利数量差别不大,说明这几位发明人在 BOG 再液化系统技术领域的贡献相当。

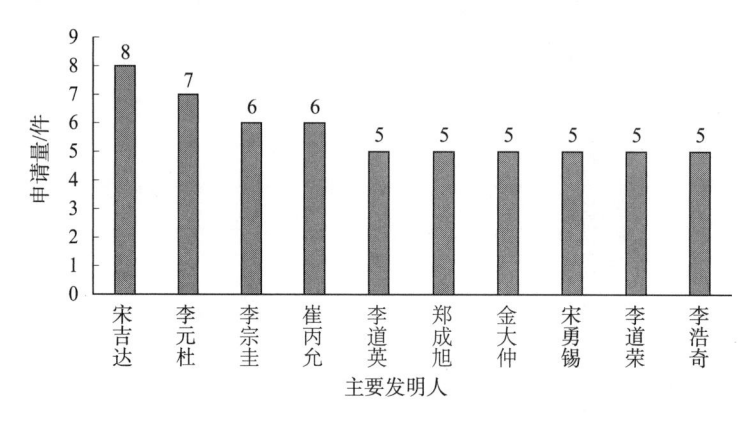

图 5-2-7　三星重工在 BOG 再液化系统技术领域的主要发明人排名

5.2.4　技术分析及重点专利分析

5.2.4.1　货物围护系统

从表 5-2-2 可以看出,在货物围护系统技术领域中,三星重工在绝热技术上的专利申请最大,申请量达到 271 件,占比近 80%;止荡技术的专利申请量为 66 件,占比不足 20%;而耐低温技术的专利申请量仅有 7 件。可见,三星重工在货物围护系统技术领域的研发投入大多放在绝热技术中。

表5-2-2 三星重工在货物围护系统技术领域的技术分布情况　　单位：件

绝热技术	耐低温技术	止荡技术	支撑技术	安全性能	强度
271	7	66	9	4	5

依据附录1，选取专利文献共4篇，如表5-2-3所示。

表5-2-3 三重重工货物围护系统重点专利列表

序号	公开号	发名明称	申请日	被引用数量	INPADOC同族数量	法律状态
1	US8708190	Anti-sloshing apparatus	2011-05-17	41	22	授权
2	KR100785475B1	Anti-sloshing structure for LNG cargo tank	2006-06-01	19	2	授权
3	US8235242	Anti-sloshing structure for LNG cargo tank	2010-05-19	7	10	授权
4	KR1020090132534A	Insulation structure of LNG carrier cargo tank and method for constructing the same	2009-06-18	25	13	授权

US8708190、KR100785475B1、US8235242、KR1020090132534A均为绝热技术的专利文献。具体专利摘要如表5-2-4至表5-2-7所示。

（1）US8708190（见表5-2-4）

表5-2-4 US8708190专利摘要

专利名称	Anti-sloshing apparatus		
专利权人	SAMSUNG HEAVY IND. CO., LTD.	公告日	2014-04-29
优先权	KR1020080114638、KR1020090063441、KR1020090091819、WOPCT/KR2009/006720		
同族专利	CN103420057B、CN102272019A、CN103420057A、CN102272019B、EP2364931A4、EP2851317A1、EP2851317B1、EP2364931B1、EP2364931A2、ES2603754T3、ES2536993T3、JP2013256337A、JP2012508673A、JP5773543B2、JP5323944B2、KR101043622B1、KR1020100056363A、KR1020100056351A、US20110278305A1、US8708190、WO2010058932A3、WO2010058932A2		
同族国家/地区	中国、EPO、西班牙、日本、韩国、美国、WIPO		

续表

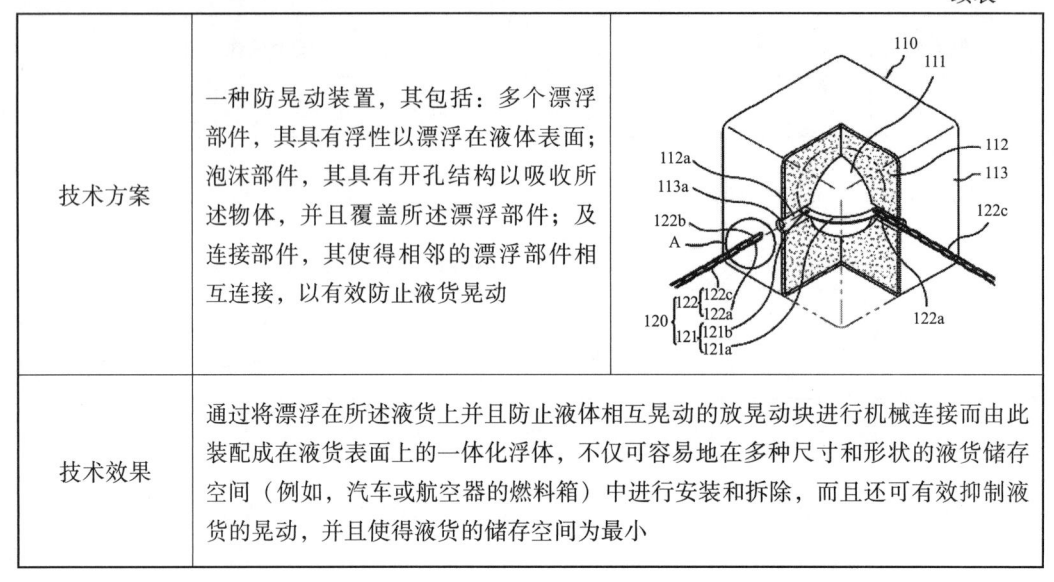

技术方案	一种防晃动装置，其包括：多个漂浮部件，其具有浮性以漂浮在液体表面；泡沫部件，其具有开孔结构以吸收所述物体，并且覆盖所述漂浮部件；及连接部件，其使得相邻的漂浮部件相互连接，以有效防止液货晃动
技术效果	通过将漂浮在所述液货上并且防止液体相互晃动的放晃动块进行机械连接而由此装配成在液货表面上的一体化浮体，不仅可容易地在多种尺寸和形状的液货储存空间（例如，汽车或航空器的燃料箱）中进行安装和拆除，而且还可有效抑制液货的晃动，并且使得液货的储存空间为最小

（2）KR100785475B1（见表5-2-5）

表5-2-5　KR100785475B1专利摘要

专利名称	Anti-sloshing structure for LNG cargo tank		
专利权人	三星重工业株式会社	公告日	2007-12-13
优先权	无		
同族专利	KR1020070115240A、KR100785475B1		
同族国家/地区	韩国		
技术方案	本发明提供一种用于LNG货舱的防晃动结构，用于具有超大型货舱的浮式储存和再气化单元（FSRU）。用于液化天然气（LNG）货舱的防晃动结构包括：防晃舱壁（100）和支座（200）。防晃舱壁（100）将液货舱分开，以减少流入货舱的LNG的晃动。支座（200）的第一侧面与船体的内壁接触，第二侧面与防晃舱壁接触，以将防晃舱壁固定在货舱的内侧		
技术效果	支座（200）连接到主屏障和第二屏障并且设有绝缘垫，以防止低温LNG的泄漏和LNG与船体内壁之间的热传递		

* 该专利KR100785475B1的详细分析参见第3章第3.4.4.5节。

(3) US8235242（见表 5-2-6）

表 5-2-6 US8235242 专利摘要

专利名称	Anti-Sloshing Structure For LNG Cargo Tank		
专利权人	三星重工业株式会社	公告日	2012-08-07
优先权	EP2214953A4、JP5254353B2		
同族专利	CN101883715A、CN101883715B、EP2214953B1、EP2214953A4、EP2214953A1、JP5254354B2、JP2011505298A、US20100281887A1、US8235242、WO2009072681A1		
同族国家	中国、EPO、日本、美国、WIPO		
技术方案	本发明涉及防晃 LNG 货舱以减轻晃动现象。该防晃 LNG 货舱具有防止低温 LNG 泄漏的第一阻隔件、以及被设置以作为第一阻隔件补充的第二阻隔件和隔绝垫，该防晃 LNG 货舱包括：防晃舱壁，将 LNG 货舱中的空间分为多个空间，以减少在 LNG 货舱中运动的 LNG 的晃动现象；以及支座部，其第一表面与 LNG 运输器本体的内壁结合，并且其第二表面与防晃舱壁结合，以将防晃舱壁固定至 LNG 货舱的内壁		
技术效果	支座部联接至第一阻隔件和第二阻隔件，并且该支座部内具有隔绝垫，从而防止低温 LNG 朝向 LNG 运输器本体内壁泄漏，或者防止低温 LNG 与 LNG 运输器本体内壁交换热量		

(4) KR1020090132534A（见表 5-2-7）

表 5-2-7 KR1020090132534A 专利摘要

专利名称	Insulation strusture of LNG carrier cargo tank and method for constructing the same		
专利权人	SAMSUNG HEAVY IND. CO., LTD	公告日	2009-12-30
优先权	KR1020080057795		
同族专利	CN102027282A、EP2306065A4、EP2306065A2、JP2011519004A、JP5281149B2、KR101122292B1、KR1020090132534A、RU2457391C2、US20110056955A1、US20120305524A1、US9017565、WO2009154427A2、WO2009154427A3		
同族国家/地区	中国、EPO、日本、韩国、俄罗斯、美国、WIPO		

续表

技术方案	LNG 运输船中的货舱的隔热结构，隔热结构包括：连接并安装在顶部的隔热板和底部隔热板之间的第一金属箔，连接并安装在第一金属箔上的第二金属箔，该第二金属箔位于底部绝缘板之间形成的间隙的上侧，顶部隔热板连接并安装在第二金属箔的上侧
技术效果	通过将所述第一金属薄片附接在所述隔热面板的上表面上并安装所述第二金属薄片，不会由于重复的热负荷而变形，在所述第一金属薄片上，根据本发明的 LNG 运输船的货舱的隔热结构可以提高所述密封完整性，抵御所述热负荷以更好地封闭整个货舱，并且通过预先附接一个粘接膜在所述第二金属薄片上节省所述隔热结构的构造时间

5.2.4.2 BOG 再液化系统

本小节依据附录 1，筛选出三星重工的 BOG 再液化技术领域重点专利列表，如表 5-2-8 所示。

表 5-2-8　三星重工在 BOG 再液化系统技术领域重点专利列表

序号	公开号	发明名称	申请日	INPADOC 同族数量	法律状态
1	JP2016529446A	A liquefied gas transport device for reducing evaporation gas	2014-07-04	9	授权
2	KR101078645B1	LNG/LPG BOG reliquefaction apparatus and method	2009-03-12	2	授权
3	KR100899997B1	Sloshing free cargo tank by re-liquefaction of boil off gas	2007-10-11	0	—
4	KR101026180B1	Boil off gas control apparatus of LNG carriers	2008-10-07	2	授权

上述重点专利列表中，专利 KR101026180B1 已在第四章中进行详细分析，其余三个重点专利分析如表 5-2-9 至 5-2-11 所示。

(1) JP2016529446A（见表 5-2-9）

表 5-2-9　JP2016529446A 专利摘要

专利名称	A liquefied gas transport device for reducing evaporation gas		
专利权人	三星重工业株式会社	公告日	2016-09-23
优先权	KR1020150005801A		
同族专利	CN105339258A、JP6170617B2、KR1020150005801A、US20160129976A1、WO2015002499A1		
同族国家/地区	韩国、日本、美国、中国		
技术方案	至少一个输送管在货舱中沿垂直方向形成，其中储存液化气体以输送液化气体，支管从输送管的下部分支到输送管的一侧，并且具有朝向货舱底部开口的远端；被连接在至少一个移动所述的阀，该分支管中的液化气体从通过打开和关闭支管或支管的输送管，所述输送管和所述输送管，并且阻力构件插入支管中并干扰液化气体的流动		

(2) KR101078645B1（见表 5-2-10）

表 5-2-10　KR101078645B1 专利摘要

专利名称	LNG/LPG BOG reliquefaction apparatus and method		
专利权人	三星重工业株式会社	公告日	2011-11-01
同族专利	KR101078645B1、KR1020100102872A		
技术方案	一种 LNG 再液化装置，包括 LNG 蒸发气体压缩机，LNG 液化器和 LNG 分离器；和被连接到安装在 LPG 蒸发气体循环的 LPG 储存罐，其中从 LPG 出口管线的 LPG 储罐产生的蒸发气体；LPG 液化器可包括：LNG 储气罐安装在 LNG 蒸发气体循环管路中，用于连接 LNG 储罐和 LNG 蒸发气体压缩机，通过使用 LNG 的蒸发气体通过 LNG 蒸发气体循环管线作为制冷剂来液化 LPG 的蒸发气体，其中 LNG／LPG 蒸发气体重新液化		

（3）KR100899997B1（见表5-2-11）

表5-2-11　KR100899997B1专利摘要

专利名称	Sloshing free cargo tank by re-liquefaction of boil off gas		
专利权人	三星重工业株式会社	公告日	2009-05-29
同族专利	KR1020090037044A、KR100899997B1		
技术方案	通过BOG再液化提供液体货物的晃动保护货物空间，以通过控制液体物品的自由表面增量来预防晃动增量。通过BOG再液化的液体货物的晃动保护货物空间包括高压储罐（120），其布置在货物储罐（110）内以预先储存一部分液体物品，收集结构（130），其形成在货物储存罐的上部以收集BOG用于再液化，以及BOG处理装置（140），其将再液化的液体货物流向货物储存罐		

5.3　IHI

5.3.1　公司简介

IHI起源于1853年石川岛造船厂。"一战"后开始涉足汽车及飞行器制造业务，"二战"时参与建造军舰及飞行器。"二战"后通过并购继续壮大，2007年更名为IHI株式会社。

世界领先产品主要包括：LNG储罐、悬索桥、汽车涡轮增压器和喷气发动机长轴，其中，LNG储罐全球占比达约21%。IHI的产品除了本国之外，主要覆盖亚洲、美国、中/南美和欧洲地区。

1866年，建造了日本的第一艘蒸汽动力军舰——"千代田"号。

1876年，石川岛平野造船厂成立，也是日本第一家私营造船厂。

1907年，播磨船坞株式会社成立。

1959年，成立石川岛播磨重工业株式会社，这是陆上机械领先企业石川岛重工业株式会社与造船龙头企业播磨造船工程株式会社合并的成果。

IHI在日本关于"资源、能源和环境"方面的主要关联公司和主要工厂包括：IHI Enviro corporation、IHI Packaged Boiler Co., Ltd、IHI Plant Engineering Corporation、IHI Plant Construction Co., Ltd、Niigata Power Systems Co., Ltd等。

IHI在海外布设有13个代表处，有巴黎、莫斯科、伊斯坦布尔、阿尔及尔、迪拜、新德里、曼谷、河内、吉隆坡、雅加达、北京、台北、首尔；在欧洲设有 13 家公司，美洲设有 17 家公司，大洋洲设有 2 家公司，亚洲设有 20 个分公司——其中，在中国设有 10 家公司［石川岛（上海）管理有限公司、IHI（HK）LTD 等］。

IHI 开发了国际海事组织 B 型自动支撑棱柱形液化天然气储罐（SPB）。这种形状储罐比一般储罐具有更坚固的结构。由于液化天然气的需求不断扩大，IHI 公司正在探索如何利用浮式单元生产和运送液化天然气。

IHI 生产的压缩机积蓄多年的技术开发经验，特别是用于 LNG 蒸发气体回收的压缩机设备，在日本国内有顶尖业绩。在全球约有 200 台的业绩。

5.3.2 专利申请态势分析

图 5-3-1 示出了 IHI 在两关键技术领域的专利申请趋势。截至 2018 年 10 月，IHI 在全球 LNG/LPG 运输船领域内的专利申请数量约 283 项，在货物围护系统技术领域全球排名第三，在 BOG 再液化系统技术领域全球排名第四。从图 5-3-1 可以看出，IHI 在两关键技术领域的专利申请趋势呈下滑态势。2003~2008 年，在两关键技术领域的专利申请最少。

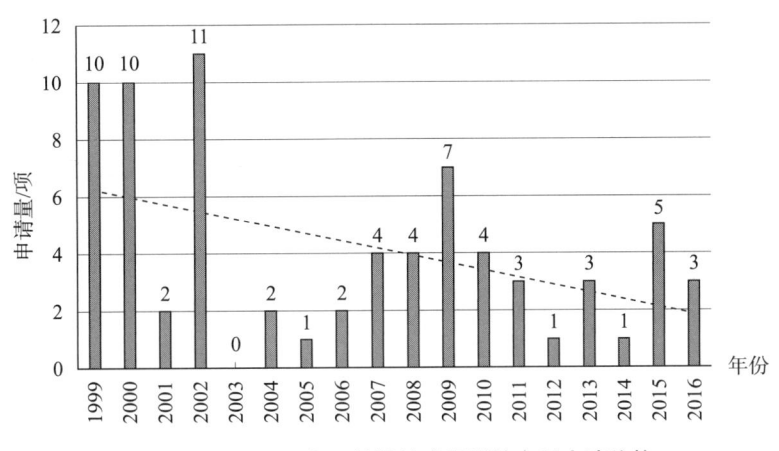

图 5-3-1 IHI 在两关键技术领域的专利申请趋势

图 5-3-2 示出了 IHI 货物围护系统领域专利申请趋势情况。分析可知，IHI 在货物围护系统领域专利都是发明专利。具体来看，1999~2016 年的专利年申请量发展起伏比较大，峰值有 5 个之多，最大是 2002 年的 10 项，之后的各年中均未超过该数量。

图 5-3-3 示出了 IHI 在 BOG 再液化系统技术领域的专利申请趋势。从图中可以看出，IHI 在 BOG 再液化系统的申请浮动较为频繁。2007 年达到最高峰值。从专利申请类型上来看，IHI 在 BOG 再液化系统技术领域专利中发明占比达到 97%。经分析可知，对货物围护系统技术领域和 BOG 再液化系统技术领域，IHI 研发策略大致相同，其频繁的起伏状态可能与公司内部的研发管理以及外部市场供求关系有关。

从法律状态上来看，表 5-3-1 为 IHI 在货物围护系统和 BOG 再液化两技术领域中有效专利、失效专利、未决专利占比情况。在货物围护系统技术领域中,有效专利占比只有36%,失效专利占比竟然超过60%。在BOG再液化系统技术领域中,有效专利占比不足10%,失效专利占比竟然超过80%。

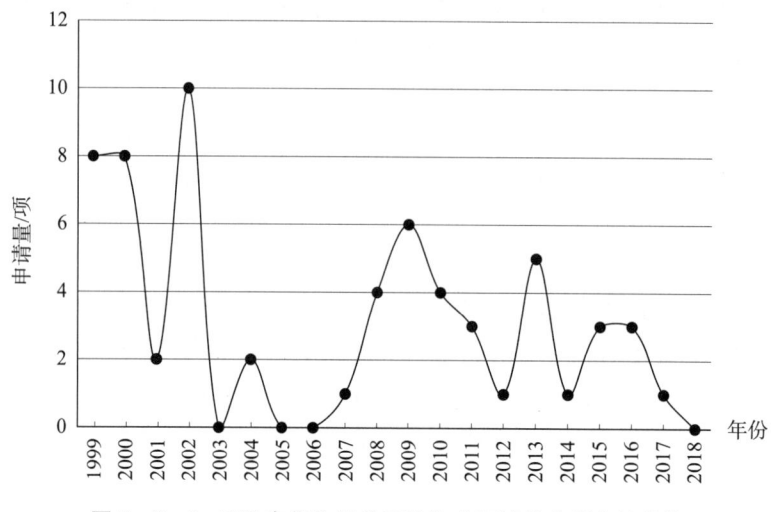

图5-3-2 IHI在货物围护系统技术领域的专利申请趋势

图5-3-3 IHI在BOG再液化系统技术领域的专利申请趋势

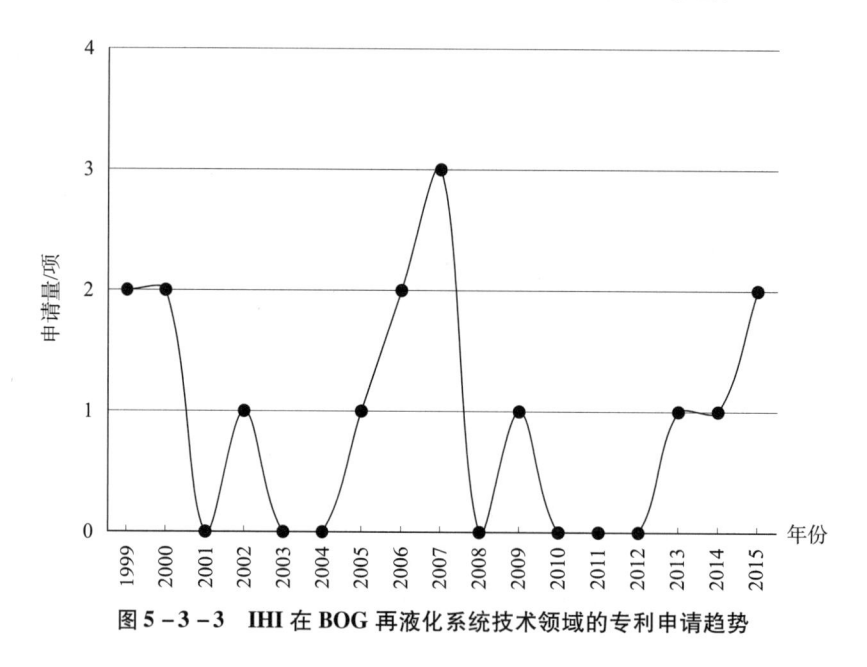

表5-3-1 IHI在两关键技术领域的专利法律状态

技术领域	法律状态	占比	专利类型	专利数量/件
货物围护系统	有效专利	36%	发明	66
	失效专利	61%	发明	112
	未决专利	3%	发明	5

续表

技术领域	法律状态	占比	专利类型	专利数量/件
BOG 再液化	有效专利	8%	发明	5
	失效专利	82%	发明	24
	未决专利	0	发明	0

经对比，无论是货物围护系统，还是 BOG 再液化系统，IHI 的研发及重视程度均较低。

5.3.3 专利布局分析

在货物围护系统技术领域，图 5-3-4 可以看出，IHI 向本国（日本）递交的专利申请量是各个国家/地区中最大的，共 162 件。向外技术输出极少，IHI 十分重视本国市场。

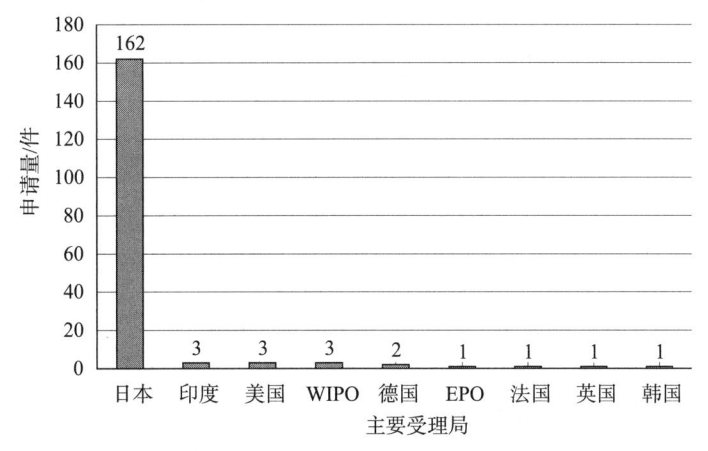

图 5-3-4 IHI 在货物围护系统技术领域专利申请主要受理局分布

与货物围护系统专利布局相比，BOG 再液化系统的专利申请数量明显少了很多（见图 5-3-5），但仍然在本国的布局比重最大，向外技术输出极少，IHI 在 BOG 再液化系统技术领域十分重视本国市场，比较忽略海外市场。

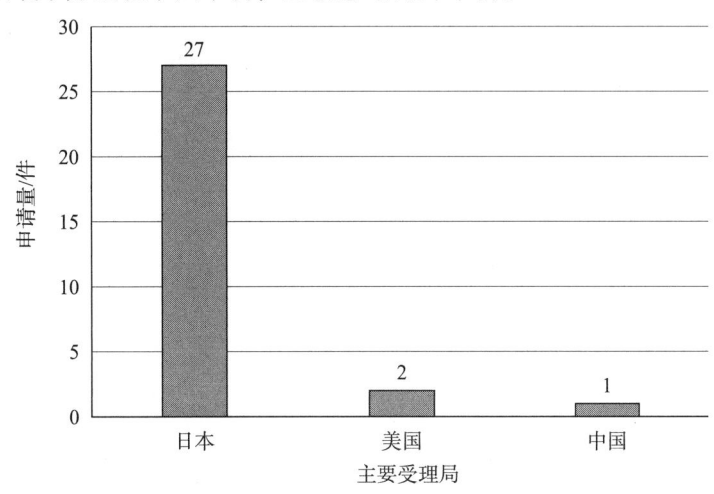

图 5-3-5 IHI 在 BOG 再液化系统专利申请主要受理局分布

5.3.4 主要发明人分析

图 5-3-6 示出 IHI 在货物围护系统领域发明团队的主要成员。可以看出,排名前十的发明人中排名第一至四位的发明人的发明数量比较突出,说明此四位发明人实力比较强,从一定程度上反映出此位发明人的重要地位。

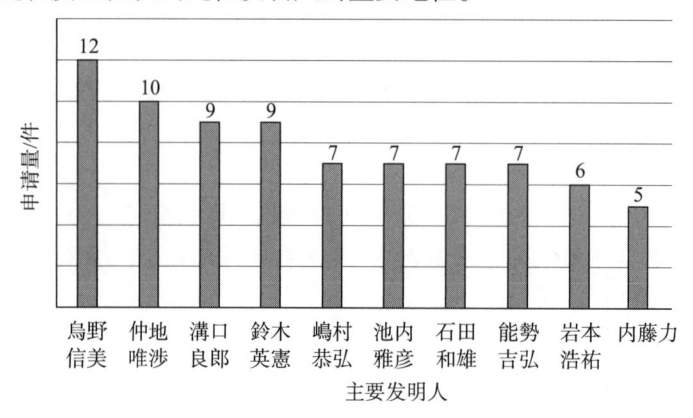

图 5-3-6 IHI 在货物围护系统技术领域的主要发明人排名

图 5-3-7 示出 IHI 在 BOG 再液化系统领域发明团队的主要成员。可以看出,这十位发明人申请的专利数量相当,尤其是排在第二至十位的发明人,申请量数量均为 2 件。

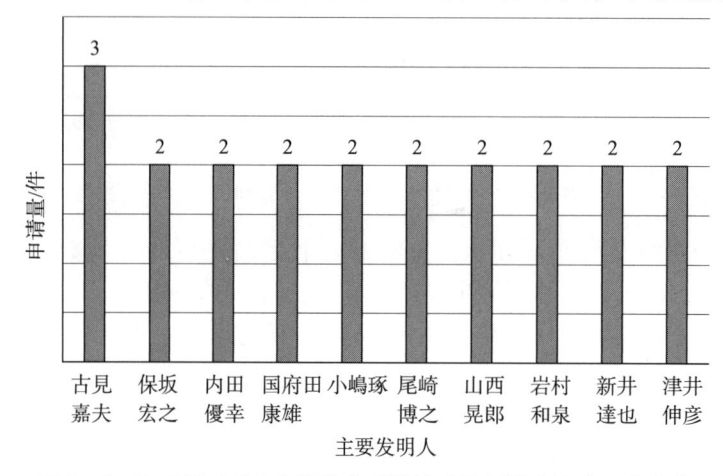

图 5-3-7 IHI 在 BOG 再液化系统技术领域的主要发明人排名

5.3.5 技术分析及重点专利分析

5.3.5.1 货物围护系统

从表 5-3-2 可以看出,IHI 在绝热技术、止荡技术和耐低温技术中的专利申请情况,分别有 63 件、10 件和 6 件。

表 5-3-2 IHI 在货物围护系统技术领域的技术分布情况 单位:件

绝热技术	耐低温技术	止荡技术	支撑技术	安全性能	强度
63	6	10	11	13	4

在绝热技术、止荡技术和耐低温技术中，IHI 整体申请数量不多，其中，绝热技术占比近 80%；止荡技术的专利申请量占比略超过 10%；而耐低温技术的专利占比不足 10%件。可见，IHI 在货物围护系统技术领域的研发投入大多放在绝热技术中。

依据附录 1，选取专利文献 2 篇，如表 5-3-3 所示。

表 5-3-3　IHI 货物围护系统重点专利列表

序号	公开号	发明名称	申请日	INPADOC 同族数量	法律状态
1	US9010262	Tank support structure and floating construction	2012-07-20	15	授权
2	KR1020130079513A	Support structure for cargo tank, floating structure, and support method for cargo tank	2013-03-25	9	授权

（1）US9010262（见表 5-3-4）

表 5-3-4　US9010262 专利摘要

专利名称	Tank support structure and floating construction		
专利权人	JAPAN MARINE UNITED CORPORATION	公告日	2015-04-21
优先权	JP2011176833		
同族专利	BR112014003047A2、CN103874628B、CN103874628A、EP2743172B1、EP2743172A1、EP2743172A4、ES2661537T3、JP5732347B2、JP2013039866A、KR101579227B1、KR1020140050099A、PL2743172T3、SG2014007538A、US20140190393A1、WO2013024661A1		
同族国家/地区	巴西、中国、EPO、西班牙、日本、韩国、波兰、新加坡、美国、WIPO		
技术方案	倾斜面（21），其形成在收纳部（2）的侧面部；多个支撑基础部（22），其配置在倾斜面（21）上；多个支撑块（4），其配置在包括与倾斜面（21）对置的部分在内的储罐（3）的底面部（31）并配置在支撑基础部（22）上。支撑块（4）的配置在支撑基础部（22）上的支撑块底面（41）和支撑基础部（22）的支撑块（4）的支撑面（22a）具有与平面（S）平行的面，该平面（S）包括连接各个支撑块（4）与储罐（3）接触的两个接触点（第一接触点（C）及第二接触点（C'））的线段（CC'）、和通过储罐（3）的不动点（F）并与线段（CC'）平行的直线（Lf）		
附图			

续表

技术效果	收纳部的侧面部具有倾斜面或多级台阶面，支撑块底面及支撑面形成具有与包括连接支撑块与储罐接触的两个接触点的线段和通过储罐的不动点并与所述线段平行的直线的平面平行的面，能够沿倾斜面或多级台阶面配置储罐的底面部，能够使容积效率提高。另外，支撑块底面及支撑面形成在沿储罐的热收缩或热膨胀移动的方向上，因此能够对应于储罐的热收缩或热膨胀而支撑储罐

（2）KR1020130079513A（见表5-3-5）

表5-3-5　KR1020130079513A 专利摘要

专利名称	Support structure for cargo tank, floating structure, and support method for cargo tank		
专利权人	IHI MARINE UNITED INC	公告日	2013-07-10
优先权	JP2010187181		
同族专利	CN103228529B、CN103228529A、EP2610161A4、EP2610161A1、JP5646913B2、JP2012045980A、KR101440366B1、WO2012026479A1		
同族国家/地区	中国、韩国、日本、WIPO、EPO		
技术方案	分散配置于货箱（2）的底部（2a）的多个第一支承部（3）、沿浮体构造物（1）的长度方向（X）连续地形成且配置于货箱（2）的底部（2a）的第二支承部（4）、在收纳部（11）的底部（11a）侧沿第二支承部（4）的长度方向（X）形成且可与第二支承部（4）卡止的卡止部（5），并构成为，至少通过第一支承部（3）支承货箱（2）的垂直负荷（Fz），至少通过第二支承部（4）和卡止部（5）支承货箱（2）的水平负荷（第一水平负荷Fy）。		
附图			

续表

技术效果	在收纳部的底部汇集支承货箱的垂直负荷及水平负荷的支承部，并且，通过沿浮体构造物的长度方向连续地形成的第二支承部支承水平负荷，由此，当然能够支承货箱的垂直负荷及水平负荷，能够减少支承部件的数量及配置部位，能够减少建造工程所需要的时间，能够降低建造成本。另外，通过省略顶部的塞块，能够提高来自船体的独立性，能够提高船体上甲板的设计及建造的自由度，能够降低成本并且广泛适用

5.3.5.2 BOG 再液化系统

依据附录 1，筛选出 IHI 的 BOG 再液化技术领域重点专利列表，详见表 5 - 3 - 6 所示。

表 5 - 3 - 6 IHI 在 BOG 再液化系统技术领域重点专利列表

序号	公开号	发明名称	申请日	INPADOC 同族数量	法律状态
1	JP4962853B2	BOG compression equipment and method	2007 - 03 - 22	2	授权
2	JP4296616B2	A liquefied BOG reliquifing device	1998 - 10 - 12	2	授权

（1）JP4962853B2（见表 5 - 3 - 7）

表 5 - 3 - 7 JP4962853B2 专利摘要

专利名称	BOG compression equipment and method		
专利权人	IHI CORPORATION	公告日	2012 - 06 - 27
同族专利	JP4962853B2、JP2008232351A		
技术方案	提供 BOG 压缩设备和 BOG 压缩方法，能够将 BOG（蒸发气体）从小于 BOG 压缩机容量调节下限的容量压缩到容量调节上限以上的容量超出压缩机容量调整范围。解决方案：BOG 压缩设备包括 BOG 压缩机 12，用于压缩在储罐 11 中产生的 BOG，用于将低温液化气体储存到指定的排放压力，主管道 14 用于将 BOG 从储罐供应到压缩机，子管道 16 平行于主管道布置并且在 BOG 压缩机的吸入侧供应 BOG，吸气增压器 18 布置在子管道的中间并且将 BOG 加压到指定的吸入压力，以及压力控制装置 20 检测储罐中的压力并控制主管道或子管道的切换		
摘要附图			

(2) JP4296616B2（见表5-3-8）

表5-3-8　JP4296616B2专利摘要

专利名称	A liquefied BOG reliquifing device		
专利权人	IHI CORPORATION	公告日	2009-07-15
同族专利	JP2000120999A、JP4296616B2		
技术方案	为液化气罐提供BOG液化装置，即使在液化气罐中产生的BOG量波动时，也要将冷凝压力（温度）保持在给定值。解决方案：来自液化气罐1的BOG由压缩机3提升并被引导至冷凝容器4并通过热交换管5冷却和液化以产生液化的BOG，其储存在冷凝容器4中。液化BOG浸没热交换管5的一部分。热交换管5在液化BOG的液面上方具有暴露部分，并且形成到BOG的大量传热区域		

5.4　现代重工

5.4.1　公司简介

韩国现代重工1972年成立，总部设在韩国蔚山市。现代重工是韩国龙头船企，是韩国各造船重工业集团的"老大哥"，其以创造和开拓精神在一个小渔船上开始了造船事业，已成功地从造船业向近海和工程、工业厂房和工程以及发动机和机械等多元化发展，成为全球领先的重工业公司。2017年，位于世界500强的第313位，营收338.81亿美元，利润4.68亿美元。

1983年，从现代尾浦船厂（现代集团与日本川崎重工的合资修船企业）收购3座船坞扩大造船能力（3座船坞的能力分别为40万吨、25万吨和15万吨）。

1985年兼并了原与现代建设公司合营的现代海洋开发公司，大大扩大了海洋工程能力。

1991年LNG船造船厂竣工。

1993年，现代重工吸收合并了其下属的4个子公司，即现代重电机公司、现代重装备公司、现代机器人产业公司和现代铁塔公司。

1994年，现代重工完成了韩国第1个LNG船。

1997年成立了现代机电研究所。

现代重工于2002年2月与现代集团分离，并成立现代重工业集团；同年，成功收购三湖重工，且船舶用大型发动机LNG船被评为"2002年世界一流产品"。

2003年，全球最大LPG船命名（CMM社）。

2004年,现代重工与中国江苏省张家港市签订经济合作协议。

2007年,建造了全球最大21.6万立方米超大型LNG船,同年建成了世界上最大的液化气运输船。

2009年,全球首个FPSO专用H船坞和全球首个T字形船坞竣工。

现代重工专利申请包括了铝合金、9%镍钢、波纹膜等耐低温材料技术。

5.4.2 专利申请态势分析

现代重工在两关键技术领域的专利申请总体呈现波动上升的趋势,表明现代重工在LNG/LPG运输船的关键技术领域有持续的研发投入,且呈现良好的态势(见图5-4-1)。

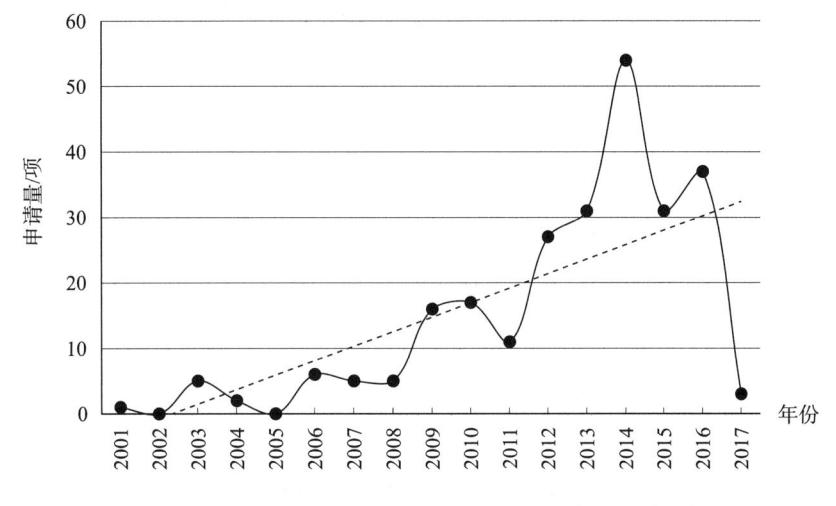

图5-4-1 现代重工在两关键技术领域的专利申请趋势

截至2018年10月,现代重工在全球LNG/LPG运输船领域内的专利申请数量约559项,在货物围护系统技术领域全球排名第四,在BOG再液化系统技术领域全球排名第三。

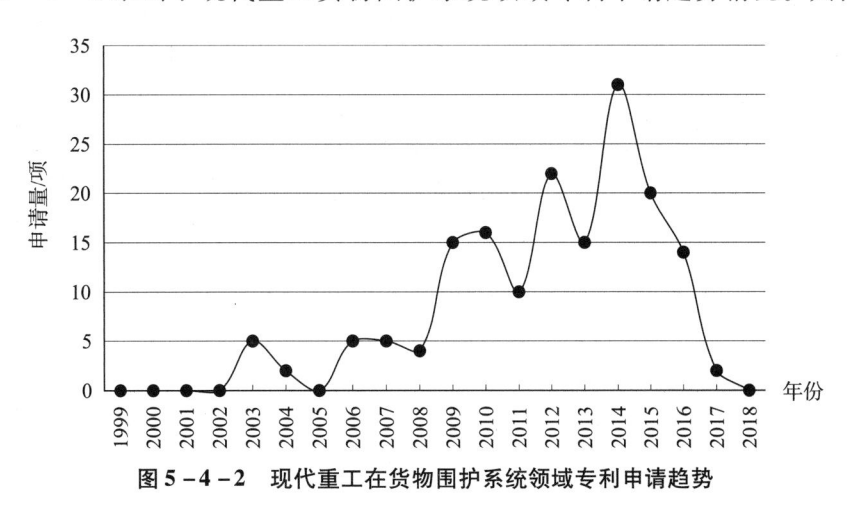

图5-4-2示出了现代重工货物围护系统领域专利申请趋势情况。具体来看,

图5-4-2 现代重工在货物围护系统领域专利申请趋势

1999~2002年的申请量发展缓慢，2002年以后年专利申请量总体呈增长趋势，但起伏比较大，特别是2014年突破30项。其中申请的专利类型中，绝大部分是发明专利，占了专利申请总量的96%。

从图5-4-3可以看到，现代重工在BOG再液化系统技术领域的专利申请量在2001~2011年发展缓慢，2011年以后年专利申请量迅速增加，到2014年已达年专利申请23项，但在接下来的一年回落到年专利申请12项，然后年专利申请量逐年攀升，在2017年到达新的峰值，年专利申请量25项。考虑到现代重工在2014年营业损失29.6亿美元，并在2015年采取了成本削减措施，应是研发投入减小影响了2015年的专利申请量。其中，申请的专利类型绝大部分是发明专利，占了专利申请总量的96%。

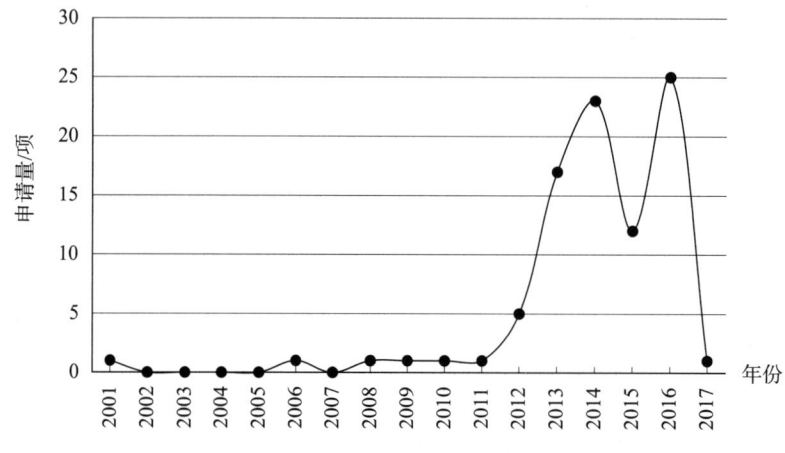

图5-4-3 现代重工在BOG再液化系统技术领域的专利申请趋势

表5-4-1为现代重工在货物围护系统技术领域和BOG再液化系统技术领域的发明专利申请法律状态。其中货物围护系统技术领域虽然专利申请量要高于BOG再液化系统技术领域的专利申请量，但其失效的发明专利申请也较高，达43%。失效的发明专利申请中，驳回专利31件，撤回专利申请19件，未缴年费的专利申请25件。其中，驳回和撤回的专利申请都集中在2012年，因此现代重工放弃该部分专利申请的原因可能由于其创造性不高（即使授权其权利稳定性也不高）等因素而放弃的。

表5-4-1 现代重工在两关键技术领域的专利法律状态

技术领域	法律状态	占比	专利类型	专利数量/件
货物围护系统	有效专利	30%	发明	57
			实用新型	5
	失效专利	43%	发明	84
			实用新型	3
	未决专利	27%	发明	55
			实用新型	0

续表

技术领域	法律状态	占比	专利类型	专利数量/件
BOG 再液化	有效专利	42%	发明	62
			实用新型	0
	失效专利	10%	发明	15
			实用新型	0
	未决专利	48%	发明	70
			实用新型	0

5.4.3 专利布局分析

5.4.3.1 受理局分析

图 5-4-4 示出了现代重工在货物围护系统技术领域专利申请主要受理局分布情况。

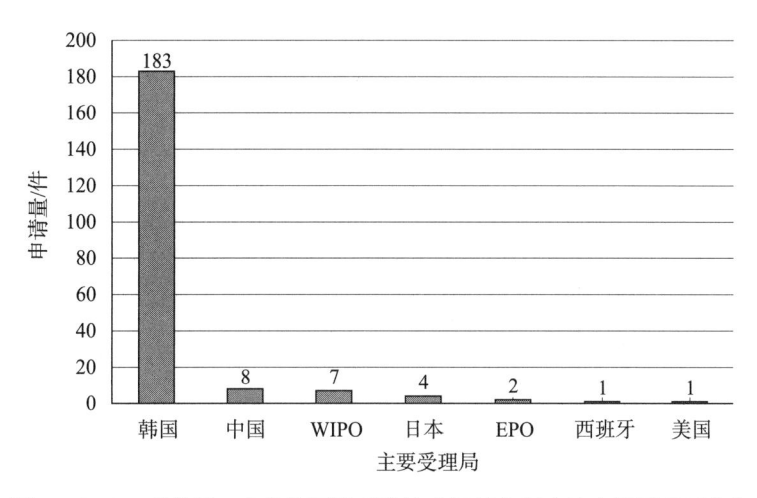

图 5-4-4 现代重工在货物围护系统技术领域专利申请主要受理局分布

在货物围护系统技术领域中，现代重工在本国韩国递交的专利申请量远超其他国家/地区，共 183 件。其次，现代重工是中国和 WIPO 递交的专利申请量，分别为 8 件和 7 件。而现代重工在日本、EPO 等其他国家或地区或组织的专利布局量较少。从现代重工专利布局量的差异来看，现代重工比较重视本国市场。

图 5-4-5 示出了现代重工在 BOG 再液化系统技术领域专利申请主要受理局分布情况。

现代重工在 BOG 再液化系统技术领域中，主要的专利申请都在本国内提出，专利申请量达 145 件。

从整体的申请数量上，从多到少其次依次是 WIPO、EPO、日本和美国，专利申请量均较少，分别为 6 件、2 件、1 件和 1 件。相较于货物围护系统技术领域的海外布局，

BOG再液化系统技术领域的海外布局无论是申请量还是分布的国家/地区都较少。

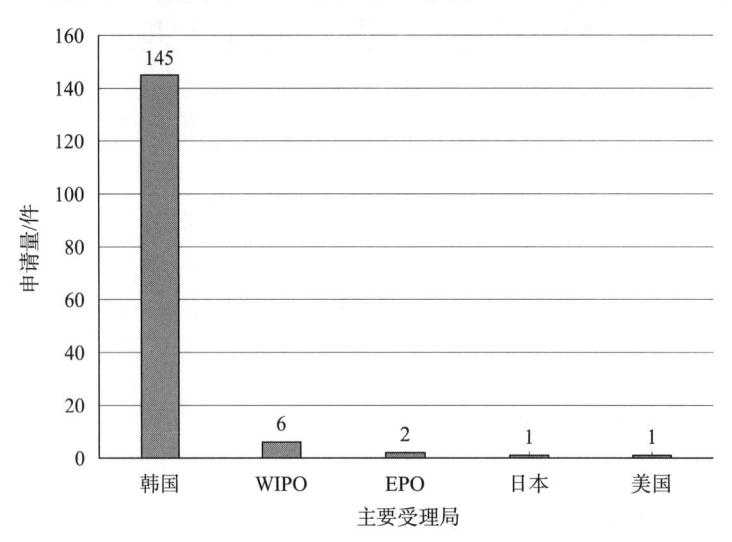

图5-4-5 现代重工在BOG再液化系统专利申请主要受理局分布

5.4.3.2 主要发明人分析

图5-4-6示出现代重工在货物围护系统领域发明团队的主要成员。从图中可以看出，排名前十的发明人中金大巡、金贤洙和尹重根的发明数量比较突出，从一定程度上反映出这三位发明人的重要地位。

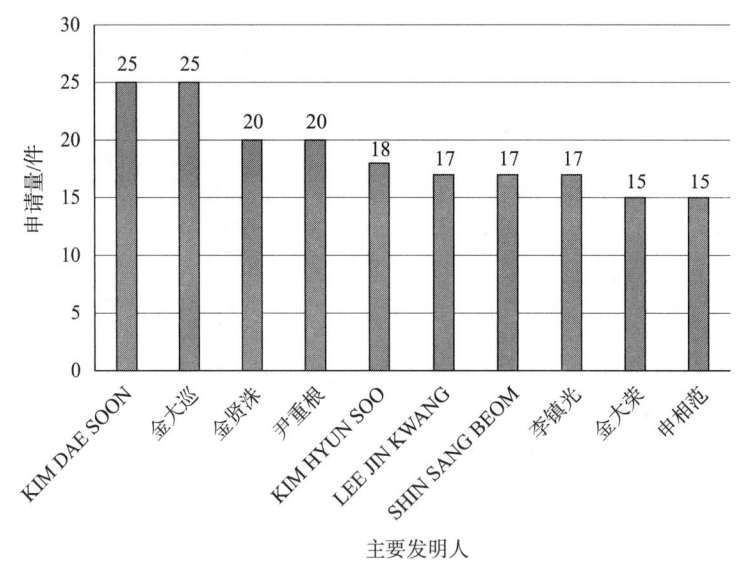

图5-4-6 现代重工在货物围护系统技术领域的主要发明人排名

图5-4-7示出现代重工在BOG再液化系统领域发明团队的主要成员。可以看出，排名前十的发明人专利申请量的差距不大且专利申请量普遍较小，结合BOG的申请趋势可以看出，现代重工的BOG再液化系统领域发明团队较新，还未形成明确的核心研发团队。

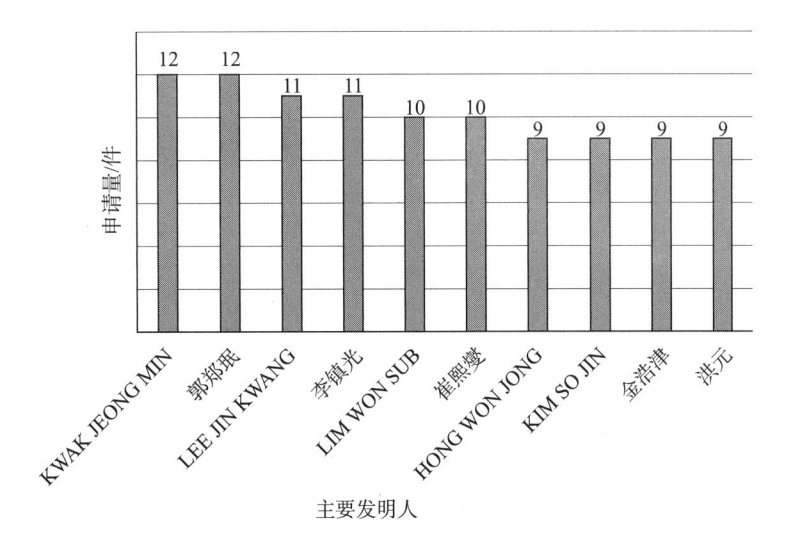

图 5-4-7 现代重工在 BOG 再液化系统技术领域的主要发明人排名

5.4.4 技术分析及重点专利分析

5.4.4.1 货物围护系统

从表 5-4-2 可以看出，现代重工在绝热技术、止荡技术和耐低温技术中的专利专利申请情况，分别有 98 件、14 件和 9 件。

表 5-4-2 现代重工在货物围护系统技术领域的技术分布情况　　　单位：件

绝热技术	耐低温技术	止荡技术	支撑技术	安全性能	强度
98	9	14	11	2	14

在绝热技术、止荡技术和耐低温技术中，现代重工整体申请数量不多，其中，绝热技术占比近 80%；止荡技术的专利申请量占比略超过 10%；而耐低温技术的专利占比不足 10% 件。可见，现代重工在货物围护系统技术领域的研发投入大多放在绝热技术中。

依据附录 1，选取专利文献 2 篇，如表 5-4-3 所示。

表 5-4-3 现代重工货物围护系统重点专利列表

序号	公开号	发明名称	申请日	INPADOC 同族数量	法律状态
1	KR101822729B1	Liquefied gas carrier	2016-02-16	19	授权
2	JP6109405B2	The cargo hold of a ship cryogenic materials	2014-04-03	12	授权

（1）KR101822729B1（见表5-4-4）

表5-4-4　KR101822729B1 专利摘要

专利名称	Liquefied gas carrier		
专利权人	HYUNDAI HEAVY INDUSTRIES CO., LTD.	公告日	2018-03-08
优先权	KR1020150149274		
同族专利	CN108290622A、KR1020170049365A、KR1020170049345A、KR1020170049460A、KR1020170049381A、KR1020170049341A、KR1020170049340A、KR1020170049364A、KR1020170049343A、KR101822730B1、KR1020170049342A、KR101827083B1、KR1020170049363A、KR1020170106271A、KR1020170049344A、US20180304976A1、WO2017074166A3、WO2017074166A2		
同族国家/地区	中国、韩国、美国、WIPO		
技术方案	储存罐包括上部、中央部以及下部；中央部的上下长度，将液化气体储存容量小于70K的液化气体运输船的液化气体罐的中央部的上下长度进一步延长而成		
摘要附图			
技术效果	能够通过改变船体形状，来确保70K以上的液化气体储存容量，并且，能够通过改进船形和内部结构等，来提高结构稳定性等		

（2）JP6109405B2（见表5-4-5）

表5-4-5　JP6109405B2 专利摘要

专利名称	The cargo hold of a ship cryogenic materials		
专利权人	现代重工业株式会社	公告日	2017-04-05
优先权	US61/808845、KR1020130038768		
同族专利	CN105263797A、CN105263797B、EP2982594A1、EP2982594A4、JP2016520465A、KR1020140121333A、KR1020140121335A、KR1020140121332A、KR1020140121331A、KR1020140121334A、KR1020140121336A、KR1020140121340A、US20140299038A1、US61808845P0、US9335003、WO2014163417A1		

续表

同族国家/地区	中国、EPO、日本、韩国、美国、WIPO
技术方案	先通过以规则间隔的方式设置具有第一波纹板的第一货舱屏障，根据本发明的低温材料载体的货舱可以防止由收缩导致的裂纹的产生，同时可以容易地吸收由液化气体的晃荡现象导致的冲击力，从而能够防止货舱的缺陷的发生。此外，通过在第一、第二和第三货舱屏障中的每个的第一屏障上形成辅助波纹，货舱可以防止由收缩导致的损坏并且可以更容易地吸收由液化气体的晃荡现象导致的冲击力，而且可以选择性地将具有不同结构的第一至第三货舱屏障施加至出现不同晃荡现象的货舱的每个部分，从而能够提高货舱的可靠性
技术效果	辅助波纹可以形成在第一到第三货舱壁的初级屏障上，使得可以防止由收缩导致的损坏并且可以减小由液化气体晃荡引起的冲击。设置在受液化气体晃荡影响最大的部分处的第一货舱壁的第一和第二屏障的初级和次级波纹板可以由殷钢形成，并且第一至第三货舱壁的初级和次级屏障的第一和第二主板可以由不锈钢形成，使得可减少用于屏障的材料成本并且可以顺利地吸收热收缩

5.4.4.2 BOG再液化系统

依据附录1，筛选出现代重工的BOG再液化技术领域重点专利，如表5-4-6所示。

表5-4-6 现代重工在BOG再液化系统技术领域重点专利列表

序号	公开号	发明名称	申请日	INPADOC同族数量	法律状态
1	JP2018518414A	A vessel containing a gas treatment system	2016-06-09	84	授权
2	KR100774836B1	Treatment unit of excessive boil-off gas using LNG suction drum and line mixer	2007-02-09	1	授权

续表

序号	公开号	发明名称	申请日	INPADOC 同族数量	法律状态
3	KR1020170030781A	LNG Storage Tank with BOG reduction system, LNG ship having the same	2015-09-10	1	授权
4	KR101289212B1	A treatment system of liquefied gas	2013-05-30	21	授权

上述重点专利列表中，专利KR101289212B1已在第4章中进行详细分析，其余重点专利分析如下：

（1）JP2018518414A（见表5-4-7）

表5-4-7　JP2018518414A专利摘要

专利名称	A vessel containing a gas treatment system		
专利权人	现代重工业株式会社	公告日	2018-07-12
同族专利	CN108137132A、EP3372484A1、JP2018518415A、KR101910714B1、KR1020170080466A、KR1020160120163A、KR1020170080469A、KR101764013B1等		
同族国家/地区	中国、EPO、日本、韩国等		
技术方案	一种具有气体处理系统的容器包括：液化气储罐；第一流动路径，将来自液化气储罐的蒸发气体供给需求端；第三流动路径，将液化气体从液化气储罐供应给需求端；控制单元，在液化气储罐的压力在常压范围内，通过第一流路和第三流路将蒸发气体和液化气体一起供应，并提供需要向其供应液化气体的警报。当液化气储罐的压力达到第四预定压力时，需求端通过第三流动路径被阻塞		
摘要附图			

(2) KR100774836B1（见表5-4-8）

表5-4-8　KR100774836B1专利摘要

专利名称	Treatment unit of excessive boil-off gas using LNG suction drum and line mixer		
专利权人	现代重工业株式会社	公告日	2007-11-07
技术方案	提供一种使用LNG抽吸鼓和管道混合器处理过量蒸发气体的装置，以通过将过量蒸发气体与加压LNG混合来减少GCU（气体燃烧单元）焚烧BOG（蒸发气体）的操作。一种用于处理过量蒸发气体的装置，包括货舱（1），用于压缩从货舱产生的天然蒸发气体的BOG压缩机（2），安装在货舱中的LNG泵（3），以及第二过量BOG控制阀（4，5）将过量BOG转移到管线混合器（6）中，用于将LNG泵提供的LNG与第一过量BOG控制阀混合。提供氮控制阀（8）以将氮气供给中间储罐（9）		
摘要附图			

(3) KR1020170030781A（见表5-4-9）

表5-4-9　KR1020170030781A专利摘要

专利名称	LNG storage tank with BOG reduction system, LNG ship having the same		
专利权人	现代重工业株式会社	公告日	2017-03-20
技术方案	LNG储罐组件技术领域本发明涉及LNG储罐组件，其实时地密封地测量填充在围绕LNG储罐外壁的布置结构中的罐容纳空间的惰性气体的温度。操作BOG还原系统，用于根据测量的温度将惰性气体的温度降低到设定温度，并有效地降低和抑制BOG，同时提高隔热性能。包括BOG减少系统的LNG储罐组件包括：LNG储罐；液化天然气储罐周围的压载舱；在压载舱和LNG储罐之间形成一个储罐空间，以便以密封的方式填充惰性气体		

续表

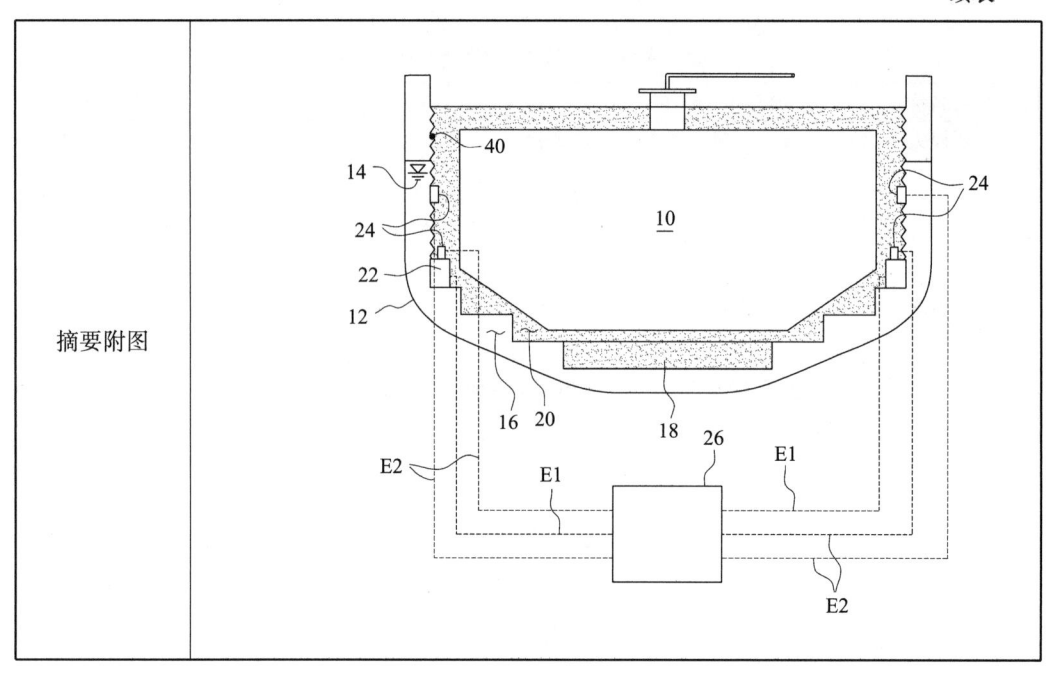

| 摘要附图 | (图) |

5.5 三菱重工

5.5.1 公司简介

日本三菱重工总部位于日本东京。

三菱重工的历史可以追溯到 19 世纪，1884 年，三菱创始人岩崎弥太郎从政府租借了工部省长崎造船局，将其命名为长崎造船所，此后发展为三菱造船株式会社。

至 1934 年，由于公司业务已拓展至重型机械、飞机、铁路车辆等领域，公司更名为三菱重工业株式会社。

目前，三菱重工业务涵盖机械、船舶、航空航天、原子能、电力、交通等领域。（三菱重工发展历程见图 5-5-1）

2017 年，三菱重工位于世界 500 强的第 294 位，营收 3612240 万美元，利润 80960 万美元。2018 年，三菱船舶有限公司（Mitsubishi Shipbuilding Co., Ltd）成立。

三菱重工研发的 LNG 船（货舱型号"SAYAENDO"）是一艘轻型、紧凑、高性能的下一代 LNG 油轮，结合了集团的尖端技术，包括船型开发和结构分析。以 LNG 球罐船的强度和可靠性为基础，增加推进性能和海上性能的改进，以及重量轻，"SAYAENDO"从维护角度来看是一艘极好的船，且适用于寒冷地区。

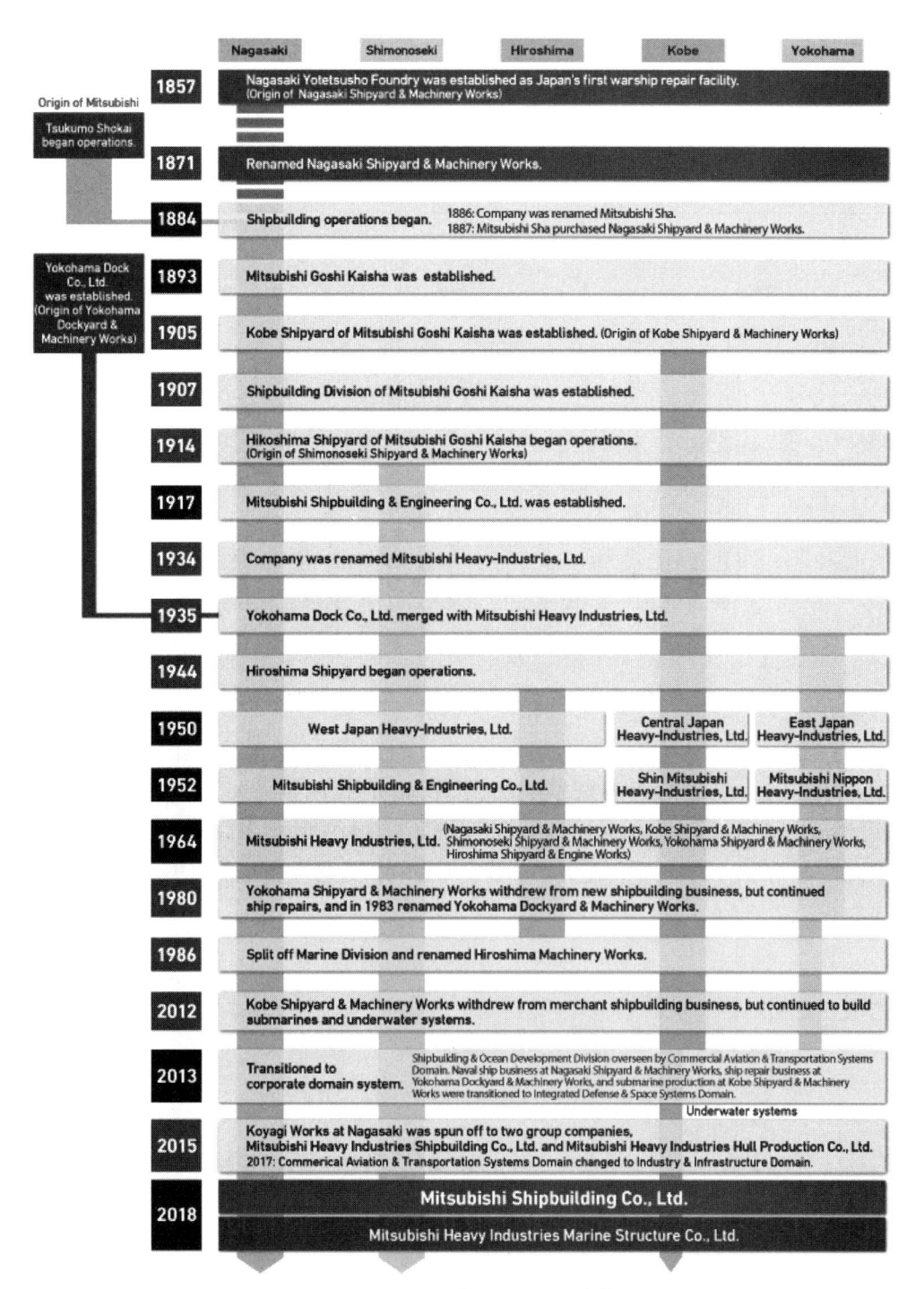

图 5-5-1 三菱重工发展历史[1]

---

[1] 参见：http://www.msb.mhi.co.jp/en/company/history/index.html.

5.5.2 专利申请态势分析

截至 2018 年 10 月,三菱重工在全球 LNG/LPG 运输船领域内的专利申请数量约 199 项,在货物围护系统技术领域全球排名第六,在 BOG 再液化系统技术领域全球排名第五(见图 5-5-2)。

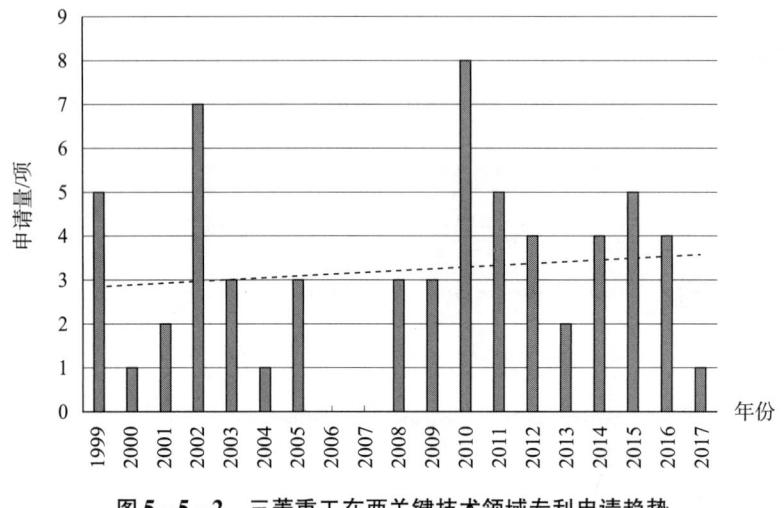

图 5-5-2 三菱重工在两关键技术领域专利申请趋势

图 5-5-3 是三菱重工在货物围护系统领域专利申请趋势示意图。在货物围护系统技术领域方面,年申请量整体变化不大。在近 20 年期间,整体申请趋势呈平稳状态,说明三菱重工对货物围护系统的研发投入一直保持常态。其中,在货物围护系统技术领域申请的专利类型中,绝大部分是发明专利,约占专利总量的 99%。

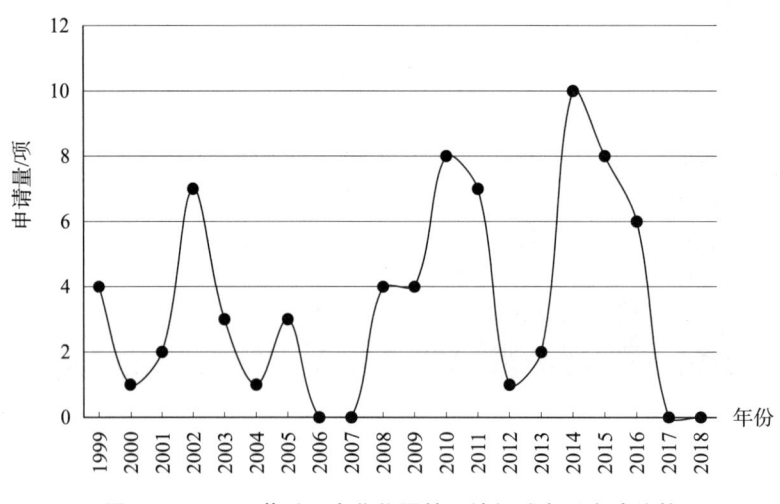

图 5-5-3 三菱重工在货物围护系统领域专利申请趋势

图 5-5-4 三菱重工在 BOG 再液化系统技术领域的专利申请趋势示意。在 BOG 再液化系统技术领域方面，三菱重工专利申请类型均为发明。

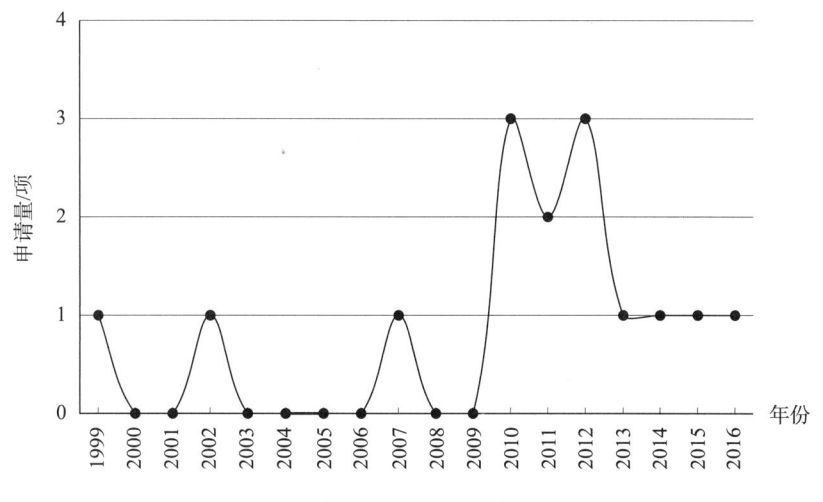

图 5-5-4 三菱重工在 BOG 再液化系统技术领域的专利申请趋势

三菱重工在 BOG 再液化系统技术领域起步发展时间与全球的专利申请趋势时间基本一致，说明三菱重工在 BOG 再液化系统领域发展还是比较早的，但是三菱重工在 BOG 再液化系统领域一直只有少量的专利申请，并且在 2013 年以后年专利申请量跌落至 1 项，这表明三菱重工并不重视 BOG 再液化系统技术领域的发展，研发投入较少。

从法律状态上来看，表 5-5-1 为三星重工在货物围护系统和 BOG 再液化两技术领域中有效专利、失效专利、未决专利的占比情况。其中，货物围护系统技术领域的发明专利处于失效状态高达 46%，对该部分深入分析发现，处于失效状态的 41 件专利中，有 32 件专利是撤回专利申请而导致失效的，其他原因则有放弃专利申请、驳回专利申请、未缴年费和期限届满，并且撤回专利申请也是分散在各个申请年间，因而该部分处于失效的专利并无异常状态。三菱重工的货物围护系统技术领域和 BOG 再液化系统技术领域的专利的审中状态均达 20% 以上，表明技术活跃度较好。

表 5-5-1 三菱重工在两关键技术领域的专利法律状态

技术领域	法律状态	占比	专利类型	专利数量/件
货物围护系统	有效专利	34%	发明	31
			实用新型	0
	失效专利	46%	发明	40
			实用新型	1
	未决专利	20%	发明	18
			实用新型	0

续表

技术领域	法律状态	占比	专利类型	专利数量/件
BOG 再液化	有效专利	38%	发明	8
			实用新型	0
	失效专利	38%	发明	8
			实用新型	0
	未决专利	24%	发明	5
			实用新型	0

5.5.3 专利布局分析

5.5.3.1 受理局分析

图 5-5-5 为三菱重工在货物围护系统领域专利申请的主要受理局，即技术主要输出国家/地区分析。可以看出，三菱重工向本国递交的专利申请量是各个国家/地区中最大的，共 75 件，其次是中国和韩国，分别为 14 件和 11 件，在美国、EPO 等国家或地区的专利布局量较少，且从专利布局量的差异来看，三菱重工比较重视本国市场。

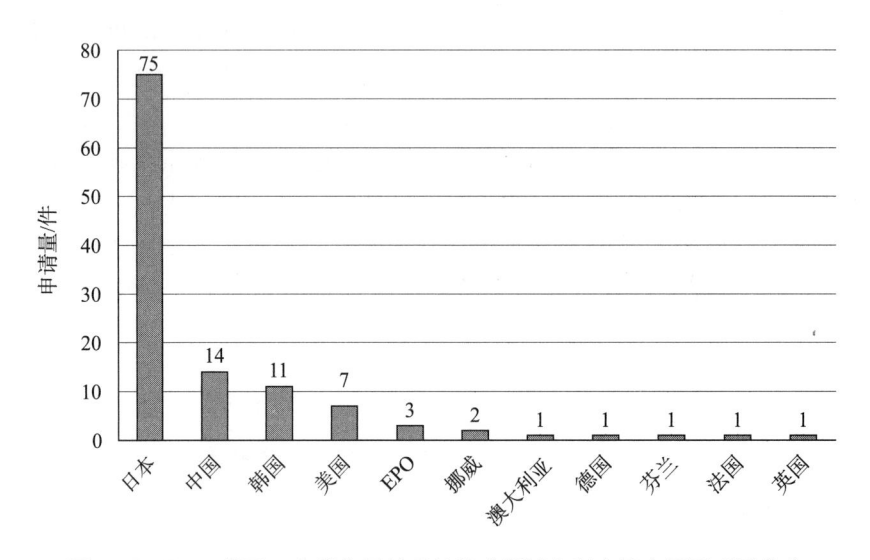

图 5-5-5 三菱重工在货物围护系统技术领域专利申请主要受理局分布

图 5-5-6 为三菱重工在 BOG 再液化系统领域专利申请的主要受理局，即技术主要输出国家/地区分析。可以看出，三菱重工比较重视本国市场的专利申请，在日本的专利申请达 15 件；而海外布局的国家/地区仅有韩国、中国和 EPO，专利申请量共 6

件，是本国专利申请量的40%。

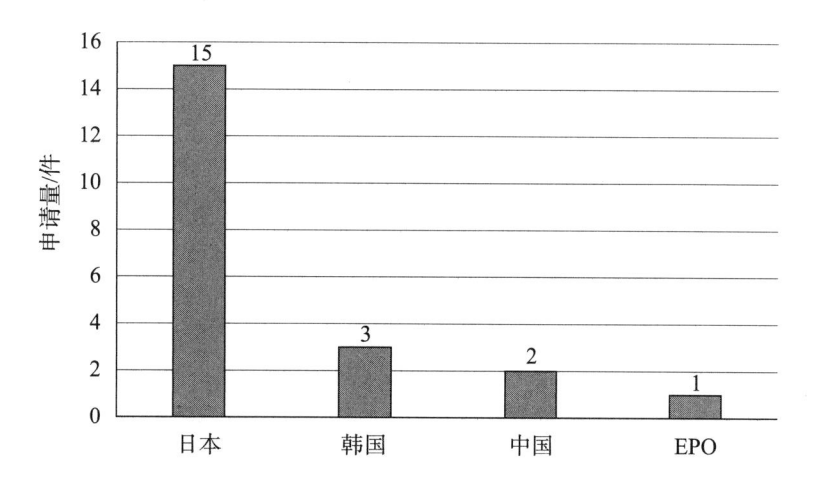

图5-5-6　三菱重工在BOG再液化系统专利申请主要受理局分布

5.5.3.2　主要发明人分析

图5-5-7示出三菱重工在货物围护系统领域发明团队的主要成员。可以看出，排名前十的发明人中塚本泰史、川北千春、鹿岛秀利的发明数量属于第一梯队，从一定程度上反映出这位发明人的重要地位。

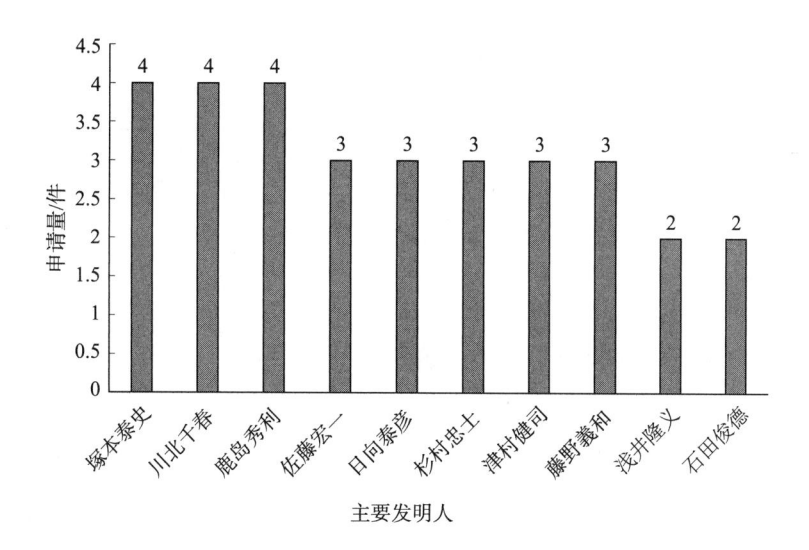

图5-5-7　三菱重工在货物围护系统技术领域的主要发明人排名

图5-5-8示出三菱重工在BOG再液化系统技术领域发明团队的主要成员。可以看出，排名前十的发明人中冈胜、牧原洋、饭岛正树的发明数量比较突出，从一定程度上反映出这些发明人的重要地位。

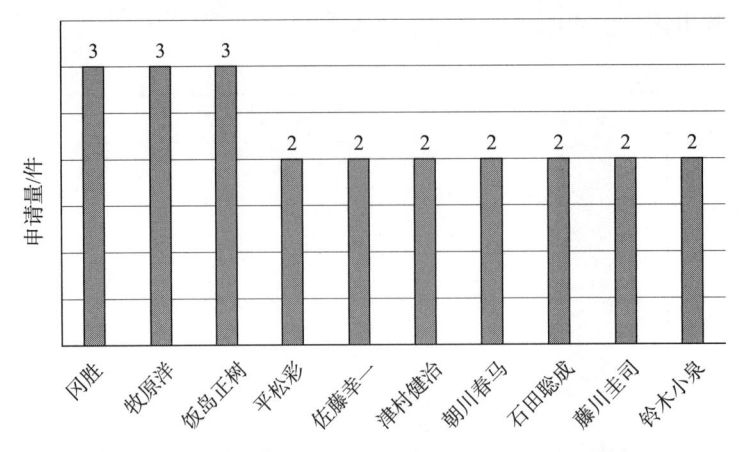

图 5-5-8 三菱重工在 BOG 再液化系统技术领域的主要发明人排名

申请量/件：冈胜 3、牧原洋 3、饭岛正树 3、平松彩 2、佐藤幸一 2、津村健治 2、朝川春马 2、石田聪成 2、藤川圭司 2、铃木小泉 2

5.5.4 技术分析及重点专利分析

5.5.4.1 货物围护系统

从表 5-5-2 可以看出，三菱重工在绝热技术、止荡技术和耐低温技术中的专利专利申请情况，分别有 73 件、3 件和 2 件。

表 5-5-2 三菱重工在货物围护系统技术领域的技术分布情况　　单位：件

绝热技术	耐低温技术	止荡技术	支撑技术	安全性能	强度
73	2	3	11	5	2

在绝热技术、止荡技术和耐低温技术中，三菱重工整体申请数量不多，其中，绝热技术占比超过 90%；止荡技术和耐低温技术的专利申请量加和占比不足 5%。

可见，三菱重工在货物围护系统技术领域的研发投入大多放在绝热技术中，在止荡技术和耐低温技术的投入非常少。

依据附录 1，选取专利文献共 2 篇，如表 5-5-3 所示。

表 5-5-3 重点专利列表

序号	公开号	发明名称	申请日	INPADOC 同族数量	法律状态
1	US9868493	Independent tank with curvature change section, and manufacturing method for independent tank	2014-06-05	11	授权
2	CN102428310B	绝热配管	2010-11-18	7	授权

(1) US9868493（见表5-5-4）

表5-5-4　US9868493专利摘要

专利名称	Independent tank with curvature change section, and manufacturing method for independent tank
专利权人	MITSUBISHI SHIPBUILDING CO., LTD.　　公告日　　2018-01-16
优先权	JP2013129892
同族专利	CN105143035A、CN105143035B、EP2974953A1、EP2974953A4、JP5916662B2、JP2015003746A、KR1020150132570A、KR101783533B1、US9868493、US20160068235A1、WO2014203742A1
同族国家/地区	中国、EPO、日本、韩国、美国、WIPO
技术方案	至少一个沿构成罐的板材的轴向的曲率沿轴向发生变化的曲率变化部，其中，所述曲率较小的一侧的板材的内周面及外周面两者与所述曲率较大一侧的板材的内周面及外周面不在同一水平面上，所述曲率较小的一侧的板材的板厚中心相对于所述曲率较大的一侧的板材的板厚中心，向半径方向内侧或半径方向外侧偏心
技术效果	无须增加板厚便能够减小在曲率变化部附近产生的局部的弯曲应力，并起到提高独立式罐的疲劳寿命的效果

(2) CN102428310B（见表5-5-5）

表5-5-5　CN102428310B专利摘要

专利名称	绝热配管
专利权人	MITSUBISHI HEAVY INDUSTRIES 三菱重工业株式会社 株式会社日本冷热　　公告日　　2014-09-24
同族专利	CN102428310B、CN102428310A、JP5448743B2、JP2011106648A、KR1020120021306A、KR101356316B1、WO2011062237A1
同族国家/地区	中国、日本、韩国、WIPO

续表

技术方案	本发明提供绝热配管,其具有能够追求防止保冷性恶化及产生冷点,且能够追求防止施工性恶化的效果。其设置有形成为大致筒状且内部流动低温流体的管主体、在周向单层状地覆盖管主体且在长度方向并列配置的多个绝热部(3,3)、在邻接的绝热部(3,3)之间的径向内侧与邻接的绝热部(3,3)相接配置且由纤维类绝热部件构成的内侧连接部(41)、以及在邻接的绝热部(3,3)之间的径向外侧与邻接的绝热部(3,3)相接配置且由橡胶类绝热部件构成的外侧连接部(42)
摘要附图	

5.5.4.2 BOG 再液化系统

依据附录1,筛选出三菱重工的 BOG 再液化技术领域重点专利,如表 5-5-6 所示。

表 5-5-6 三菱重工在 BOG 再液化系统技术领域重点专利列表

序号	公开号	发明名称	申请日	INPADOC 同族数量	法律状态/事件
1	US8739569	Liquefied gas reliquefier, liquefied-gas storage facility and liquefied-gas transport ship including the same, and liquefied-gas reliquefaction method	2009-02-26	11	授权
2	JP3908881B2	The method of re-liquefying the boil	1999-11-08	2	授权/权利转移

(1) US8739569（见表 5-5-7）

表 5-5-7　US8739569 专利摘要

专利名称	Liquefied gas reliquefier, liquefied-gas storage facility and liquefied-gas transport ship including the same, and liquefied-gas reliquefaction method
专利权人	MITSUBISHI SHIPBUILDING CO., LTD.	公告日	2014-06-03
同族专利	CN101796343B、CN101796343A、EP2196722A1、EP2196722A4、JP5148319B2、JP2009204080A、KR101136709B1、KR1020100043199A、US8739569、US20100170297A1、WO2009107743A1
同族国家/地区	中国、EPO、日本、韩国、美国、WIPO
技术方案	再液化器包括：用于液化二次制冷剂的冷却单元，用于供给液化二次制冷剂的液化二次制冷剂供给单元，以及设置在二次制冷剂循环通道中以通过热交换来冷凝 BOG 的热交换单元。热交换单元设置在液化气储罐附近。冷却单元包括多个脉冲管制冷机。根据安装在温度计，压力表和泵排出流量计中的至少一个的测量结果来控制运行中的脉冲管制冷机的数量和/或各个脉冲管制冷机的制冷能力
摘要附图	

（2）JP3908881B2（见表 5-5-8）

表 5-5-8　JP3908881B2 专利摘要

专利名称	The method of re-liquefying the boil		
专利权人	大阪瓦斯株式会社 日本邮船株式会社 三菱重工业株式会社 千代田化工建设株式会社	公告日	2007-04-25
同族专利	JP2001132899A、JP3908881B2		
同族国家	日本		
技术方案	从储罐 1 产生的蒸发气体由 BOG 压缩机 2 压缩，然后由热交换器 3 的液化部分 5 冷却。所获得的处于饱和状态的液体被引导至液体分离器 6，然后将液体引导到热交换器 3 的过冷部分 7 并再次冷却到过冷状态以使液体返回到储罐 1		
摘要附图			

5.6　GTT

5.6.1　公司简介

GTT 成立于 1994 年，其经 Gaztransport 和 Technigaz 合并而构成。法国 GTT 融合了两种创新技术，在 LNG 的散装运输方面具有丰富的经验。

1964 年交付第一艘 Technigaz 设计的 LNG 船。虽然进入 21 世纪后，LNG 载体有了长足的发展，所携带的 LNG 量也显著增加，但随着海上天然气工业的快速发展，出现了另一次变革。GTT 制造了首个 FLNG（浮动液化天然气）设施，由壳牌公司订购，它的容量是标准 LNG 船的两倍；之后，Mark Ⅲ Flex 技术开始启动，有助于降低 LNG 在运输过程中的沸腾率。

2014 年 2 月 27 日，GTT 在巴黎证券交易所挂牌上市。新成立的英国基地成为 GTT 培训有限公司的子公司。新加坡总部的投资公司淡马锡通过收购 10.4% 的剩余总持股而成为投资者。2015 年，在新加坡创建子公司 GTT 东南亚有限公司。

在 2018 年 9 月 17 日巴塞罗那国际天然气展览会（Gastech 2018）上，GTT 公司开发的 NO96 LNG 围护系统获得了法国船级社（BV）颁发的原则性认可证书（AIP）。被命名为 NO96 Flex 的货物围护系统将受益于 NO96 成熟的技术并利用高效泡沫板保温，其采用了 NO96 L-03 围护技术，对 NO96 围护系统的整合得到了加强，以便利用聚氨酯泡沫材料的热性能连续改进。这一技术将使一艘普通 174000 立方米 LNG 船每天的 LNG 蒸发率降至 0.07%。预计模拟阶段将从 2020 年第一季度开始。

5.6.2 专利申请态势分析

截至 2018 年 10 月 31 日，法国 GTT 在 LNG/LPG 运输船领域全球累计的专利申请量有 211 项，在货物围护系统技术领域全球排名第五，在 BOG 再液化系统技术领域全球排名第 29。其中分布于两关键技术"货物围护系统"和"BOG 再液化系统"的专利为 153 项。

在货物围护系统和 BOG 再液化系统两个关键技术领域中，绝大部分是发明专利，占比约为 99%。在货物围护系统技术领域的专利量为 151 项，而 BOG 再液化系统技术领域的专利仅有 2 项，与法国 GTT 更偏重于货物围护系统的研发对应。基于此，本节内容主要围绕货物围护系统的专利技术进行分析。

图 5-6-1 示出了 GTT 在货物围护系统领域专利申请趋势情况。在 1999～2006 年，专利申请量非常少，2007 年以后年专利申请量总体呈增长趋势，特别是 2012 年后申请量猛增，直到 2014 年达到顶峰的 22 项。随着时间的推移，GTT 在货物围护系统领域的研发有增无减且呈突飞猛进的态势。

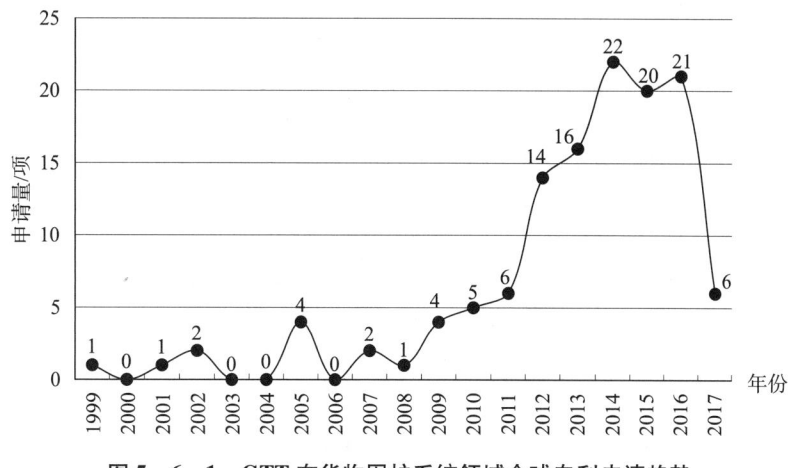

图 5-6-1 GTT 在货物围护系统领域全球专利申请趋势

法国 GTT 是一家专注于研究液化天然气低温储运技术的工程公司，在 LNG 储存舱薄膜密封系统制造方面已有 60 多年的历史。GTT 在液货舱绝热技术领域的专利布局较早，在 2006 年前就已经在该技术领域储备了多件专利技术。

从法律状态上来看，表 5-6-1 为 GTT 在货物围护系统技术领域中有效专利、失效专利、未决专利的占比情况。在两关键技术中，GTT 的专利几乎均为发明专利，其中，失效专利占比仅 20% 多，其他专利为有效专利和未决专利。

表 5-6-1　GTT 在货物围护系统技术领域的专利法律状态

技术领域	法律状态	占比	专利类型	专利数量/件
货物围护系统	有效专利	48%	发明	155
			实用新型	5
	失效专利	23%	发明	93
			实用新型	5
	未决专利	29%	发明	74
			实用新型	1

在货物围护系统技术领域中，失效专利占比仅为 23%；尤其，有效专利的数量是未决专利数量的近 1.7 倍。

5.6.3　专利布局分析

5.6.3.1　受理局分析

从货物围护系统领域的全球布局来看（见图 5-6-2），GTT 在本国和海外的布局呈阶梯状。

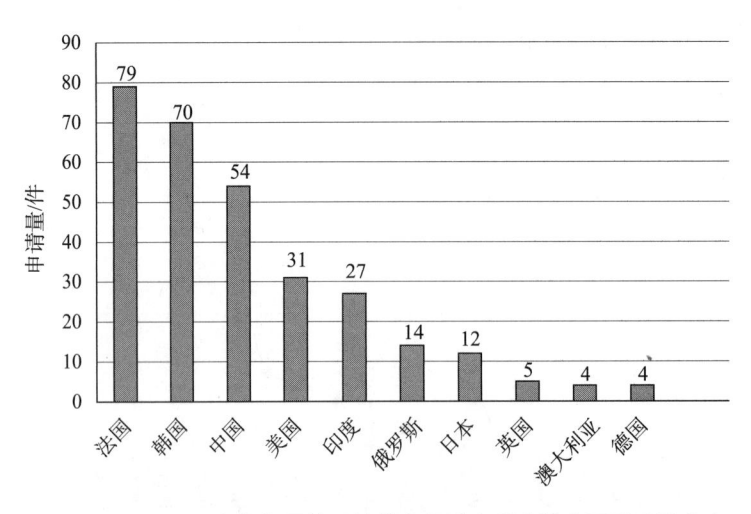

图 5-6-2　GTT 在货物围护系统技术领域专利申请主要受理局分布

（法国 79、韩国 70、中国 54、美国 31、印度 27、俄罗斯 14、日本 12、英国 5、澳大利亚 4、德国 4）

专利申请的主要受理局，即技术主要输出国家/地区分析。

GTT 在本国的专利申请量居首，有 79 件；其次是韩国和中国，分别为 70 件和 54 件；接下来从多到少依次是美国、印度、俄罗斯、日本、英国、澳大利亚和德国。从整体布局来看，GTT 在全球布局比较完整，且从专利布局量的差异来看，除了本国市场外，GTT 还比较重视海外市场的发展，尤其是目前比较强大的消费国家，如韩国、中国和美国等。

GTT 作为货物围护系统领域的技术强国，不仅抓紧自身的研发力度，而且时刻关注市场的发展动向。

5.6.3.2 主要发明人分析

图 5-6-3 示出 GTT 在货物围护系统领域发明团队的主要成员。

从图中可以看出，排名前十的发明人中 DELANOE SEBASTIEN 和 DELETRE BRUNO 的发明数量比较突出，从一定程度上反映出这两位发明人的重要地位，其他主要的发明人还有 JEAN PIERRE、PHILIPPE ANTOINE 等。

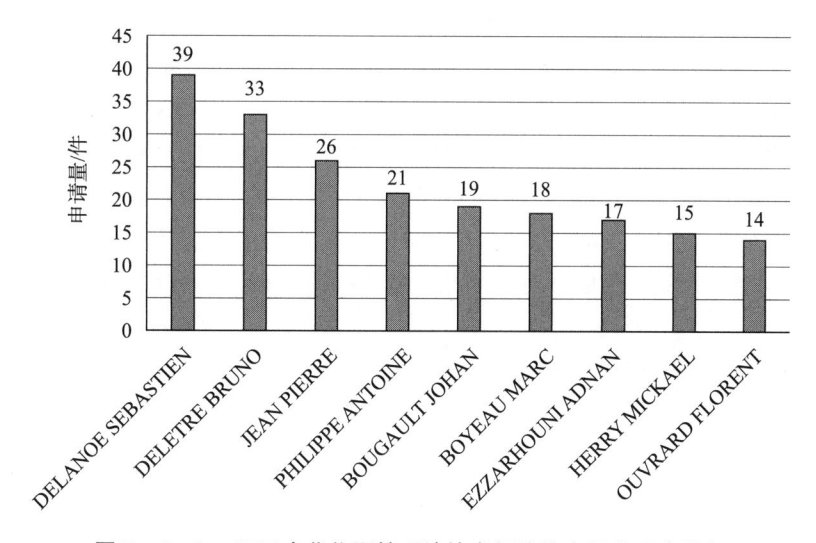

图 5-6-3 GTT 在货物围护系统技术领域的主要发明人排名

5.6.4 技术分析及重点专利分析

5.6.4.1 技术分析

从表 5-6-2 可以看出，GTT 在绝热技术、耐低温技术和止荡技术中的专利专利申请情况，分别有 142 件、6 件和 5 件。

表 5-6-2 GTT 在货物围护系统技术领域的技术分布情况　　单位：件

绝热技术	耐低温技术	止荡技术	支撑技术	安全性能	强度
142	6	5	22	13	3

在绝热技术、止荡技术和耐低温技术中，GTT 整体申请数量不多，其中，绝热技术占比超过92%；止荡技术和耐低温技术的专利申请量加和占比约7%。

可见，GTT 在货物围护系统技术领域的研发投入大多放在绝热技术中，在止荡技术和耐低温技术的投入非常少。

进一步地，围绕 GTT 解决货物围护系统的技术问题，挑选 GTT 公司的部分重点专利，分析所挑选专利采用的技术手段，部分地揭示 GTT 的研发思路。

1994 年以来，从 GTT 的申请专利的技术分布来看，其主要关注的技术问题为货物围护系统的密封性/绝热性、来自装载液化天然气的静态/动态压力、收缩膨胀效应以及变形、货物围护系统焊接技术、相关预制件的制作技术等。

（1）装载液化天然气的静态/动态压力

在提升承受来自装载液化天然气的静态/动态压力能力方面，GTT 主要采用设计承重构件、改善绝缘箱的承重能力、优化绝缘箱的材料、优化承重构件的分布、增加减震装置、角结构和屏壁层的结构方面入手。

①承重构件

1994 年，公开号为 FR2724623A1 的专利公开了由主、次屏壁构成的液货舱，如图5-6-4所示，次屏壁位于承载结构与主屏壁之间，主、次屏壁与两个绝热层交替配置。主屏壁由含有向容器内弯曲的边缘的铝合金薄膜构成，次屏壁和绝热层是由固定在承载结构上的预制件组合构成，相邻预制件之间使用绝热材料填充。该专利采用刚性铝合金薄膜作为主屏壁，能够较好地抗住来自液货舱中液化天然气的冲击，使用预制件制作次屏壁和内层绝热层，有效简化货物围护系统的建造过程，降低成本。

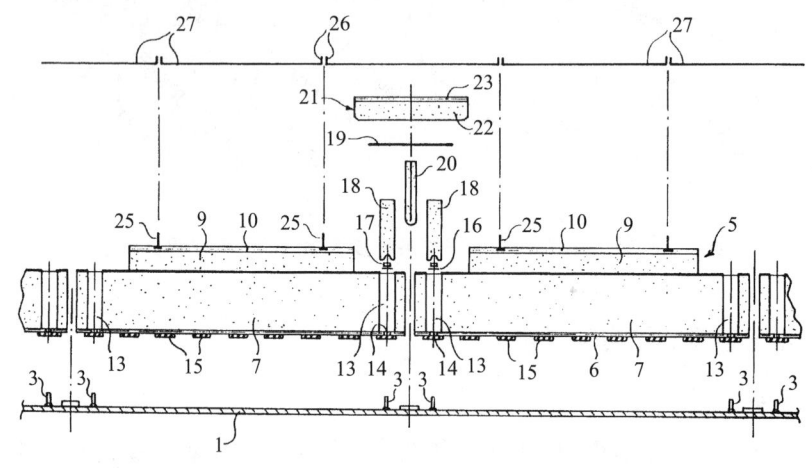

图5-6-4 FR2724623A1 专利技术方案示意图

2004 年，公开号为 FR2877639B1 专利公开了一种密封绝热罐，如图5-6-5所示，罐壁固定在浮式结构的承重构件上，罐壁由内到外分别为主屏壁、主绝热层、次屏壁和次绝热层，绝热层由并列的不导热部件组成，每个不导热部件设置一个平行于罐壁层的绝热衬垫，板面向绝热衬垫的一面有突起承重隔壁，承重隔壁穿过绝热衬垫的厚度突起以承受压缩力。

如图 5-6-6 所示，公开号为 FR2877637B1（2004 年）的专利公开了绝热层都包括平行于舱壁布置的绝热衬垫和从绝热衬垫的厚度方向凸起的、用于承受压缩力的承重元件。

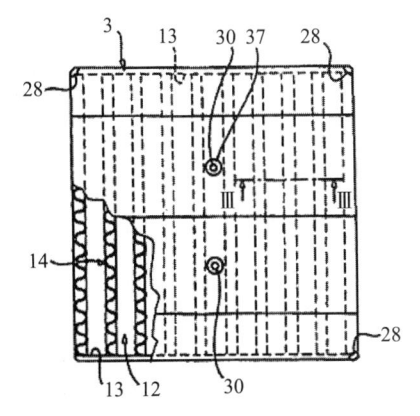

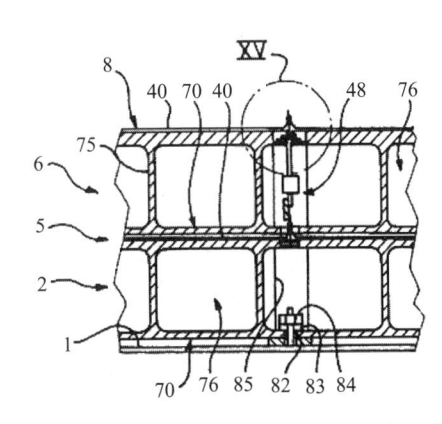

图 5-6-5　FR2877639B1 专利技术方案示意图　　**图 5-6-6　FR2877637B1 专利技术方案示意图**

如图 5-6-7 所示，公开号为 FR2877638B1（2004 年）的专利公开了不导热部件的承重部件包括柱，该柱在平行于罐壁平面内的横截面，比不导热部件尺寸小。

②减震装置

2009 年，专利 FR2944087B1 公开了一种由双舱壁组成与支撑结构一体化的密封隔热舱的改进结构，如图 5-6-8 所示，该密封隔热舱由内到外包括主屏壁、隔热层，次屏壁设置在隔热层中，隔热层与支撑结构成一体化，双舱壁之间设置一个由一层减震材料组成的减震装置。

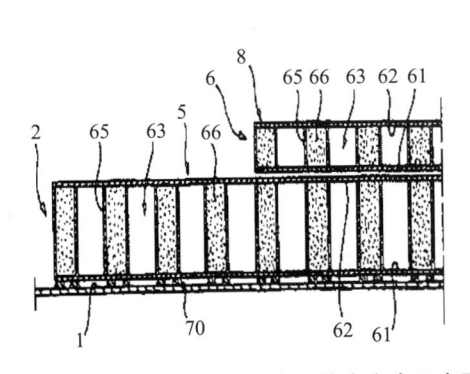

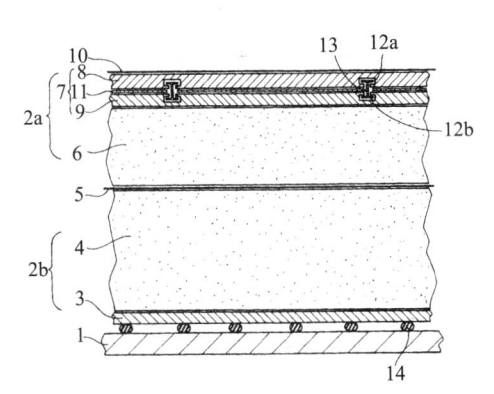

图 5-6-7　FR2877638B1 专利技术方案示意图　　**图 5-6-8　FR2944087B1 专利技术方案示意图**

③绝热层

如图 5-6-9 所示，公开号为 FR2867831B1（2004 年）的专利公开了一种设置了增强元件的绝缘箱，增强元件相对于内部隔板横向布置在内部空间中，且该增强元件有与各内部隔板连接的区域，以便增加内部隔板的抗弯阻力，连接区域延伸的深度大于或等于在底板和盖板之间的距离的一半。

如图 5-6-10 所示，专利 FR2978748B1（2011 年）公开了由两层绝热原件组成的隔热层，内部的绝热元件采用矿棉或低密度聚合物泡沫材料，外侧的绝热元件采用高密度聚合物泡沫材料。

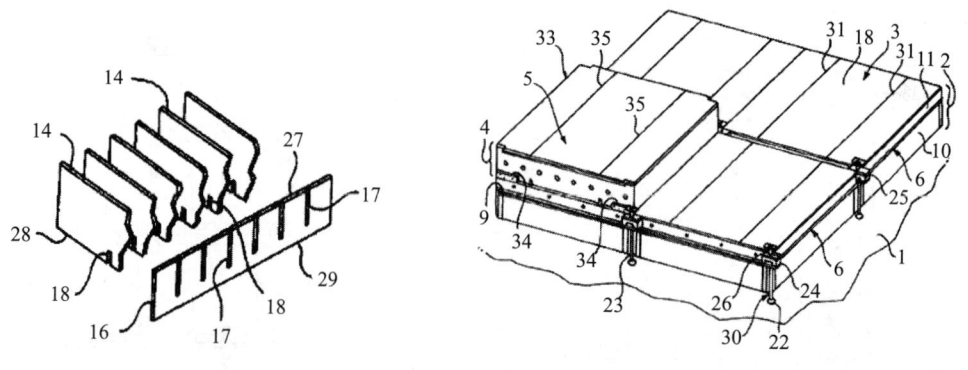

图 5-6-9　FR2867831B1 专利技术方案示意图　　图 5-6-10　FR2978748B1 专利技术方案示意图

如图 5-6-11 所示，专利 FR2994245B1（2012 年）公开了一种密封隔热罐的隔热阻挡层，由次隔热阻挡层、主隔热阻挡层以及密封阻挡层组成，次隔热阻挡层由多个次隔热元件构成，主隔热阻挡层由多个主隔热元件构成；每个主隔热元件和次隔热元件包括：隔热衬里，以及多个载体元件，其穿过隔热衬里延伸，面板与罐壁平行并被设置在隔热元件的载体元件的端部；其中，主隔热元件或次隔热元件的面板被设置在主载体元件和次载体元件之间，多个主载体元件中的至少一个主载体元件被间隔，相对于在平行于罐壁的平面投影图上的下层载体元件。

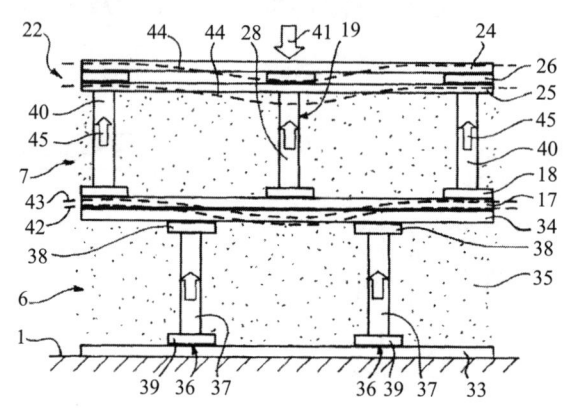

图 5-6-11　FR2994245B1 专利技术方案示意图

④主屏壁结构

2003 年，公开号为 FR2861060B1 的专利公开了一种主屏壁的结构，如图 5-6-12 所示，该主屏壁有多个系列褶皱，并且方向互相正交，褶皱向内部突出，至少一个系列褶皱上有加强隆起部，隆起部凸起方向与褶皱一致。加强的隆起部能够减少运输液化天然气过程中由于容器内部液体的压力导致的褶皱产生塑性变形。

专利 FR2936784B1（2008 年）公开了一种液货舱，如图 5-6-13 所示，薄膜体包括至少一个板，并具有波纹，在薄膜体和绝热屏障之间在波纹下面插入加强件，增大薄膜体的抗压强度和限制塑性变形。

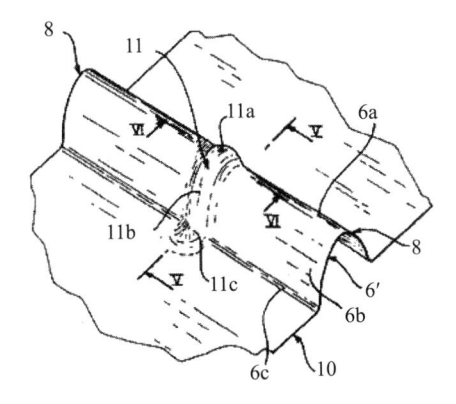

图 5-6-12　FR2861060B1 专利技术方案示意图

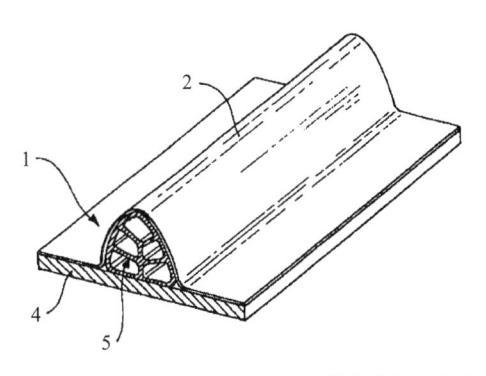

图 5-6-13　FR2936784B1 专利技术方案示意图

⑤角结构

专利 FR2987099B1（2012 年）公开了一种转角件，如图 5-6-14 所示，转角件包含一波浪状部分，波浪状部分具有一朝向承重壁的凸面，其弯曲角度比两个承重壁之间的边缘转角更急，绝热屏障具有一凹槽来覆盖波浪状部分。防止波浪状部分由于储罐内流体的移动而易于变形。

专利 FR3009745B1（2013 年）公开了一个密封角件，如图 5-6-15 所示，密封角件以密封的方式固定于主、次屏壁上；角件包括金属板角铁，两个加强凸缘，两个锁定件，并且三者位于边缘同一位置；锁定件固定于绝缘层，一凸缘和另一加强凸缘各自包括一个薄片，两薄片分别固定于两个锁定件的下表面。

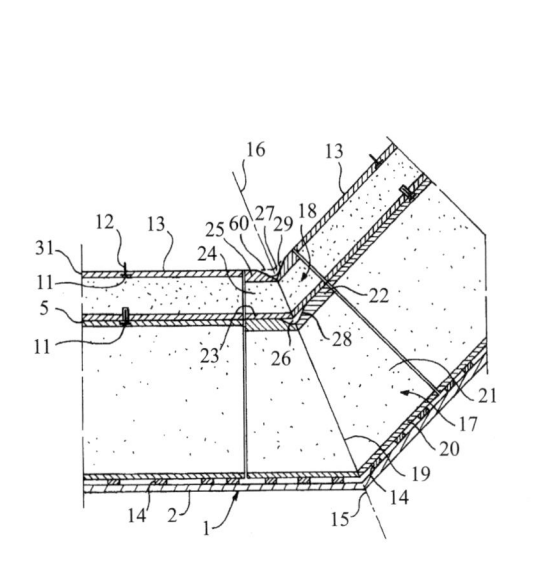

图 5-6-14　FR2987099B1 专利技术方案示意图 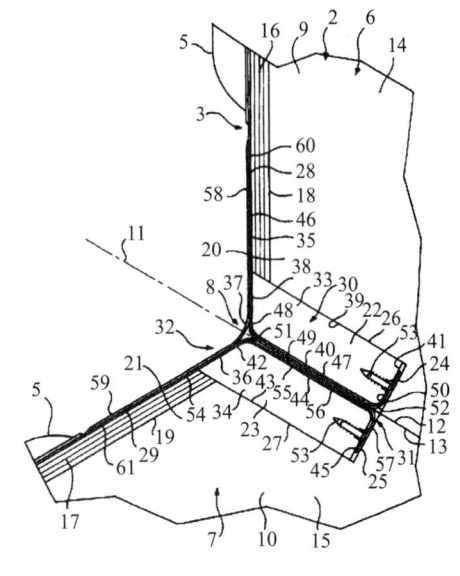　　图 5-6-15　FR3009745B1 专利技术方案示意图

专利 FR3042843B1（2015 年）公开了一种密封隔热的流体储罐的角度布置，如图 5-6-16 所示，设置在第一壁与第二壁之间的交叉处，一隔热块和另一隔热块，其

239

分别保持在支承结构的两壁上并形成隔热屏障的拐角;一金属角结构与该拐角共同形成密封膜拐角,密封膜焊接到两个隔热块的多个金属板上;两个隔热块通过桥接元件与相邻隔热板相互关联;隔热块上均有应力释放槽。

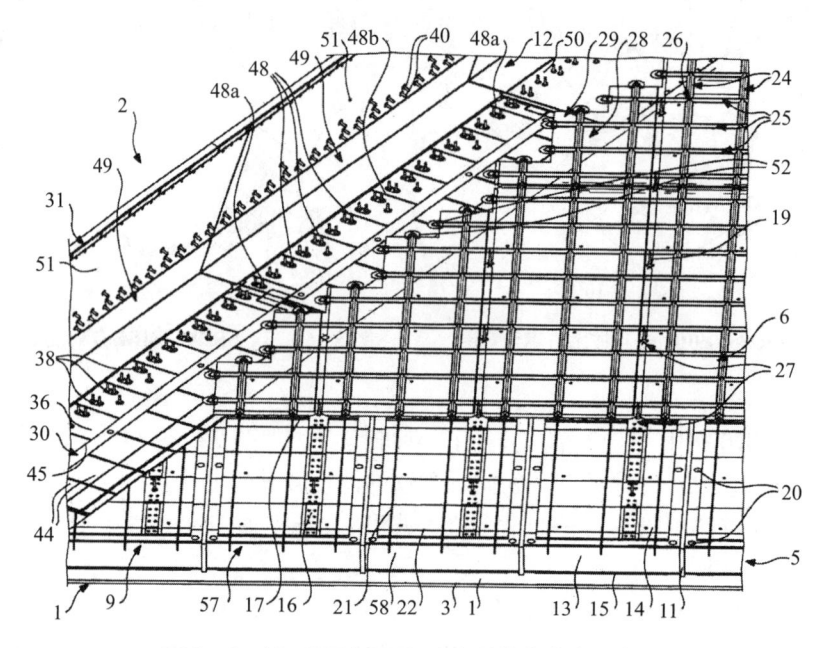

图 5-6-16　FR3042843B1 专利技术方案示意图

(2) 收缩膨胀效应以及变形

在提升货物围护系统由于装载或者卸载 LNG 导致的收缩膨胀效应以及变形方面,GTT 公司主要通过舱壁中主屏壁、次屏壁、绝热层以及它们之间的连接关系以及模块(比如舱壁)之间的连接结构来改善。

如图 5-6-17 所示,专利 FR2977562B1 (2011 年) 公开了主、次屏壁层结构件与绝热层结构件之间的位置关系。一级金属板和二级金属板分别相对于底部一级保温砌块和二级保温砌块是偏移的;一级金属板和二级金属板分别只通过一级机械耦合部件和二级机械耦合部件以承接啮合的方式分别固定到一级保温砌块和二级保温砌块上,并且在远离一级金属板边缘的结合点上,一级机械耦合部件附属于一级金属板,且在远离二级金属板边缘的结合点上,二级机械耦合部件附属于二级金属板。

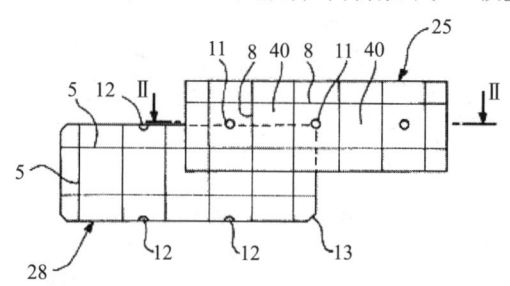

图 5-6-17　FR2977562B1 专利技术方案示意图

如图5-6-18所示，专利FR3004511B1（2013年）公开了一种密封隔热罐的固定装置，包括一个金属板，其固定于邻接二级密封层的一级隔热块的刚性板的锪孔中，还包括一个突出构件，其连接于位于金属板的区域内的二级隔热块，突出构件具有用于配合螺母的螺纹头，其螺丝接合在载体壁方向上直接或者间接地施加金属板的固定区域以压力。

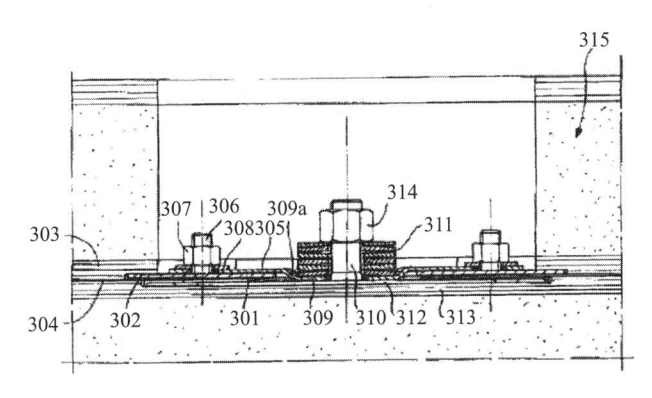

图5-6-18 FR3004511B1专利技术方案示意图

如图5-6-19所示，专利FR3001945B1（2013年）公开了一种密封绝热壁的隔热板，其内表面包括一个设置在波纹两侧的两个相邻的锚固区间的消除应力槽，消除应力槽拥有一个沿着D1（X，Y）方向延伸的轴，以便允许波纹横向于D1（X，Y）方向变形，消除应力槽的长度小于隔热板沿着消除应力槽轴线尺寸的长度，并且未延伸至隔热板的外围。

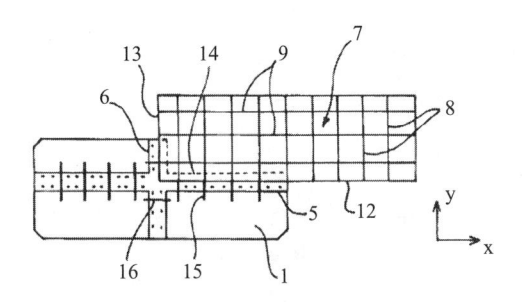

图5-6-19 FR3001945B1专利技术方案示意图

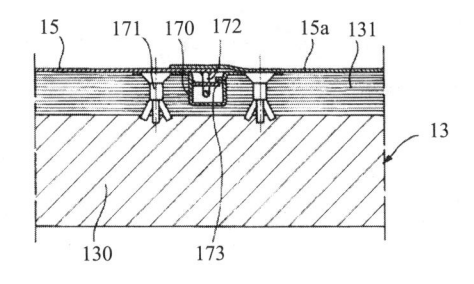

图5-6-20 FR3004234B1专利技术方案示意图

如图 5-6-20 所示，专利 FR3004234B1（2013 年）公开了一种包括一承重墙结构的密封绝热罐。密封绝热罐包括一罐壁，固定于承重墙。罐壁包括一绝热屏障，固定于承重墙、一密封屏障，由绝热屏障所支撑，且包含以密封形式焊接在一起的薄金属板的两条直角边都设有滑动定位工具。设置了滑动定位工具，有利于减少薄金属板的张力。

如图 5-6-21 所示，专利 FR3022971B1（2014 年）公开了在被布置成密封条的区域中，密封条被布置成使得它们与预制板件的边缘区域交叠。由于所使用复合层压材料是柔性的，密封条能够较好地经受形变。

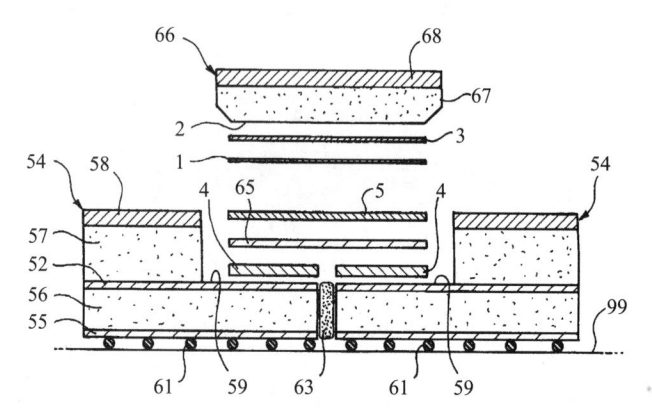

图 5-6-21　FR3022971B1 专利技术方案示意图

如图 5-6-22 所示，专利 FR3050008B1（2016 年）公开了角部布置，包括密封膜，其密封地焊接到相交壁的密封膜上，并且使得第一组波纹的波纹连接到第三组波纹的波纹上，第二组波纹的波纹连接到第三组波纹的波纹上。

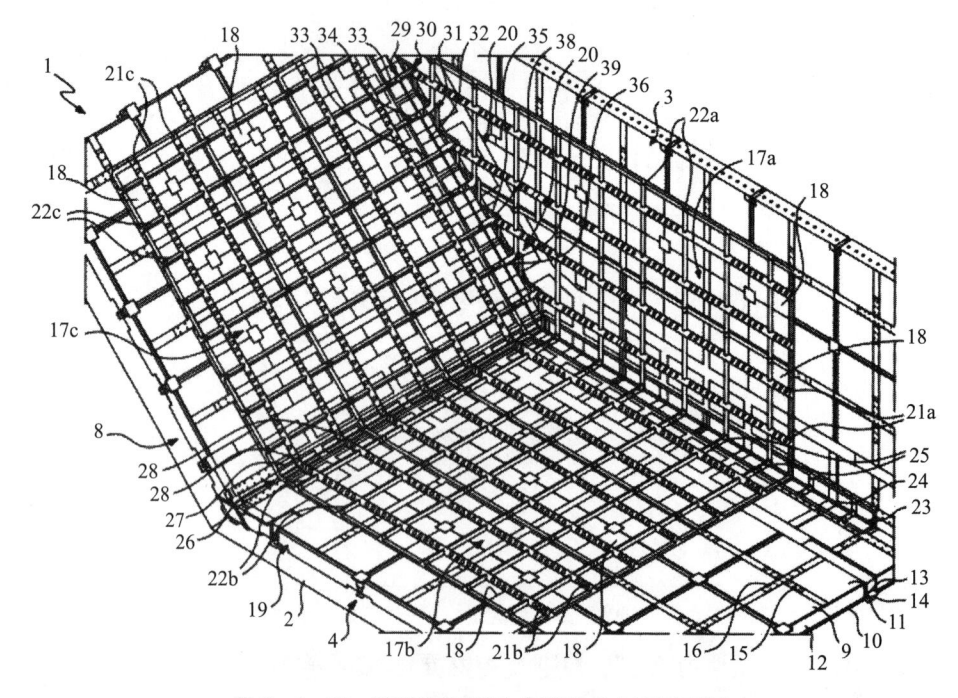

图 5-6-22　FR3050008B1 专利技术方案示意图

如图 5-6-23 所示，专利申请 FR3061260A1（2016 年）公开了第二锚固板具有第一波纹，允许第二锚固板的弹性变形。

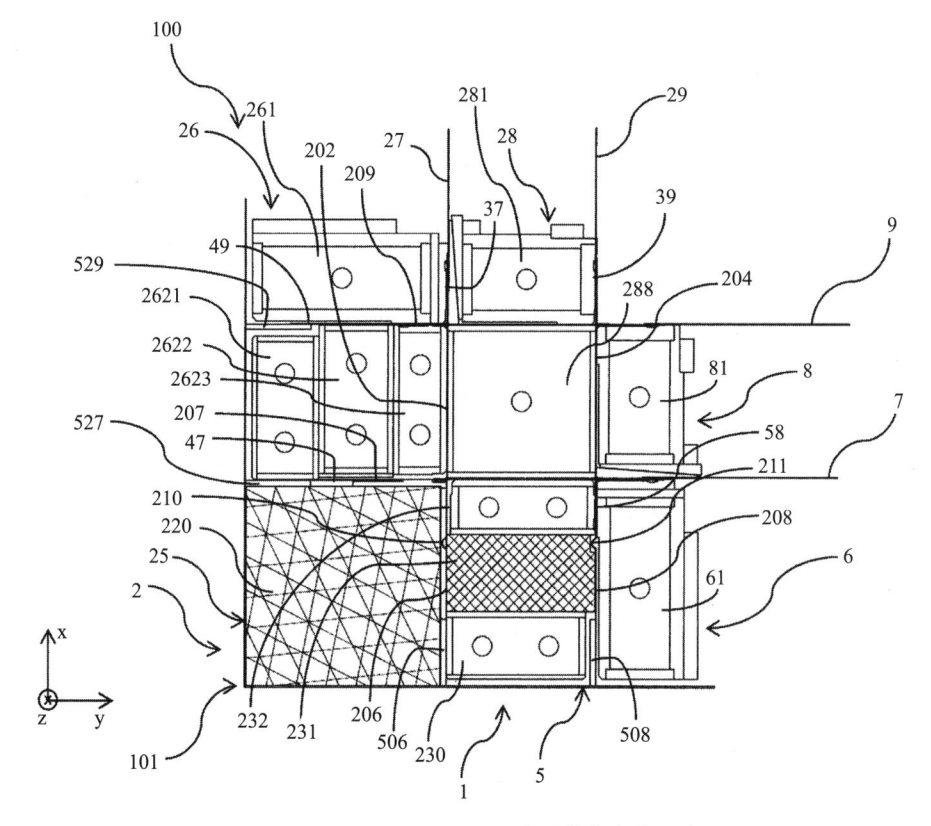

图 5-6-23　FR3061260A1 专利技术方案示意图

（3）密封性

在提升货物围护系统密封性方面，GTT 主要采用优化液货舱的角结构、绝热箱以及液货舱泄露的检测方面进行改善。

①角结构

如图 5-6-24 所示，专利 FR3008765B1（2013 年）公开了一种用于密封隔热罐的角结构，其增加了储罐的支撑结构和密封膜之间的锚定的刚度，避免一定的焊接过度应力。

②绝热箱

如图 5-6-25 所示，专利 FR2987424B1（2012 年）公开了一种由流动空间构成的绝热盒，绝热盒在与罐壁呈直角的方向上大幅延伸，同时使得流体在平行于罐壁的方向上流通。

③泄漏检测

如图 5-6-26 所示，专利 FR2946428B1（2009 年）公开了向主空间内注入无冷凝性或者冷凝温度低于主层膜平均温度的第一气体；向次空间内注入冷凝温度高于主层膜平均温度的第二气体；在次空间因充气产生压力，该压力高于主空间的压力；检测可能出现在主层膜上的任何热点。

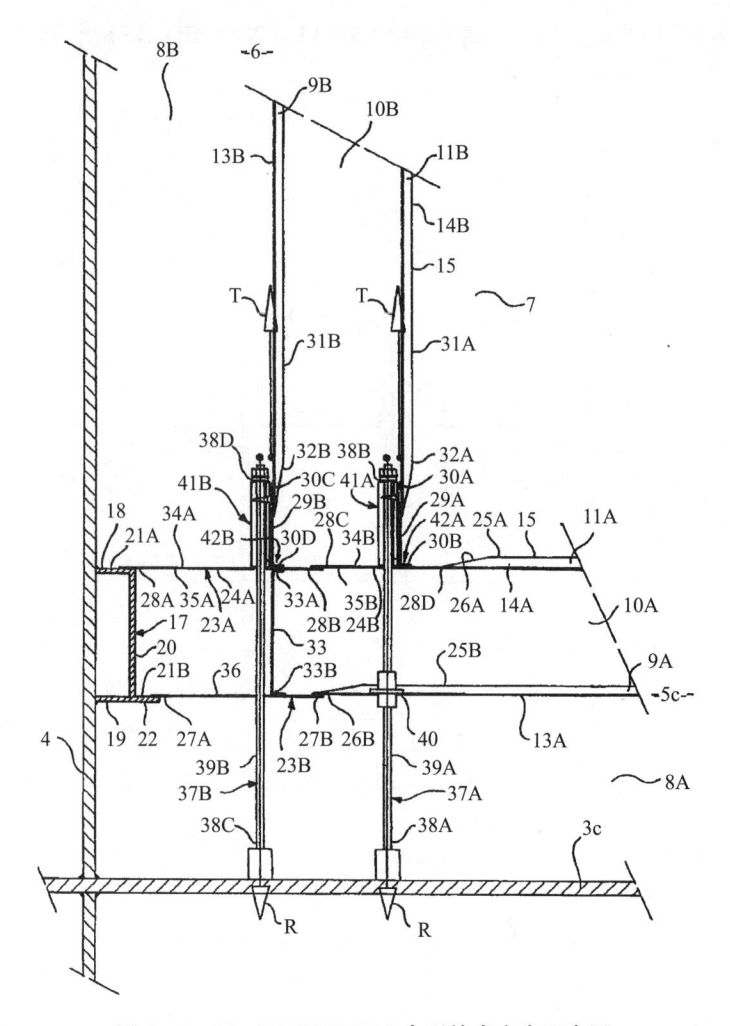

图 5-6-24　FR3008765B1 专利技术方案示意图

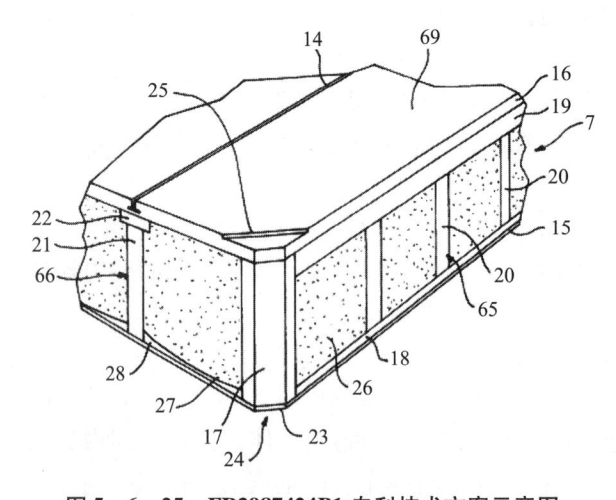

图 5-6-25　FR2987424B1 专利技术方案示意图

如图 5-6-27 所示，专利 FR2981640B1（2011 年）公开了一种对被测元件信息收集装置的移动支撑，包括一个主托架，其受到一个垂直上升或下降的力；一个次托架，次托架上连接有多个柔性机械连接，此连接施加一个保持力，以使支撑相对于垂直动力的平衡，柔性机械连接的长度可以调节，为了使支撑可以在工作区域移动；一个连接主托架和次托架的关节。

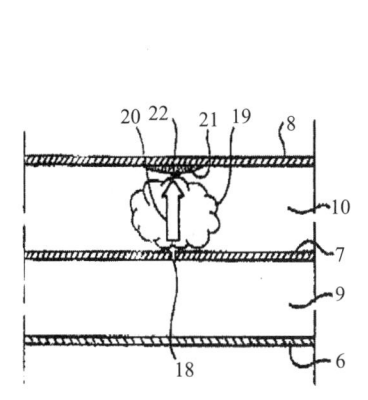

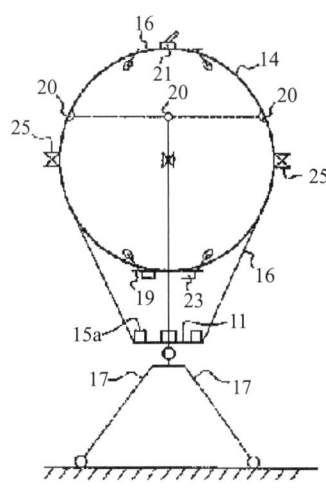

图 5-6-26　FR2946428B1 专利技术方案示意图　　**图 5-6-27　FR2981640B1 专利技术方案示意图**

如图 5-6-28 所示，专利 FR3014197B1（2014 年）公开了货物围护系统的检测方法，依靠回收绝热层中负压下的气态物质的样品，通过开口于罐的外壁的一采样管，获得稀释气体的样品，并依靠添加一受控数量的惰性气体至需要回收的或已经回收气态物质，获得稀释气体的样品，提高稀释气体样品的压力，以达到气体分析仪的工作压力，最后用气体分析仪检测稀释气体样品中燃料气的浓度。

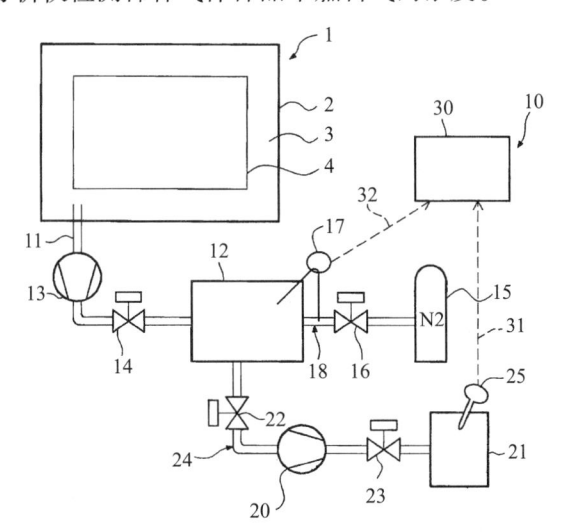

图 5-6-28　FR3014197B1 专利技术方案示意图

如图 5-6-29 所示，专利 FR3004432B1（2014 年）公开了一种即时安装的成套工具,可被安装在一限定空间内,由于铰接臂的支撑柱由多个部分组成,这些部分在装配过程中被引导入容器。

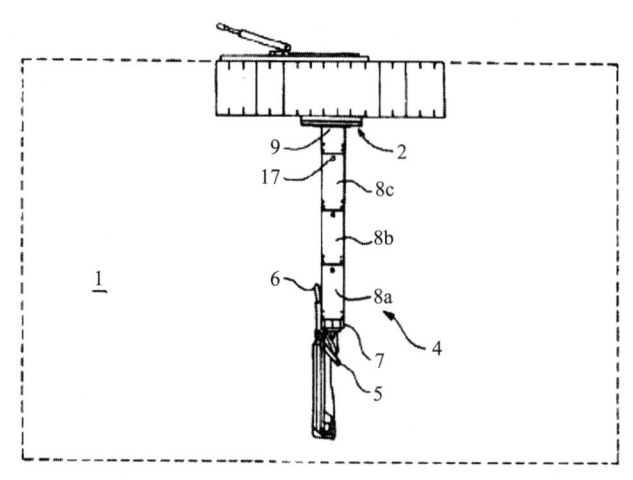

图 5-6-29 FR3004432B1 专利技术方案示意图

如图 5-6-30 所示,专利 FR3060098A1(2016 年)公开了内窥镜观察装置,包括:护套,其容纳一束光纤并连续穿过支承结构,护套包括以密封方式附接在轴承结构上的外凸缘,以密封方式附接在密封膜上的内凸缘,护套包含内密封垫圈,光学传感器和布置在罐的内部空间外部的照明装置,其连接到光纤束。

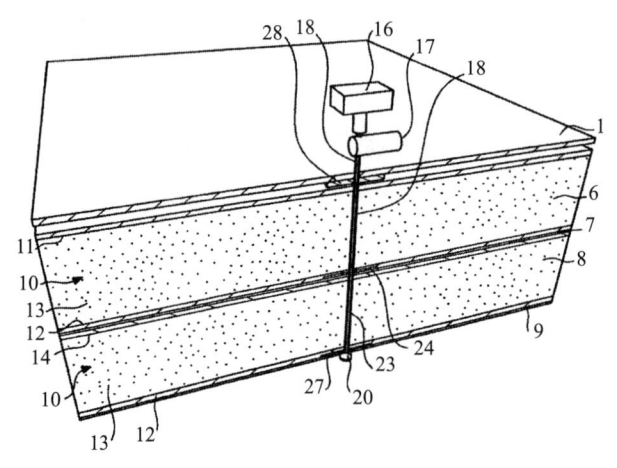

图 5-6-30 FR3060098A1 专利技术方案示意图

(4)绝热性能

在提升货物围护系统绝热性能方面,GTT 主要采用优化液货舱的绝热箱以及绝热箱的制作工艺方面进行改善。

如图 5-6-31 所示,专利 FR3004512B1(2013 年)公开了一绝热元件,包括:绝热材料,多个承载元件穿过绝热材料沿一厚度方向垂直于罐壁,以及一盖板和一基板,以及一抗弯板平行于盖板和基板,多个承重构件穿过抗弯板。

如图 5-6-32 所示，专利 FR3011832B1（2013 年）公开了一种绝热箱的制作方法，通过熔解外壳和中心核的热塑基质，连接外壳和中心核。

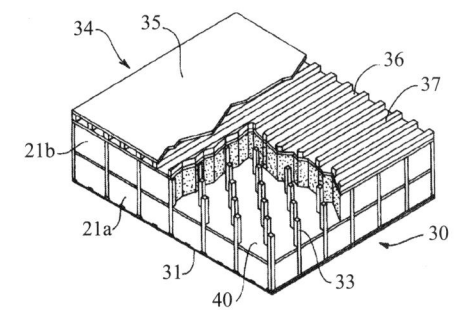

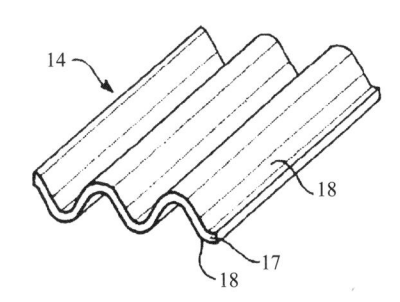

图 5-6-31　FR3004512B1 专利技术方案示意图　　图 5-6-32　FR3011832B1 专利技术方案示意图

（5）相关预制件的制作技术

在货物围护系统预制件制作方面，GTT 主要的研发方向是在因瓦钢表面形成波纹的设备及其使用方法进行改进。

如图 5-6-33 所示，专利 FR3020769B1（2014 年）公开了用于在金属片中形成波纹的弯曲装置，该弯曲装置包含：框架，模具（具有两个模具元件，每个模具元件具有一凹面的半型腔，每个模具元件都被安装以能够在框架上滑动），冲头（头部能够插入模具的型腔以按压金属片），两个侧夹（被安装以滑动，并且能够相对于下框架垂直移动，使得金属片被夹紧在模具元件的支撑面上）。在冲头位移至其弯曲位置的过程中，金属片向模具元件和侧夹传递牵引力，从而将模具元件和侧夹移位到它们的近处位置。

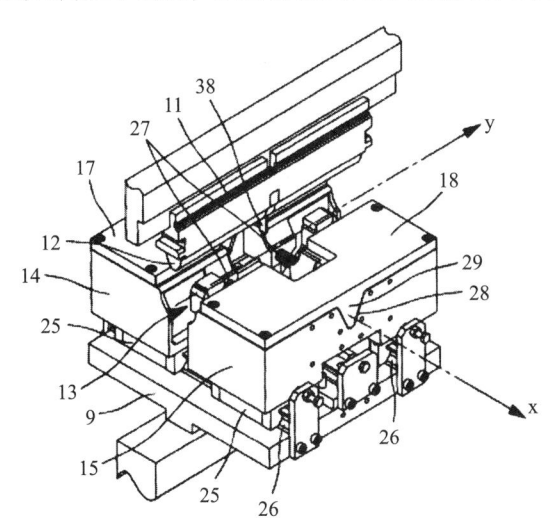

图 5-6-33　FR3020769B1 专利技术方案示意图

如图 5-6-34 所示，专利 FR3020772B1（2014 年）公开了一种用于弯曲和展开金属板的系统，该系统能够动态地适应金属板的厚度变化。

如图 5-6-35 所示，专利 FR3020773B1（2014 年）公开了一种用于弯曲和展开金属板的系统，弯曲和展开系统允许生产在一个部件中在两个止动结构之间延伸的列板，并且具有可以变化的厚度,使得它们可以直接连接到止动结构,同时在这些端部之间具有较小的厚度。

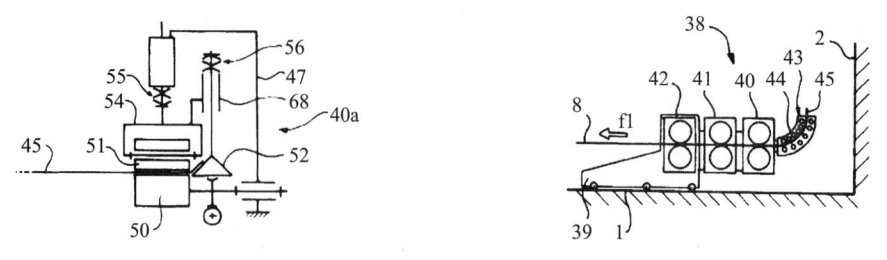

图 5-6-34 FR3020772B1 专利技术方案示意图   图 5-6-35 FR3020773B1 专利技术方案示意图

如图 5-6-36 所示,专利 FR3025123B1(2014 年)公开了用于在金属板中同时形成多个波纹的折弯装置及该装置的使用方法。该折弯装置包括:下框架;在静止位置和折弯位置之间可竖直移动的上框架;至少两个模具,模具由下框架承载,一个模具相对于下框架固定并且另一个可滑动地安装;由上框架承载至少两个冲头,有一个冲头固定并且另一个在上框架上可滑动地安装;在操作中在上框架朝向其折弯位置的移动过程中,金属板向滑动的冲头和滑动的模具传递牵引力,该牵引力使它们从远离位置向紧靠位置移动。

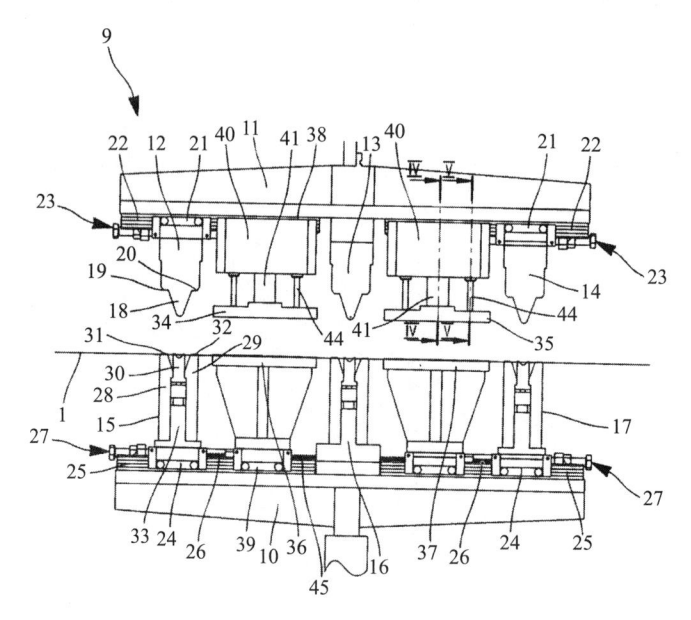

图 5-6-36 FR3025123B1 专利技术方案示意图

如图 5-6-37 所示,专利 FR3043925B1(2015 年)公开了一种简单的紧凑的折弯机用于在含有预成形的波纹的金属板中形成波纹,并且减少用于形成波纹及节点所需的压力机的功率。

如图 5-6-38 所示,专利申请 FR3057185A1(2016 年)公开了用于在金属片中形成波纹的折弯机。折弯机上框架向其工作位置移动时,由指针施加在金属片上的力就有可能局部地将金属片限制在波纹底部,以此在局部形成塑性变形,限制金属片的弹

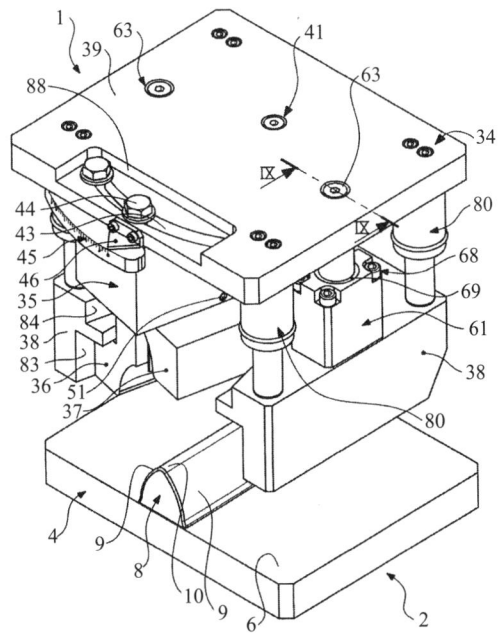

性回复，从而显著提高所述折弯的金属片的平面度。

图 5-6-37　FR3043925B1 专利技术方案示意图

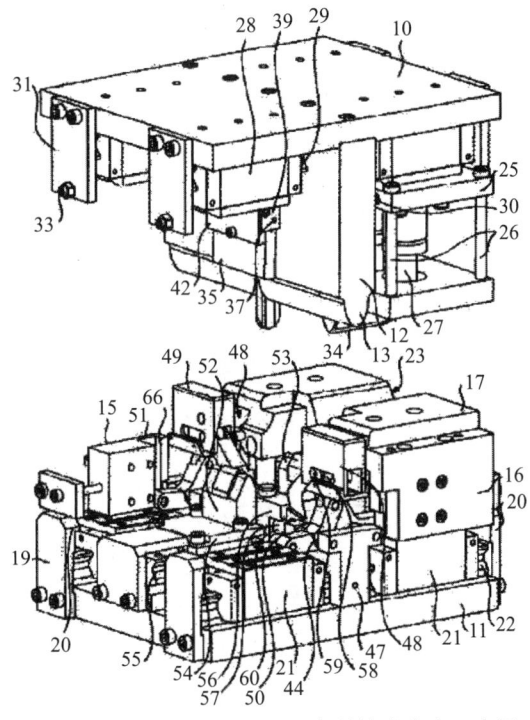

图 5-6-38　FR3057185A1 专利技术方案示意图

（6）焊接技术

GTT 近年来针对因瓦钢的焊接技术投入研发，主要集中在焊接设备上，以提高因瓦钢的焊接质量。

如图 5-6-39 所示，专利 FR2987571B1（2012 年）公开了一种定向设备，用于相对于工作表面的局部法向量定位传感探针，该设备包括：一框架，一移动支撑元件，一传感探针和压力装置。移动支撑元件连接于框架，并且能够在预定的滑动方向中相对于该框架移动；传感探针能够相对于移动支撑元件的接合点在不平行于预定的滑动方向的第一旋转轴上转动；压力装置能够移动，并且在该预定的滑动方向上对移动支撑元件生成一个力，以便将该传感探针压向工作表面。传感探针包括一单独凸起的外传感表面，单独凸起的外传感表面能够与工作表面接触，外传感表面具有一单平衡接触点，该单平衡接触点是外传感表面上最接近接合点的点，接合点相对于在单平衡接触点的水平处的外传感表面的曲率中心偏心。

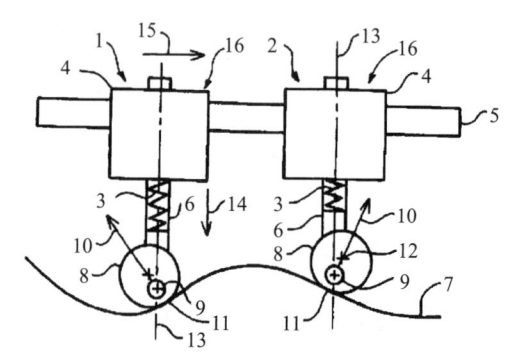

图 5-6-39　FR2987571B1 专利技术方案示意图

如图 5-6-40 所示，专利 FR3015320B1（2013 年）公开了一种电弧焊机的焊臂，

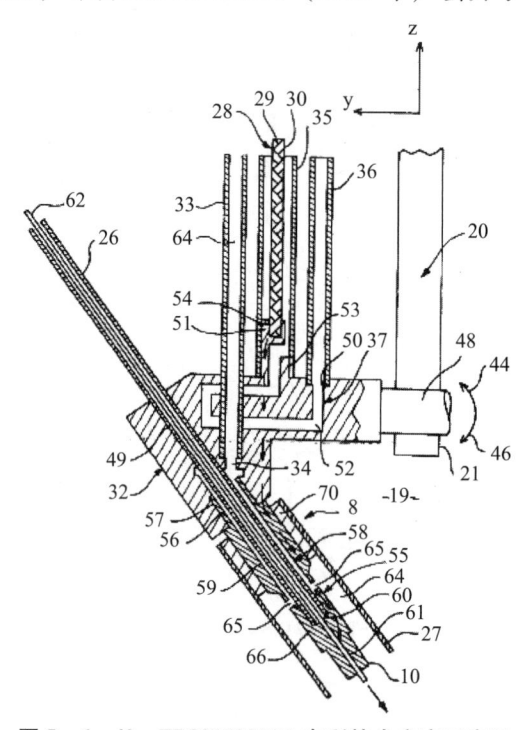

图 5-6-40　FR3015320B1 专利技术方案示意图

在填充焊丝与接触尖端之间形成电接触，喷嘴用来引导气流从接触尖端的侧向出口流至焊头的前端。

如图5-6-41所示，专利FR2724623A1（2017年）公开了一种低变形焊接方法和装置。其包括移动支撑托架、金属部件、冷却涂敷器。托架用于相对于待组装的两个金属部件沿着进给路径移动，并支撑用于在两者之间形成焊道的焊炬；冷却涂敷器（8），其布置在焊炬后面，相对于进料路径，用于通过与焊道的外表面接触来冷却焊道，冷却施加器由矿物垫组成纤维和分配头设置成将冷却液分配到冷却施加器上，以便用冷却液浸泡矿物纤维垫。

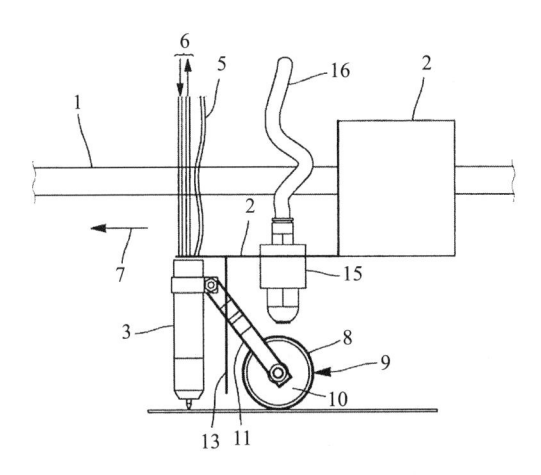

图5-6-41　FR2724623A1专利技术方案示意图

综上所述，GTT在薄膜型货物围护系统方面的改进主要集中在舱壁结构的改进，包括舱壁建造方法的改进舱壁构件之间的连接以及主屏壁和次屏壁的制作。另外GTT对于薄膜型货物围护系统的焊接技术、因瓦薄膜的制作、绝缘体的设计以及制造、货物围护系统的检测等方面均有相关的技术研发。

5.6.4.2 重点专利

依据附录1，选取专利文献共2篇，如表5-6-3所示。

表5-6-3　重点专利列表

序号	公开号	发明名称	申请日	INPADOC同族数量	法律状态
1	RU2649168C2	Method for producing sealed and thermally insulating barrier for storage tank	2014-02-21	17	授权
2	EP2419671A1	Stopper for a secondary diaphragm of an LNG vat	2010-03-11	53	授权

表5-6-3中各专利文献摘要信息如表5-6-4和表5-6-5所示。

（1）RU2649168C2（见表5-6-4）

表5-6-4　RU2649168C2专利文摘

专利名称	Method for producing sealed and thermally insulating barrier for storage tank		
专利权人	GAZTRANSPORT E TEKHNIGAZ	公告日	2018-03-30
优先权	FR2013051569		
同族专利	AU2014220530A1、AU2014220530B2、BR112015019428A2、CA2899566A1、CN105026819A、CN105026819B、EP2959207A1、FR3002514A1、FR3002514B1、ID201604167A、IN2040MUMNP2015A、KR1020150122716A、RU2015136058A、SG11201506306TA、US20150369428A1、WO2014128414A1		
同族国家/地区/组织	澳大利亚、巴西、加拿大、中国、EPO、法国、印度尼西亚、印度、韩国、俄罗斯、新加坡、美国、WIPO		
技术方案	将多个锚定部件（1）附着在支撑结构（2）上；将模块化框架部件（3）安装到支撑结构（2）上，模块化框架部件（3）具有相对于支撑结构（2）突出的形状，并且形状限定了具有支撑结构（2）和多个锚定部件（1）的彼此相邻的隔室（4），隔室具有与支撑结构（2）相反的开口侧；通过开口侧向所述隔室（4）内喷涂绝缘泡沫，以便形成由喷涂的绝缘泡沫构成的多个绝缘部分（5）；将可压缩绝缘连接部件（8）设置在一压缩位置，在压缩位置它们在所述绝缘部分（5）之间被压缩，并能在绝缘部分（5）缩小时膨胀，以至于确保绝热的持续性；以及附着一密封膜至锚定部件（1）		
技术效果	在压力位置排列隔热连接元件中，它们被压在所述隔热分区之间，并且当所述隔热分区收缩时它们能够扩大，以便于确保隔热的持续性		

(2) EP2419671A1（见表5-6-5）

表5-6-5 EP2419671A1专利文摘

专利名称	Stopper for a secondary diaphragm of an LNG vat		
专利权人	GAZTRANSPORT ET TECHNIGAZ S. A.	公告日	2012-02-22
优先权	FR2009052425		
同族专利	AR076286A1、AU2010238386B2、AU2010238386A1、BO11262B、BRPI1015526A2、CA2752208A1、CA2752208C、CN102348925B、CN102348925A、CO6440521A2、CU20120073A7、DOP2011000263A、EG26598A、EP2419671B3、EP2419671B1、ES2559931T3、ES2559931T7、FR2944335A1、FR2944335B1、HN2012000110A、HRP20160092T1、HRP20160092T8、HRP20160092T4、ID201201153A、IDP000038656B、IL217318A、IL217318D0、IN6279DELNP2011A、JP5374636B2、JP2012523527A、KR101412680B1、KR1020110137398A、MA33253B1、MX2011010549A、MX318167B、MY157011A、NZ594659A、NZ594659B、PE0010052012A1、RU2514458C2、RU2011141902A、SA110310287A、SA3434B1、SG174490A1、TN2011000407A1、TW201102554A、TWI596296B、UA104308C2、US9291308、US20120012473A1、WO2010119199A1、ZA201107470B		
同族国家/地区/组织	阿根廷、澳大利亚、玻利维亚、巴西、加拿大、中国、哥伦比亚、古巴、多米尼加共和国、埃及、EPO、西班牙、法国、洪都拉斯、印度尼西亚、以色列、印度、日本、韩国、摩洛哥、墨西哥、马来西亚、新西兰、秘鲁、俄罗斯、沙特阿拉伯、新加坡、突尼斯、中国台湾、乌克兰、美国、WIPO、南非		
技术方案	一个承重支架（11）和一个用来盛装液化天然气的防渗隔热气罐组成液化天然气储存容器，其中所述气罐由一组安装在承重支架上的罐壁组成，每块罐壁从罐内到罐外，沿着厚度方向依次为主防渗层、主隔热层、次防渗层和次隔热层，所述罐壁中至少含有一块垂直的罐壁，该垂直罐壁顶部的次防渗层包含一个初级防渗片和一个连接装置，该连接装置可以将初级防渗片与承重支架之间无渗透地连接，所述储存容器中的连接装置由一个与所述初级防渗片平行的初级金属平板（22），还有一个次级防渗片（17）组成，该次级防渗片一头连接在初级防渗片上，另一头连接在初级金属平板上		
技术效果	通过在防渗层23和防渗层16间留出一个非连接空间带，使得承重支架11和次隔热层所带来的震动为次防渗层所吸收		

5.7 川崎重工

5.7.1 公司简介

川崎重工成立于1878年,总部位于日本东京。川崎重工起家于明治维新时代,以重工业为主要业务,与JFE钢铁(原川崎制铁)及川崎汽船有历史渊源,主要制造航空宇宙、铁路车辆、建设重机、电自行车、船舶、机械设备等。

目前,川崎重工已经开发了许多关于LNG运输船行业标准的创新技术,这些技术支撑着世界的能源运输。

(1) LNG运输船的发展

1981年创造了第一艘LNG运输船模型,也是亚洲的第一艘LNG船,其包括五个以铝制成的莫斯型独立球罐,拥有129000m^3的总容量,为以后建造大型LNG船奠定了基础(见图5-7-1)。

2010年川崎重工建造了一艘高效和多用途的LNG运输船,罐容量达到177000m^2,船体尺寸与世界主要液化天然气码头兼容。该LNG运输船采用川崎重工先进的再热涡轮机为LNG船提供动力。具体地,用于驱动高压涡轮的蒸汽返回锅炉进行再热,然后送入中压涡轮,与以前技术相比,该系统将燃料消耗降低了约15%。

图5-7-1 1981~2010年川崎重工LNG运输船的演变[1]

2018年2月,川崎重工交付LNG SAKURA(川崎船体1731号),具有177000m^3容量的LNG运输船,供关西电力公司(KEPCO)和日本Yusen Kabushiki Kaisha(纽约线)使用。

2018年3月,川崎重工交付了太平洋铜管(川崎船体1718号),具有182000m^3容量的LNG运输船,供川崎Kisen Kaisha有限公司("K"线)使用。该船计划用于从澳

---

[1] 参见:http://global.kawasaki.com/en/stories/articles/vol18/#section—01.

大利亚的 Ichthys LNG 项目运输 LNG，该项目由 INPEX 公司经营。

2018 年 8 月，川崎重工交付了 ENSHU MARU（川崎船体 1720 号），一艘 164700m³ 容量的 LNG 运输船，由"K"线和东京世纪公司使用。

（2）未来氢运输船的发展

川崎重工目前正在开发一种用于液化氢海洋运输的先锋试验船。该船的载货能力为 2500m³，相当于沿海贸易的液化天然气船舶（见图 5-7-2）。该先驱性试验船将采用双壳结构的真空绝缘货舱系统，以达到优异的绝缘性能和安全性。川崎重工的目标是在 2016 完成开发设计，然后进行商业化运作。

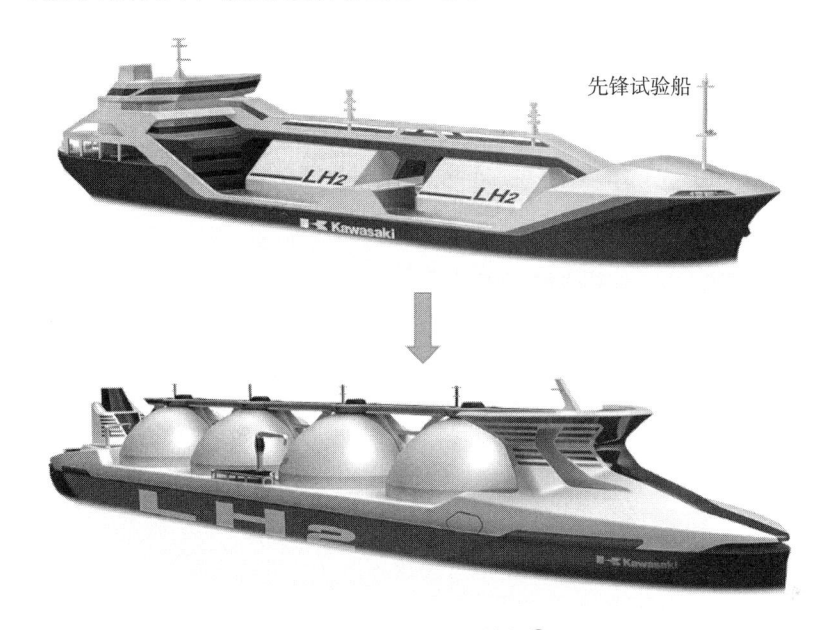

图 5-7-2 氢运输船❶

在不久的将来，当氢进入被社会广泛使用的阶段时，在海外低成本产生的氢气将需要大量运输。为了实现全球氢运输，川崎重工的目标是开发一个容量约 160000m³ 的大型液化氢载体。

5.7.2 专利申请态势分析

截至 2018 年 10 月，川崎重工在全球申请专利 1469 项，在货物围护系统技术领域全球排名第八，在 BOG 再液化系统技术领域全球排在第 12 位。

川崎重工涉及 LNG/PLG 运输船的专利仅约占 23%。基于本报告的两关键技术，川崎重工在货物围护系统技术领域的专利为 52 项，占 LNG/PLG 运输船中约 48%；而 BOG 再液化系统技术领域的专利为 10 项，占 LNG/PLG 运输船中约 11%。

如图 5-7-3 所示，川崎重工在两关键技术的专利申请趋势来看，1999~2016 年

---

❶ 参见：http://global.kawasaki.com/en/stories/articles/vol18/#section—01.

的专利年申请量发展起伏比较大,最大是 2015 年达到 7 件,其中,可能与市场供求关系有关。其中申请的专利类型中,基本上都是发明专利。

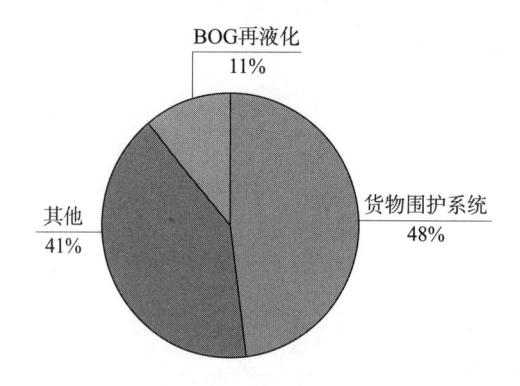

图 5-7-3 两关键技术在 LNG/PLG 运输船领域中占比

川崎重工在货物围护系统技术领域方面专利申请如图 5-7-4 所示,图中可以看出曲线上下波动多次,但年申请量整体呈现上升趋势。说明在近 20 年,川崎重工对货物围护系统的研发投入一直保持常态。

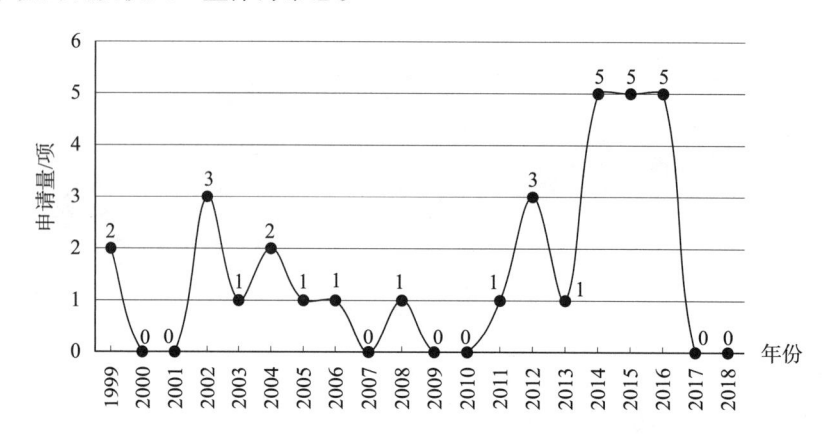

图 5-7-4 川崎重工在货物围护系统领域专利申请趋势

其中,在货物围护系统技术领域申请的专利类型中,都是发明专利。

川崎重工在 BOG 再液化系统领域方面专利申请如图 5-7-5 所示,图中可以看出呈现波动上升趋势,说明在近 20 年的期间,川崎重工对 BOG 再液化系统的研发投入一直保持常态。其中,在 BOG 再液化系统技术领域申请的专利类型中,都是发明专利。

从法律状态上来看,表 5-7-1 为川崎重工在货物围护系统和 BOG 再液化两技术领域中有效专利、失效专利、未决专利的占比情况。

川崎重工在两关键技术领域中的有效专利占比超过 1/3。

细分来看,货物围护系统技术领域中的有效专利接近未决专利的 2 倍,失效专利的数量超过有效专利的数量。BOG 再液化系统技术领域中有效专利数量为失效专利数量的 2 倍多，未决专利数量接近有效专利数量。可见，川崎重工在两关键技术领域中仍在不断加大研发。

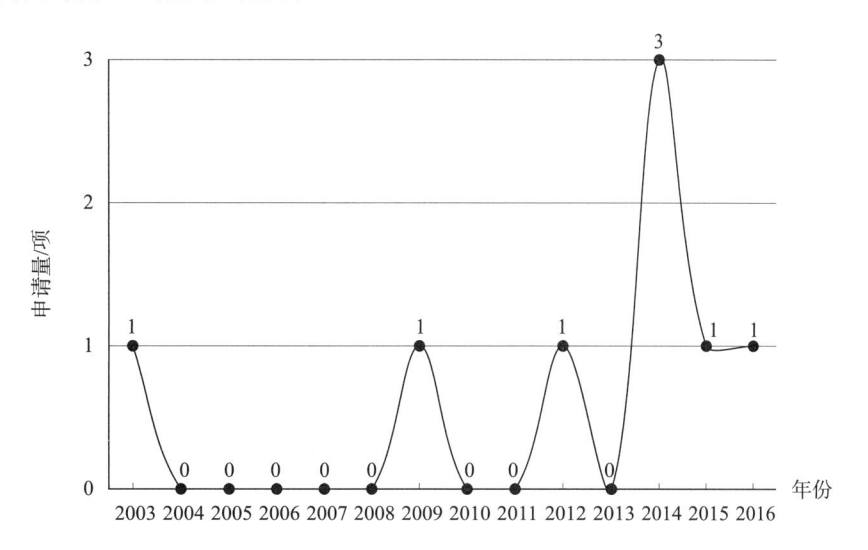

图 5-7-5 川崎重工在 BOG 再液化系统技术专利申请趋势

表 5-7-1 川崎重工在两关键技术领域的专利法律状态

技术领域	法律状态	占比	专利类型	专利数量/件
货物围护系统	有效专利	34%	发明	21
			实用新型	0
	失效专利	45%	发明	28
			实用新型	0
	未决专利	21%	发明	13
			实用新型	0
BOG 再液化	有效专利	43%	发明	6
			实用新型	0
	失效专利	21%	发明	3
			实用新型	0
	未决专利	36%	发明	5
			实用新型	0

5.7.3 专利布局分析

5.7.3.1 受理局分析

图 5-7-6 列出了川崎重工在两关键技术领域专利申请主要受理局分布。

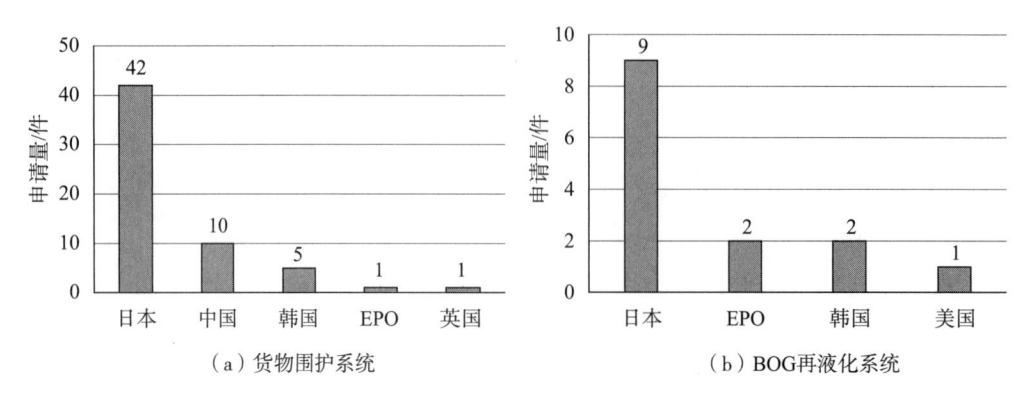

图 5-7-6 川崎重工在两关键技术领域专利申请主要受理局分布

在两关键技术领域的专利布局来看,川崎重工更偏重于货物围护系统技术领域。在货物围护系统技术领域中,川崎重工的布局主要在本国国内,排在第二梯队的市场是中国(10件)和韩国(5件),虽然排在第二梯队,但是川崎重工在中国的专利申请数量尚不足日本的1/4,在韩国的专利申请数量不足日本的1/8。在 BOG 再液化系统技术领域中,整体的专利申请数量较少,按照专利布局数量多少排序分别为日本、韩国、EPO 和美国。

从专利布局量的差异来看,川崎重工布局的国家或地区不多,比较重视本国市场。

5.7.3.2 主要发明人分析

本课题组摘取发明数量超过10件的发明人进行分析(5名),排名如图5-7-7所示。

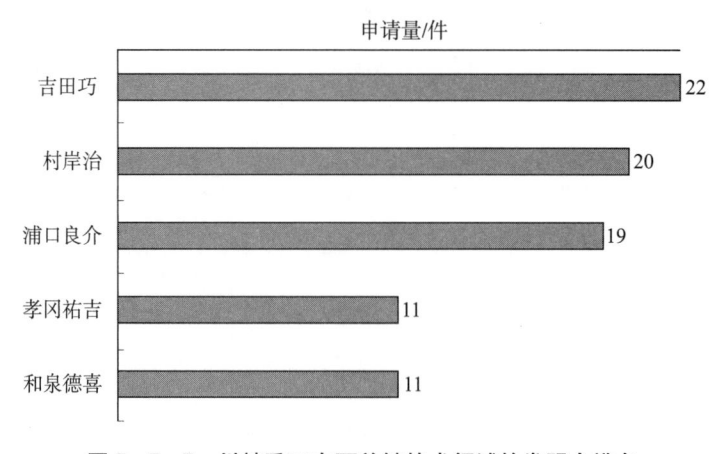

图 5-7-7 川崎重工在两关键技术领域的发明人排名

发明人吉田巧(YOSHIDA TAKUMI)、村岸治(MURAGISHI OSAMU)和浦口良介

(URAGUCHI RYOSUKE）的专利申请数量位于前三位。吉田巧的专利申请数量最大，超出20件，从2011年开始大致呈递增的状态；其中，超过80%（19件）的专利为涉及货物围护系统技术领域的专利。村岸治发明的专利中有14件涉及货物围护系统技术领域，有6件涉及BOG再液化技术领域。而浦口良介发明的专利中有13件涉及货物围护系统技术领域，有6件涉及BOG再液化技术领域。

从排名上来看，上榜的5位发明人对川崎重工在两关键技术领域的研发贡献均较大，而吉田巧、村岸治和浦口良介略高于孝冈祐吉（TAKAOKA YUKICHI）、和泉德喜（IZUMI NARUYOSHI）。

如图5-7-8（见文前彩色插图第5页）所示，村岸治和浦口良介作为联合申请人共同申请了9件专利，其中，涉及货物围护系统技术的专利有7件，涉及BOG再液化技术的专利有2件（公开号KR101865210B1和EP2682337B1）。

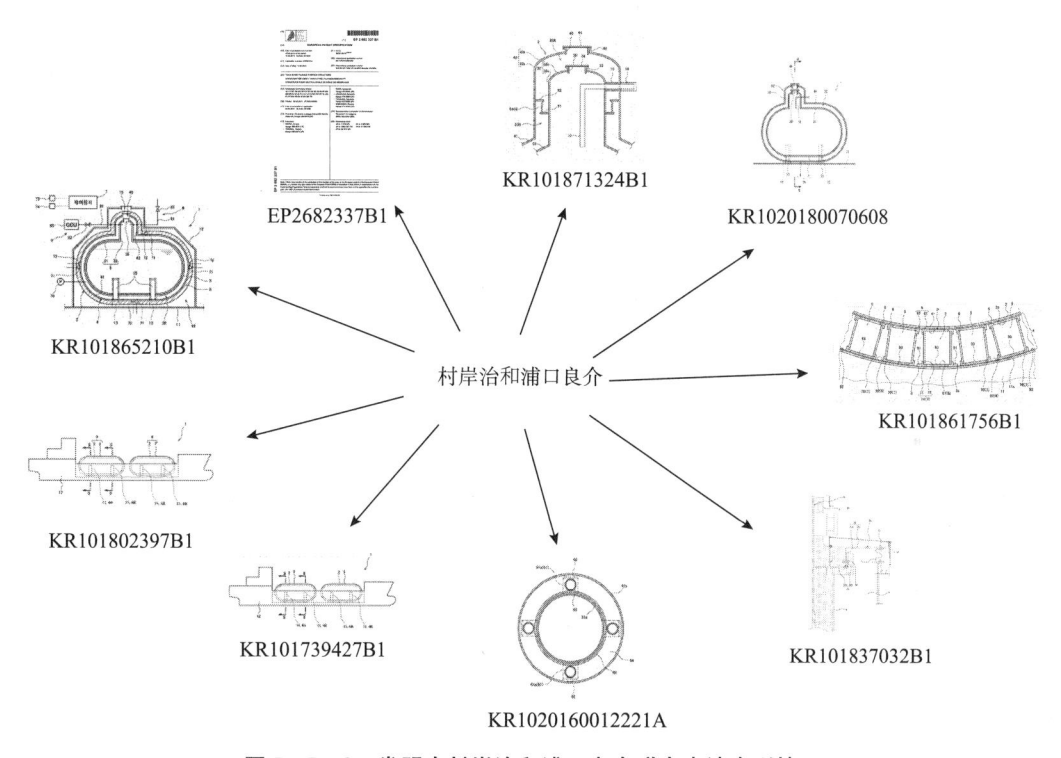

图5-7-8 发明人村岸治和浦口良介联合申请专利情况

5.7.4 技术分析及重点专利分析

从表5-7-2可以看出，川崎重工在绝热技术、止荡技术和耐低温技术中的专利申请情况，分别有46件、2件和1件。在各技术中，川崎重工整体申请数量不多，其中，绝热技术占比超过95%。可见，川崎重工在货物围护系统技术领域的研发投入集中在绝热技术，在止荡技术和耐低温技术的投入非常少。

表 5-7-2 川崎重工在货物围护系统技术领域的技术分布情况　　单位：件

绝热技术	耐低温技术	止荡技术	支撑技术	安全性能	强度
46	1	2	5	2	0

依据附录1，选取专利文献共3篇，见表5-7-3。

表 5-7-3 川崎重工在货物围护系统技术领域的技术分布情况　　单位：件

序号	公开号	发明名称	申请日	INPADOC同族数量	法律状态
1	JP2007261539A	Method for setting natural frequency of pipe tower of liquid cargo tank for vessel and its structure	2006-03-30	2	授权/权利转移
2	JP3708055B2	Support structure for liquefied gas tank	2002-02-14	2	授权/权利转移
3	JP2001122187A	Tank support structure of liquefied gas carrier	1999-10-22	2	授权/权利转移

（1）JP2007261539A（见表5-7-4）

表 5-7-4 JP2007261539A

专利名称	Method for setting natural frequency of pipe tower of liquid cargo tank for vessel and its structure			
专利权人	株式会社川崎造船		公告日	2007-10-11
当前法律状态	有效		被引次数	7
同族专利	JP2007261539A、JP3938591B1			
同族国家/地区	日本			
技术方案	解决方案：在容器上，且从液货舱1的上部延伸到下部设置管塔4。在管塔4的下端设置有下圆柱形部分9，该下圆柱形部分9的直径大于管塔4的外径，并由侧板和上板形成。由于下圆柱形部分9的尺寸可调节，侧板的接合部分13和下圆柱形部分9的上板可以被认为是管塔4的下振动基点			
技术效果	该方案设定船舶液体货舱的管塔，能够快速适应液货舱的大小			

(2) JP3708055B2（见表 5-7-5）

表 5-7-5 JP3708055B2

专利名称	Support structure for liquefied gas tank		
专利权人	株式会社川崎造船	公告日	2005-10-19
当前法律状态	有效	被引次数	6
同族专利	JP2003240198A、JP3708055B2		
同族国家	日本		
技术方案	由铝形成的罐支撑部分设置有分隔构件5，分隔构件5将支撑部分2的圆周方向分成多个部分，以形成多个分开的衬垫材料安装空间6。多个衬垫材料安装空间6是在分隔构件5之间形成规定的间隙，并且分别设置有隔热衬垫材料7。在隔热衬垫材料7之间形成能够分散和吸收罐的热收缩量的聚氨酯泡沫11，使得在罐支撑部2中形成的热收缩被多个聚氨酯泡沫11分散和吸收		
摘要附图			
技术效果	解决在液化气罐中粉碎热保护材料的问题，所述液化气罐由于隔热衬里材料之间的热收缩量的差异而由于负载液体的温差而热收缩，并且是热保护材料		

(3) JP2001122187A（见表 5-7-6）

表 5-7-6 JP2001122187A

专利名称	Tank support structure of liquefied gas carrier		
专利权人	川崎重工业株式会社	公告日	2001-05-08
当前法律状态	有效	被引次数	5
同族专利	JP3108067B1、JP2001122187A		
同族国家	日本		
技术方案	解决方案：在该罐支撑结构中，在罐底板P的外表面上设置将保温衬里材料H保持在规定位置的框架材料1，同时支撑来自隔热衬垫材料H的负载的支撑构件2在罐底板P的内表面上设置支撑件2。支撑件2倾斜设置，使得支撑件2通过框架材料1的角部1a朝向绝热衬里材料H的中心倾斜。在绝热衬里材料H的角部1a上的应力集中被放松，以减少构件的数量		

续表

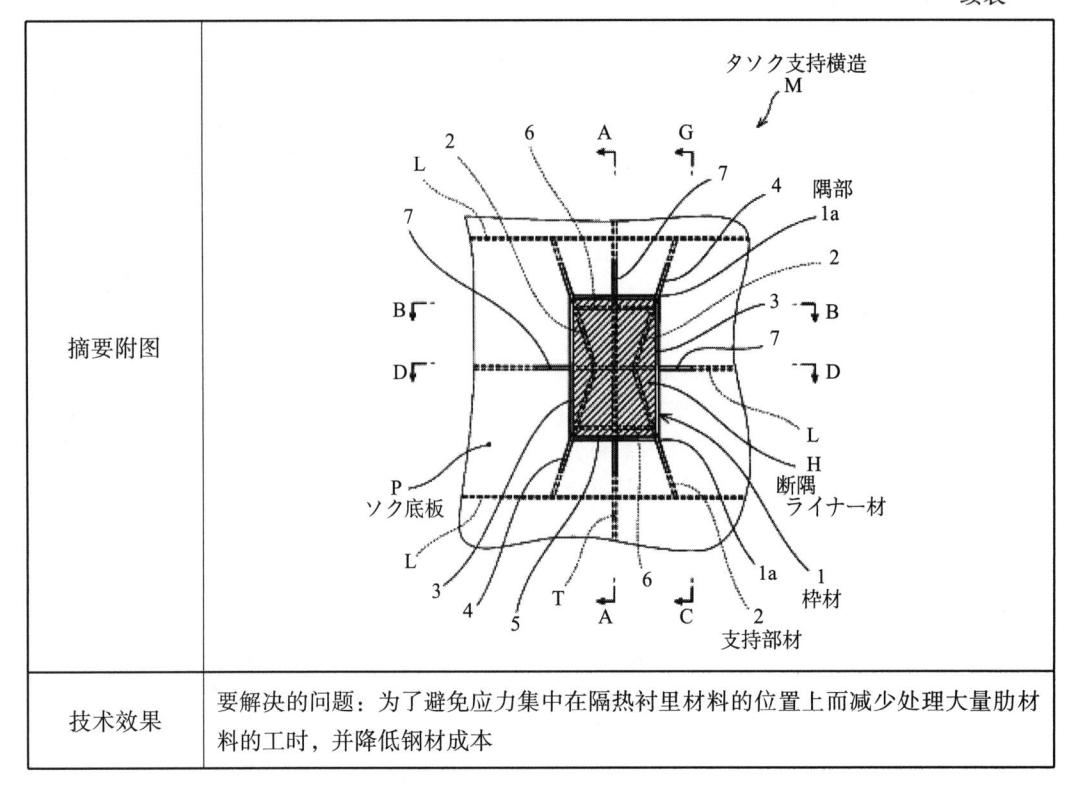

摘要附图	（图：タソク支持横造 M，标注有 2、6、A、G、7、隅部、1a、L、4、2、B、3、B、7、D、D、L、H、断隅、ライナー材、P、ソク底板、L、3、4、5、T、A、6、C、2、1a、1 枠材、支持部材）
技术效果	要解决的问题：为了避免应力集中在隔热衬里材料的位置上而减少处理大量肋材料的工时，并降低钢材成本

5.8 中集集团

5.8.1 公司简介

中集集团成立于1980年1月，总部位于中国广东省深圳市，主要业务领域包括：集装箱、道路运输车辆、能源和化工装备、海洋工程、物流服务、空港设备等。就市场占有率而言，中集集团有十多个产品持续多年保持全球第一。

中集集团于1994年在深圳证券交易所上市，2012年12月在香港联交所上市，目前是A+H股公众上市公司，主要股东为招商局集团、中国远洋海运集团和弘毅投资等。

2007年6~7月中集集团收购荷兰博格工业公司和安瑞科能源装备控股有限公司。并购博格使集团的罐式产品业务扩大到储罐业务、道路罐式设备等领域，集团第三层面即罐式储运业务范围基本形成。欧洲技术和中国制造优势的有机结合，将进一步提升中集集团在罐式储运业务领域的全球化竞争能力。对安瑞科的重组使中集集团的现有业务扩展到燃气能源装备领域，并使集团旗下拥有了第一家上市公司。

2008年3月12日，中集集团收购烟台来福士公司29.9%的股份，成为该公司的最大股东。来福士是国际领先的船舶及海洋工程设施建造公司，主要致力于各类钻井平台及其配套船舶的建造。收购烟台来福士公司标志着中集集团正式进入海洋油气开发装备即特殊船舶和海洋工程的建造业务领域。

2012年9月22日，中集集团融资租赁有限公司与CMA-CGM（达飞轮船）签署了10艘9200TEU集装箱船12年期租赁合同，同时分别与大连船舶重工等签署了建造合同。2013年8月，中集集团与地中海航运签署了14艘8800TEU集装箱船租赁合同。

2017年，创造了约763亿元的销售业绩，净利润约25亿元。

中集集团在全球业务布局方面，包括集装箱业务、道路运输车辆业务、能源/化工及食品装备业务、海洋工程业务、物流服务业务、空港设备业务等。其中，涉及LNG/LPG运输船的公司跨业务分布，如石家庄安瑞科气体机械有限公司、张家港中集圣达因低温装备有限公司、Ocean Challenger Pte. Ltd等。

梳理中集集团的成长历程，除了自身逐步发展壮大的集装箱业务和车辆业务，离不开其通过并购而发展起来的各方面业务，如图5-8-1所示。

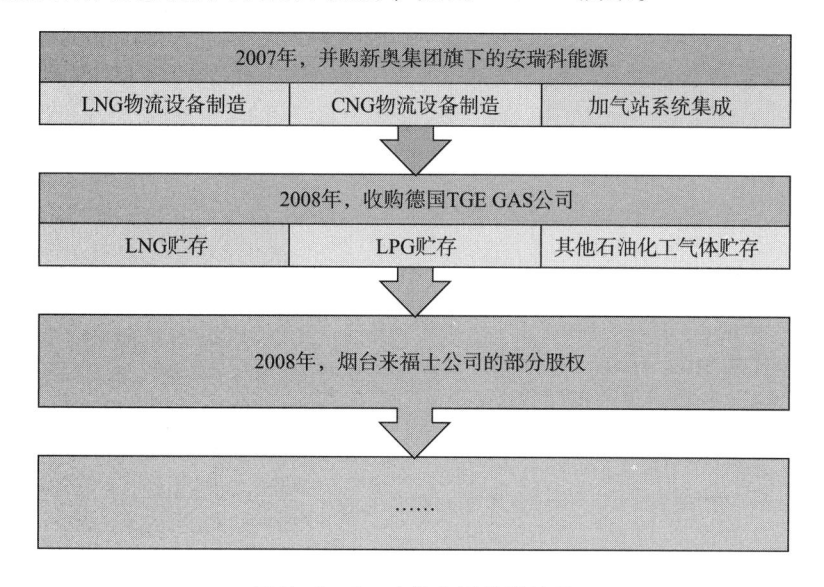

```
┌─────────────────────────────────────────────────────┐
│        2007年，并购新奥集团旗下的安瑞科能源           │
├──────────────────┬──────────────────┬───────────────┤
│ LNG物流设备制造  │ CNG物流设备制造  │ 加气站系统集成│
└──────────────────┴──────────────────┴───────────────┘
                          ↓
┌─────────────────────────────────────────────────────┐
│           2008年，收购德国TGE GAS公司                │
├──────────────────┬──────────────────┬───────────────┤
│    LNG贮存       │    LPG贮存       │ 其他石油化工气体贮存 │
└──────────────────┴──────────────────┴───────────────┘
                          ↓
┌─────────────────────────────────────────────────────┐
│        2008年，烟台来福士公司的部分股权              │
└─────────────────────────────────────────────────────┘
                          ↓
┌─────────────────────────────────────────────────────┐
│                      ……                             │
└─────────────────────────────────────────────────────┘
```

图5-8-1　中集集团收购情况

在能源、化工及食品装备业务中，集团旗下的荷兰博格工业有限公司是欧洲内专业静态储罐的领先供应商之一；安瑞科能源装备控股有限公司主要从事压力容器制造销售，并成为中国燃气装备系统集成服务商；南通中集是全球最大的罐式集装箱制造商。

在海洋工程业务中，中集集团通过收购在烟台来福士有限公司权益进入。2010年成立了中集海工研究中心和烟台海洋工程研究院，同时国家能源海洋石油钻井平台研发中心落户于中集集团，提升了中集集团在端海制造方面的研究和设计能力。

中集集团通过并/收购，首先，获取了核心技术，并在取得核心技术后进一步吸收消化，大大提升集团的核心竞争力，赢得高端客户的信任。

其次，为开拓国际战略市场做铺垫。2007年，中集集团通过在欧洲新设的公司收购了荷兰博格公司,不仅取得其核心技术和管理经验,更拥有了这个成立于 1937 年的欧洲主流的从事道路运输车辆、槽罐车和静态储罐的生产制造工业的公司在欧洲 5 个国家 22 个生产基地及全部销售网络的 80% 股权,并成功开拓了欧洲市场。通过收购 TGE GAS 公司,在短期内获得自主知识产权的 LNG 接收站的核心技术,将其打造成的天然气、石油化工等气体领域全球领先的、独立的大型合同总承包商,使其在全球天然气开发及应用领域为客户提供一站式系统解决的方案。

最后,获取战略资源、扩展公司的价值,中集在兼并实施过程中,积累了很多无形资产和股权运作的经验。❶

5.8.2 专利申请态势分析

截至 2018 年 10 月 31 日,中集集团在全球 LNG/LPG 运输船领域内的专利申请数量约 581 项,在货物围护系统技术领域全球排名第七,在 BOG 再液化系统技术领域全球排名第 26。其专利权人/专利申请人包括中国国际海运集装箱(集团)股份有限公司以及其若干多家子公司,见图 5-8-2。

```
                          中集集团
                 ┌───────────┴───────────┐
烟台中集来福士海洋工程有限公司        南通中集罐式储运设备制造有限公司
中集海洋工程研究院有限公司             中集集团集装箱控股有限公司
中集船舶海洋工程设计研究院有限公司    南通中集太平洋海洋工程有限公司
海阳中集来福士海洋工程有限公司        广东新会中集特种运输设备有限公司
龙口中集来福士海洋工程有限公司        荆门宏图特种飞行器制造有限公司
中集安瑞科投资控股(深圳)有限公司    青岛中集冷藏箱制造有限公司
张家港中集圣达因低温装备有限公司    青岛中集冷藏运输设备有限公司
南通中集特种运输设备制造有限公司    青岛中集特种冷藏设备有限公司
深圳中集天达空港设备有限公司
```

图 5-8-2 中集集团与各子公司列表

在多个专利权人/申请人中,烟台中集来福士海洋工程有限公司的申请量超过百件,其与中集海洋工程研究院有限公司、中集船舶海洋工程设计研究院有限公司、海阳中集来福士海洋工程有限公司等公司均属于专注于海洋行业的研发;而中国国际海运集装箱(集团)股份有限公司通常作为联合申请人与其各子公司共同申请专利。因此,从整体排名来看,中国国际海运集装箱(集团)股份有限公司的申请量遥遥领先。

图 5-8-3 是中集集团各技术领域专利申请趋势对比。中集集团在两关键技术上的专利申请趋势大致类似,基于货物围护系统(53 项)涉及的子技术较多,约是 BOG 再液化系统数量的两倍之多;同时,在申请类型上实用新型专利几乎是发明专利的两倍。

---

❶ 沈锋. 中国企业海外战略并购的研究——以中集集团为例 [D] 上海:华东理工大学,2013.

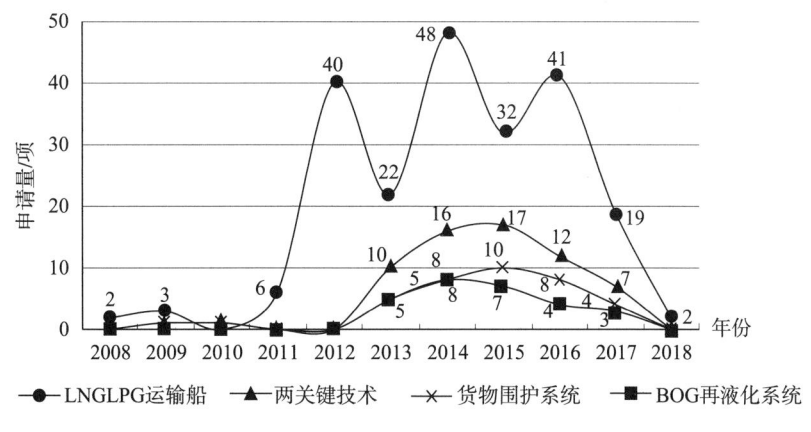

图 5-8-3 中集集团各技术专利申请趋势

5.8.3 专利布局及法律状态分析

图 5-8-4 是中集集团在两关键技术领域中专利法律状态占比图。

在两关键技术领域中，中集集团仅在国内提出了专利申请，有效专利、未决专利占比超过 90%。可见，中集集团比较重视货物围护系统技术领域和 BOG 再液化回收系统技术领域的研发，且法律关注度比较高。

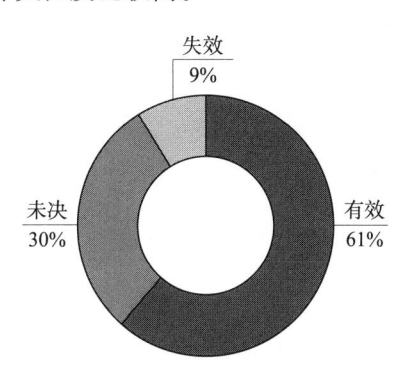

图 5-8-4 中集集团在两关键技术领域中专利法律状态占比

5.8.4 技术分析及重点专利分析

中集集团在货物围护系统和 BOG 再液化系统两个关键技术领域中的专利分布差别较小，通过其多个子公司进行专利布局。在货物围护系统技术领域，中集集团在绝热技术申请的专利最多，且远超止荡技术和耐低温技术中的专利申请数量，如表 5-8-1 所示。

表 5-8-1 中集集团在货物围护系统技术领域的技术分布情况　　　单位：件

绝热技术	耐低温技术	止荡技术	支撑技术	安全性能	强度
45	2	3	5	3	3

表 5-8-2 中列出了在货物围护系统技术领域比较有代表的 3 件专利。第一件"LNG 船用运输罐（CN105423124B）"已于 2017 年 12 月 29 日授权，其为单层罐体，主要从轻量化的标准出发进行改进的技术方案，方案中要解决单层罐体且具有绝热的效果，顺应了目前 LNG 运输船超大装载量趋势。第二件"LNG 全容罐（CN105805539A）"于 2014 年申请，目前处于审查阶段，该专利的改进点是罐体的侧部和底部，通过在罐体侧部和底部设置外隔热层，既加强了绝热效果，同时又避免罐体泄漏的问题。第三件"低温介质贮罐（CN205137054U）"为实用新型专利，于 2016 年 4 月 6 日授权，该文献中记载的技术方案是在外罐体内设冷媒内容器，该冷媒内容器与内罐体间隔设置于外罐体内，冷媒内容器相间隔而构成的夹层空间为绝热空间；该技术方案可有效减少低温介质的气化，然而其占据了罐体的内部空间，减少了低温介质的储存量，此技术方案具有可进一步改进的空间。

表 5-8-2 中集集团货物围护系统技术领域的重点专利列表

公开号	发明名称	主要发明点	功效	摘要附图
CN105423124B	LNG 船用运输罐	单层罐，表面喷涂保温材料	确保绝热性能，简化结构，降低成本，提高罐体制造效率	
CN105805539A	LNG 全容罐	外容器外壁设有外隔热层，在所述外容器内底面上设有用于与外界隔热的底部隔热层	避免泄漏液体，减少 LNG 气化	
CN205137054U	低温介质贮罐	内置冷媒 3（低于低温介质）	减少低温介质的气化	

此外，中集集团在货物围护系统技术领域中还涉及如支撑结构等，既解决结构强度问题，也解决绝热问题，如表 5-8-3 所示。其中的两件专利文献被引用的次数均达到 6 次，且第二件专利文献"高真空绝热低温液化气体储罐（CN2695767Y）"同族数为 3。

表5-8-3　中集集团在货物围护系统技术领域重点专利列表

公开号	发明名称	摘要及附图
CN202807554U	一种低温液体罐式集装箱中内容器的保温支撑结构	一种低温液体罐式集装箱中内容器的保温支撑结构，解决了增大内容器直径后夹层间隙变小导致的夹层保温效果降低的技术问题，采用的技术方案是，结构中包括设置在内容器外的保温壳体以及设置在内容器与保温壳体之间的支撑组件，在内容器与保温壳体之间形成真空保温腔，上述的支撑组件中包括支撑柱、对称定位在支撑柱的顶端及底端上的定位托槽，内容器与保温壳体的壁上对应开设定位通孔，支撑柱顶端的定位托槽固定于内容器壁上的定位通孔内，支撑柱底端的定位托槽固定于保温壳体壁上的定位通孔内。通过增加起主要支撑作用的玻璃钢支撑柱的长度，并将两端头分别延伸至内容器内部和保温壳体外部，尽可能的不占用夹层空间，提高了夹层的保温效果
CN2695767Y	高真空绝热低温液化气体储罐	一种高真空绝热低温液化气体储罐，其包括框架和罐体，罐体由外壳、内胆和连接外壳与内胆的组合支承结构组成，组合支承结构仅设置在罐体两端的内外封头之间，就能承受径向载荷和轴向载荷，内胆和外壳的传热面积小，支承结构承载力大，内胆有效装载容积大

如表5-8-4所示，第一件"液化天然气储罐（CN205137051U）"为实用新型专利，于2016年4月6日授权，其技术方案为采用隔热密封腔将液化腔进一步隔热，依靠比BOG更低温度的热交换器提供的冷量，将BOG液化为LNG，经集液盘收集后通过真空回流管回流至罐体内，整体结构紧凑，安装便捷，制冷效率高，实现储罐的BOG零排放。

表5-8-4 中集集团BOG再液化系统技术领域的重点专利列表

公开号	发明名称	主要发明点及附图	功效
CN205137051U	LNG储罐	设置一个或多个BOG回收装置，其连接提供冷量热交换器和储罐	整体结构紧凑，制冷效率高
CN106918196A	BOG再液化系统	本发明利用蒸发气自身压力流动至液化装置被液化，冷媒液化蒸发气时盛装于冷媒容器中，冷媒仅存在因吸收了蒸发气热量而气化的正常损耗。缓存容器可在收集一定量的液化后液体后再一次性回流	提高冷媒利用效率，降低损耗量；减少回流过程中损耗量

续表

公开号	发明名称	主要发明点及附图	功效
CN105318190A	BOG液化回收系统及方法	控制系统根据LNG储罐顶部的BOG气相空间压力变化控制压缩机启动或停止	闭环循环系统，依靠LNG储罐与介质管路的压力差完成循环，无需输送泵，所以结构简单

该专利是在以下3件在先申请专利的技术方案基础上改进而成。

（1）"LNG储罐内BOG液化系统"（公开号为CN203298560U）：该专利中的装置不易安装，结构不够灵活，且易漏热。

（2）"小型撬装式液化天然气蒸发气再液化回收装置的安装结构"（公开号为CN103759497A）：其无真空绝热保护容易，因而易造成热量损失以及制冷效果不够理想的问题。该专利是将BOG再液化之后返回低温储罐中。在后者处理方式中，BOG的再液化主要使用到的是液化回收装置，为了实现液化回收装置最大换热，达到最大换热效果，绝热结构至关重要。

（3）"一种BOG再液化装置"（公开号为CN203249465U）：该专利通过增压BOG气体，循环压缩制冷实现再液化，但该结构工作复杂，制冷量较低。

第二件专利"蒸发气再液化系统（公开号为CN106918196A）"于2015年12月24日提出申请，目前处于实质审查中。该专利申请记载的方案中指出，其可利用蒸发气自身压力流动至液化装置被液化，冷媒液化蒸发气时盛装于冷媒容器中，冷媒仅存在因吸收了蒸发气热量而气化的正常损耗，而不会产生其他诸如管路沿程损耗、泵损耗等多余损耗，提高冷媒利用效率，降低冷媒损耗量。缓存容器可在收集一定量的已液化液体后再一次性回流，减少回流过程中损耗量。很显然，该专利申请能够有效解决能耗问题，是业内技术发展的一个良性方向。

第三件专利文献"BOG液化回收系统及方法（公开号为CN105318190A）"于2014年提出申请，处于实质审查中。该专利申请中记载：其BOG液化回收系统用于回收由LNG储罐产生的BOG，包括压缩机、液化装置、介质管路和控制系统。液化装置包括盛装有液态氮的液氮贮槽和换热管；第一介质管路连接于 LNG 储罐与压缩机之间，其上安装有第一自力式调压阀，自力式调压阀根据 LNG 储罐顶部的气相空间压力变化能自动打开和关闭；第二介质管路连接于压缩机与换热管之间；第三介质管路连接于换热管与 LNG 储罐底部之间。控制系统根据 LNG 储罐顶部的 BOG 气相空间压力变化控制压缩机启动或停止。本发明申请 BOG 液化回收系统，由压缩机、液化装置、介质管路和控制系统形成一个闭环循环系统，依靠 LNG 储罐与介质管路的压力差完成循环，无需输送泵，所以结构简单。该申请中虽然记载其技术方案特别适用于 LNG 场站，但是在 LNG/LPG 运输船领域仍具有借鉴意义，尤其系统集成的方面。

需要特别指出的是，在众多的技术方案中，中集集团大多采用一案两请的方式，也就是说同一技术方案既提出发明申请，也提出实用新型申请。

5.9 壳牌公司

5.9.1 公司简介

壳牌公司是目前世界最大的国际石油公司，由荷兰皇家石油与英国壳牌公司合并组成，集团总部位于荷兰海牙和英国伦敦。壳牌公司业务范围广泛，包括石油天然气的勘探开采，石油产品的生产营销，煤炭及天然气的生产、加工、营销、发电业务以及可再生能源。2018 年，壳牌公司在澳洲投产的 Prelude 浮式 LNG 项目，是全球最大的浮式 LNG 项目，预计 Prelude 的 LNG 年产能为 360 万吨。❶ 壳牌公司业务遍及全球，在 130 多个国家进行投资，雇员达 10 万多人，集团市值逾千亿。2018 年发布的《财富》世界 500 强排行榜，荷兰皇家壳牌公司位列第五，其 2017 年营收 3119 亿美元，营业利润 130 亿美元。

壳牌公司在两关键技术的研发实力雄厚，均有较多专利产出，尤其是货物围护系统技术领域，壳牌公司的专利申请量共计 77 项，位于全球第七位。从申请趋势上看，壳牌公司在货物围护系统和 BOG 再液化技术的研发起步较早。早在 1957 年就有关于货物围护系统技术改进的专利申请，1957～1983 年是壳牌公司在货物围护系统领域研发的活跃期，持续有专利产出；1983 年之后进入沉寂期，鲜有与货物围护系统相关的专利申请，直至 2004 年开始重新进入持续申请状态，这种趋势变化可能与货物围护系统技术的更新迭代相关。近几年来壳牌公司在货物围护系统技术领域的专利申请，主要技术方案围绕 LNG 储存罐的改进。另外，对壳牌公司的专利受理范围进行分析，可见在货物围护系统和 BOG 再液化技术领域，壳牌公司在全球的技术布局均较为广泛，在英国、美国、法国、德国、中国、日本等国家的受理局均有专利公布。一方面体现了壳牌公司作为国际企业、业务覆盖范围广，另一方面也体现了技术实力较强。

---

❶ 每日经济. 壳牌超大型天然气（LNG）项目在澳大利亚投入运营［EB/OL］.（2018 – 12 – 27）. http：//www.sohu.com/a/284842635_208696.

5.9.2 重点专利分析

依据附录1，选取4件专利（序号1、2属于货物围护系统领域；序号3、4属于BOG再液化领域），见表5-9-1。

表5-9-1 壳牌公司重点专利列表

序号	公开号	发明名称	摘要	法律状态
1	JP5312344B2	使用复合材料作为低温屏障	流体在具有热交换器的设备中冷却和液化，热交换器在其壁内具有壳侧和延伸穿过壳侧的多个流动通道。多个流动通道包括一个或多个主流动通道的两个或更多个主要组，每个所述主要组用于承载一部分流体流通过热交换器并间接冷却所述部分。在热交换器的壳侧中的制冷剂，以提供液化的流体流。主入口集管将主要流动通道的两个或更多个主要组连接到流体的源，并且布置成在两个或更多个主要组之间分流流体流。提供装置用于选择性地阻塞主流动通道的两个或更多个主要组中的至少一个，同时允许流体流流过剩余的未阻塞的主要流动通道的主要组	授权
2	EP3254948A1	烃加工容器和方法	本发明提供一种烃类处理容器，包括设置在纵向中平面的右舷侧的多个第一储罐，设置在纵向中平面的左舷侧的多个第二储罐，并且与多个第一储罐对称并排布置，以及至少一个纵向隔板，其沿中平面延伸并位于相邻的第一和第二储罐之间。优选地，隔板从船体的底部延伸到甲板，该甲板由隔板支撑。在一个实施例中，隔板包括第一和第二隔板，在它们之间限定通道	未决
3	KR1020170130639A	处理沸腾气流的方法及其装置	来自液态烃储罐的蒸发气体（BOG）流被分成BOG热交换器进料流和BOG旁路流。BOG热交换器进料流在BOG热交换器中围绕工艺流进行热交换，并且提供加热的BOG流和冷却的工艺流。将其与BOG旁路流组合，提供BOG流，其中加热的BOG流是温度受控的。这里，响应于测量的BOG流的第二温度进行控制，该温度受到温度控制，以便在响应于至少一个测量的第一温度用（ii）冷却的工艺流中进行控制。并且它将在BOG热交换器进料流和BOG旁路流中测量一个或两个的质量流量的第二温度移动到第二设定点温度（i）和BOG流被加热以便将测量过程流的质量流量的第一温度移动到第一设定点温度	未决

271

续表

序号	公开号	发明名称	摘要	法律状态
4	EP3032161A1	Containment system for liquified gases	The invention relates to a containment system for storing and/or transporting a liquefied gas in a spherical cargo tank, which tank is supported by a skirt arrangement mounted on the hull of a marine vessel, wherein the skirt is mounted on the hull structure using a mounting setup that comprises an insulating layer in between the skirt and the inner side of the inner hull	撤回

5.10 大阪瓦斯

5.10.1 公司简介

大阪瓦斯是日本知名的天然气公司，成立于1897年4月10日，事业开始于1905年10月19日。大阪瓦斯主要从事天然气生产和天然气相关服务，总公司位于日本大阪市中央区平野町4丁目1番2号，代表董事兼总裁为Takehiro Honjo，员工人数现有19997名（截至2018年3月31日）。

大阪瓦斯从2018年3月8日起将"Daigas Group"作为新的集团品牌推出。

Daigas集团的主要业务：日本国内能源和天然气的生产和供应，销售城市燃气，燃气设备销售，天然气管道，LNG销售，液化石油气销售，工业气体销售；日本国内能源和电力发电和售电；海外能源与天然气和石油等的开发和投资，能源供应，液化天然气运输；生活和商业解决方案，房地产开发和租赁，信息处理服务，精细材料和碳材料产品的销售。

大阪瓦斯计划开展燃料供应，采取LNG船到车的优势，推动对未来LNG供应的具体方法等。同时大阪瓦斯不断开发新技术并使其商业化，以促进全容式LNG储罐的技术发展，比如，7%镍TMCP钢。9%镍钢作为LNG储罐的内罐材料已使用了大约40年，由于镍是一种稀有金属，为了降低镍含量以降低材料成本并节约地球上的重要资源，大阪瓦斯开发出一种新型材料——7%镍TMCP钢，这种钢是通过计算机控制的先进工艺制造的。目前大阪瓦斯已获得日本政府批准，即使用7%镍TMCP钢用于LNG罐。

5.10.2 重点专利分析

依据附录1，选取10件专利（序号1~5属于货物围护系统领域；序号6~10属于BOG再液化技术领域），见表5-10-1。

表 5-10-1　大阪瓦斯重点专利列表

序号	公开号	发明名称	摘要	法律状态
1	JP3684318B2	立式隔热低温罐外罐支撑结构	提供垂直隔热低温罐的外罐支撑结构，即使在支撑裙上支撑外罐，通过支撑裙直接支撑内罐在基础上也没有问题。解决方案：热辐射和加强环 33 设置在支撑裙部 14 的外周上，并且热辐射和加强环 33 和外槽 18 的侧板 22 的下部通过相互连接。反向截顶圆锥形锥体 24，在垂直热辐射和低温槽的外槽支撑结构上，以支撑内槽 10 通过支撑裙 14 在基础 15 上存储低温液体并支撑外槽 18 以包围支撑裙部上的内罐 10	授权
2	JP4611505B2	储罐和储罐安装方法	为储罐提供储罐和施工方法，储罐具有良好的储存性能，并且在施工中具有良好的可加工性并且成本降低。解决方案：储罐 T 设有外罐（浴槽）1，外罐 1 具有形成圆柱形的侧壁 S。在外槽 1 的侧壁 S 的多个预定位置处设置有部分地暴露在外槽 1 内的锚固构件 3，并且在侧壁 S 内设置有衬板 2。通过在侧壁 S 的圆周方向上设置由金属制成的多个板构件 2a 而形成的板构件 2a，并且各个板构件 2a 以这样的方式设置：每个板构件 2a 的一部分连接到侧壁 S 上。锚固构件 3 和其另一部分叠置在另一相邻板构件 2a 的每个部分上	授权
3	JP4866125B2	低温液化气储存设施及锚带安装方法	在锚定带上施加大的初始拉力。在低温液化气体储存设备中，一体地设置有下部屋顶构件的金属内罐 11，管状内周壁 9 和内底板 10 安装到一体地设置有金属外罐 7 的内部。上部屋顶构件，管状外周壁 5 和外部底板 6。隔热层 12，13 设置在外部罐和内部罐之间，使得内部罐的内部形成低 - 外底板安装在混凝土底座 2 上，内底板放置在设置在外底板上的底部隔热层 12 上，金属锚固带 18 可向下接合相对于内周壁的外周侧固定到基座，以防止内槽的移动。锚定带由金属材料形成，该金属材料的线性膨胀率大于用于形成内槽的金属材料	授权

续表

序号	公开号	发明名称	摘要	法律状态
4	JP5039453B2	存储结构	提供一种存储结构，确保液密性并防止冷绝缘材料在焊接过程中受损。在存储结构 10 中，邻接构件 12 与相邻膜 11 的两个厚度方向的一个方向 Z1 的面部 11a 相对设置。焊接产品 15 通过焊接提供，用于将相邻的膜 11 连接到邻接构件 12 以液密方式。冷绝缘材料 13 设置有预定距离，该预定距离与抵接构件 12 的厚度方向的一个方向 Z1 的面部 12a 分离	授权
5	JP3990967B2	低温罐壁面的耐热施工方法	为低温罐等的壁面提供绝热方法，能够消除现有垫片的使用或减少使用量以减少步骤数，缩短施工时间，降低建设成本，节省劳动力，并建造完善的隔热层。当单位宽度的隔热层 6 通过在表面材料 5 和低温罐的壁体 1 的壁表面 2 之间的聚氨酯填充空间中填充和发泡聚氨酯液体浓缩物而构造，同时顺序地输送通过建筑机械 A 的上升行进的表面材料 5，空间 9 的一端开口部分 9b 被前面的侧面封闭，而另一端开口部分 9a 被可释放的表面材料 15 顺序地封闭。从建筑机械 A 侧交付，以防止氨基甲酸酯液体浓缩物的泄漏	授权
6	AU2001258764B2	液化天然气船货舱压力控制装置及方法	一种货油舱（1）的压力控制装置，用于通过压缩机将储存在货油舱内的储存的液化天然气的 BOG 供给焚烧处理系统（6），以控制货油舱（1）内的压力，其中，再液化装置（5）设置在第一和第二压缩机（3，4）的下游侧，即在货舱（1）的上游侧，并且 BOG 从第二压缩机排出（4）由再液化装置（5）液化并再次返回到液货舱（1）	授权
7	JP3908881B2	重新液化蒸发气体的方法	提供一种蒸发气体再液化方法，以减少从液化气体储罐产生的再蒸发蒸发气体中产生的闪蒸气体的量，以将所获得的液体返回到储存罐。解决方案：从储罐 1 产生的蒸发气体由 BOG 压缩机 2 压缩，然后由热交换器 3 的液化部分 5 冷却。所获得的处于饱和状态的液体一旦被引导至液体分离鼓 6，其中不可冷凝的物质是分开的。然后将液体引导到热交换器 3 的过冷部分 7 并再次冷却到过冷状态以使液体返回到储罐 1	授权、权利转移

续表

序号	公开号	发明名称	摘要	法律状态
8	JP3790393B2	液化天然气运输船液货舱的压力控制装置及其控制压力的方法	通过安全处理产生的BOG，同时在大量增加的情况下，将液货舱压力控制在规定范围内，为液货舱提供压力控制装置和压力控制方法，同时降低成本设备成本。解决方案：该用于货舱1的压力控制装置通过经由压缩机将在货舱1中产生的储存的液化天然气的BOG供应到焚烧系统6来控制货舱1的压力。在这种情况下，再液化装置5设置在第一和第二压缩机3，4的下游和货舱1的上游的位置，并且从第二压缩机4排出的BOG由再液化装置5液化并返回到货油舱1	授权
9	JP2016148001A	用于液化气体运输设施的热量控制系统	提供一个热量控制系统，能够抑制热量控制后产生的BOG，在允许的范围内。溶剂：用于液化气体运输设施的热量控制系统储存并安装在LNG终端中的LNG罐1中的LNG安装在液化气输送装置2上并运输LNG的运输罐3包括：LNG罐1；LNG供应管线4，其供应储存在LNG罐1中的LNG；LPG罐5，其储存用于LNG的热量控制的LPG；供应储存在LPG罐5中的LPG的供应管线6；冷却装置7，用于冷却LPG供应管线6中间的LPG；混合装置11，其混合从LNG供应管线4供应的LNG的液相与从LPG供应管线6供应的LPG的液相并且由冷却装置7冷却；以及在混合装置11的热量控制之后将液化气体供给到运输罐3的运输线路14	授权
10	JP2017180746A	液化天然气的液化设备	提供一种蒸发气体再液化设施，能够提高能源效率，同时简化结构，并进一步降低维护成本和提高经济性。一个BOG再液化设备，包括一连通从储罐LT排出的蒸发气CM的BOG压缩单元CT，一连通热介质HM加热器71的热介质流路C1，一连通用制冷剂SW的冷却器72的制冷剂流路，以及一再液化循环流路C2，该流路C2用于连通来自储罐LT的蒸发气CM和BOG压缩单元CT以及吸热器81，并且将BOG引导回储罐LT	未决

5.11 中国海油

5.11.1 公司简介

中国海油成立于 1982 年，总部设在中国北京，是国务院国有资产监督管理委员会直属的特大型国有企业，是中国最大的海上油气生产商。

自成立以来，中国海油保持了良好的发展态势，由一家单纯从事油气开采的上游公司，发展成为中国特色国际一流能源公司。

2001 年 10 月，中海油田服务有限公司和中海石油船舶有限公司宣布正式组建。至此，中国海油下属的专业公司顺利完成重组，形成三大专业集团公司。

2002 年 1 月，中国海洋石油有限公司在香港宣布，收购西班牙瑞普索（Repsol—YPE）公司在印度尼西亚资产的五大油田的部分权益。在该项收购合同中，中国海洋石油有限公司斥资 5.8 亿美元，并将会带来每年 4000 万桶（636 万立方米）的份额原油，此项兼并是当时中国公司最大的并购国外资产项目之一。同月，广东 LNG 首期资源招标揭晓，澳大利亚、印尼、卡塔尔三家资源方入围。中方将在遵照国际惯例和中国国情的基础上，积极与上述三家进行购气原则协议谈判，进一步选择和推荐最终资源供应方，并报中国政府主管部门审批。中方同时表示，愿意与所有 LNG 资源供应方保持和发展长期合作伙伴关系。12 月，中国海洋石油渤海公司、中国船舶重工集团公司所属国际海洋工程公司和大连新船重工三方，在北京钓鱼台国宾馆签订了 15 万吨曹妃甸油田 FPSO（浮式生产储油装置）船体设计建造合同。这是中国海油已建和正在建的第十二条 FPSO，也是由大连新船重工承建的中国海油第三艘 FPSO。

2003 年 2 月，中国海洋石油有限公司宣布完成收购印尼东固液化天然气项目的储量的股权。

2004 年 2 月，中国海洋石油有限公司宣布，其全资子公司——中海油 Muturi 有限公司已与 BG 签署《销售与购买协议》，收购该公司在印尼 Muturi 产品分成合同中拥有权益的 20.77%，收购价为 9810 万美元。此项收购将使中国海洋石油有限公司在 Muturi 产品分成合同中持有的权益从 44% 增加到 64.767%，从而使中国海洋石油有限公司在整个东固液化天然气项目中的权益相应地由 12.5% 增加到 16.96%。12 月，中国海洋石油有限公司宣布，完成对澳大利亚西北大陆架天然气项目权益的收购。根据协议，中国海洋石油有限公司在中国液化天然气合资公司中获得了 25% 的权益，该公司是在西北大陆架天然气项目内新组建的合资公司。中国海洋石油有限公司还获得了澳大利亚西北大陆架天然气项目的一些生产许可证、租赁证及勘探许可证大约 5.3% 的权益，同时，还将享有未来在已探明储量之外的勘探参与权。

2005 年 4 月，中国海洋石油有限公司宣布通过全资子公司 CNOOC Belgium BVBA 与加拿大 MEG 能源公司就收购其 16.69% 权益一事签订合同。8 月，由于受阻于美国的政治原因，中国海洋石油有限公司宣布撤回对优尼科公司的收购要约。

2006年1月，中国海洋石油有限公司与南大西洋石油有限公司签署协议，将以22.68亿美元现金收购尼日利亚130号海上石油开采许可证45%的权益。同年4月，中国海油完成对尼日利亚第130号海上石油勘探许可证（OML130）45%权益的收购，这是中国海油自港美上市以来至今规模最大的一次海外收购。

2007年7月，中国海洋石油总公司和江苏熔盛重工集团有限公司举行深水铺管起重船工程项目船舶建造合同签约仪式。10月，河北省人民政府与中国海洋石油总公司签署战略合作框架协议暨中国海油炼化公司收购中捷石化合作协议。

2008年9月，中海油田服务股份有限公司正式宣布，完成对挪威Awilco Offshore ASA总值171亿人民币的整体收购。

2011年4月，中海油能源发展股份有限公司与英国天然气集团北美公司签署澳大利亚柯蒂斯液化天然气运输船项目主协议，标志中国海油全面进入LNG运输船产业。7月，中国海洋石油有限公司宣布，通过签订安排协议收购加拿大油砂生产商OPTI。

2012年1月，气电集团完成对珠海东化公司的收购工作，将向澳门特别行政区直供天然气。7月，中海油和加拿大尼克森公司宣布已达成最终协议，中海油将以每股27.50美元的价格以现金收购尼克森公司所有流通中的普通股，收购尼克森的普通股和优先股总对价约为151亿美元，尼克森当前的43亿美元的债务予以维持。2012年12月，总公司与中国船舶工业集团公司签署战略合作协议。

2013年3月，中国海油与中船重工签署战略合作协议。

2014年1月，《航运交易公报》发布了《2013年中国港航船企市值排行榜》，中海油服和海油工程进入排行榜前十位，分别位列第二位和第六位。10月，国内首艘中小型LNG运输船"海洋石油301"在上海江南造船厂下水，进入码头舾装和设备调试阶段。

2015年3月，中国海油两艘3000米级深水多功能工程船"海洋石油286""海洋石油291"投入运营。5月，"海洋石油301"交付使用，这是国内首艘三万方LNG运输船。7月，第一艘由中国自主制造的3万立方米LNG（液化天然气）运输船"海洋石油301"实现第一笔租赁，开启了国内LNG短程运输业务"国船国造，国货国运"的新时代。

2016年12月，中国海油10年累计进口LNG总量突破1亿吨。4月，中国海油参与建造的国内最先进大型LNG运输船"泛亚"号顺利下水；同月，海油工程承建的亚马尔LNG项目首个核心工艺模块装船并将交付国外用户，这是我国首次对外输出LNG核心工艺模块，标志着"中国制造"打入国际高端油气装备市场。9月，海油发展所属"海洋石油525"和"海洋石油526"两艘船获得运营资质，这是亚洲首批适用于海洋环境的纯LNG动力全回转港作拖轮。

2017年，中国海油生产原油7551万吨，天然气259亿立方米，进口LNG2046万吨，天然气发电213亿千瓦时，加工原油3592万吨，油品贸易量9250万吨。

2017年，中国海油总资产为11260亿元，在《财富》杂志"世界500强企业"排名中位列第115位；在《石油情报周刊》杂志"世界最大50家石油公司"中排名位列第31位。截至2017年底，公司的穆迪评级为A1，标普评级为A+，展望均为稳定。6月，我国完全自主设计、建造的最大直径16万立方米LNG（液化天然气）储罐成功实现气压升顶作业,打破了国外技术垄断,对中国 LNG 产业发展具有里程碑意义。

2018 年 7 月 17 日,国务院国资委通报了 2017 年度中央企业负责人经营业绩考核情况,中国海油获得 A 级考评,排名第十。自 2004 年国资委开始施行中央企业负责人经营业绩考核以来,中国海油已连续 14 年获得经营业绩考核 A 级。

5.11.2 重点专利分析

依据附录 1,选取 7 件专利(序号 1~4 属于货物围护系统领域;序号 5~7 属于 BOG 再液化领域),见表 5-11-1。

表 5-11-1 中国海油重点专利列表

序号	公开号	发明名称	摘要	法律状态
1	CN204297030U	大型浮式液化天然气生产储卸装置	本实用新型涉及一种大型浮式液化天然气生产储卸装置,其包括船体和设置在船体甲板上的 FLNG 上部设施;船体从船艏至船艉依次布置艏尖舱、内转塔单点舱、LNG 舱、LPG 舱、凝析油舱、污油水舱、淡水舱、柴油舱和艉尖舱;FLNG 上部设施包括布置在船体艏部的系泊设备和火炬塔,以及从船艏至船艉模块化布置的水下生产系统控制模块、预处理模块、LPG 回收模块、丙烷预冷模块、燃料气压缩模块、LNG 外输模块、液化和制冷模块、预留模块、电站模块、电气间模块、卸货区、生活楼和 LPG 及凝析油艉输装置。本实用新型的使用寿命可达 20 年不进坞,并可承受 10000 年一遇的极限台风海况条件,可以广泛应用于深远海天然气的浮式生产、处理、液化、存储、外输	授权
2	CN203671249U	液化天然气储罐穹顶气举过程平衡钢丝绳张紧力调整装置	本实用新型公开了液化天然气储罐穹顶气举过程平衡钢丝绳张紧力调整装置,它包括多组平衡装置,每一组平衡装置均包括安装在罐顶的第一、第二 T 型支架,安装在穹顶上的第一、第二导向滑轮,第一、第二油缸分别安装在储罐的罐底承台上,第一、第二 T 型支架,第一、第二导向滑轮,第一 T 型支架、第一导向滑轮、第一油缸位于同一侧,第二 T 型支架、第二导向滑轮、第二油缸位于另一侧,第一钢丝绳一端与第一油缸活塞杆连接,另一端固定在罐顶上,第二钢丝绳一端与第二油缸活塞杆连接,另一端固定在罐顶上。采用本装置实现了钢丝绳较高精度预紧以及穹顶气顶升过程中钢丝绳张紧力自动调整并始终保持恒定	授权

续表

序号	公开号	发明名称	摘要	法律状态
3	CN204127645U	一种适用于新型LNG储罐的罐壁保温系统	本实用新型公开了一种适用于新型LNG储罐的罐壁保温系统。所述LNG储罐包括预应力混凝土外罐和套设于所述预应力混凝土外罐内的复合结构内罐；所述罐壁保温系统设于所述预应力混凝土外罐与所述复合结构内罐的环腔中；由所述复合结构内罐至所述预应力混凝土外罐，所述罐壁保温系统包括内侧保温层、中间保温层和外侧保温层，所述内侧保温层为PIR块，所述中间保温层为弹性毡，所述外侧保温层为膨胀珍珠岩。本实用新型罐壁保温方案系统适用于新型自支撑式LNG储罐复合结构内罐外肋片结构下的罐壁保温。本实用新型涉及的罐壁保温方案，适用于复合结构内罐的保温，有利于推广该种新型储罐技术工程推广	授权
4	CN202164708U	一种立式圆筒状低温储罐内罐隔热锚固装置	本实用新型属于储备罐固定技术领域，涉及一种储存低温液体的大型立式圆筒状低温储罐内罐固定设备，圆形垫板焊接固定在储罐内壁的中心处；接管的一端固定焊接在圆形垫板上，接管的另一端插入式焊接固定在平焊法兰上以便受力均匀，平焊法兰与平法兰盖中间夹制保冷绝热的隔热垫片，平焊法兰与平法兰盖端边处通过螺栓、弹簧垫片、隔热套筒和螺母固定隔热式连接；锚固钢带的一端焊接固定在平法兰盖的外侧面上，另一端焊接固定在预埋端板上构成支撑式拉紧结构，预埋端板锚固在混凝土基础上；夹制在螺栓与平法兰盖之间的弹簧垫片使在储罐的整个设计寿命期间的锚固装置螺栓不会松弛或失效；其结构简单，安全稳定，隔热效果好，成本低，适用范围广	授权/权利转移
5	CN203979876U	一种综合处理LNG接收站所产生的BOG的装置	本实用新型公开了一种综合处理LNG接收站所产生的BOG的装置，属于BOG综合处理设备领域，其结构包括LNG储罐和低压BOG压缩机，所述的LNG储罐通过管线与低压BOG压缩机连通，低压BOG压缩机通过管线与BOG液化装置的进气口连通，BOG液化装置的出液口通过管线与LNG储罐连通。本实用新型的一种综合处理LNG接收站所产生的BOG的装置和现有技术相比，具有设计合理、结构简单、易于运行、操作方法灵活、节能降耗等特点	授权

续表

序号	公开号	发明名称	摘要	法律状态
6	CN203979877U	一种LNG接收站回收冷量用于处理BOG的装置	本实用新型公开了一种LNG接收站回收冷量用于处理BOG的装置，属于LNG接收站BOG处理领域，该装置的LNG储罐的一条气相出口管线与至少一台低压BOG压缩机连通，低压BOG压缩机的出口管线与LNG/BOG换热器连通，LNG/BOG换热器的一条气相出口管线与BOG再冷凝器连通，BOG再冷凝器底部的出口管线与至少一台高压LNG泵连通，高压LNG泵的出口管线与气化器连通，气化器的出口管线与管网连通；LNG储罐的另一条液相出口管线分别与BOG再冷凝器、高压LNG泵连通，该管线连通LNG储罐内的低压LNG泵。本实用新型具有设计合理，结构简单，加工方便，生产成本低，负荷可调范围大等特点	授权
7	CN104033727A	一种LNG接收站回收冷量用于处理BOG的工艺及装置	本发明公开了一种LNG接收站回收冷量用于处理BOG的工艺及装置，属于LNG接收站BOG处理领域，工艺步骤包括BOG压缩，LNG/BOG换热，BOG再冷凝，LNG气化器气化，最后达到BOG被冷凝处理后利用的目的。本发明的LNG接收站回收冷量用于处理BOG的工艺及装置和现有技术相比，降低了再冷凝器设备负荷以及其尺寸，回收冷量冷却后的BOG温度为-120℃，在一定气速下，再冷凝器的塔径可降低，节约设备成本；而且在LNG接收站极限最小外输（30%高压LNG泵外输能力）的情况下，能够全部冷凝所产生的BOG；有效降低了传统BOG冷凝处理的能耗，减少了企业生产成本	驳回

5.12 中国石油

5.12.1 公司简介

中国石油成立于1999年11月，总部位于中国北京，是中国油气行业占主导地位的最大的油气生产和销售商，是中国销售收入最大的公司之一，也是世界最大的石油公司之一。

2017年2月，Brand Finance发布2017年度全球500强品牌榜单，中国石油排名第

33；同年 7 月，《财富》中国 500 强排行榜发布，中国石油排名第二。2017 年全年，公司营业额为 20158.9 亿元人民币，同比增长 24.7%；归属于母公司股东的净利润为 227.98 亿元，同比增长 190.2%；净资产收益率 1.9%，同比上升 1.2 个百分点；基本每股收益 0.12 元。❶

中国石油持续推动增储上产，2018 年上半年净利润同比增长 113.7%。❷

2018 年 10 月 11 日，福布斯发布 2018 年全球最佳雇主榜单，中国石油位列第 155 位。

中国石油在两关键技术中，主要涉及货物围护系统技术领域，本节内容主要围绕该关键技术具体分析。

通过对中国石油在货物围护系统技术领域专利布局和法律状态分析，可见中国石油申请有 26 件，且均分布于中国市场。

从申请趋势来看，整体呈下滑状态，中国石油在货物围护系统技术领域的研发逐步减少。

5.12.2 重点专利分析

依据附录 1，选取 4 件专利（序号 1 属于货物围护系统领域；序号 2~4 属于 BOG 再液化领域），见表 5-12-1。

表 5-12-1 中国石油重点专利列表

序号	公开号	发明名称	摘要	法律状态
1	CN105822898A	一种 LNG 泄露收集系统及其泄露收集方法	本发明公开一种 LNG 泄露收集系统，包括：LNG 收集区，用于收集泄露出的 LNG；LNG 导流管，与所述 LNG 收集区相连通，用于将所述 LNG 收集区中收集到的泄露 LNG 导入至第一 LNG 收集沟；积水分离装置，与所述 LNG 收集沟相连，用于将从所述 LNG 收集沟中流出的泄露 LNG 中混杂的水分分离出来；雨水沟，与所述积水分离装置相连，用于将从所述积水分离装置中分离出的水分导出至清净雨水系统；LNG 汇流池，通过第二 LNG 收集沟于所述积水分离装置相连，用于收集从所述积水分离装置中分离出的纯净 LNG，其中所述第一 LNG 收集沟的沟底高度高于所述雨水沟的沟底高度。同时本发明还提供了一种利用上述 LNG 泄露收集系统的 LNG 泄露收集方法	未决

---

❶ 参见：http://www.fortunechina.com/fortune500/c/2017-07-31/content_287415.htm.
❷ 参见：http://mms.prnasia.com/00857/20180830/audio/s_default.htm.

续表

序号	公开号	发明名称	摘要	法律状态
2	CN203907209U	气液相分流回收的节能型低温液态乙烯气化工艺系统	本实用新型公开一种气液相分流回收的节能型低温液态乙烯气化工艺系统，卸船管线连接在低温液态乙烯卸船臂的一端与低温乙烯储罐之间，低温液态乙烯卸船臂的另一端与乙烯运输船相连，低温液态乙烯输送到低温液态乙烯储罐内；低温乙烯泵设置在低温液态乙烯储罐内，经济器与低温液态乙烯储罐相连，低温乙烯加压输送至经济器；BOG压缩机组连接在低温液态乙烯储罐的顶部与经济器之间，减压阀门与经济器相连，低温液态乙烯储罐中的BOG经压缩后在经济器中冷凝成乙烯，被冷凝成的乙烯进入减压阀门分为气、液两相，液相返回至低温液态乙烯储罐，气相返回至BOG压缩机组的前端；乙烯增压泵连接在乙烯蒸发器与经济器之间，增压至下游用户需要的压力后气化并输送	避重授权
3	CN202165802U	一种蒸发气BOG零排放系统	本实用新型涉及一种蒸发气BOG零排放系统。该系统包括：压缩BOG的BOG压缩机；利用LNG的冷量对压缩后的BOG进行冷凝的再冷凝器；向气化器输送LNG的LNG输出泵；加热气化LNG得到NG并实现NG外输的气化器；储存液氮的液氮储罐；实现液氮外输的液氮输出泵；利用液氮输出泵提供的液氮的冷量对压缩后的BOG进行液化的液化器；储存LNG的LNG储罐；其中，BOG压缩机通过一、二号输出管分别与再冷凝器和液化器相连，以将压缩后的BOG分别送到再冷凝器和液化器；一、二号输出管上分别装有开关状态相反且可控的一、二号开关阀。本实用新型能实现BOG的零排放	避重授权
4	CN202082602U	液态乙烯储罐、液态乙烯储存和气化系统	本实用新型涉及一种液态乙烯储罐及应用该储罐的液态乙烯储存和气化系统。该储罐包括：外罐、储存液态乙烯的内罐、绝热材料、向内罐输入液态乙烯的输入管、对液态乙烯加压的输送泵、将加压过的液态乙烯输出的输送泵井、将液态乙烯送至使用设备的输出管；外罐为中空平底拱顶封闭容器，下底面在地面或基础上；内罐在外罐内部，为中空圆柱形平底杯状容器，设置开口的圆形吊顶通过吊杆与外罐拱顶连接；绝热材料充满内外罐之间；输入管依次穿过外罐拱顶、绝热材料和内罐吊顶与内罐相通；输送泵井依次穿过内罐吊顶、绝热材料和外罐拱顶与外罐外部的输出管相连；输送泵位于输送泵井内液面以下。本实用新型能防止储罐破裂和输送泵的汽蚀	避重授权

5.13 小　　结

本章选取 LNG/LPG 运输船领域货物围护系统、BOG 再液化两关键技术的重点申请人，从申请趋势、专利布局等方面进行深入分析，旨在为我国本领域创新主体的研发工作提供参考借鉴。本章选取包括三星重工、大宇造船、IHI 公司、现代重工、三菱重工、GTT、中集集团、川崎重工等重点申请人，分析结论如下：

从专利申请态势的角度出发，三星重工和大宇造船分别在货物围护系统领域和 BOG 再液化技术领域申请量居于首位，大宇造船在货物围护系统技术领域申请主要集中在 2006～2017 年，且呈平缓上升状态；在 BOG 再液化系统技术领域的专利申请趋势整体也呈上升状态。三星重工在货物围护系统技术领域的专利申请主要出现在 2006 年之后，尤其是在 2011 年达到申请顶峰；在 BOG 再液化系统技术领域，三星重工分别在 2009 年、2011 年和 2014 年出现三个申请量峰值，2014 年之后呈现申请量下滑趋势。IHI 公司在两关键技术领域的专利申请趋势整体上呈下滑态势，并且专利申请量变化起伏较大，可能 IHI 公司的研发管理模式和市场供求的变化相关。现代重工在货物围护系统领域专利申请整体上呈现波动上升趋势，尤其在 2014 年达到申请量高峰；在 BOG 再液化系统技术领域，现代重工在 2011 年之后进入高速增长期，之后在 2015 年出现申请量回落，这可能与其当时的营业亏损状况相关。三菱重工在货物围护系统技术领域，整体申请趋势呈平稳状态，体现三菱重工在本领域的研发投入保持稳定；而在 BOG 再液化系统领域的专利申请量一直保持较低水平，说明 BOG 再液化系统领域并非三菱重工的研发重点。GTT 在货物围护系统技术领域的专利申请量全球排名第五，且偏重货物围护系统的研发；GTT 在 2006 年之前申请量极少，2007 年后进入增长期，并在 2014 年达到申请量顶峰。川崎重工在两关键技术领域的专利申请整体上呈现上升趋势，说明川崎重工对两关键技术领域的研发投入保持稳定状态。中集集团两关键技术的专利申请趋势大致类似，均在 2012 年之后保持较高申请量，说明中集集团近几年在两关键技术领域研发投入及产出较多。

在专利布局方面，大部分申请人主要关注本国市场，海外市场的技术布局较少。具体地，大宇造船向本国递交的专利申请量在各个国家或地区中最多，体现大宇造船相较于海外市场，更加重视本国市场。不论是在货物围护系统技术领域还是 BOG 再液化系统技术领域，三星重工向本国递交的专利申请量最多，在他国或地区布局量非常少。同样地，IHI 公司、现代重工、川崎重工向外技术输出极少，绝大多数专利申请仅向本国受理局递交；而中集集团仅在中国提交专利申请。三菱重工在两重点技术领域的专利申请，除了本国受理局以外，主要在中国和韩国受理局公布，可见三菱重工除了本国市场外，较为重视中国和韩国市场。GTT 在全球布局广泛，从各受理局的公布量来看，其在本国的专利申请与韩国、中国的申请量差异不大，可见 GTT 与其他重点申请人相比，更加重视海外市场。

　　从重点技术分支的角度出发，发现主要申请人的重点研发领域较为相近。大宇造船在货物围护系统技术领域，主要专利申请集中于绝热技术，说明大宇造船的研发重点在于货物围护系统中绝热技术的改进。三星重工在绝热技术的申请量最大，止荡技术次之，体现了三星重工对绝热技术的重视。IHI公司、现代重工、三菱重工、GTT、川崎重工、中集集团同样在绝热技术中研发投入最多。

第6章 LNG/LPG 运输船领域专利无效/侵权案件分析

为了了解 LNG/LPG 运输船领域的专利无效、侵权诉讼状况，本课题组通过检索，对该领域出现的专利纠纷案件进行了收集和整理，并针对性地对相关案件进行分析。

6.1 整体概况

本课题组在 LNG/LPG 运输船领域检索到 27 件专利无效案件，具体如表 6－1－1 所示。

表 6－1－1　LNG/LPG 运输船领域相关的无效案件列表

序号	国家	案号	原告	立案时间	涉案专利
1	韩国	KR－2014 당 3215	现代重工	2014	KR101444247B1
2	韩国	KR－2015 당 700	三星重工	2015	KR101444247B1
3	韩国	KR－2016 허 3174	现代重工、三星重工	2016	KR101444247B1
4	韩国	KR－2017 당취소판결 94	现代重工、三星重工	2017	KR101444247B1
5	韩国	KR－2017 당취소판결 95	现代重工、三星重工	2017	KR101444247B1
6	日本	JP－P2017－700021_J7	远藤雅子（日本造船同盟委托）	2017	JP5951790B2
7	法国	FR－08－02968_20091009	GTT	2009	FR2893625A1
8	法国	FR－09－07192_20091021	GTT	2009	FR2893625A1
9	法国	FR－13－01377_20140923	GTT	2013	FR2893625B1
10	EPO	OP－EP06831349	GTT	2009	EP1968779A1
11	日本	JP－P2015－800064_J3	GTT	2015	JP5576966B2
12	美国	IPR2015－01354	GTT	2015	US8906189
13	日本	JP－P2011－800251_J3	新来岛造船株式会社	2011	JP4509156B2
14	日本	JP－P2011－800262_J3	三井造船、IHI、川崎重工、佐世保重工业株式会社、住友重工海洋工程株式会社、内海造船株式会社、名村造船所株式会社、函馆船坞株式会社、环球造船株式会社	2011	JP4509156B2

续表

序号	国家	案号	原告	立案时间	涉案专利
15	日本	JP－平成24年（行ケ）10424号	三菱重工、日立公司	2012	JP4509156B2
16	日本	JP－平成24年（行ケ）10425号	三菱重工、日立公司	2012	JP4509156B2
17	日本	JP－P2014－800029_J3	海洋联合有限公司、佐世保重工业株式会社、住友重工海洋工程株式会社、内海造船株式会社、名村造船所株式会社、函馆船坞株式会社、三井造船、新来岛造船株式会社、常石造船株式会社、Sanoyas造船株式会社、大岛造船所株式会社、今治造船株式会社、尾道造船株式会社、日本造船联合公司、臼杵造船所株式会社、南日本造船株式会社、四国船厂、福冈造船株式会社、JFE工程技术株式会社	2014	JP4509156B2
18	日本	JP－平成27年（行ケ）10239号	日本造船联合公司、川崎重工、佐世保重工业株式会社、住友重机械工业株式会社、内海造船株式会社、名村造船所株式会社、函馆船坞株式会社、三井造船、新来岛造船株式会社、常石造船株式会社、Sanoyas造船株式会社、大岛造船所株式会社、今治造船株式会社、尾道造船株式会社、臼杵造船所株式会社、南日本造船株式会社、四国船厂、福冈造船株式会社、JFE工程技术株式会社、一般社团法人日本船主协会	2015	JP4509156B2

续表

序号	国家	案号	原告	立案时间	涉案专利
19	中国	CN-4W104674	国鸿液化气机械工程（大连）有限公司	2017（无效口审）	CN101754897
20	韩国	KR-2013당1747	现代重工、三星重工	2013	KR100978063B1
21	韩国	KR-2015당165	现代重工、三星重工	2015	KR100978063B1
22	韩国	KR-2013당1749	现代重工、三星重工	2013	KR100835090B1
23	韩国	KR-2015당179	现代重工、三星重工	2015	KR100835090B1
24	韩国	KR-2013당1748	现代重工、三星重工	2013	KR100891957B1
25	韩国	KR-2015당178	现代重工、三星重工	2015	KR100891957B1
26	欧洲	OP-EP08150854	Cryostar公司	2011	EP1990272B1
27	中国	CN-4W106905	瓦锡兰油气系统公司	2018（无效口审）	CN103703299

6.2 案例分析

6.2.1 大宇造船LNG船再液化技术领域专利无效诉讼

6.2.1.1 诉讼背景

大宇造船研发的LNG船再液化装置系统（PRS）于2013年在韩国申请注册技术专利，公开号为KR101444247B1（以下简称"247专利"），涉及一种用于船只的液化气处理系统。基于该专利技术，大宇造船先后在中国（3件）、美国（4件）、欧盟（2件，另外克罗地亚6件，俄罗斯1件）、印度（6件）和东南亚国家（菲律宾2件）布局了大量的专利。

大宇造船表示，该公司推出的PRS装置不需要增添冷冻压缩机，以自然气化的天然气作冷冻剂，可省LNG船的运营使用费用，每套PRS装置的安装费用比现有设备可节省40亿韩元（约348万美元），一艘LNG船一年的运营费可节省约100万美元。据悉，大宇造船目前在LNG运输船再液化设备市场的份额高达90%。[1]

247专利在2014年9月18日获得授权。按照韩国的专利制度，自专利授权公布日起3个月内，任何人都可以就授权专利提出异议。2014年12月16日，现代重工向韩国知识产权局提出247专利的无效请求；2015年3月4日，三星重工向韩国知识产权局提出247专利的无效请求，主张247专利相对于对比文件的结合是显而易见的，应当将247专利宣告无效。大宇造船申请对这两起无效案件进行合并，并于2015年11月向

---

[1] 大宇造船LNG技术专利日韩态度截然相反[EB/OL].[2017-06-06]. http://www.eworldship.com/html/2017/ship_inside_and_outside_0606/128800.html.

韩国知识产权局请求修改247专利的权利要求（见表6-2-1），并完成后续的补正程序。现代重工和三星重工认为大宇造船对于247专利的修改不符合韩国专利法的要求，并且对比文件1~8的结合使247专利的技术特征显而易见。最终，韩国知识产权局认可大宇造船对于247专利的修改符合韩国专利法第136条规定，在大宇造船对现有专利文本进行相应修改的基础上维持专利有效。

表6-2-1 大宇造船针对KR101444247B1专利的修改

序号	权利要求	修改前	修改后
1	权利要求1	—	복수개의 압축실린더를 포함하는（多个压缩气缸）
2	权利要求1	감압된 후 상기 저장탱크에 복귀하는 것（减压后返回该储存罐）	팽창기를 통과하면서 감압된 후기액 혼합상태의 기체성분과 액체성분 모두가 상기 저장탱크에 저장탱크의 바닥으로 분사되면서 복귀하는 것（通过膨胀器减压的后液混合体的气体成分和液体成分全部喷在上述储存罐中，然后返回该储存罐的底部）
3	权利要求3	权利要求2	权利要求1
4	权利要求6	权利要求5	权利要求1
5	权利要求6	압축실린더 중에서 일부 또는 전부（将压缩缸中的一部分或全部）	압축실린더 전부（全部压缩气缸）
6	权利要求2、4、5、7~9	删除	—

2016年6月，247专利在日本申请注册的同族专利JP5951790B2（以下简称"790专利"），遭到了日本造船同盟企业的反对，理由是日本企业也拥有类似的技术，所以大宇造船的LNG船再液化装置系统（PRS）不具备专利技术资格。

6.2.1.2 案件介绍

【案例1】

案号：KR-2014 당3215、KR-2015 당700

无效请求人：现代重工、三星重工

被请求人：大宇造船

案件详述：2014年3月，无效请求人在韩国知识产权局向大宇造船提起247专利无效的请求，并给出了WO2009112478（Device and method for preparing liquefied natural gas fuel）、KR1020090015458A（用于液化天然气运输船的BOG再液化系统和方法）、2012年3月6日扎曼公司主办的研讨会上发表的材料（附件2中的第三部分）、大韩设备工程学会发表的论文"LNG 선박 DUAL Fuel 엔진용 BOG 재액화 시스템의 성능 시뮬레이션"、US3885394（用于处理和利用船舶中的汽化气体输送液化气体的方法和

设备)、KR200393822（L.P.G气瓶盖）、US3919852（Reliquefaction of boil off gas）和 KR1020030073974A（用于再液化 LNG 蒸发气体的方法和系统）作为相关证据。

现代重工和三星重工主张 247 专利的权利要求 1 的修改使权利要求的保护范围扩大，并且得不到说明书的支持；而且权利要求 1 相比于上述提供的证据是显而易见的。

大宇造船声称通过删除权利要求，实际上缩小了权利要求的保护范围，因此针对专利文件的修改是合法的；另外在 247 专利的授权文本中，通过全部压缩汽缸，在没有特殊冷却系统的情况下将液化气压缩到 150～400bara 压力范围的部分再液化技术，上述证据文本都没有体现，因此相比于上述证据不具备显而易见性。

可以看出该案的争议点主要在于：

（1）对于 247 专利权利要求的修改是否合法；

（2）247 专利是否具备创造性。

韩国知识产权局认为：

（1）专利权人对于专利文本的修改均为符合法律范围内的修改。

（2）在造船产业领域，技术开发的速度和特殊性也要同时考虑，如果造船公司制造的大型船舶上的零件和装置的大小有明显差异，一般来说零件和装置的使用效果也会产生差异，因此不能断定中小型配件上使用的技术可以直接适用于大型船舶上的大型零件和装置，从而实现零件和装置的大型化。要考虑到在船舶上安装在机床内的固定空间内的各个零件或装置上的技术，不能断定适合用于大型船舶的零件或装置上。247 专利权利要求 1 的技术特征不容易从对比文件中的发明中导出，因此权利要求 1 不具有显而易见性，在权利要求 1 不具备显而易见性的情况下，从属权利要求 3、6、10 也不具有显而易见性。

因此，韩国知识产权局承认大宇造船对于 247 专利的修改请求，驳回现代重工和三星重工对于本案专利权利要求 2、4、5、7～9 的审判请求，驳回现代重工和三星重工对于涉案专利权利要求 1、3、6、10 的审判请求，裁决费用 40% 由请求人承担，其他由被请求人承担。

【案例 2】

案号：kr-2016 허 3174

原告：现代重工、三星重工

被告：大宇造船

案件详述：在向韩国知识产权局提出 247 专利无效的请求并使 247 专利部分权利要求无效后；2016 年，现代重工和三星重工再次向韩国专利法院提出 247 专利的无效诉讼。并提供了如下相关证据：WO2009112478（Device and method for preparing liquefied natural gas fuel）、2012 年 3 月 6 日扎曼公司主办的研讨会上发表的材料（lng gas supply system technologies），2012 年 3 月 8 日扎曼公司在网上提供的可下载资料（关于将储罐排出的蒸发气作为燃料使用的 MEGI 船搭载的船舶蒸发气处理系统）、大韩《设备工程协会夏季学术发表大会论文集》论文"LNG 선박 DUAL Fuel 엔진용

BOG 재액화 시스템의 성능 시뮬레이션"、US3919852（Reliquefaction of boil off gas）、KR1020030073974A（用于再液化 LNG 蒸发气体的方法和系统）、US2959020（Process for the liquefaction and reliquefaction of natural gas）。

与向韩国知识产权局提出无效请求相比，现代重工和三星重工在原来证明材料的基础上，将 KR1020090015458A、KR200393822 剔除，增加 2012 年 3 月 8 日扎曼公司在网上提供的可下载资料（关于将储罐排出的蒸发气作为燃料使用的 MEGI 船搭载的船舶蒸发气处理系统）和 US2959020 作为新的证据。

247 专利修改后的权利要求与对比文件技术特征的对比情况见表 6-2-2。

表 6-2-2　KR101444247B1 修改后的权利要求与对比文件技术特征的对照

构成要素	修改后的权利要求	对比文件
1	包含储存液化天然气的货舱，以及将液化天然气用作燃料的发动机，一种用于 MEGI 船只的液化气处理系统	储藏在 lng 储存箱和储存罐里的以 lng megi 为燃料的发动机船舶的蒸发气处理系统
2	第一蒸发气体流由储存罐中的液化天然气产生，然后从储罐排出；第二蒸发气体流作为第一流中的燃料供给 MEGI 发动机；第一股蒸发气体流未供给 MEGI 发动机	（第二流）作为燃料供应给 MEGI 发动机，加油的蒸汽流（第三流）不供给发动机
3	在包括多个压缩缸的压缩设备中将第一物流压缩至 150~300bara，然后分支成第二物流和第三物流，并且在压缩机中压缩的第三物流在换热器中与第一物流进行热交换并冷却	储存罐排出的蒸发器由压缩机压缩到 150~300bara 后供应给发动机 一些未使用的燃料与蒸发的气体进行热交换，蒸发的气体在压缩机的中断（压力 39bara）处从热交换器中的储罐转移并冷却
4	其中，压缩和冷却的第三物流在通过膨胀阀的同时在没有通过使用单独的制冷剂的再液化装置的情况下减压后返回到储罐	待再次液化的汽化气体在通过膨胀阀的同时被减压，然后返回到储罐
主要图示	图 10	图 1

主审的法官认为，修改后的权利要求的技术特征与现有技术及其技术领域和解决的技术问题有特定差异，在构成的差异方面是本领域普通技术人员能够很容易联想到的，并且构成差异形成的组合产生的技术效果是可预测的，本领域的普通技术人员能够从现有技术的结合中获得修改后权利要求的技术启示，从而进行发明是显而易见的，因此 247 专利被判无效。

【案例 3】

案号：jp – P2017 – 700021_J7

原告：远藤雅子

被告：大宇造船

案件详述：2016 年，大宇造船关于部分再液化技术（PRS）的专利在日本获得授权，受到日本造船同盟企业的反对，因此在收集下述证据之后，其诉讼代表人远藤雅子向日本特许厅提出对 790 专利的无效请求。

证据 1：Sejer Laursen 发表在 MAN Diesel & Turbo 的文章"LNG as fuel for 2 – stroke propulsion of Merchant ships"；

证据 2：US3919852（Reliquefaction of boil off gas）；

证据 3：JP2009504838A（A method for liquefying natural gas LNG）；

证据 4：JP2010537151A（Natural gas liquefaction process）；

证据 5：JP2002508054A（An improved method for liquefying natural gas）；

证据 6：Roberto Chellini2008 年在 Diesel & Gas Turbine Publications 上发表的论文"LABY – GI Compressor Developed for LNG Carrier Service"；

证据 7：永田良典等 2012 年在 IHI 季报上发表的文章"LNG 燃料船用 IHI – SPB タンク"；

证据 8：KR1020100049731A（Non return valve）；

证据 9：WO2012128447A1（System for supplying fuel to high – pressure natural gas injection engine having excess evaporation gas consumption means）。

主持此次无效诉讼案件的审判官平岩正一、长清吉范和刈间宏信断定 790 专利与证据 1 专利中体现的技术特征的差异点在于，790 专利"通过压缩装置将第一流压缩至 150～400bara"，证据 1 文献"通过压缩装置将第一流压缩至 39 巴"，而上述区别技术特征在证据 2～9 中没有体现，本领域的技术人员根据证据 1 以及证据 2～9 中记载的技术事项，并不容易实现具有上述区别技术特征的权利要求；权利要求 2～10 进一步限定了权利要求 1 的保护范围，出于权利要求 1 具备创造性的判断，权利要求 2～10 同样具备创造性。

6.2.1.3 案件分析

大宇造船 LNG 船 PRS 专利在韩国经历了 3 年多的诉讼，现代重工、三星重工均认为，在造船界，部分再液化技术已经实现了"普遍化"，大宇造船登记注册的 PRS 技术与已有技术没有差别。在案例 1 中，大宇造船针对现代重工和三星重工分别提出的专利无效请求，申请将两件无效案件合并审理，可以减轻大宇造船面临多方专利无效诉讼的压力，同时减少了应对专利无效案件所付出的时间和成本。

现代重工和三星重工向韩国知识产权局提出 247 专利的无效请求后，大宇造船针对现代重工和三星重工的提出的无效请求，对 247 专利的权利要求进行进一步限定，缩小其专利保护范围，以获取更好的专利稳定性，最终韩国知识产权局在其修改文本的基础上同意维持大宇造船的专利权。

现代重工和三星重工为了进一步对247专利提出无效请求，进一步完善、补充其有效证据，并向韩国专利法院提出专利无效诉讼。结合完善的证据，现代重工和三星重工成功使得大宇造船247被判专利无效。

日本造船同盟企业借鉴了247专利无效诉讼的经验，在进一步完善相关证据的基础上，向日本特许厅提出790专利的无效请求，但是专利无效的请求最终被日本特许厅驳回。

大宇造船PRS技术在韩国和日本面临的不同的境遇，在一定程度上表明，在船舶行业生存艰难以及LNG船建造业务对韩国三大船企的发展举足轻重的背景下，韩国在保护本国整个船舶行业及保护单个企业技术专利之间，选择了前者。而日本单纯考虑技术以及专利文本撰写，对日本造船产业的发展考虑较少。

6.2.1.4 案件启示

从韩国和日本无效案件的对比中可以发现，如果专利技术的垄断对于相应国家的产业产生不利影响时，不同的国家对相关的技术可能会采取不同的态度。企业在选择将自身的知识产权布局海外前，应该充分调研相应国家的法律制度以及法律环境，以提升自身知识产权在海外国家或者地区得到保护的可能性。

在进行专利无效诉讼时，应当对相应的专利进行调研，研究该专利及其专利同族的专利引用情况、诉讼情况等，以获取可以作为证据的文件，减少因寻找证据花费的时间和成本。

6.2.2 大西洋造船厂专利无效诉讼

6.2.2.1 诉讼背景

2005年，大西洋造船厂（Chantiers de l'Atlantique）在法国首次申请了公开号为FR2893625B1（首次公开号FR2893625A1，以下简称"625专利"）的专利，主要应用于形成集成在船只承载结构中的绝热槽壁，例如液化气，起到保证壁上的密封膜在壁上两个预制板之间的结合处密封的连续性；625专利于2008年获得法国工业产权局的授权。

2008年，GTT向巴黎大审法院（TGI de Paris）提出625专利的无效诉讼。2009年1月30日，大西洋造船厂以巴黎大审法院无管辖权为由提出抗辩被驳回，2009年10月9日，GTT以等待EPO异议部对于EP1968779A1专利无效的结果为由申请中止审判。2009年10月，大西洋造船厂向法国工业产权局提交了缩小专利权范围的专利申请文本。2011年3月18日，巴黎大审法院采用了不同于GTT的权利要求解释而维持625专利有效。2014年9月23日，巴黎上诉法院维持了巴黎大审法院的判决，认可巴黎大审法院关于该权利要求的解释。2014年，GTT向法国最高法院提出该专利的无效诉讼，截至2018年10月，该案件还在审理当中。

大西洋造船厂申请的欧洲专利EP1968779B1（要求法国625专利的优先权，以下简称"779专利"）于2009年5月20日获得授权，GTT于2009年7月27日提出异议，大西洋造船厂按照625专利权利要求的修改方式提交了修改后的779专利文本。2012年5月15日，欧洲专利局以779专利不具备创造性为由宣布该专利无效。2012年8月31日，大西洋造船厂不服EPO的判决提出上诉，截至2019年1月15日，该案件还在审理当中。

2015 年，GTT 向日本特许厅提交了大西洋造船厂两件专利 JP5563222B2 和 JP5576966B2（均要求法国 625 专利的优先权）的无效宣告请求，截至 2019 年 1 月 15 日，该案件还在审理当中。

2015 年 3 月 3 日，GTT 向韩国专利法院（2015Hur994 案件）提出自愿介入，支持韩国知识产权局驳回大西洋造船厂专利申请 KR20137026947A。

大西洋造船厂迫于 GTT 提起的专利无效诉讼的压力，与 GTT 在多个国家达成和解，中止无效程序，并将 625 专利在 GTT 视为重点市场国家或地区（欧洲、美国、中国、日本、韩国等）的同族专利转让与 GTT。

6.2.2.2 案件介绍

【案例 1】

案号：op – EP06831349

原告：GTT

被告：大西洋造船厂

案件详述：大西洋造船厂于 2006 年 11 月 17 日在 EPO 申请了专利 EP1968779B1（申请号 EP2006831349），并于 2009 年 5 月 20 日获得授权。

GTT 在 2009 年 7 月 27 日向 EPO 提出该专利无效的请求，GTT 声称大西洋船厂承认 779 专利中权利要求的步骤 1~6（见表 6 – 2 – 3）为现有技术，与现有技术的区别技术特征为"同时加热和加压"，而 Le collage structural moderne – Théorie & Pratique 和 Le collage industriel 都有相关表述说明"同时加热和加压"是本技术领域公知的技术，因此权利要求不具备创造性。另外，权利要求 1 没有具体公开解决技术问题的必要技术特征（包括温度范围、压力范围和加热时间范围），而实施例中只涉及加热 3 小时 30 分钟、加压 4 小时［0057］，加热温度为 60℃［0058］，压力约为 0.1 巴［0058］的实施方式，权利要求 1 得不到说明书的支持，不符合《欧洲专利公约》第 100 条第 1 款（b）项❶的规定。GTT 并提供了从属权利要求 2~15 不具备创造性的相关证据。

表 6 – 2 – 3　EP1968779B1 专利权利要求 1 步骤拆分

步骤	具体内容
1	dépoussiérage de la zone de collage
2	dépose uniforme d'un film de colle polymérisable, sur au moins l'une des deux surfaces à coller de la nappe souple et du support
3	lissage dudit film de colle, – mise en place de la bande de nappe souple sur le support
4	mise en place de la bande de nappe souple sur le support
5	marouflage de la nappe souple déposée, de manière à éliminer toutes bulles résiduelles
6	mise en place sur ladite nappe souple, d'un film de protection contre les débordements de colle sur le pourtour de ladite nappe souple, ce film de protection étant de dimensions supérieures à celles de la nappe souple

---

❶ "the European patent does not disclose the invention in a manner sufficiently clear and complete for it to be carried out by a person skilled in the art."

续表

步骤	具体内容
7	une étape de mise sous pression de ladite bande de nappe souple contre le support, au moyen d'une presse, et de chauffage simultané de cette bande pendant au moins une partie de la durée de la mise sous pression

证据 1：由 MASTER BOND 销售的双组分环氧黏合剂；

证据 2：FR2873308；

证据 3：FR2822815A1（machine pour le collage d'une bande, procede de collage d'une bande pour la realisation d'une paroi isolante et etanche, et paroi isolante et etanche）；

证据 4：*Le collage structural moderne* de P. COUVRAT（1992）；

证据 5：*Le collage Industriel* de P. COGNARD et F. PARDOS（1981）；

证据 6：*Bondship Project guidelines*；

证据 7：*Review of surface characterisation techniques for adhesive bonding*［NPL report MATC（A）66，février 2002］；

证据 8：*A review of adhesive bonding assembly processes and measurement methods*［NPL Report MATC（A）66，mars 2003］；

证据 9：*Fiches techniques de colles polyuréthane*；

证据 10：Cass Com., 15 mai 2007, n° 06-12487；

证据 11：TGI Paris, 15 juin 1999, PIBD n° 692, III, p. 80；

证据 12：FR2004005179；

证据 13：Opinion écrite de brevetabilité de l'ISA du 17 mars 2007；

证据 14：Réponse du mandataire de CAT du 14 septembre 2007；

证据 15：Rapport préliminaire international du 18 février 2008；

证据 16：*Quand le méthane prend la mer*, Editions P. Tacussel, 1998。

GTT 在异议期间还进行了相关证据文件的补充，从原来的 16 份证据文件扩充至 50 份证据文件。

2010 年 12 月 9 日，大西洋造船厂为了解决 779 专利的新颖性、创造性以及权利要求没有充分清楚、完整地公布的问题，向 EPO 提交了修改后的专利文本。

随后在 2012 年 2 月 2 日，GTT 进一步对现有证据进行补充（包括：①KR1020050015840；②FR2868060；③ISO 4587；④GTT 和大西洋造船厂之间的通信往来资料；⑤WO2007052961；⑥GTT 的测试报告），进一步明确了 779 专利的权利要求得不到说明书的支持。

2012 年 4 月 13 日，大西洋造船厂再次提交了修改的专利文本，并提交了相关证据文件无效的证明材料。

2012 年 5 月 15 日，该专利无效案件进行了口审程序。GTT 认为 KR1020050015840 是最接近 779 专利的现有技术，其争议点在于"在静态的压力下，同时加热进行黏结"。

EPO 异议部认为，KR1020050015840 与 779 专利唯一的区别技术特征为"每个预制板包括一插在两个绝热屏障之间的密封膜",该解决方案对解决技术问题的改进并没有得到相关证明(非必要技术特征);FR2822815A1 提到了上述的区别技术特征,因此 FR2822815A1 给出了解决上述区别技术特征的技术启示,因此权利要求 1 是显而易见的,并不具备创造性。基于 GTT 提供的证明文件,异议部也否定了 779 专利从属权利要求 1~10 的新颖性和创造性,779 专利被判全部无效。

【案例 2】

案号:IPR2015-01354

原告:GTT

被告:大西洋造船厂

案件详述:2006 年 11 月 17 日,大西洋造船厂要求法国专利申请(申请号 FR2005011721)的优先权(优先权号 FR200501118),在美国专利商标局(USPTO)提交了公开号为 US8906189(以下简称"189 专利")的专利申请,并于 2014 年 12 月 9 日获得美国专利。

2015 年 6 月 10 日,GTT 向 USPTO 下属的专利审判及上诉委员会(PTAB)提出 189 专利的多方复审程序(Inter Parte Review,IPR),称 189 专利在审查过程中被多次驳回,直到在权利要求 1 中限定了"whole strip"这一技术特征才获得美国专利,但是该技术特征已经被现有技术公开了,是显而易见的。表 6-2-4 为 GTT 提出支持 189 专利无效的证据清单。

表 6-2-4　US8906189 专利无效证据清单

序号	证据
1	US12/085263(189 专利申请文本)
2	专利 FR2822815A1 原文及其英文翻译文本
3	"Redux® Bonding Technology," Publication No. RGU 034c, Hexcel Corporation(Rev. July 2003)("Hexcel")
4	Put the Squeeze on Excess Glue(Wood Magazine,2002 年)
5	Wood Magazine,"Put the Squeeze on Excess Glue"(February 2002)("Wood Magazine")
6	Kyung-Bum Lim et al.,"Surface Modification Of Glass And Glass Fibres By Plasma Surface Treatment," Surf. Interface Anal. 2004;36:254-258("Lim")
7	P. Davies et al.,"Surface Treatment For Adhesive Bonding Of Carbon Fibre-Poly(etherether ketone)Composites," J. Materials Sci. Letters 10(1991):335-338("Davies")
8	Shields,"Adhesives Handbook,"(London:Butterworths,1973)pp 40-41,66-67,94-97,100-101,104-105,108-109,112-113,116-117,120-121,124-125,128-129,132-133,134-135,182-191,258-265("Shields")
9	US6035795 专利文本

续表

序号	证据
10	Edward M. Petrie 2015 年 6 月 9 日的声明
11	Petrie, E. M., Handbook of Adhesives and Sealants, (New York: McGraw – Hill, 2000), pp. 64 – 66, 100 – 101, 145 – 146, 359
12	Austin, J. E. and Jackson, L. C., "Management: Teach Your Engineers to Design Better With Adhesives," SAE Journal, October 1961
13	Liu, L. et. al., "Effects of Cure Cycles on Void Content and Mechanical Properties of Composite Laminates," Composite Structures, 73 (2006), 303 – 309 (available online April 9, 2005)
14	Tang, J. et. al., "Effects of Cure Pressure on Resin Flow, Voids, and Mechanical Properties," Journal of Composite Materials, 21 (1987), 421
15	Roseland, L. M., "Adhesives for Cryogenic Applications", Journal of Macromolecular Science: Physics, B1: 4 (December 1967), 639 – 650
16	Smith, M. B. and Susman, S. E., "Adhesives for Cryogenic Applications", SAE Technical Paper 620370 (1962), 4 – 5
17	Hysol EA9361 Epoxy Paste Adhesive, Henkel Corporation, Rev. January, 2001
18	KR1020050015840A 专利原文及其英文翻译文本

根据《美国联邦法规》第 37 编第 42 条第 100 款（b）项，GTT 针对 189 专利中的特定术语进行了解释，见表 6 – 2 – 5。

表 6 – 2 – 5　US8906189 专利特定术语 GTT 解释

序号	术语	GTT 解释
1	a strip of flexible sheet	a flexible sealing membrane provided at the junction between two prefabricated insulation panels
2	rigid support	The peripheral margin of the secondary membrane of a prefabricated insulation panel
3	press	a pressing and heating tool that is long enough to simultaneously press and heat the entire length of the strip

2015 年 10 月 16 日，根据美国专利法第 317 条，双方提出和解并中止该无效程序，请求将双方的和解协议连同和解协议的副本与专利文件分开，并请求将该无效程序视为商业秘密进行保护。

6.2.2.3　案件分析

GTT 在 LNG 运输船薄膜型货物围护系统核心技术领域处于垄断地位，以 625 专利为代表的专利族是 CS – 1 型薄膜型货物围护系统的核心技术之一。625 专利共计有 38

件 INPADOC 同族专利，广泛分布于全球 LNG 运输船重点国家或地区（包括韩国、欧洲、中国、日本、美国、印度、巴西等）。如果大西洋造船厂拥有该专利，将会对 GTT 的技术垄断地位造成一定的影响，因此 GTT 在大西洋造船获得法国 625 专利开始，便向法国工业产权局提出 625 专利的无效诉讼；紧接着，大西洋造船厂获得欧洲 779 专利，GTT 及时向 EPO 提交 779 专利的无效诉讼请求；在日本和美国也同样如此。GTT 挑选了 625 专利进入的重点国家和地区进行专利无效，不仅针对性强，还避免了盲目进行专利无效诉讼而导致的高额成本。

在进行 779 专利的无效诉讼时，GTT 充分利用了欧洲专利授权后 9 个月的异议期限，避免因错过异议期限导致需要分别在相应专利指定进入的《欧洲专利公约》缔约国提起无效诉讼请求，节省了大量的时间以及诉讼费用。

在进行 779 专利的无效诉讼期间，GTT 还不断收集相应的证据文件，并及时提交到 EPO，对最终的无效诉讼结果产生了积极的影响。

6.2.2.4　案件启示

针对企业等研发主体来说，将自身的核心技术布局在重点的市场，可以起到保护知识产权的重要作用，能够有效防止他人随意使用企业的研发成果，提高企业的市场地位。

在核心技术被他人拥有的情况下，可通过收集现有的技术作为证据，通过向相应的国家或者地区部门提起专利无效诉讼（或者异议程序、复审程序），将对方的专利无效是突破竞争对手知识产权壁垒、避免专利侵权的有效途径。

在进行专利无效诉讼的过程中，需要注意区分各国的专利制度，把握好时间节点，不断收集相关证据，以最小的成本获得最优的无效诉讼结果。

对于被请求人方（即专利权人），有以下两方面建议：在专利申请文件撰写方面：①确保独立权利要求中的技术方案完整，即包括解决技术问题的全部技术特征，可通过省去某一技术特征是否能解决该技术问题的简单方式来验证；②对于技术特征，尤其是多个技术特征之间的作用及带来的效果应阐述透彻，以应对"公知技术"攻击；③对于包含参数数值范围的技术方案，说明书中应记载足够多个实施例予以支持，进一步地，不同实施例应具有不同程度的技术效果。在专利布局策略方面，核心专利技术应尽可能布局在多个重点市场国家或地区，形成"多点布设"，在起到多地区保护的同时，既能够提高对手的无效诉讼成本，又加大谈判筹码。

对于请求人方，建议：一方面基于专利文本，可通过反向思维寻找无效的突破点，达到有效"攻击"；另一方面，在进行专利无效诉讼的过程中，需要注意区分各国的专利制度，把握好时间节点，不断收集相关证据，以最小的成本获得最优的无效诉讼结果。

6.2.3　三菱重工和日立专利无效诉讼

6.2.3.1　诉讼背景

2007 年 9 月 13 日，三菱重工和日立公司在日本将一项船舶压载水仓技术申请了专利，专利申请号为 JP2007238381，2010 年 5 月 14 日获得日本专利，授权公开号

JP4509156B2（以下简称"156专利"）。156专利的授权引起多数日本造船企业的不满。2011～2016年，陆续有企业甚至是企业之间联合对156专利提出专利无效请求或者无效诉讼。

6.2.3.2 案件介绍

技术方案：如图6-2-1所示，156专利涉及一种船用的压载水处理装置，用于在排除压载水时处理或者去除压载水中的微生物。

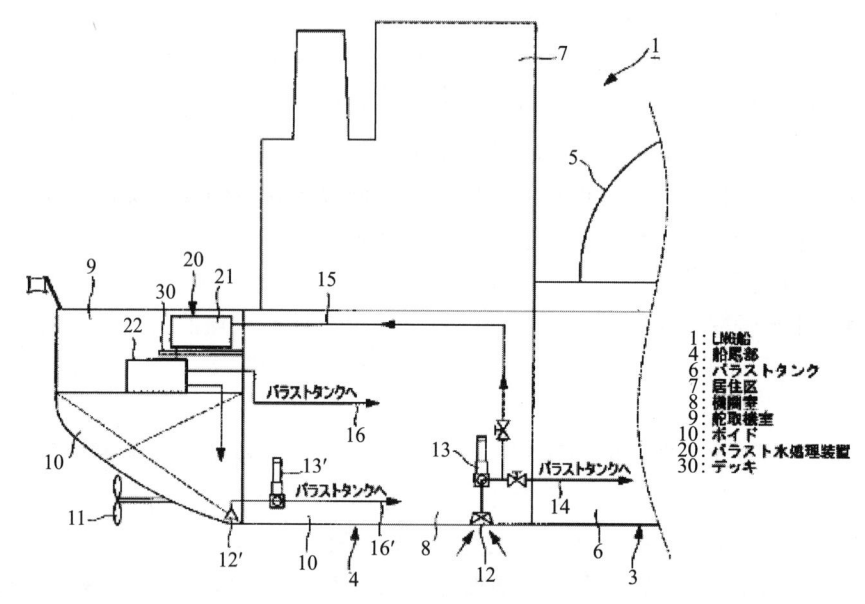

图6-2-1 JP4509156B2专利技术方案示意图

该发明的船舶结构是一种包括在压舱水的取水时或排水时，对压舱水中的微生物类进行处理而使微生物类去除或灭绝的、供压舱水流通的压舱水处理装置的船舶结构，在船舶后方的船尾部具有舵机室、机舱室。该船舶结构的特征在于：供压舱水流通的上述压舱水处理装置设置在船舶后方的所述舵机室中，压舱水泵设置在机舱室内，设置有自上述压舱水泵起按照第一压舱水管道（14b）、处理装置入口侧管道（15a）、上述压舱水处理装置、处理装置出口侧管道（16）、第二压舱水管道（14d、14e）、船舶的压载箱的顺序依次连接的管道系统以及一端同上述第一压舱水管道与上述处理装置入口侧管道的连通部连通且另一端同上述处理装置出口侧管道与上述第二压舱水管道的连通部连通的第三压舱水管道（14c），在上述第一压舱水管道上，配置有仅允许从上述压舱水泵向压舱水处理装置的方向的流动的单向阀，在上述第一压舱水管道与上述处理装置入口侧管道的上述连通部，设置有与排水口连通的第四压舱水管道（14g），上述压舱水处理装置相比上述吃水线更靠上方配置，由此能够在紧急情况下将压舱水从上述压舱水处理装置排出到船外。

根据这种船舶结构，由于将压舱水处理装置设置在船舶后方的所述舵机室中，因此减少了各种控制设备和电气设备的限制。因此，不用大幅度改变船舶结构或船型，就能有效地利用船舶内的空间，容易地设置各种压舱水处理装置。

专利修正（见表 6-2-6）：涉案专利的申请人三菱重工、日立公司通过 2010 年 3 月 24 日的程序（A224）修改了权利要求的全文和说明书的全文。由于该修改，在初始说明书中未描述的 0012 至 0014 被新添加到说明书中。随后，在 2012 年 4 月 10 日（A225）的更正请求中，本修正案增加的权利要求 6 被删除，修正案的权利要求 7 提前到权利要求 6。新的权利要求 6 为"处理装置设置在船舶后方的非防爆区域，船舶水线以上和压载舱顶部下方"。

表 6-2-6 JP4509156B2 专利修正前和修正后的对比

序号	权利要求	修改前	修改后
1	权利要求 1	一艘船包括压载水处理装置，特征在于，压载水处理装置设置在船的后方的转向装置舱中	一艘船包括压载水处理装置，压载水处理装置设置在船舶后方的转向室中，转向装置舱位于水线上方
2	权利要求 2	所述压载水处理装置设置在方向盘舱室空间中或其空间中的甲板中	所述压载水处理装置设置在方向盘舱室空间中或其空间中的甲板中
3	权利要求 3	使用船尾空隙空间如尾峰罐作为压载水处理装置的缓冲罐	使用船尾空隙空间如尾峰罐作为压载水处理装置的缓冲罐
4	权利要求 4	所述转向齿轮室是非防爆区域	所述转向齿轮室是非防爆区域
5	权利要求 5	转向齿轮室与安装有压载泵的发动机室相邻	转向齿轮室与安装有压载泵的发动机室相邻
6	权利要求 6	转向装置室位于所述通风水的上方	处理装置设置在船舶后方的非防爆区域，船舶水线以上和压载舱顶部下方
7	权利要求 7	船用水处理装置设置在船舶后面的非防爆区域	

【案例 1】

1）案号：jp-P2011-800251_J3

无效请求人：新来岛造船株式会社

被请求人：三菱重工、日立公司

2）案号：jp-平成 24（行ケ）10424

原告：三菱重工、日立公司

被告：新来岛造船株式会社

案件描述：2011 年 12 月 6 日，新来岛造船株式会社向日本特许厅提起无效宣告请求，请求人认为 156 专利权利要求 1~7 均应该认定无效，并给出了 2008~86892 号公报、2006~272147 号公报、JP1988108891A（电子束信息交换设备）、《船舶的基础知识》（池田宇雄著）、《压载管道设备设计标准》（日本造船协会造船设计委员会编著，第 2 版）《日本海洋协会 2006 年规则和检查程序》（钢船规则/检查要领 H 篇电气设备）作为相关证据。

请求人提出的无效理由主要在于权利要求1~6超出了说明书的范围、权利要求7所述内容在现有文献中已有报道以及权利要求7中所规定的"非防爆区域"的描述超出了说明书的描述范围。

被请求人于2012年3月26日向日本特许厅提出修改156专利的权利要求书的请求，并完成了后续的补正程序。之后请求人与被请求人分别在2012年9月5日完成了口头质证以及9月19日完成了补充质证。在此过程中请求人根据修正后的权利要求内容撤回了对原先权利要求1~6的无效宣告请求，只对修正后的权利要求6进行无效请求。

2012年10月26日日本特许厅批准了该修正案，并且根据修正后的权利要求内容认为修正后的权利要求6的技术特征压舱水处理装置的安装位置的说法违反了日本专利法第36条第6款第1项和第2项的规定，并应根据日本专利法第123条第4款第1项的规定无效。同年11月6日，日本特许厅将决定内容传达给了专利所有人。

随后，三菱重工、日立公司向日本知识产权高等法院提起诉讼，即平成24年（行ケ）10424号的专利诉讼。该案是对156专利权利要求6无效审判决定的诉讼。主要争论点在于"非防爆区域"的表述是否超出了说明书的范围。原告认为术语"非防爆区域"的含义是清楚的，并且也清楚地明确了属于船舶的哪个部分，并没有超出说明书的范围，因此修正后的权利要求6中的描述是基于日本专利法第36条第2款第6项规定的陈述；并且认为日本特许厅在不将权利要求的范围的描述与说明书的详细描述进行比较的情况下作出认定，违反了日本专利法第36条第6款第1项的规定，审判决定没有任何理由得出主导结论，有明显的缺陷。被告新来岛造船株式会社认为，即使本发明中压舱水处理系统布置在水用转向齿轮室之外的位置，也不可能解决该发明的技术问题，也达不到该发明所描述的技术效果。因此，仅仅是以"压载水处理系统安装在非防爆区"和"转向齿轮室"两个技术特征，无法确定船舶的具体结构与结构之间的连接关系。由于这些原因，不可能从术语"非防爆区域"中识别船舶结构中的其他特定位置。

可以看出平成24年（行ケ）10424号的专利诉讼的争议点主要在于：术语"非防爆区域"的理解问题，即是否超出了说明书的范围。

日本知识产权高等法院认为：156专利的说明书是支持权利要求6中的"非防爆区域"的认定的，并且除了156专利的说明书描述的范围外并没有其他发明获得专利。因此认为权利要求6违反了日本专利法第36条第6款第1项的规定的判决是不正确的。

因此，日本知识产权高等法院支持了三菱重工和日立公司的起诉，在2013年9月10日作出审判，决定撤销对权利要求6的无效判定。

随后日本特许厅进一步听取了双方的辩论后，在2014年6月13日作出了156专利权利要求6有效的认定。

至此，新来岛造船株式会社对156专利的无效宣告诉讼以失败告终。

【案例 2】

1）案号：jp-P2011-800262_J3

无效请求人：三井造船、IHI、川崎重工、佐世保重工业株式会社、住友重工海洋工程株式会社、内海造船株式会社、名村造船所株式会社、函馆船坞株式会社、环球造船株式会社

被请求人：三菱重工、日立公司

2）案号：jp-平成 24（行ケ）10425

原告：三菱重工、日立公司

被告：三井造船、IHI、川崎重工、佐世保重工业株式会社、住友重工海洋工程株式会社、内海造船株式会社、名村造船所株式会社、函馆船坞株式会社、环球造船株式会社

案件描述：2011 年 12 月 22 日，三井造船、IHI、川崎重工、佐世保重工业株式会社、住友重工海洋工程株式会社、内海造船株式会社、名村造船所株式会社、函馆船坞株式会社和环球造船株式会社等 9 家公司联合对 156 专利提了无效宣告请求，其以该专利不具备新颖性和创造性为由请求无效权利要求 1、2 和 4~7。上述请求人提供了如下相关证据：JP1988108891A（电子束信息交换设备）、1993 年 8 月船舶技术协会出版的《船舶科学》第 32 页侧视图的船舶、1999 年第 5 期《造船工程在日本工程》、2006 年 3 月日本船舶技术研究协会出版物《压载水处理标准研究（RBW）》等 18 项证据。

根据修正后的 156 专利，经审查和对比，日本法官认为：修正后的权利要求 6 无效，而权利要求 1、2、4、5 具备创造性，符合日本专利法授予条件，无效理由不成立，应维持。裁判费用 80% 由请求人承担，其他由被请求人承担。

随后，三菱重工与日立公司向日本知识产权高等法院提起诉讼，请求撤销 2011 年 12 月 22 日由三井造船、IHI、川崎重工、佐世保重工业株式会社、住友重工海洋工程株式会社、内海造船株式会社、名村造船所株式会社、函馆船坞株式会社和环球造船株式会社等 9 家公司联合请求的无效宣告案的判决。此次诉讼即平成 24 年（行ケ）10425 号的专利诉讼。日本法官认为即使将压载水处理装置的安装位置设置为修订后的"非防爆区域"，也不会引入新的技术问题，更不会偏离说明书中描述的技术范围。根据日本专利法第 17 条第 2 款第 3 项的规定，对权利要求 6 的无效判决是没有依据、不正确的。因此，日本知识产权高等法院于 2013 年 9 月 10 日作出判决，即撤销了日本特许厅对 156 专利权利要求 6 的无效判决，裁判费用由被告承担。

随后日本特许厅在 2014 年 4 月 11 日作出判决，其维持了日本知识产权高等法院的判决，即判决 156 专利的权利要求全部有效，并于 2014 年 4 月 21 日将结果通知到请求人和被请求人。最终该无效案件于 2014 年 5 月 2 日被正式判决。裁决费用由请求人承担。

【案例 3】

1）案号：jp-P2014-800029_J3

无效请求人：海洋联合有限公司、佐世保重工业株式会社、住友重工海洋工程株

式会社、内海造船株式会社、名村造船所株式会社、函馆船坞株式会社、三井造船、新来岛造船株式会社、常石造船株式会社、Sanoyas 造船株式会社、大岛造船所株式会社、今治造船株式会社、尾道造船株式会社、日本造船联合公司、臼杵造船所株式会社、南日本造船株式会社、四国船厂、福冈造船株式会社和 JFE 工程技术株式会社等 19 家企业

被请求人：三菱重工和日立公司

2）案号：jp–平成 27（行ケ）10239

原告：海洋联合有限公司、佐世保重工业株式会社、住友重工海洋工程株式会社、内海造船株式会社、名村造船所株式会社、函馆船坞株式会社、三井造船、新来岛造船株式会社、常石造船株式会社、Sanoyas 造船株式会社、大岛造船所株式会社、今治造船株式会社、尾道造船株式会社、日本造船联合公司、臼杵造船所株式会社、南日本造船株式会社、四国船厂、福冈造船株式会社和 JFE 工程技术株式会社等 19 个企业

被告：三菱重工、日立公司

案件描述：2014 年 2 月 24 日，海洋联合有限公司、佐世保重工业株式会社、住友重工海洋工程株式会社、内海造船株式会社、名村造船所株式会社、函馆船坞株式会社、三井造船、新来岛造船株式会社、常石造船株式会社、Sanoyas 造船株式会社、大岛造船所株式会社、今治造船株式会社、尾道造船株式会社、日本造船联合公司、臼杵造船所株式会社、南日本造船株式会社、四国船厂、福冈造船株式会社和 JFE 工程技术株式会社等 19 个企业联合对 156 专利提出无效宣告请求。

2015 年 3 月 30 日，三菱重工和日立公司向日本特许厅请求对 156 专利进行修订，并完成后续的补正程序。修订的目的主要有：①缩小权利要求的范围，并且修正后的权利要求是依附于 156 专利的说明书的；②纠正错误陈述和对不清楚描述进行解释。请求人认为对于 156 专利的修改不符合日本专利法的要求，并且列举长达 35 项证据试图证明 156 专利无效。然而专利权所有人对其列举的无效理由一一进行强有力的反驳。最终，日本特许厅认可对于 156 专利的修改，判决驳回无效请求。审判费用请求人承担。

随后，19 家联合企业向日本知识产权高等法院提起诉讼，即平成 27 年（行ケ）10239 号的专利诉讼。原告希望能够驳回日本特许厅对 jp–P2014–800029_J3 案件的审判结果。该案的主要争议点在于：①对于 156 专利权利要求的修改是否合法；②156 专利是否具备创造性。

日本知识产权高等法院认为：①专利权人对于专利文本的修改符合法律范围内的规定；②修改后的权利要求并未超出说明书的范围；③156 专利的独立权利要求 1 的技术特征的内容对于本领域的人员来说不具有显而易见性，是不容易想到的，所以 156 专利具备创造性。

最终日本知识产权高等法院依旧认为应该维持 jp–P2014–800029_J3 的无效宣告决定，驳回原告的诉讼请求，裁决费用由原告承担。

6.2.3.3　案件分析

第 6.2.3.2 节各专利无效案件争议点主要在于对于特定术语的解释。在案件的审

理过程中，日本知识产权高等法院对特定术语给出了法庭解释，最后维持 156 专利有效。

在 2011~2016 年，156 专利经历了 6 起专利无效，最终能够维持专利权有效，可见 156 专利的稳定性之高。

6.2.3.4 案件启示

156 专利同时在中国、韩国等国家或者地区有相关的同族专利，目前没有发现有相关的中国企业对其同族专利（公开号 CN101873964B）提出无效宣告请求。如果类似相关的专利对中国企业形成专利壁垒，可通过查询该专利或者该专利的同族专利的审查过程、无效情报以及相关的侵权诉讼情报，以快速判断是否能通过专利无效的途径突破技术壁垒。

专利权的稳定程度很大程度上取决于专利撰写的质量。国内企业在对核心技术布局专利的同时，需要着重提升专利撰写质量，以保证在获得最大保护范围的同时获得较为稳定的专利权。

6.2.4 中国 LNG 运输船领域专利无效诉讼

【案例 1】

案号：cn – WX31198

原告：国鸿液化气机械工程（大连）有限公司

被告：大宇造船

案件详述：专利 CN101754897（见图 6 – 2 – 2）于 2008 年 6 月 19 日提出申请，其记载了一种轮船的燃气供应系统，用于将燃气供应给轮船的高压气体喷射引擎，其中将 LNG 从所述轮船的 LNG 储罐抽取出，在高压下压缩、气体化，且接着供应给所述高压气体喷射引擎。

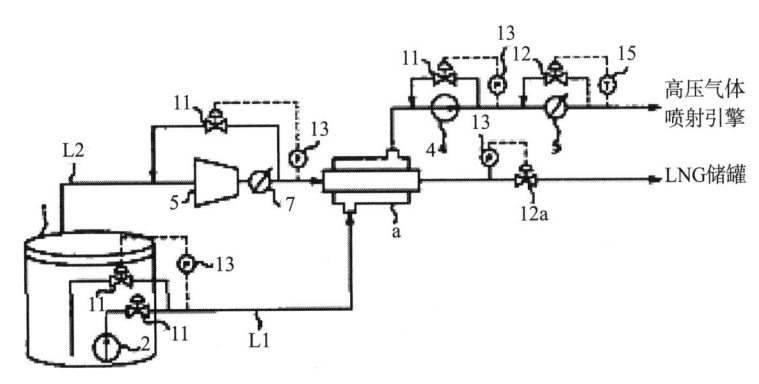

图 6 – 2 – 2　CN101754897 专利技术方案示意图

针对该专利，国鸿液化气机械工程（大连）有限公司（下称"请求人"）于 2016 年 5 月 27 日向国家知识产权局专利复审委员会（以下简称"专利复审委员会"）提出了无效宣告请求，其理由是：该专利权利要求 1~17 不符合《中华人民共和国专利法》

（以下简称《专利法》）第33条的规定，权利要求13不符合《专利法》22条第4款、第26条第3款的规定，权利要求1~17不符合《专利法》第26条第4款的规定，权利要求1不符合《中华人民共和国专利法实施细则》（以下简称《专利法实施细则》）第20条第2款的规定，权利要求1不符合《专利法》第22条第2款的规定，权利要求1~17不符合《专利法》第22条第3款的规定，请求专利复审委员会宣告该专利权利要求1~17全部无效，同时提交了如下附件：

附件1（下称证据1）：《化工设计》期刊2006年第1期登载的标题为《LNG接收站BOG气体处理工艺》一文的复印件，共4页；

附件2（下称证据2）：由机械工业出版社出版、2004年1月第1版第1次印刷的《液化天然气技术》一书的封面、版权页、第145~147页、160~167页、178页、279页的复印件，共15页；

附件3（下称证据3）：《石油与天然气化工》期刊1999年第28卷第3期登载的标题为《LNG接收终端的工艺系统及设备》一文的复印件，共5页；

附件4（下称证据4）：授权公告日为2005年5月31日、专利号为US6898940B2的美国专利复印件及其相关部分的中文译文，共16页；

附件5（下称证据5）：公开日为2007年1月10日、公开号为CN1894535A的中国发明专利申请公布说明书的复印件，共13页；

附件6（下称证据6）：公开日为2006年4月05日、公开号为CN1755188A中国发明专利申请公开说明书的复印件，共10页；

附件7：国家知识产权局出具的涉案专利审查历史文件的复印件，共22页；

附件8：涉案专利公开文本的复印件，共10页；

附件9：涉案专利授权公告文本的复印件，共10页；

附件10：盖有国家图书馆科技查新中心公章的、证明编号为2016-NLC-GCZM-0350的文献复制证明及其中所附证据1、3的复印件（共11页）。

请求人认为：①该专利权利要求1、12、13的修改超出了原说明书和权利要求书记载的范围，不符合《专利法》第33条的规定；从属权利要求2~11引用了权利要求1，从属权利要求13~17引用了权利要求12；当权利要求1、12的修改超出了原说明书和权利要求书的记载范围，则从属权利要求2~11、13~17的修改同样超范围，不符合《专利法》第33条的规定。②说明书未对该专利权利要求13限定的技术方案作出清楚、完整的说明，使得该技术方案无法实现，因此，说明书不符合《专利法》第26条第3款的规定。③权利要求13不具有实用性，不符合《专利法》第22条第4款的规定。④权利要求1不清楚，不符合《专利法》第26条第4款的规定；当独立权利要求1不符合《专利法》第26条第4款的规定时，其从属权利要求2~11同样不符合第26条第4款的规定；权利要求7、13不清楚，不符合《专利法》第26条第4款的规定。⑤权利要求8、12、13得不到说明书的支持，不符合《专利法》第26条第4款的规定；当权利要求12得不到说明书的支持时，其从属权利要求13~17同样得不到说明书的支持，不符合《专利法》第26条第4款的规定。⑥该专利权利要求1缺少必要技术特征，不符合《专利法》第20条第2款的规定。⑦该专利权利要求1相对于证据2不具备新颖性。⑧该专利权利要求1相对于证据2与公知常识的结合，或证据2、6与公知常识的结合，或证据1、2与公知常识的结合不具备创造性；权利要求2的附加技术特征被证据2与公知常识的结合公开，权利要求3、4的附加技术特征被证据2公开，权利要求5的附加技术特征被证据2、5的结合公开，权利要求6的附加技术特征为惯用技术手段（参见证据2的第160页），权利要求7的附加技术特征被证据2公开，权利要求8的附加技术特征为常规技术手段，权利要求9的附加技术特征被证据6公开，权利要求10的附加技术特征为常规技术手段，权利要求11的附加技术特征为常规技术手段，在权利要求1不具备创造性的基础上，权利要求2~11也不具备创造性。⑨该专利权利要求12相对于证据2、5、6与公知常识的结合，或证据1、2、5与公知常识的结合公开，权利要求13的附加技术特征被证据2或证据1与公知常识的结合公开，权利要求14的附加技术特征被证据2或证据1公开，权利要求15的附加技术特征为公知常识公开，权利要求16的附加技术特征被证据2或公知常识公开，权利要求17的附加技术特征为常规技术手段或被证据1、2的结合公开，在权利要求12不具备创造性的基础上，权利要求13~17也不具备创造性。

最终专利复审委员会宣告专利CN101754897B的权利要求12~17无效，在权利要求1~11的基础上继续维持该专利权有效。

在【案例1】的同族专利中，还有如表6-2-7所示专利也经历过无效请求和无效诉讼，但所有的专利均被维持有效。

表6-2-7 CN101754897专利同族无效案件概况

序号	公开号	无效请求/诉讼地点	案号	无效请求人	裁判结果
1	KR100978063B1	韩国	kr-2013 당 1747 kr-2015 당 165	现代重工、三星重工	全部有效
2	KR100835090B1	韩国	kr-2013 당 1749 kr-2015 당 179	现代重工、三星重工	全部有效
3	KR100891957B1	韩国	kr-2013 당 1748 kr-2015 당 178	现代重工、三星重工	全部有效
4	EP1990272B1	EPO	op-EP08150854	Cryostar公司	全部有效

【案例2】

案号：cn-WX37050

无效宣告请求人：瓦锡兰油气系统公司

专利权人：巴布科克知识产权管理（第一）有限公司

案件详情：专利CN103703299（见图6-2-3）于2014年4月2日提出申请，其记载了用于冷却优选液化浮动的运输船舶中的液化的货物产生的 BOG 流的方法和设备，所述液化的货物具有在 1 个大气压下大于 −110℃的沸点，所述方法包括至少以下步骤：在包括至少第一阶段（65）、第二阶段（70）和最后阶段（75）的三个或更多个压缩阶段中压缩来自所述液化的货物的 BOG 流（01）以提供压缩的排放流（06），其中中间的压缩的 BOG 流（02、04）被设置在连续的压缩阶段之间；冷却所压缩的排放流（06）以提供冷却的压缩的排放流（07）；把所冷却的压缩的排放流（07）的膨胀的，任选地进一步冷却的，部分与（i）来自选自压缩的第二阶段和最后阶段（75）之间的连续的阶段的一股或多股中间的压缩的 BOG 流（04）进行热交换以提供一股或多股冷却的中间的压缩的 BOG 流（05）并且任选地与（ii）所冷却的压缩的排放流（07）的一个或多个部分（07a、108a），任选地在进一步冷却之后进行热交换；以及把一股或多股冷却的中间的压缩的 BOG 流（05）传递至压缩的下一个阶段（75）。

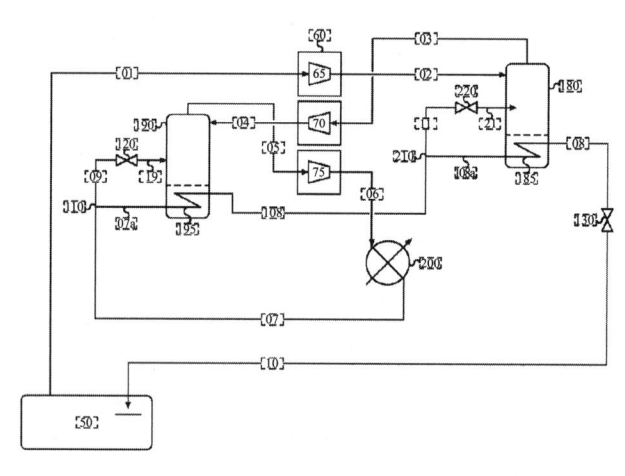

图 6-2-3　CN103703299 专利技术方案示意图

针对该专利，瓦锡兰油气系统公司（下称"请求人"）于 2018 年 2 月 9 日向专利复审委员会提出了无效宣告请求，其理由是该专利权利要求 1~22 不符合《专利法》第 22 条第 3 款的规定，权利要求 1、2、20、21 不符合《专利法》第 26 条第 4 款的规定，请求宣告该专利全部无效，同时提交了如下证据：

证据 1：公开日为 1996 年 7 月 25 日、公开号为 WO9622221A1 的国际专利申请公开文本复印件及相关内容的中文译文；

证据 2：公开日为 1984 年 1 月 12 日、公开号为 DE3225300A1 的德国专利公开文本复印件及相关内容的中文译文；

证据 3：公开日为 1975 年 7 月 30 日、公开号为 GB1401584 的英国专利公开文本复印件及相关内容的中文译文；

证据 4：公开日为 1974 年 12 月 31 日、公开号为 US3857245 的美国专利公开文本复印件及相关内容的中文译文；

证据 5：公开日为 2006 年 9 月 21 日、公开号为 WO2006098630A1 的国际专利申请公开文本复印件及相关内容的中文译文；

证据 6：公开日为 2011 年 1 月 6 日、公开号为 WO2011002299A1 的国际专利申请公开文本复印件及相关内容的中文译文；

证据 7：公开日为 1980 年 11 月 11 日、公开号为 US4232533 的美国专利公开文本复印件及相关内容的中文译文；

证据 8：《Engineering Data Book》（2004 年）一书 Section 14 的相关页的复印件及相关内容的中文译文；

证据 9：《Liquefied GaS Handling Principles on Ships and in Terminals》（ISBN1856091643，2000 年第 3 版）一书相关页的复印件及相关内容的中文译文。

请求人认为：

（1）权利要求 1 和 20 相对于证据 1 或证据 2 分别与证据 8 和公知常识、证据 4 和公知常识、证据 7 和公知常识的结合不具备创造性，权利要求 1 相对于证据 4 分别与证据 1 和公知常识，证据 8 和公知常识的结合不具备创造性；权利要求 2、21 的附加技术特征被证据 1 或证据 8 所公开，权利要求 3～4 的附加技术特征分别被证据 3～5、7～8 与公知常识的结合所公开；权利要求 5 的附加技术特征被证据 1 或证据 2 分别与公知常识的结合，或证据 8 所公开；权利要求 6、8 的附加技术特征分别被证据 2 与公知常识的结合、证据 7 或证据 8 所公开；权利要求 7 的附加技术特征被证据 7 或证据 8 所公开；权利要求 9、10 的附加技术特征被证据 1 或证据 8 所公开；权利要求 11、13 的附加技术特征被证据 1 结合公知常识，或证据 8 所公开；权利要求 12 的附加技术特征被证据 7 或证据 8 所公开；权利要求 14 的附加技术特征被证据 1 或证据 8 所公开；权利要求 15 的附加技术特征被证据 1 或证据 4 或证据 8 所公开；权利要求 16 的附加技术特征被证据 1 或证据 6 或证据 8 所公开；权利要求 17 的附加技术特征分别被证据 1、证据 2、证据 6、证据 8 与公知常识的结合所公开；权利要求 18 的附加技术特征被证据 1 所公开；权利要求 19 的附加技术特征被证据 3、证据 4 或证据 7 所公开，相应地，权利要求 22 也不具备创造性。

（2）无法清楚地确定权利要求 1 和 20 中"排放流（07）的膨胀的部分""排放流（07）的膨胀的进一步冷却的部分"与"膨胀的冷却的排放侧流（19）"的关系，因而不符合《专利法》第 26 条第 4 款的规定；权利要求 1、2、20、21 中包括"所述冷却的、完全冷凝的、压缩的排放流（07）的膨胀的进一步冷却的部分"的技术方案得不到说明书的支持，因而不符合《专利法》第 26 条第 4 款的规定。

最终，专利复审委员会宣告发明 201280017262.8 专利权全部无效。

6.3 诉讼应对策略[1]

目前，LNG/LPG 运输船技术领域处于快速发展的阶段，专利申请量增速很快，但涉及的侵权诉讼尚未大规模爆发。然而随着新能源需求增长，专利侵权案件势必会随

---

[1] 参见：http://www.rightall.com/Baike/Index/index.html.

之增长。经对国内企业的侵权诉讼案例进行分析后发现，我国大多企业尤其是中小企业在生产经营中，对于自身行为是否构成专利侵权缺乏认识，自主知识产权积累不足，遇到被控侵权的警告或者诉讼的情形时有发生。以下将针对专利侵权纠纷发生后的对策进行整理和介绍，企业可结合自身实际情况灵活运用。

6.3.1 总体决策分析

专利侵权纠纷中的被控侵权方当事人在收到警告函或者法院应诉通知书后，应当冷静、及时应对。总体决策思路大致分为两个部分，即决策摸底准备和决策考虑因素。

6.3.1.1 决策摸底准备

首先，由专业人士对以下事实进行评估：被控侵权产品与声称被侵权的专利进行对比分析，评估是否侵权；涉案专利的有效性；侵权诉讼胜诉的可能性；直接诉讼成本，如法律服务费用等；间接诉讼成本，如企业因诉讼可能损失的订单、市场等。

其次，视情况与专利权利人接触，了解对方的意图、底线等。

最后，评估、统计己方的资源，例如能够给对方造成压力的手段（如专利、市场行为）、己方商誉的承受力、能够联合的盟友等。

6.3.1.2 决策考虑因素

专利诉讼决策首要考虑因素不是胜败的概率，而是可能产生的诉讼成本和收益。如果赢得专利诉讼将付出高昂的代价，或者与可能赢得的市场极度不对称，则无论诉讼成败都将是得不偿失。

若经过评估，当前企业存在特殊情况，例如特定时期不能影响重要客户的信心或者企业正在从事其他重要法律活动，必须避免侵权诉讼的发生，则应有理有节地回应权利人，同时展开谈判，尽量在能够承受的成本范围内达成和解。

若经过评估，不侵权抗辩胜诉几率较高，但可能付出较大代价，例如可能因专利侵权风险而损失大量订单和造成损失，或者引发专利战，或者法律服务成本费用远远高于和解代价，则同样不宜贸然选择进行诉讼，而应积极探寻解决问题的非诉途径。

若经过评估，认为确实极有可能被认定为专利侵权，且涉案专利权相对稳定，则一般情况下应立即停止侵权行为，撤出相关市场。但是，如果由此造成的损失极大甚至对企业的生存造成实质影响，则被控侵权企业一方面应当做好尽可能充分的应诉准备，另一方面以最大努力及诚意促进和谈，争取代价最低的和解条件的达成。

6.3.2 应诉对策分析

6.3.2.1 回复警告函

涉嫌侵权人收到警告函后，应当及时进行评估，根据评估结果采取不同应对措施。

如果侵权成立，则应积极与对方谈判，了解对方意图，力争达到和解，避免损失的扩大。其间可视情况通过专利无效程序、公司收购、反诉或者针对性地提出其他诉讼，或与其他企业战略联合采取行政、商业、司法、市场等手段给对方施加各种压力，迫使对方停止威胁。

如果侵权不成立，则应当及时做好应诉准备，收集相应证据，同时向对方回函阐述己方认为不侵权的观点，尽量避免诉讼的发生。需要注意的是，回函阐述观点时不应将具体的抗辩理由、关键证据全盘托出，以防导致日后在可能发生的诉讼中处于被动。

6.3.2.2 收集证据

在侵权纠纷中，收集证据对涉嫌侵权人同样重要。涉嫌侵权人应当积极收集能够证明自己不侵权或者免除侵权赔偿责任的证据。例如，使涉案专利丧失新颖性、创造性的证据；享有先用权的证据；实施的技术属于公知技术的证据。

6.3.2.3 调查涉案专利的法律状态

涉嫌侵权人在接到专利权人或者利害关系人的警告函或者起诉状副本后，应当迅速查明该涉案专利的法律状态。一般来说，要查明该专利是否是中国专利，该专利的申请或优先权日、公开日、终止日，并查明专利年费是否一直缴纳等。然后，根据获得的这些基本信息采取相应的对策。例如，根据该专利的申请日，判断自己是否享有先用权；如果享有先用权，可以以此进行不侵权抗辩。

显示专利法律状态的是专利证书和专利登记簿。专利证书作为专利的凭证，记载发明创造的名称、发明人、专利权号、专利权人等信息。但专利证书一经颁布，无论以后上述信息发生何种变化，专利证书上都不会改动和记载。因此，仅仅依靠专利证书来确定涉案专利的法律状态是不够的。专利证书的上述限制可以由专利登记簿得到弥补。专利登记簿包括以下事项：专利权的授予；专利权的转让和继承；专利权的撤销和无效宣告；专利权的终止和恢复；专利实施的强制许可；专利权人的姓名、国籍等。在专利权授予后，如果发生专利权的变化，会随时在专利登记簿上记载。

6.3.2.4 判断是否属于不视为侵权行为

不视为侵权的行为包括专利权用尽、先用权、临时过境和科学研究与实验性使用四种。涉嫌侵权人应当审查自己的行为是否属于这四种例外情形之一。如果自己的行为确实属于上述情形，就可以不必再对复杂的技术和法律问题进行研究，而是直接提出自己的行为属于专利法明文规定的不视为侵权行为，不应承担侵权责任。

6.3.2.5 判断涉案专利是否有效

第一，涉案侵权人应当对现有技术进行全面的检索和调查，寻找该专利缺乏新颖性和创造性的证据。同时，分析涉案专利中是否存在其他可能导致专利无效的缺陷。如果找到这样的证据或缺陷，被控侵权人可以向专利复审委员会请求宣告该专利无效。专利检索的范围，包括世界主要国家的专利文献、有关技术领域的专业期刊等。检索工作的专业性较强，最好由专门的专利检索人员进行。对现有技术的调查，主要调查同类产品的说明书、广告、目录等，以确定专利申请日前是否有同类产品在市场销售，以及该专利技术是否已经通过某种方式公开。

第二，涉嫌侵权人应当审查涉案专利的专利文件，包括该专利的授权文本和该专利在申请阶段、复审阶段、无效阶段的各种专利文件。在专利申请案卷中，通常有审查意见通知书、意见陈述书等原始文件，通过这些文件可以了解原专利申请在审批过程中的修改和变动情况。例如,被控侵权人在查阅专利申请卷宗的过程中,发现专利申请人对申请文件的修改超出了原说明书和权利要求记载的范围的,被控侵权人就可以以《专利法》及其实施细则为依据,向专利复审委员会请求宣告该专利权无效。同时,可以借助审查历史中专利权人的意见陈述和修改限制其对保护范围的不当扩大。

6.3.2.6 判断审查实施的技术是否落入涉案专利的保护范围

涉嫌侵权人在判断涉案专利是否有效的同时,还应当确定该专利权的保护范围,并根据全面覆盖原则、等同替代原则、禁止反悔原则等专利侵权判定规则,分析自己实施的技术是否落入该专利权的保护范围。运用专利侵权判定规则进行判定后,如果认为并没有落入该专利保护范围的,涉嫌侵权人可以提出自己行为不构成侵权的抗辩。

即使涉嫌侵权人通过分析,判定自己实施的技术落入涉案专利的保护范围,但涉嫌侵权人有证据证明自己实施的技术属于公知技术的,仍可以提出公知技术抗辩。

此外,如果涉嫌侵权人是专利产品的使用者或销售者的,而涉嫌侵权人不知道该产品属于侵权产品,并能举例证明该产品具有合法来源的,可以提出自己只承担停止侵权的责任而免除赔偿损失的责任。

6.3.2.7 及时与专利权人协商和谈判

被控侵权人收到专利权人的警告函后,一方面要积极收集证据,全面研究分析相关的技术问题;另一方面还要及时与专利权人协商和谈判,争取较低的损害赔偿数额,或者以自己认为有利的其他方式解决纠纷,例如取得专利权人的实施许可或交叉许可等。需要指出的是,涉嫌侵权人在与专利权人进行协商和谈判之前,所做的收集证据和全面研究分析相关技术问题的工作,对于在协商和谈判中争取主动权具有重要意义。例如,涉嫌侵权人通过技术分析,认为涉案专利有可能被宣告无效的,就可以此作为谈判的筹码,从而获得对自己有利的谈判结果。

6.3.2.8 充分利用程序权利积极应诉

专利权人就侵权纠纷向人民法院起诉的,涉嫌侵权人应当积极应诉,并对相关法律问题进行分析。例如,原告是否合格、起诉是否在诉讼时效内、受理案件的法院是否有管辖权等,从而可以提出诉讼主体资格抗辩、诉讼时效抗辩或者管辖权异议。其次,被告可以在答辩期内向专利复审委员会提出无效宣告请求,并通过在答辩状中对技术问题的详细分析,说服法官裁定中止诉讼。诉讼程序的延缓或中止,通常可以给被告更为充裕的应对准备时间,在对诉讼没有准备或案情复杂工作量大的情况下,这一点尤为重要。

总之,专利侵权纠纷融合了复杂的技术问题和法律问题。无论专利权人还是涉嫌侵权,都需要大量的取证、调查和研究分析工作,并结合一定的谈判技巧和诉讼技巧,才能更好地维护自己的合法权益。

6.3.3 专利侵权抗辩分析

在专利侵权诉讼中,专利权人及其利害关系人对被控侵权人的侵权指控不一定成立。在很多情况下,被指控的侵权行为并不能认定构成侵权。被控侵权人可以针对侵权指控从多个方面进行抗辩，从而得以免除或减轻侵权责任。被控侵权人可以援引的抗辩事由一般包括：专利权无效抗辩、公知技术抗辩、诉讼时效抗辩等。

6.3.3.1 专利权无效抗辩

专利侵权诉讼中，被告最为常用的抗辩理由之一是专利权无效。一项专利的授权仅意味着专利局实质审查部门认为其符合授权条件，但如果该专利遭到无效质疑，专利复审委员会将会根据无效请求的内容对其有效性重新进行审理，以确定专利权是否应被维持（部分）有效。

例如，在审查一项发明专利申请是否具备创造性的时候，如果审查员对足以否定申请创造性的文献出现漏检，而被告查询到该文献并据此提出无效宣告请求，专利将被宣告无效。另外，按照我国《专利法》的规定，对实用新型和外观设计并不进行实质审查，而只进行形式上的审查，其有效性是待定的。在专利侵权诉讼中，只要能证明原告的专利权无效，就不用承担专利侵权的法律责任。

在运用专利侵权抗辩时，可按照以下几点操作：

首先，确认提起侵权诉讼方使用的专利是哪一项专利，查询该专利权的法律状态，比如在被控实施侵权行为之时该专利是否仍然有效。其次，明确对方所依据的权利要求是哪一项或哪几项，以这些权利要求的无效作为无效宣告请求的最低目标，最好是争取专利权的全部无效。最后，委托专业人员对专利文件以及审查过程进行取证和分析，向专利复审委员会提出无效宣告请求。此外，在提出无效宣告请求的同时，可以依法申请中止相关侵权诉讼。

若专利权被生效的行政决定或司法判决宣告无效，则视为权利自始不存在，权利人主张侵权救济的权利依据丧失，从而侵权之争将不复存在。

6.3.3.2 主张未落入保护范围

在专利侵权诉讼中，被告经常主张其所实施的技术并未落入原告专利权的保护范围，即被告的行为不构成侵权。这一抗辩理由是否成立，需由人民法院审理确定。主要理由包括：被控侵权物没有使用与原告专利必要技术特征相同的特征，或者是被控侵权物没有使用与原告专利必要技术特征等同的特征。严格地，这种主张是一种否认而不是抗辩。

6.3.3.3 诉讼时效抗辩

为了督促权利人积极行使权利，维护社会关系稳定，法律规定了诉讼时效制度。根据《专利法》的规定，侵犯专利权的诉讼时效为 2 年，自专利权人或利害关系人得知或者应当得知侵权行为之日起计算；如果是连续性的侵权行为，则从侵权行为结束之日起算。其中，"得知"指权利人发现侵权行为的确切事实，包括侵权行为人和侵权行为，两者缺一不可，否则权利人将无法提出侵权诉讼。

例如，专利权人发现某企业未经许可正在生产专利产品。"应当得知"是指按照案件的具体情况，权利人作为一般人应当知道侵权行为存在。"应当知道"是人民法院处理案件时的推定，要以一定事实为基础。依据该事实，如果一般人都能够知道，则可以推定权利人也应该知道。例如，侵权产品已经在市场上大规模地销售，或者侵权人利用媒体为侵权产品做了广泛宣传，都可以认定权利人应当得知侵权行为发生。如果自侵权人实施侵权行为终了之日起超过2年，专利权人将失去胜诉权。

需要指出的是，专利权与传统民法上的物权一样，是绝对权。对于停止侵权行为这种具有"物上请求权"性质的请求，不受诉讼时效的限制。而损害赔偿请求这种具有债权性质的请求，则要受诉讼时效的限制。因此，被告基于连续并正在实施的专利侵权行为已超过诉讼时效进行抗辩的，人民法院可以根据原告的请求判令被控侵权人停止侵权。

实践中，"知道"或者"应当知道"的确定，关系到诉讼时效的起算，常常成为当事人争议的焦点问题。司法实践中，对于当事人"知道"或"应当知道"的判断主要依赖于证据体现的案件事实具体分析。与"得知"这一标准相比，"应当知道"的确定在一定情况下体现了法官的内心确认和自由裁量权。"应当知道"其实是一种法律上的推定，不论权利人实际是否知道自己的权利受到损害，只要客观上存在使其知道的条件和可能，因权利人主观上的过错、本应知道而没有知道的，也视为"应当知道"。

6.3.3.4 非故意行为抗辩（合法来源抗辩）

根据《专利法》规定，为生产经营目的，使用或销售不知道是未经专利权人许可而制造并售出的专利产品，或者依照专利方法直接获得的产品的行为，属于侵犯专利权的行为。但是，使用者和销售者能证明其产品合法来源的，不承担赔偿责任，但应当承担停止侵权行为的法律责任。在运用此抗辩理由时，应注意以下几点：非故意行为抗辩成立的前提条件是侵权行为确实成立；应证明相关产品的合法来源，一般需要证明相关产品是在公开市场上合法取得且价格合理，相应证据包括涉及相关产品的购销合同、发票、提货单、送货单等；要说明主观上"不知道"是未经专利权人许可而制造并售出的专利侵权产品。实践中，"不知道是侵权产品"作为消极事实难以证明；一般由原告举证证明"知道是侵权产品"，例如原告曾经向被告发出过警告函。

6.3.3.5 不视为侵权抗辩

为了防止专利权的行使妨碍正常的生产、生活秩序，平衡专利权人与社会公众的利益，《专利法》第69条规定了四种不视为侵犯专利权的例外行为，作为对专利权行使的限制。在这四种情形下，行为人未经专利权人许可而实施其专利的行为，由于法律的特别规定而不具有违法性。这四种例外情形是：专利权用尽、先用权、临时过境、科学研究与实验性使用。

（1）专利权用尽

根据《专利法》规定，专利产品或者依照专利方法直接获得的产品，由专利权人或者经其许可的单位、个人售出后，使用、许诺销售、销售、进口该产品的行为，不视为侵犯专利权。这样规定的原因在于，专利权人在经自己同意合法投入市场的专利产品售出后，其专利权已经实现，权利人不应再就同一产品重复获利。同时，这也有利于专利产品的流通和利用。

被控侵权人在主张专利权用尽时需要注意以下两点：一是相关产品投入市场是经权利人同意的合法行为，未经权利人同意的无权处分行为导致的相关产品进入市场不产生专利权用尽的后果。被控侵权人在主张专利权用尽时，必须证明相关产品的合法来源。二是在后行为人的行为仅限于使用、许诺销售、销售、进口相关产品，不包括生产、制造。

（2）先用权

根据《专利法》的规定，在专利申请日前已经制造相同产品、使用相同方法或者已经做好制造、使用的必要准备，并且在原有范围内继续制造使用的行为，不视为侵犯专利权。这样规定的原因在于，我国专利制度采取"先申请原则"而不是"先发明原则"或"先使用原则"，因此，在专利权人提出专利申请之前，可能有人已经研究开发出同样的发明创造，并且已经开始实施或准备实施，这样的人被称为"先用者"。在这种情况下，如果在专利权授予后禁止先用者继续实施发明创造，显然有失公平。因此，《专利法》规定上述在先使用行为产生先用权，可以对抗专利权。

关于先用权，还需要注意：先用权必须限于原有的范围之内，超出这一范围的制造、使用行为，构成侵犯专利权。所谓"原有的范围"，一般是指专利申请日前所准备的专用生产设备的生产能力的范围。先用权的转移是受限制的，它只能随同原企业或实施该专利的原企业的一部分一起转移，而不能单独转移。

在行使先用权抗辩时，需要注意以下几点：①时间条件。必须证明申请人提出专利申请以前，被控侵权人已经制造相同的产品、使用相同的方法或者已经做好制造、使用的必要准备。②独立性。制造或者使用的技术是先用权人自己独立完成的，而不是抄袭、窃取专利权人的。③实施限度。先用权的制造或使用行为，只限于原有的范围和规模之内，即制造目的、使用范围、产品数量都不得超出原有的范围；如果在先的制造、使用已构成专利法意义上的公开，则优选宣告专利权无效而不是主张先用权抗辩。

（3）临时过境

根据《专利法》的规定，临时通过中国领陆、领水、领空的外国运输工具，依照其所属国同中国签订的协议或者共同参加的国际公约，或者依照互惠原则，为运输工具自身需要而在其装置和设备中使用有关专利的行为，不视为侵犯专利权。这一例外规定是为了保证国际交通运输的自由和畅通。

（4）科学研究与实验性使用

根据《专利法》的规定，以研究、验证、改进专利为目的，在专门针对专利本身进行的科学研究与实验中，制造、使用专利产品或者使用专利方法，以及使用依照专利方法直接获得的产品的，不视为侵犯专利权。这一例外，是为鼓励科学研究与实验，促进科技进步。

6.3.3.6 诉讼主体资格抗辩

在专利诉讼中，被告方应注意原告的诉讼资格，在特定情况下可以原告不具诉讼主体资格为由提出抗辩。一般来说，以下几种情况，原告不具有诉讼主体资格：在普通实施许可合同中，被许可人不能单独就侵犯专利权的行为提起诉讼；由单位享有专利权的职务发明，发明人仅有署名权和获得物质报酬权，如果侵权纠纷针对的是署名权以外的权利,则发明人无权就此提起诉讼;在专利权发生转让的情形中,原专利权人无权就转让后的专利纠纷提起诉讼;在合作或委托完成的发明创造中,若专利权属于某一方,则另一方无权就侵犯专利权的行为提起诉讼,即使其是该发明创造的实际发明人。

6.3.3.7 现有技术抗辩

现有技术抗辩又称公知技术抗辩,如被控侵权技术属于涉案专利权申请日之前的现技术,则不构成侵犯专利权。《专利法》第62条规定:"在专利侵权纠纷中,被控侵权人有证据证明其实施的技术或者设计属于现有技术或者现有设计的,不构成侵犯专利权。"公知技术抗辩是一种法定的抗辩权,现有的规定较为原则,争议颇多。以下仅就司法实践中的较统一做法进行介绍,不作理论探讨。

现有技术抗辩中,涉及原告专利、被控技术和引证技术(现有技术)三个对象。被告可以直接将被控技术与现有技术进行对比,如果属于现有技术,则抗辩成功。当然,被告也可以先将被控技术与原告专利进行对比,主张未落入保护范围,再进行现有技术抗辩。切忌直接将原告专利与现有技术进行对比以主张原告专利属于现有技术。

关于抗辩成立的标准,也就是在什么情况下被控技术"属于"现有技术,最高人民法院作出了相应的解释:被诉落入专利权保护范围的全部技术特征,与一项现有技术方案中的相应技术特征相同或者无实质性差异的,人民法院应当认定被诉侵权人实施的技术属于《专利法》第62条规定的现有技术。实践中,一般仅能将一份引证技术与被控技术进行对比,不能用多份引证技术组合与被控技术进行对比。

6.3.4 熟悉海外知识产权法律环境

熟悉海外知识产权法律环境要从了解国外当地法律及相关世界公约开始。

美国有知识产权保护的边境措施,美国关税法第1337条规定(即337条款),如果从外国进口到美国的产品侵犯了美国权利人的版权、专利和注册商标,权利人可以向国际贸易委员会提起申请,禁止相关产品进入美国。该条款是美国阻止外国侵犯美国知识产权的产品进入美国,以防止其对美国产业造成不正当损害的贸易保护措施。

日本的专利法主要包括特许法和实用新型法,其知识产权海关保护的规定主要是关税法(Customs Law)和关税法实施令(The Order for Enforcement of the Customs Law)。关税法是日本海关行政最基本的法律,其中海关知识产权保护包括停止进出口申诉、专门委员、样品查验、通关解放等制度。

韩国关税法第235条中规定了海关保护的知识产权种类,以限制阻碍韩国产业发展、欺骗消费者的国际不公平贸易行为。

《保护工业产权巴黎公约》第5条之四规定:一种产品输入到对该产品的制造方法有专利保护的本联盟国家时,专利权人对该输入产品应享有输入国法律对在该国根据方法专利制造的产品所授予的一切权利。这些权利仍然是地域性的,具体的权利划分仍然是由具体的成员国的法院处理,因此还要深入了解该国的法律。通常说来,由于一系列知识产权国际条约的存在,世界各国在知识产权法律方面的差异比较少。但是,这并不表明不存在差异。例如，专利权利要求的撰写方式、权利要求的解释方式、等同侵权原则的适用方式，世界各国都存在一定的差异。除了实体法上的差异，在专利申请程序和商标注册的申请程序上、在民事诉讼和刑事诉讼的程序上，以及在诉讼证据的要求方面，世界各国也存在差异。显然，熟悉和了解这些差异，是中小企业在海外获取和维护知识产权的必要条件。在涉及海外获得和维护知识产权方面，可以聘用当地的律师或者国内擅长海外诉讼业务的专业人员，帮助处理知识产权事务。例如，聘用熟悉海外知识产权规则的代理人办理专利申请、商标注册申请的事宜。又如，聘用熟悉海外知识产权规则的律师搜集竞争对手的侵权证据、发出侵权警告函，并且在必要的时候提起针对竞争对手的侵权诉讼。

此外，国内企业还应熟悉我国相关法律法规，包括《专利法》《知识产权海关保护条例》等。例如，我国的《知识产权海关保护条例》第12条规定，知识产权权利人发现侵权嫌疑货物即将进出口的，可以向货物进出境地海关提出扣留侵权嫌疑货物的申请。我国企业可以利用该条款主动出击。

6.3.5 寻求政府帮助进行海外维权

2009年国家启动建设了知识产权维权援助中心，并开通"12330"进行知识产权的举报、投诉和咨询。2011年11月，商务部成立企业知识产权海外维权援助中心，为企业搭建了解各国知识产权法律制度、维护自身合法权益的平台。

从业务来看，海外维权援助中心开展的重点工作为：海外维权专家库、重点联系企业库、法规资料库的建设与维护，海外知识产权信息预警，重点行业知识产权竞争与布局调查，建立涉外知识产权重大纠纷协调处理机制，通过政府间知识产权交流机制推动知识产权重大案件的解决，提供境外展会知识产权服务等工作，并通过培训、研讨、宣传等形式帮助企业提升知识产权海外维权的意识与能力。该中心发布了包括美国、德国等国家的知识产权海外预警信息，为"走出去"企业提供了知识产权服务与帮助。

6.4 小 结

在 LNG/LPG 运输船领域，目前还没有相关的侵权诉讼案件发生，该领域中的企业为了打破竞争对手的技术垄断，避免侵权的风险，更多采用了专利无效的手段。目前专利无效的案件高发地为欧洲、韩国和日本等国家和地区，表明它们在 LNG/LPG 运输船领域的竞争较为激烈，中国、美国等国家也有零星的案件。目前针对中国企业的专利无效案件暂未发生，建议 LNG/LPG 运输船领域的中国企业在进行技术研发的过程中，不仅要注重技术价值的高低，还需要注重专利文件的撰写质量，培育高价值专利。

第 7 章　中国主要区域创新路线探索

《中国制造 2025》将海洋工程装备及高技术船舶列为十大重点发展领域之一。船舶工业是现代大工业的缩影，是关系到国防安全及国民经济发展的战略性产业。船舶工业不但为水运交通、能源运输和海洋开发提供装备，而且又是海军舰船装备的主要提供者，也是国民经济和国防建设的战略性产业之一。船舶工业作为综合工业的"王冠"，能带动多项相关工业发展，是撬动工业经济转型升级的有力杠杆。船舶工业延伸发展到海洋装备制造业，对带动战略性新兴产业发展和劳动力结构调整作用明显。

船舶工业是为国民经济及国防建设提供技术装备的现代综合性和军民结合战略性产业，是国家实施海洋强国和制造强国战略的重要支撑。21 世纪以来，我国船舶工业快速发展，已经成为世界最主要的造船大国。当前，国际主流船舶市场需求持续低迷，高技术船舶和海洋工程装备市场急剧萎缩，世界造船业全面陷入困境，我国船舶工业正面临金融危机以来最为严峻的挑战，同时也面临弯道超车的历史性机遇，行业结构调整转型升级的任务紧迫而艰巨。"十三五"时期是我国船舶工业是由大到强的战略机遇期，为贯彻落实党中央、国务院关于推进供给侧结构性改革、建设海洋强国和制造强国的决策部署，全面深化船舶工业结构调整，加快转型升级，促进产业持续健康发展，制定《船舶工业深化结构调整加快转型升级行动计划（2016～2020 年）》（以下简称《行动计划》）。

《行动计划》与《船舶工业中长期发展规划（2006～2015 年）》《船舶工业加快结构调整促进转型升级实施方案（2013～2015 年）》以及《船舶工业"十二五"发展规划》一脉相承，是指导"十三五"时期船舶工业发展的纲领性文件，明确了"十三五"期间船舶工业深化结构调整加快转型升级的总体要求、重点任务和保障措施。

《行动计划》提出到 2020 年，建成规模实力雄厚、创新能力强、质量效益好、结构优化的船舶工业体系，力争步入世界造船强国和海洋工程装备制造先进国家行列。

7.1 国内船舶产业集群概括

在过去的"十二五"期间，随着三大造船基地和各大型民营造船企业产能的集中释放，中国船舶工业的造船规模快速跃升至世界第一，并生产了许多具有标志性意义的高端船舶产品。但是，海运规模整体下滑以及船舶产能的总体过剩也给船舶产业持续健康发展带来了严峻的挑战。面对新常态，"十三五"时期，我国船舶工业应该紧随国家战略需要，紧跟工业互联网潮流，主动进行结构性产能调整，持续推进造船模式转变,努力开拓新的市场领域,为船舶工业持续健康稳定发展铺平道路。[1]

在环渤海、长江三角洲、珠江三角洲全国三大船舶产业集群发展区,结合港口群建设、湾区经济建设,研究集群内船舶产业分工和合作,发展不同类型船舶,建设多个船舶配套制造基地,利用互联网和信息化技术开展船舶制造、船舶商贸和金融服务等,提高船舶产业集群的链接程度和发展水平,形成中国沿海特色化、专业化、标准化的船舶产业发展新格局。

船舶工业与其他工业相比,具有产品大、生产周期长、经营风险高、占用资金多和资金周转慢等特点,因此,船舶工业要迅速发展起来,只靠少数船厂和相关企业的资金和技术力量是不可能的。只有在政府的引导下,进行产业布局,构造造船基地才能实现,政府在船舶制造业集聚的过程中扮演着重要角色。政府或通过主导方式建立工业园区,或通过行政手段强力推进产业集群的形成,或者利用优惠政策等手段进行引导。

在环渤海地区,辽宁省最为活跃,制定了一系列关于促进船舶产业集群发展的政策。2006年,辽宁省"五点一线"沿海经济带战略正式实施,该战略已于2009年7月1日经国务院批准上升为国家战略。为配合"五点一线"战略的实施,辽宁省政府近年密集出台了包括财税增量返还、免收涉企行政性收费、金融支持、下放经济管理权限以及拓展融资渠道、人才引进、创新管理体制和运行机制、改善软环境等方面的优惠政策措施。

在长江三角洲地区,江苏省也制定了许多关于促进船舶产业集群发展的政策。2010年,江苏省委制定"江苏省国民经济和社会发展第十二个五年规划纲要",规划要求进一步提高产业集约发展水平,以各级各类开发园区为载体,加快船舶制造、海洋工程等一批特殊产业基地,加强上下游产品的生产联合、配套协作,构建完整的重点产业链。

在珠江三角洲地区,根据国务院批准的《珠江三角洲地区改革发展规划纲要(2008~2020年)》,未来一段时期,珠江三角洲产业发展的定位是:坚持高端发展的战略取向,建设自主创新高地,打造若干规模和水平居世界前列的先进制造产业基地,建设与港澳地区错位发展的国际航运。其中在交通及海洋装备制造方面,积极发展船舶制造及大功率中低速柴油机、海洋工程装备,通过大型企业的引入及本土企业的培育,发展轨道交通运输设备制造业。在硬件建设上,广州市支持广船国际有限公司整体搬迁,并加大南沙的交通、教育等配套设施建设,以打造高集中度的龙穴造修船基地。

2015年12月4日,交通运输部发布《珠三角、长三角、环渤海(京津冀)水域船舶排放控制区实施方案》,提出在珠三角、长三角、环渤海(京津冀)水域设立船舶排放控制区。这迫使船舶加快实现绿色航运和减排的步伐,使用清洁能源和采用岸电成为重要的选择,这更是为 LNG 作为船舶动力燃料创造了机会。

7.1.1 环渤海地区

7.1.1.1 概况

环渤海船舶产业集群,以大连、青岛和天津为主,环渤海湾联动葫芦岛港和秦皇

---

[1] 杨金龙. "十三五"中国船舶工业发展的机遇与挑战 [J]. 中外船舶科技, 2017 (1): 1-3.

岛港的船舶企业，相互合作发展。大连和青岛周围腹地工业基础雄厚，特别是钢铁制造业、机械加工业、电子和仪器仪表业、软件业为发展船舶制造业提供了强有力的基础。大连初步形成以大连船舶重工集团有限公司、大连中远船务工程有限公司、大连船用柴油机有限公司等一大批重点船舶制造、船舶维修、船舶配套服务企业为主的船舶产业集群。青岛形成北海船舶重工、海洋石油工程（青岛）等重点企业，带动山东蓝海经济发展。环渤海船舶产业集群发展，结合"京津冀协同发展"和辽宁沿海经济带、天津临海产业发展、河北沿海经济隆起带、山东半岛蓝色经济区建设，围绕环渤海湾港口群重点推动"一带"与"一路"衔接，发展陆海联运，服务远东地区货物运输，大力发展高技术船舶及船舶服务业。加快建设大连和青岛两个千亿级海洋工程装备及高技术船舶产业集群，完善大连和青岛船舶制造、船舶研发设计和配套服务体系。形成葫芦岛、秦皇岛、烟台、威海、日照发展船舶机械制造、船舶监测管理等相关产业与大连和青岛船舶制造产业紧密联动发展。

7.1.1.2 代表企业

（1）大连船舶重工集团有限公司

大连船舶重工集团有限公司（以下简称"大船集团"）隶属于中国船舶重工集团有限公司，是国内领先、国际知名的船舶企业，可为用户提供从产品研发、设计、建造，到维修、改装与绿色拆解全寿命周期服务，也是汇聚了军工、民船、海洋工程装备、修/拆船、重工等五大业务板块的装备制造企业集团。

大船集团拥有第一工场、第二工场、第三工场三大新造船主厂区，以及山海关修造船基地、大连湾海工建造基地、长兴岛修/拆船建造基地、三十里堡装备制造基地、香炉礁湾渔轮建造基地、长兴岛工程船建造基地等专业化产业基地，并拥有钢材加工、舵轴加工、舱口盖制作、舾装件制作、船用吊机、甲板机械、爆炸加工等专业化配套基地，资产总额约1100亿元。

大船集团拥有国家级企业技术中心，由中国工程院院士、中国船舶设计大师领衔的1100多人研发设计团队，先后自主研发了6代8型VLCC、10000~20000TEU大型集装箱船、300~400英尺自升式钻井平台等国际先进水平的各类船舶和海洋工程产品。大船集团每年承担工信部、国家发改委、科技部等多项重大科研项目。

大船集团是中国为海军建造舰船最多的船厂，成功建造交付了我国第一艘航空母舰"辽宁舰"，目前承担着多型重大的军工项目建造任务，是目前中国海军最重要的合作方和舰船建造基地。

大船集团民用船舶建造实力雄厚，可以承担超大型散货船、30万吨级超大型油轮、万箱级以上集装箱船、大型LNG船、高科技远洋渔船等各吨级、各种类船舶的设计建造任务。"十一五"以来，大船集团累计为世界各国船东建造交付350余艘高性能民用船舶。由大船集团建造的30万吨级超大型油轮在世界船队同类型船舶中占比超过10%。

大船集团是中国建造海洋工程装备产品种类最齐全、实力最强的建造企业之一。其可以建造大型自升式钻井平台、半潜式钻井平台、海上浮式生产装置、钻井船及海洋工程支持船等各类海洋工程装备，自主研发的300~400英尺自升式钻井平台以及自升式生活服务平台已形成产业化、系列化。

大船集团依托传统优势，创新绿色循环经济新模式，合资兴建的大连长兴岛"船舶改装和绿色拆解"基地已经投产运行，是世界上首个按照国际最新规范实施绿色拆船作业的企业，形成了船舶改装与修理、海工上部模块建造、船舶拆解产业并行发展的局面。此外，大船集团还以能源装备和石化装备为两大非船产业发展方向，大力发展重工产业。

大船集团"十一五""十二五"期间经济规模和造船规模实现了跨越式发展，连续8年主要经济指标保持20%以上增长速度，到2012年经济总量超过280亿元。大船集团是中国首家工业总产值和销售收入"双超两百亿"、进入世界造船前五强的船舶企业。2013年以来，在船市不景气的大环境下，该公司仍实现稳定发展。

"十三五"期间，大船集团将以中船重工集团"军民融合、以军为本、技术领先、产融一体的创新型领军企业"战略目标为指引，努力发展成为创新驱动、五业并举、国内领先、世界一流的船舶重工领军企业。

（2）大连中远船务工程有限公司

大连中远船务工程有限公司（以下简称"大连中远船务"）为中远（集团）总公司旗下中远船务工程集团核心企业之一，位于中国北方美丽的海滨城市大连。公司以船舶与海洋工程产品的修理、改装、制造为主业，市场遍及欧洲、美洲、亚洲的多个国家和地区。

在船舶修造的基础上，大连中远船务进一步加大对海洋工程装备制造业的投入，企业的品牌影响力得到显著提升。2006~2010年，共完成5艘FPSO改装项目，另有2艘FPSO已在2011年内完工，成为名副其实的中国FPSO改装第一厂。凭借大连中远船务在FPSO改装市场的良好业绩，2010年"大连开拓者号"深水钻井船花落大连中远船务。该项目将填补我国海工装备制造业在钻井船建造领域的技术空白，打破长期以来国外企业垄断世界钻井船市场的局面，推动国内海工装备制造技术和制造实力在钻井船建造领域再次实现重大突破。

（3）青岛北海船舶重工有限责任公司

青岛北海船舶重工有限责任公司（以下简称"北船重工"），是中国船舶重工股份有限公司（中国重工）控股的大型造修船企业。公司主要经营船舶建造，船舶修理与改装，海洋工程修造，大型钢结构件及各种非船产品、玻璃钢艇、铝合金艇及艇机艇架设计与制造，游艇建造，享有自营进出口权。

2001年10月，经国务院批准，由国家开发银行、中国华融资产管理公司、中国船舶重工集团公司对青岛北海船厂进行资产重组，成立北船重工，并于2002年1月在青岛市工商局注册登记。2004年，北船重工整体搬迁到青岛海西湾，在一片礁石滩涂上建成了一座规模宏大的现代化造修船基地：陆域面积330公顷、码头岸线长度5公里，规划设计年造船能力近期204万载重吨、远期扩大到468万载重吨，修船212艘，建造海洋石油开采平台4座，救生艇500艘。目前，北船重工能够批量建造18万吨船舶，坞修、改装30万吨级船舶；"10万吨级海上浮式生产储卸油轮"、"亚洲最大的3万吨导管架下水驳"、国内最大的座底式钻井平台、代表当今国际先进水平的58英尺铝合金豪华游艇从这里建造出厂；北船重工作为世界三大救生艇企业之一，玻璃钢救生艇和艇机艇架生产研发在国内遥遥领先，产品覆盖亚、欧、美。

北船重工具有数十年的船舶建造经验，拥有50万吨和30万吨造船坞及其相关的配套设备，年造船能力200万载重吨以上，可建造各种类型的邮轮、散货船、集装箱船及化学品船等。北船重工已成功建造了18万吨和8.2万吨散货船，并已开建国内首创的25万吨矿砂船，随着建造船型种类的增加，北船重工的造船能力和规模不断提升。北船重工通过了中国船级社质量认证公司的ISO9001：2008体系认证。2013年，北船重工通过DNV对公司QES管理体系认证。北船重工先后获得全国质量效益型先进企业、山东省富民兴鲁劳动奖状、山东省船舶工业先进企业、青岛企业100强等多项殊荣。

（4）海洋石油工程股份有限公司

海洋石油工程股份有限公司是中国海洋石油集团有限公司控股的上市公司，是中国唯一集海洋石油、天然气开发工程设计、陆地制造和海上安装、调试、维修以及液化天然气、炼化工程为一体的大型工程总承包公司，也是远东及东南亚地区规模最大、实力最强的海洋油气工程EPCI（设计、采办、建造、安装）总承包之一。公司总部位于天津滨海新区。

海洋石油工程股份有限公司在天津塘沽、山东青岛、广东珠海等地拥有大型海洋工程制造基地，场地总面积近350万平方米，形成了跨越南北、功能互补、覆盖深浅水、面向全世界的场地布局；拥有3级动力定位深水铺管船、7500吨起重船等22艘船舶组成的专业化海上施工船队，海上安装与铺管能力在亚洲处于领先地位。

经过40多年的建设和发展，海洋石油工程股份有限公司构建了运营中心、设计院、建造事业部、安装事业部、工程技术服务分公司、特种设备分公司、液化天然气分公司、国际交流中心、采办共享中心等专业化管理架构和多元化产业布局，具备了海洋工程设计、海洋工程建造、海洋工程安装、海上油气田维保、水下工程检测与安装、高端橇装产品制造、海洋工程质量检测、海洋工程项目总包管理、液化天然气工程建设等九大能力，拥有3万吨级超大型海洋平台的设计、建造、安装以及300米水深水下检测与维修、海底管道修复、海上废旧平台拆除等一系列核心技术，具备了1500米水深条件下的海管铺设能力，先后为中国海油、康菲、壳牌、哈斯基、科麦奇、Technip、MODEC、AkerSolutions、FLUOR等众多中外业主提供了优质产品和服务，业务涉足20多个国家和地区。

（5）渤海船舶重工有限责任公司

渤海船舶重工有限责任公司（以下简称"渤船重工"），是中国船舶重工股份有限公司所属骨干企业之一。渤船重工是我国集造船，修船，钢结构加工，冶金设备和大型水电、核电设备制造为一体的大型现代企业和国家级重大技术装备国产化研制基地。

渤船重工濒临中国内海渤海湾北岸，位于著名的葫芦岛港。渤船重工拥有中国最大的七跨式室内造船台、两个30万吨级船坞、15万吨级半坞式船台、5万吨级可逆双台阶注水式干船坞等国内外先进的造船设施和一流设备。渤船重工能够按 CCS、DNV、BV、ABS、LR、NK 等船级社规范规则和各种国际公约建造 40 万吨级以下各类船舶，年造船能力可达 400 万载重吨。

（6）天津新港船舶重工有限责任公司

天津新港船舶重工有限责任公司前身是天津新港船厂，始建于 1940 年，隶属于中国船舶重工集团有限公司。其经营范围包括船舶设计、制造、修理及相关服务，海洋钢结构筑物、港口机械、陆上成套机械设备、船用设备、钢结构工程设计、制造及相关技术服务，机械设备（汽车除外）租赁、修理，压力容器制造及修理，进出口贸易。在多年的发展过程中积累了丰富的造船、修船技术和管理经验，曾获全国"十佳企业管理优秀单位"称号。20 世纪 80 年代以来，天津新港船舶重工有限责任公司大量吸收、引进世界先进的造船工艺技术，引进现代化设备，不断改造和完善企业设备，目前已发展成为以造修船为主，重型机械制造、海洋工程构造物制作、陆上钢结构工程和焦化设备制造等几大支柱产业并举，具有自身特色和竞争力的企业。

7.1.2 长江三角洲地区

7.1.2.1 概况

长江三角洲船舶工业在中国船舶工业中居于特别重要的地位。全国造船大省有江苏、浙江、山东、辽宁、广东、湖北、安徽、福建等八省和上海市。作为全国船舶工业的兴盛之地，长三角地区拥有扬子江船业（控股）有限公司、江苏熔盛重工集团有限公司、泰州口岸船舶有限公司、上海外高桥造船有限公司、沪东中华造船（集团）有限公司、江南造船（集团）有限责任公司、金海重工股份有限公司等数十家大型船舶工业企业。无论是企业数量、造船数量，还是从业人员数量，长三角地区的船舶工业都占据着全国船舶工业的显赫位置。

长江三角洲船舶产业集群综合发展水平较高，集群程度最大。该地区以上海浦东新区、杨浦区、虹口区、黄浦区形成的船舶制造、维修和船舶配套服务产业为核心，江北以南通的港闸区和崇川区，泰州、嘉兴、江阴三地的船舶配套产业集群，江南以宁波—舟山、台州船舶配套产业集群，形成长江三角洲船舶产业的"一核两翼"船舶产业集群格局。长江三角洲船舶业集群发展，充分发挥"一带一路"和"长江经济带"叠合的区位优势，结合江苏沿海临港产业带，上海沿长江、东海工业发展带、浙江沿海新型临港工业发展带发展，利用两大主枢纽港，苏州港、温州港、台州港等喂给港的港口网络体系，优化上海为核心，南通—泰州和宁波—舟山为两翼的船舶产业空间格局，加快上海船舶制造的配套产业向外转移，长兴岛、台州、舟山等船舶装备高新技术产业园建设，为长江三角洲建设成为"21 世纪海上丝绸之路"核心物流枢纽及航运制度创新的先行区提供产业支撑。

7.1.2.2 代表企业

（1）沪东中华造船（集团）有限公司

沪东中华造船（集团）有限公司（以下简称"沪东中华"）是中国船舶工业集团

公司旗下的骨干核心企业。公司拥有"一个管理中枢,三大生产实体",本部位于浦东,生产实体分别是本部公司、上海船厂船舶有限公司、上海江南长兴造船有限责任公司,是集合造船、海洋工程、非船三大业务板块为一体的综合性产业集团,主要生产区域分布在上海的浦东、浦西、长兴岛和崇明岛。公司还拥有多家投资企业,具有完整的船舶配套产业链。

沪东中华拥有生产与配套基地近 480 万平方米,码头岸线 7300 米,系泊码头 19 座,30 万吨 VLCC 级干船坞 5 座,8 座 600 吨以上龙门式起重机,大量自动化设备,以及国际先进的平面、曲面分段生产流水线。

沪东中华具有雄厚的船舶开发、设计和建造实力,产品以军用舰船、大型 LNG 船、超大型集装箱船、海洋工程及特种船为主。沪东中华先后为商船三井、东方海外、地中海航运、中远集团、中海集团等国内外船东建造过 LNG 船、LPG 船、大中型集装箱船、化学品船、滚装船、油船、散货船、客货船、特种工作船、军舰和军辅船等各类船舶 3000 多艘。产品远销亚洲、欧洲、非洲、大洋洲、南美洲等 40 多个国家和地区,广受国内外船东和各界好评。同时,公司建造的南浦大桥、京城大厦、上海证券大厦和干式 30 万立方米煤气柜等大型钢结构工程在国内有较大的影响。

沪东中华建有国内第一艘 LNG 船,填补了国内空白,提高了我国造船工业的水平和国际地位。公司在成功建造批量 8530 箱集装箱船后,成功承接了 9400 箱、13500 箱和 14500 箱集装箱船,并且自主研发设计了 20500 箱超大型集装箱船,在集装箱船设计建造领域继续保持领先地位。公司着力于海工研发,建造了国内第一座海洋石油钻井平台,承建的十二缆物探船创造了世界建造周期纪录,首艘中深水钻井船的成功命名是公司海工转型的重要里程碑。

沪东中华拥有一流的国家级企业技术中心、国家能源 LNG 海上储运装备重点实验室、博士后工作站以及 1100 余名从事科研开发的技术人员,科研开发力量强大,信息化管理手段先进。沪东中华先后通过了 CCS、ABS、DNV、LR 等主要船级社的 ISO 9001 质量认证,具备并运行了一整套完整有效的质量保证体系,有 20 多项产品荣获国家质量金奖和银奖。沪东中华坚持"数字造船、绿色造船"理念,全面推进 HSE 管理,先后通过了 ISO 14001 环境管理体系、OHSAS 18001 职业健康和安全管理体系认证。

沪东中华在高技术船舶方面的科研实力:承担了多项有关 LNG 船的重大科研项目,如大型液化天然气船工程开发、16 万立方米级薄膜型 LNG 船(电力推进)船型开发等,为公司研制国内首制 LNG 船的成功奠定了坚实的技术基础,填补了国内空白,并成功推出了具有自主知识产权的 17.2 万立方米低速柴油机 + 再液化装置 LNG 船、16 万立方米级、17.5 万立方米级电力推进和 22 万立方米级 LNG 船等系列产品。

沪东中华在高技术船舶方面的产品:

1)LNG 船

作为高技术船舶产品之一,沪东中华从 1997 年就开始液化天然气船的研究和开发工作,历经 7 年的艰苦努力,取得了多艘该型船舶的承造权,一举打破了该船型建造被国外垄断的局面,在国际造船界引起强烈的反响。国内第一艘自行建造的液化天然气船于2008年在公司建成,标志着中国造船业在高技术船舶建造领域中拥有了一席之地。

此外,沪东中华还在建造的LNG船型有:①14.7万立方米/蒸汽透平推进型;②17.2万立方米/低速柴油机+再液化装置。开发中的LNG船型有:①16万立方米/电力推进型;②17.5万立方米/高效蒸汽透平推进型或电力推进型;③22万立方米/电力推进型。

2)LPG船

作为另一高技术船舶产品——LPG船,沪东中华分别建造了8400立方米和10000立方米液化石油气船。

(2)上海外高桥造船有限公司

上海外高桥造船有限公司(以下简称"外高桥造船")成立于1999年,地处长江之滨,是中国船舶工业集团公司旗下的上市公司——中国船舶工业股份有限公司的全资子公司。

外高桥造船共有4个船舶舾装码头,2座干船坞,配有1台800吨、3台600吨龙门起重机,拥有7个冲砂车间和9个涂装车间。外高桥造船的重点设备有:3米和4.5米两条钢板预处理流水线、15台数控等离子切割机、1台火焰切割机、1台型钢数控等离子切割机、1台1000吨油压机、21米和12米三辊卷板机各1台。其中,2200吨21米三辊卷板机,最大加工厚度可达85mm,年生产能力15000块钢板。

外高桥造船产品类型覆盖散货轮、油轮、超大型集装箱船、海工钻井平台、钻井船、浮式生产储油装置、海工辅助船等。外高桥造船自主研制的好望角型绿色环保散货轮已成为国内建造最多、国际市场占有率最大的中国船舶出口"第一品牌",累计承建并交付的17万吨级和20万吨级散货船占全球好望角型散货轮船队比重的11.3%。30万吨级超大型油轮VLCC累计交付量占全球VLCC船队8.3%,11万吨级阿芙拉型原油轮获得"中国名牌产品"称号。在海洋工程业务领域,外高桥造船先后承建并交付了15万吨级、17万吨级、30万吨级海上浮式生产储油装置(FPSO),标志着我国在FPSO的设计与建造领域已位居世界先进行列。3000米深水半潜式钻井平台是世界上最先进的第6代深水半潜式钻井平台,作业水深3000米,钻井深度达10000米,被列入国家"863"计划项目。外高桥造船于2011年圆满完成了"海洋石油981"项目的建造、调试任务及其相关的国家"863"计划和上海市重大科技专项的结题工作,填补了我国在深水特大型海洋工程装备制造领域的空白。

(3)江南造船(集团)有限责任公司

江南造船(集团)有限责任公司(以下简称"江南造船"),隶属于中国船舶工业集团有限公司,前身是1865年清朝创办的江南机器制造总局,是中国民族工业的发祥地,是中国打开国门、对外开放的先驱,同时也是国家特大型骨干企业和国家重点军工企业。

江南造船创造了中国的第一炉钢、第一磅无烟火药、第一台万吨水压机、第一批水上飞机、第一条全焊接船、第一艘潜艇、第一艘护卫舰、第一艘自行研制的国产万吨轮、第一代航天测量船等无数个"中国第一"。江南造船建造的各类先进海军舰艇和航天测量船，为我国海军走向深蓝和航天测量事业蓬勃发展作出了杰出贡献。

江南造船开发、设计和建造了多型国防高新产品、液化气船、集装箱船、散货船、汽车滚装船、化学品船、火车渡轮、成品油船、自卸船等12大类40多型船，拥有以江南液化气船、巴拿马型散货船、化学品船等为代表的二十多个拥有自主知识产权的高附加值船型。

(4) 江苏扬子江船业集团公司

江苏扬子江船业集团公司是以造船及海洋工程制造为主业，金融投资、金属贸易、房地产和航运及船舶租赁为补充的大型企业集团。公司的历史可回溯到1956年，当初是由一个修造船合作社起步，经过了1975年的迁厂、1999年股份改制、2005年跨江建设新厂、2007年上市等一系列发展，如今已是中国首家在新加坡上市的造船企业。

江苏扬子江船业集团公司下辖江苏新扬子造船有限公司、江苏扬子鑫福造船有限公司及江苏扬子江船厂有限公司3家造船企业，分布于长江下游江苏省境内的靖江市和泰兴市的黄金水道两岸，距上海、南京两大城市均170公里。江苏扬子江船业集团公司在太仓有海洋工程制造基地，在上海还拥有2家船舶设计公司。

江苏扬子江船业集团公司拥有巨型干船坞3座、大中型船台3座，年造船生产能力600万载重吨，以1100TEU~14000TEU大中型集装箱船、7600DWT~400000DWT大中型散货船及各种多用途船和海洋工程装备、大型钢结构件为主流产品。江苏扬子江船业集团公司拥有一流的造船技术，强大的造船设施和装备，完善的生产工艺流程，是江苏省高新技术企业，公司具备严格的环境、职业健康安全及质量保证体系，产品得到了DNV/GL、LR、ABS、BV、NK、RINA、CCS等知名船级社的认可。

江苏扬子江船业集团公司造船产量自2009年起连续位居中国造船行业前五强，集团人均造船产量、利税水平居中国造船企业前茅。2016年，在中国500强企业中位列第458位，并入围全球造船十强企业。江苏扬子江船业集团公司获新加坡交易所"最佳透明公司奖"。

(5) 中国熔盛重工集团有限公司

中国熔盛重工集团控股有限公司是一家具有领先地位的大型重工企业集团，业务涵盖造船、海洋工程、动力工程、工程机械等多个领域。中国熔盛重工集团控股有限公司分别在中国香港与上海设立总部，并在上海设立研发、营销、采购中心，在江苏南通和安徽合肥分别设立大型生产基地。中国熔盛重工集团控股有限公司南通生产基地拥有4座经国家发改委核准建设的大型船舶与海洋工程坞，并配备多台大型龙门吊和现代化的生产设施，设计年生产各类船舶与海洋工程800万载重吨以上，是中国最大的单体造船厂。中国熔盛重工集团控股有限公司合肥生产基地建有现代化的柴油机总装生产线，是经国家发改委批准的、规划产能最大的民营低速柴油机生产企业，设计年生产低速柴油机500万马力。

（6）金海智造股份有限公司（原名为"金海重工股份有限公司"）

该公司创建于2005年9月，2007年7月投入造船生产，经过10多年的发展，已初步建立起以船舶建造、船舶修理、船舶贸易、钢结构制造等多核发展的产业体系。该公司属国家高新技术企业和浙江省工业行业龙头骨干企业；第一批进入工信部造船"白名单"企业；2009年成为舟山首个产值超百亿企业，并连续5年保持百亿以上产值；荣获国际权威组织Seatrade颁发的"造船厂奖"，获评"中国造船企业10强"。

该公司拥有船坞8座，总容量达208万吨，其中最大一座50万吨级船坞，在国内乃至亚洲名列前茅；配备800吨龙门吊2台、钢板预处理生产线6条、平面分段流水线2条以及多台进口等离子火焰切割机等多种大型自动化设备，主要生产设备达875台（套）。

该公司产业体系涵盖装备制造产业与非装备制造产业两大产业集群。其中，装备制造产业包含造船、海工、钢结构、修拆船业务。该公司年造船能力达600万载重吨/年，具备制造集装箱船、成品油轮、原油轮、散货轮、特种工作船等各类船舶的条件和能力。截至2014年6月底，已交付各类船舶60余艘。

在海洋工程装备制造业务方面，该公司具备海工产品独立化、专业化制作能力。

在钢结构制造业务方面，该公司具备特级企业资质和三级专业承包资质，已承接近10亿元订单，打造集设计、加工、安装、咨询于一体的专业化、综合型钢结构产品服务商。

在拆修船业务方面，该公司具有国内规模最大、配套设施最齐全的船舶修理、改装与拆解能力，已完成10余艘大型散货轮、数艘军品船等修理工作。

2017年，因战略发展需要，该公司正式更名为"金海智造股份有限公司"，业务范围由原先的船舶修造、海洋工程装备等延伸到船舶智能系统、工业机器人、智能汽车、航空航天飞行器、光伏发电等。

（7）上船澄西船舶有限公司

上船澄西船舶有限公司由原上海船厂、澄西船舶修造厂按现代企业制度要求重组建成，是中国船舶工业集团有限公司下属的一家以造船、修船、钢结构为主体，兼有海洋工程、压力容器、机电产品等综合生产能力的大型国有独资有限公司。

上船澄西船舶有限公司2004年6月30日正式挂牌，注册地为上海浦东新区即墨路1号，主要生产地域分布在上海市东部黄浦江两岸、长江口崇明岛南岸和江苏省江阴市长江南岸，占地面积280余万平方米，码头岸线总长4782米。

上船澄西船舶有限公司已分别通过了中国船级社质量认证公司（CSQA）与英国劳氏质量认证公司（LRQA）ISO 9001：2000质量管理体系的认证，并建立了一整套的质量管理体系。公司引进了先进的船舶设计系统软件，并在消化吸收的基础上，自行开发了SB3DS船舶设计系统软件，普遍采用CAD、CAM技术，拥有一流的造修船技术中心，设计手段先进。

上船澄西船舶有限公司拥有5万吨级和7万吨级船台各1座，5万吨级和10万吨级干船坞各1座，1万吨级和2.3万吨级浮船坞各1座，3万吨级至10万吨级浮船坞共5座。新中国成立以来，公司已为国内外船东建造过海洋石油钻井平台以及各类冷藏船、集装箱船、多用途船、散货船、运木船、客船、化学品船、成品油船、特种工作船500多艘，修理和改装各类船舶（12万吨级以下）近万艘，目前已具有年造船50多万吨、修船10亿元产值以上的生产能力。

（8）中远海运重工有限公司

中远海运重工有限公司（以下简称"中远海运重工"）是中国远洋海运集团有限公司旗下的装备制造产业集群，是以船舶和海洋工程装备建造、修理改装及配套服务为一体的大型重工企业。

中远海运重工于2016年12月正式挂牌运营，总部设在上海。中远海运重工拥有10多家大中型船厂，年可建造各类商船1100多万载重吨，已交付各类船舶820余艘，其中10多个船型填补了中国造船业的空白。中远海运重工是海洋工程装备建造的开拓者，年可承建海工产品12个、海工模块20组，已交付50个多个海工项目，覆盖从近海到深海的全部类型，多个项目属世界首制和国际高端产品。中远海运重工是"中国修船航母""FPSO第一改装工厂"，年修理和改装船舶可达1500余艘。中远海运重工是船舶和海工的专业化配套服务商，在中国沿海任何港口都能为客户提供优质快捷的专业技术服务。

中远海运重工拥有多个国家级企业技术中心和一流的海洋工程装备研究院。

（9）南通中远川崎船舶工程有限公司

南通中远川崎船舶工程有限公司（以下简称"南通中远川崎"）是中国远洋运输（集团）总公司与日本川崎重工业株式会社合资兴建的大型船舶制造企业。中远集团与川崎重工双方有着几十年友好合作的良好基础。为更好地利用双方的资金、造船技术、船舶市场、管理等方面的优势，中远集团与川崎重工共同投资36亿元建设新造船项目。

南通中远川崎注册资本14.6亿元人民币，中日双方各占50%。工厂布局合理，生产设备先进，装备精良，主要从事各种散货轮、15万~30万吨油轮和超巴拿马集装箱船、大型汽车运输船等高技术船舶的建造。通过高起点引进川崎重工先进的造船技术和生产管理模式，结合中远集团在组织管理方面的成功经验，自1999年开业以来，南通中远川崎成功实现了从4.7万吨散货轮到5400TEU集装箱船到30万吨VLCC油轮再到5000PCC汽车滚装船的跨越，取得了令国内外造船界所瞩目的成绩。随着10000TEU集装箱船和30万吨矿砂船的成功建造，南通中远川崎又迈上一个新台阶。

（10）扬州大洋造船有限公司

扬州大洋造船有限公司（以下简称"大洋造船"）成立于2003年，前身是扬州本地的江扬船厂，当时是一家国有船厂。2003年，江扬船厂在市场经济的大潮中成为一家民营造船企业，更名为扬州大洋造船有限公司。大洋造船系国家级高新技术企业，是扬州市首家获得全国一级I类钢质船舶生产企业资质的造船企业，技术和产品在国际市场上具有较强的竞争力和良好的国际声誉。

大洋造船拥有完整的生产线和设施设备、400多亩固定的生产场所以及充裕的生产订单。自2014年以来，受国际航运影响，船舶建造市场持续低迷，加之大洋造船的大股东抽调资金严重及内部成本管理不力等诸多因素，导致大洋造船资金链断裂，直至出现交船难和船东弃船等严重违约情形。

进入2016年后，大洋造船不能清偿到期债务，被众多债权人起诉，银行账户、各类资产分别被查封，并被列入人民法院失信名单，最终于2017年7月24日进入破产清算程序。2017年12月12日，广陵法院商请、协调地方政府提供配套资金参与重整，引进央企国机集团下属企业——江苏苏美达集团有限公司作为主投资人参与重整。

重整后的大洋造船的股东变更为江苏美达资产管理有限公司、江苏苏美达船舶工程有限公司和扬州市运和新城建设有限公司。前两者是中国机械工业集团有限公司（央企）的下属企业，后者是广陵区的国有企业。大洋船厂由此加入了央企国机集团的大家庭，更名为新大洋造船有限公司。

如今，新大洋的订单纷至沓来：2018年底交付3艘船，2019年底交付12艘船，2020年底交付16艘船，生产订单已经排到了2020年第四季度。

中国机械工业集团有限公司（属国机集团）是一家多元化、国际化的综合性装备工业集团，致力于提供全球化优质服务。业务围绕装备制造业和现代制造服务业两大领域，发展装备研发与制造、工程承包、贸易与服务、金融与投资四大主业，涉及机械、能源、交通、汽车、轻工、船舶、冶金、建筑、电子、环保、航空航天等国民经济重要产业，市场遍布全球170多个国家和地区。

江苏苏美达船舶工程有限公司是江苏苏美达集团有限公司的六大成员公司之一，是专业从事新船建造、船舶改装、海洋工程、船用设备和材料进出口业务的国有大型企业。20多年来，苏美达船舶通过量身定制、共同规划、安排融资，为船东提供一站式服务，给来自德国、丹麦、波兰、意大利、荷兰、希腊、澳大利亚、卡塔尔、韩国、新加坡等国船东造船160多艘。

7.1.3 珠江三角洲地区

7.1.3.1 概况

珠江三角洲船舶产业集群以广州、中山、珠海、深圳四个船舶产业集群围绕珠江口形成。广州船舶产业主要集中在黄浦区的大沙东路、黄浦东路沿线以及广深沿江高速和广州绕城高速交叉腹地，其次是越秀区、海珠区和天河区的老城区，以船舶配套服务和船舶交易及技术研发为主。中山、珠海以船舶修造、船舶配套服务企业为主。深圳南山区、福田区和罗湖区以船舶代理、船舶交易、船舶技术培训和监管等企业为主。珠江三角洲船舶业集群发展，依托珠江三角洲高技术产业集聚区，围绕联动粤港澳，面向"21世纪海上丝绸之路"，以集装箱运输为核心的物流服务枢纽建设，大力发展船舶管理、船舶监测和维修、船舶融资和贸易等相关服务业。

7.1.3.2 代表企业

（1）广船国际有限公司

1914 年，侨商谭礼庭在广州南石头建"广南船坞"。1954 年 8 月 1 日，广州造船厂成立。1993 年 6 月 7 日，经改制，广州广船国际股份有限公司成立，同年在香港和上海上市，是中国第一家造船上市公司。2014 年该公司收购广州中船龙穴造船有限公司。2015 年 5 月，公司更名为广船国际有限公司。

广船国际有限公司是中国船舶工业集团有限公司属下的现代化造船企业，由中船集团控股的中船海洋与防务装备股份有限公司全资拥有；是中国制造业 500 强，广东省 50 家重点装备制造企业，享有自营进出口权；是国家高新技术企业，拥有国家级企业技术中心，是华南地区最大最强的军辅船生产和保障基地，可设计符合世界各主要船级社规范要求的 40 万载重吨以下的各类船舶。广船国际有限公司年造船能力达到 350 万载重吨，在 MR、AFRA、VLCC、VLOC 型船舶，以及半潜船、客滚船、极地运输船等高技术、高附加值船舶和军辅船、特种船等船型方面掌握核心技术。

广船国际有限公司造船和海洋工程业务生产基地分为荔湾、南沙两大厂区。荔湾厂区坐落于广州市白鹅潭经济圈，拥有 2 座 5 万吨级船台、1 座 3 万吨级船台和 1 座 6 万吨级船坞，码头岸线约 1600 米；南沙厂区坐落于国家级自由贸易区龙穴岛，毗邻香港和澳门，占地 253 万平方米，配置 2 座 30 万吨级以上造船干坞、4 台 600 吨龙门吊、5 个超大型船舶泊位，拟新增置 1 台 900 吨龙门吊、2 座 5 万吨级造船平台。

（2）广州中船龙穴造船有限公司

广州中船龙穴造船有限公司于 2006 年 5 月 25 日注册成立，是中国三大造船基地之一的龙穴造船基地的核心企业，是目前我国在华南地区最大的现代化大型船舶总装骨干企业，由中国船舶工业集团有限公司、宝钢集团有限公司、中国海运（集团）总公司三大中央特大型企业集团合资经营。广州中船龙穴造船有限公司位于广州市南沙区龙穴岛，离广州市区约 70 公里，毗邻香港和澳门，地理位置得天独厚。广州中船龙穴造船有限公司拥有大型船坞 2 座、泊位 4 个、600 吨龙门吊 4 台。广州中船龙穴造船有限公司已完工交船超 130 万载重吨。

广州中船龙穴造船有限公司的产品定位为 VLCC、VLOC、大型散货船、大型原油/成品油船、大型集装箱船、巴拿马型散货船和成品油船、高新技术船舶如 LNG 等各类民用船舶。

（3）中船黄埔文冲船舶有限公司

中船黄埔文冲船舶有限公司是中国船舶工业集团有限公司属下大型造船企业，由原广州中船黄埔造船有限公司和广州文冲船厂有限责任公司组成，是华南地区军用舰船、特种工程船和海洋工程的主要建造基地，也是目前中国疏浚工程船和支线集装箱船最大最强生产基地。

中船黄埔文冲船舶有限公司现有三个厂区：长洲厂区、文冲厂区和龙穴厂区。长洲厂区位于广州东南部的长洲岛，具备 3 万吨级船舶的建造能力，主要产品有军用舰船、各类公务船、海洋救助船以及平台供应船等。

文冲厂区位于广州市黄埔区，拥有 2.5 万吨级船台 1 座，2.5 万吨级、7 万吨级和 15 万吨级船坞各 1 座，具备 5600TEU 以下支线集装箱船和 7 万吨级以下船舶建造能力，同时具备制造、安装各种大型金属结构件工程、成套机电设备的能力，主要产品有 1700TEU 浅吃水集装箱、2200TEU 集装箱船、2500TEU 集装箱船、多种型号的大中型挖泥船等。

龙穴厂区位于广州市南沙区龙穴岛，拥有 10 万吨船坞 1 座，600 吨、900 吨龙门吊以及海洋平台生产线等先进设施设备，具备 10 万吨级船舶以及海洋工程的建造能力，主要产品有 76000 吨、65000 吨、57000 吨等各类散货船以及 5 万吨半潜船、3000 米深水工程勘察船、3000 米水下工程作业支持船、铺管船等海洋工程船舶。

（4）广东新船重工有限公司

广东新船重工有限公司（以下简称"新船重工"）于 2013 年 1 月 9 日成立，由广东省航运集团下属的广东新中国船厂有限公司和广东浩粤船舶工业有限公司等相关单位组建而成，主要从事船舶贸易、设计、研发、建造、租赁、修理、钢结构以及售后服务。

广东新中国船厂有限公司始建于 1963 年，是隶属于广东省航运集团的省属修造船骨干企业。50 多年来，该公司为我国珠江三角洲等华南地区、西部地区的水运事业作出了积极的贡献，船舶工业领域综合实力强，"新船"已建立良好的品牌信誉。2007 年建成 35 万平方米的大型现代化配套造船基地。

广东浩粤船舶工业有限公司成立于 1980 年 1 月，前身为广东省船舶工业联合公司，是广东省航运集团下属的国有船舶工贸公司，拥有独立的进出口经营权以及甲级船舶设计资质，获颁发法国 BVQI 认证机构质量治理体系 ISO 9001 和环境治理体系 ISO 14001 标准认证书。

在深化国企改革、促进省属企业转型升级和业务创新的发展趋势下，新船重工应运而生。作为航运集团船舶工业发展的核心平台，新船重工在承接浩粤公司 30 多年来在船舶研发、设计、制造、维修及贸易业务等方面积累的丰富经验、市场开拓能力、核心技术以及各类优质资源等的基础上，以南沙小虎岛造船基地为主要依托，努力"建成具有国际竞争力的特色船舶制造商"。

（5）友联船厂（蛇口）有限公司

友联船厂（蛇口）有限公司成立于 1989 年，是招商局下属一级企业招商局工业集团的全资子公司之一，主营各类远洋船舶、钻井平台的修理、改造及海洋钢结构工程。

招商局作为国内最大、历史最悠久的百年辉煌民族企业，在国资委的排名中名列前茅。友联船厂（蛇口）有限公司作为招商局的下属企业，建厂 20 年来，本着"精益求精、顾客至上、信誉第一"的经营宗旨，依托香港招商局集团以及母公司招商局工业集团有限公司的强大支持，对外努力开拓经营市场，对内不断提高管理水平，强化服务意识，充实企业装备，生产规模不断扩大，经济效益不断增长。友联船厂（蛇口）

有限公司已完成了来自几十个国家和地区以及国内外各大远洋公司的几千艘船舶的年修、坞修、航修、海损工程以及石油钻井平台等海洋工程的修理工程，多次获得全国外商投资双优企业称号，以国内首家承修半潜式钻井平台的业绩获得全国企业新纪录及深圳市企业新纪录优秀奖等。友联船厂（蛇口）有限公司于1997年10月通过质量管理体系 QMS 认证，2004年6月获得 ISPS 港口设施保安证书，2007年2月通过职业健康安全管理体系 OHSMS 认证。

2004年，招商局集团投入巨资，以蛇口友联船厂为基础，在深圳孖洲岛新建了招商局友联修船基地，公司已于2008年整体搬迁到孖洲岛修船基地运作。修船基地位于珠江入海口，总面积70万平方米，拥有3400米的码头岸线，配置 400m×83m×14m 及 360m×67m×14.5m 干坞各1座，7万吨和3万吨级浮船坞各1座，目标产品为 ULCC、VLCC、FPSO、FSO，钻井平台及海洋工程、LNG、新一代集装箱船及各类型远洋船舶的修理和改造。修船基地无论是在生产能力、厂区规模还是在干坞尺度、设备设施等各方面，在国内的修船厂中都属于首屈一指。此外，公司还聚集了一大批具有丰富工作经验和敬业精神的管理、技术人才以及各类技术熟练的工人，可以保证快速、优质地完成各类船舶、钻井平台的修理、改造及海洋钢结构工程。

（6）江门市南洋船舶工程有限公司

江门市南洋船舶工程有限公司（JNS）成立于2005年初，位于广东省江门市新会区银洲湖畔。JNS 下辖两个厂区，占地面积72万平方米，岸线1000米，拥有现代化的造船设施。

JNS 荣获 Lloyd's List 颁发的2009年全球造船奖，是国家高新技术企业，是工信部认可的符合《船舶行业规范条件》的企业，是广东省第六批博士后创新实践基地，荣登广东省制造业企业500强榜单。多年来秉承"专业造精品"的造船理念，专注于10万载重吨以下散货船制造。

JNS 自始至终高度重视科研开发和技术创新，已先后取得了广东省企业技术中心、广东省工程技术研究中心、广东省创新型企业、江门市工程技术研究开发中心的认定。

JNS 所建船型在国际市场上被称为"南洋型"船。近年来，JNS 为迎合国际市场的需求，推出了多款绿色环保灵便型散货船。该类船型因卓越的绿色环保节能性能荣幸地成为英国劳氏船级社"EP"绿色标志证书的首个获得者。其中，B 型 39000DWT 绿色环保灵便型散货船的各项指标国际领先，相较市场同类型船日均节省燃油20%，该船以其优异的亲环境性和燃油经济性得到了众多船东的青睐。2016年，该船获得了广东省高新技术产品的认定，是 JNS 目前的主推产品。

JNS 的船东遍布亚洲、欧洲、非洲和美洲。2013年 JNS 开始与日本船东合作，这对 JNS 开拓日本市场具有历史性的意义。

JNS 致力于打造数字化造船模式，全方位推进三维建模设计，所有产品均实现了超过92%的数字化全三维样船的建立。通过对造船流程进行梳理和优化，形成了自己独特的以托盘为中心的造船管理系统。同时，借助 ERP 等信息化工具，实现了设计、物资、制造、质量控制等环节信息的实时集成，做到了指令的高效实时传达，保证了公司超强的执行力。

7.2 三大船舶产业集群专利持有状况

本节通过分析环渤海、长江三角洲和珠江三角洲这三大船舶产业集群在高技术船舶——LNG/LPG 运输船的两项关键技术（货物围护系统和 BOG 再液化）的专利持有状况，进一步了解分析三大船舶产业集群在高技术船舶——LNG/LPG 运输船的创新情况。

7.2.1 专利申请趋势和类型

专利申请趋势反映了船舶产业集群的专利申请量和年度分布。环渤海、长江三角洲和珠江三角洲这三大船舶产业集群的专利申请趋势如图 7-2-1 所示。

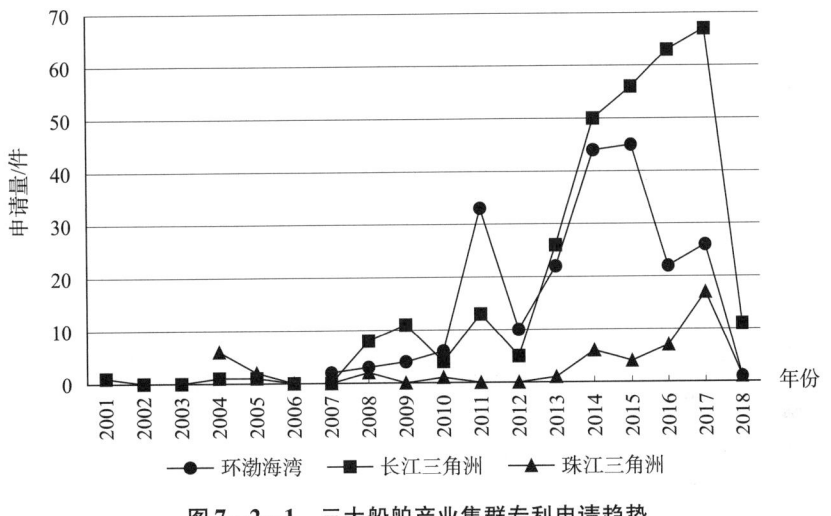

图 7-2-1 三大船舶产业集群专利申请趋势

环渤海地区的相关专利申请较晚，2007 年才有 2 件相关的专利申请，之后 2011 年有一个申请小高峰，年申请量达到 33 件；2012 年骤降至 10 件后，年申请量有所回升，于 2015 年达到年申请最大量 45 件后再次下降。环渤海地区在相关专利的申请方面能够排在珠江三角洲地区的前面的原因主要体现在生产要素方面，主要包括自然资源和技术资源两个方面；并且环渤海湾地区有国内领先、国际知名的船舶企业大船集团、中国海洋石油总公司等传统强企。2011 年环渤海湾在相关领域的申请量超过了长江三角洲地区，主要是因为中国寰球工程公司在低温储运领域不断地创新和研究。当年，中国寰球工程公司在相关领域的申请达到了 17 件，占比 50%。

长江三角洲地区的相关专利在这三大船舶产业集群中，申请时间最早且申请量也最多，2001 年有 1 件相关的专利申请后缓慢增长，2012 年后申请量暴增且于 2017 年达到最高峰，年专利申请量达到 67 件。长江三角洲地区船舶产业集中度高、规模大、结构趋向合理、效益好，并且基础设施完备、企业生产能力强，进而有更多的资金和科研力量流入；并且沪东中华、江南造船等中国传统造船强企都在长江三角洲地区，很大程度上带动了相关专利的申请。沪东中华一直领跑中国 LNG 船建造，目前已成功交付 15 艘、在建 9 艘 LNG 运输船，具有强大的自主设计研发能力和建造经验。2014~2017 年，长江三角洲地区相关专利申请逐年增高，也主要是源于沪东中华在 LNG 船领域的领先研究。

珠江三角洲地区在这三大船舶产业集群中是申请量最少的地区，2004 年有 6 件相关的专利申请后增长缓慢，于 2017 年达到最高峰，年专利申请量仅 17 件。珠江三角洲地区相对而言竞争力较为薄弱，原因主要在于该地区没有传统造船强企，本土船舶配套产业规模小、在高技术船舶领域的技术研发较弱。但随着 2014 年广东自贸区的建设以及最近几年的粤港澳大湾区建设再加上自身优越的地理环境，相信珠江三角洲地区在高技术船舶领域相关专利的申请会越来越多。

专利申请类型反映了船舶产业集群的专利质量和申请布局，三大船舶产业集群的专利申请类型如图 7-2-2 所示。

环渤海地区专利申请类型如图 7-2-2（a）所示。其中，发明专利申请占比 43%，实用新型占比 57%。可见，环渤海地区的专利申请以实用新型为主。

长江三角洲地区专利申请类型如图 7-2-2（b）所示。其中，发明专利申请占比 55%，实用新型占比 45%。可见，长江三角洲地区的专利申请以发明为主。

珠江三角洲地区专利申请类型如图 7-2-2（c）所示。其中，发明专利申请占比 53%，实用新型占比 47%。可见，珠江三角洲地区的专利申请以发明为主。

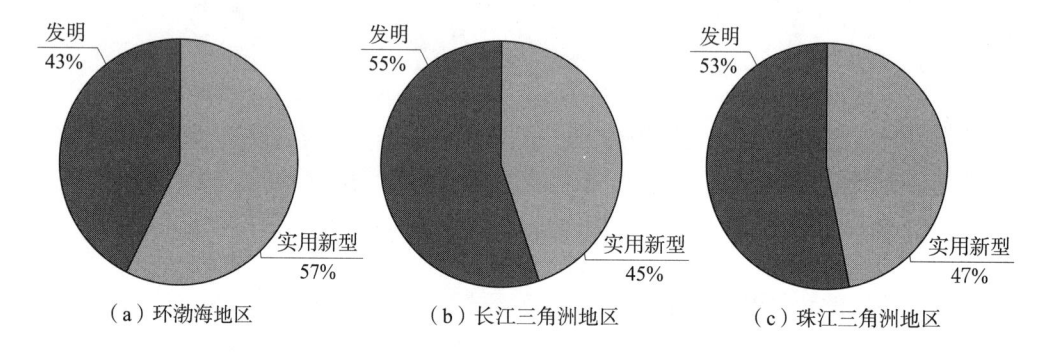

（a）环渤海地区　　（b）长江三角洲地区　　（c）珠江三角洲地区

图 7-2-2　三大船舶产业集群专利申请类型

7.2.2　申请人分布

申请人类型分布反映船舶产业集群的研发力量情况。三大船舶产业集群的专利申请人类型如图 7-2-3 所示。

环渤海地区专利申请人类型如图 7-2-3（a）所示。其中，公司是环渤海地区的专利申请人主要类型，占比 81%；院校/研究所占比为 11%；个人申请占比为 8%。

长江三角洲地区专利申请人类型如图 7-2-3（b）所示。公司是长江三角洲地区的专利申请人主要类型，占比 86%；院校/研究所占比为 12%；个人申请较少，占比仅为2%。

珠江三角洲地区专利申请人类型如图7-2-3（c）所示。其中，公司是珠江三角洲地区专利申请人的主要类型，占比76%；院校/研究所占比为20%；个人申请占比为4%。

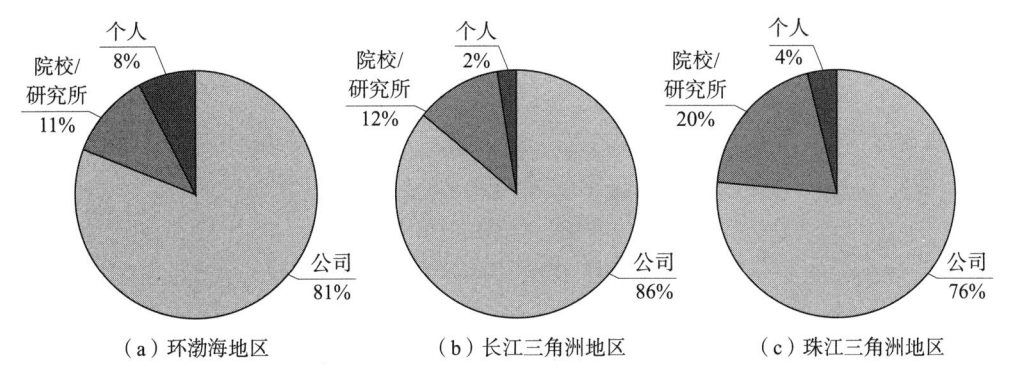

（a）环渤海地区　　　　（b）长江三角洲地区　　　　（c）珠江三角洲地区

图7-2-3　三大船舶产业集群申请人类型分布

统计申请人专利申请量并进行排名得到三大船舶产业集群排名前十位专利申请人，如图7-2-4所示。

环渤海地区排名前十位专利申请人如图7-2-4（a）所示。其中，排名前三的申请人的申请量较多，排名第一位的申请人是中国海洋石油总公司，排名第二位的申请人是中国寰球工程公司，排名第三位的申请人是中海石油气电集团有限责任公司。

长江三角洲地区排名前十位专利申请人如图7-2-4（b）所示。其中，排名前两位的申请人的申请量较多，排名第一位的申请人是沪东中华造船（集团）有限公司，排名第二位的申请人是江南造船（集团）有限责任公司，排名第三、第四位的分别是上海交通大学和江苏科技大学。

珠江三角洲地区排名前十位专利申请人如图7-2-4（c）所示。其中，排名前两位的申请人的申请量较多，排名第一位的申请人是中国国际海运集装箱（集团）股份有限公司，排名第二位的申请人是深圳市燃气集团股份有限公司，排名第三位的是华南理工大学。

7.2.3　专利技术分布

专利技术分布反映了船舶产业集群的技术情况。三大船舶产业集群的专利技术分布如图7-2-5所示。

环渤海地区专利技术分布如图7-2-5（a）所示。其中，排名第一位的申请分类号为F17C，排名第二位的申请分类号是F25J，排名第三位的申请分类号是B63B。

长江三角洲地区专利技术分布如图7-2-5（b）所示。其中，排名第一位的申请分类号为F17C，排名第二位的申请分类号是B63B，排名第三位的申请分类号是F25J。

珠江三角洲地区专利技术分布如图7-2-5（c）所示。其中，排名第一位的申请分类号为F17C，排名第二位的申请分类号是F25J，排名第三位的申请分类号是C10L。

(a) 环渤海地区

申请人	申请量/件
中国海洋石油总公司	30
中国寰球工程公司	19
中海石油气电集团有限责任公司	15
大连船舶重工集团有限公司	9
新兴能源装备股份有限公司	9
中海油山东化学工程有限责任公司	8
天津宏昊源科技有限公司	8
安瑞科（廊坊）能源装备集成有限公司	8
中海石油炼化有限责任公司	7
大连理工大学	7

(b) 长江三角洲地区

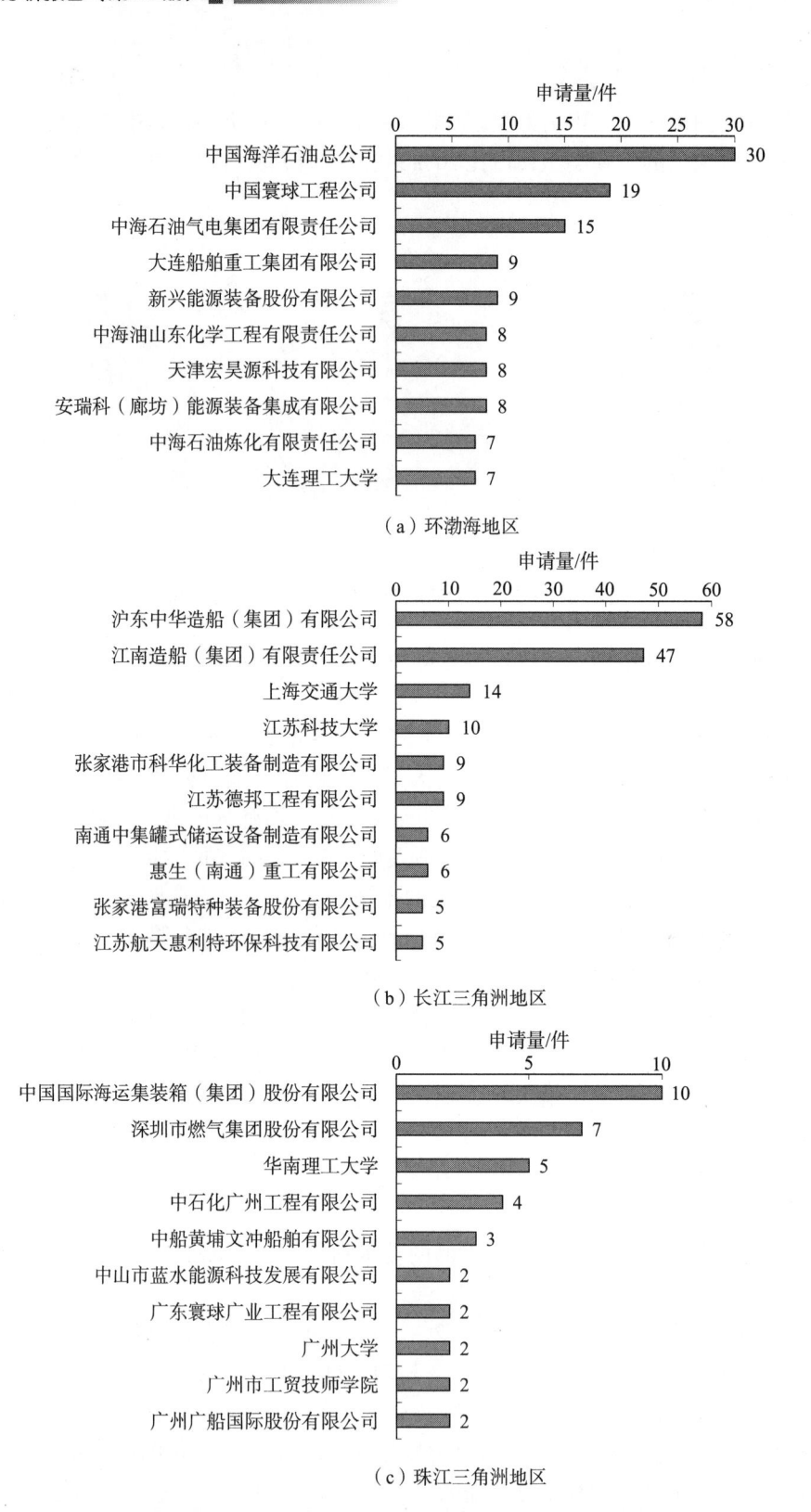

申请人	申请量/件
沪东中华造船（集团）有限公司	58
江南造船（集团）有限责任公司	47
上海交通大学	14
江苏科技大学	10
张家港市科华化工装备制造有限公司	9
江苏德邦工程有限公司	9
南通中集罐式储运设备制造有限公司	6
惠生（南通）重工有限公司	6
张家港富瑞特种装备股份有限公司	5
江苏航天惠利特环保科技有限公司	5

(c) 珠江三角洲地区

申请人	申请量/件
中国国际海运集装箱（集团）股份有限公司	10
深圳市燃气集团股份有限公司	7
华南理工大学	5
中石化广州工程有限公司	4
中船黄埔文冲船舶有限公司	3
中山市蓝水能源科技发展有限公司	2
广东寰球广业工程有限公司	2
广州大学	2
广州市工贸技师学院	2
广州广船国际股份有限公司	2

图 7-2-4 三大船舶产业集群排名前十位申请人排名

(a) 环渤海地区

(b) 长江三角洲地区

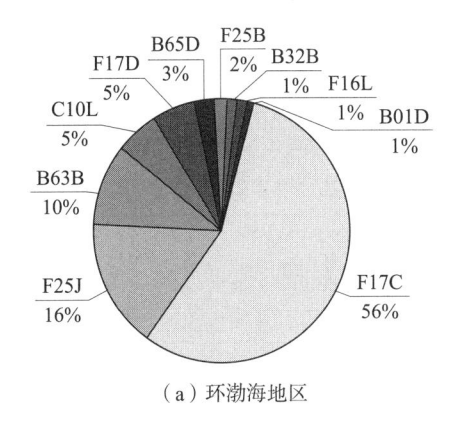

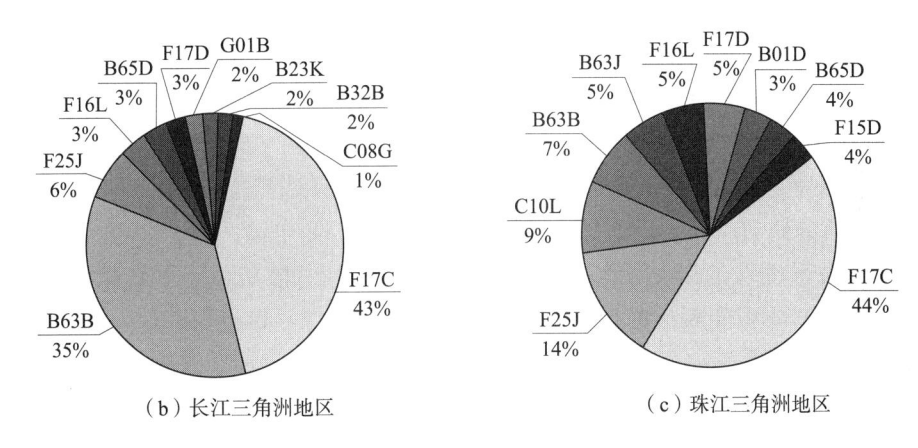

(c) 珠江三角洲地区

图 7-2-5 三大船舶产业集群专利技术 IPC 分类分布

7.2.4 专利有效性

专利有效性反映了船舶产业集群专利授权后的保持状态。三大船舶产业集群的专利有效性如图 7-2-6 所示。

(a) 环渤海地区

(b) 长江三角洲地区

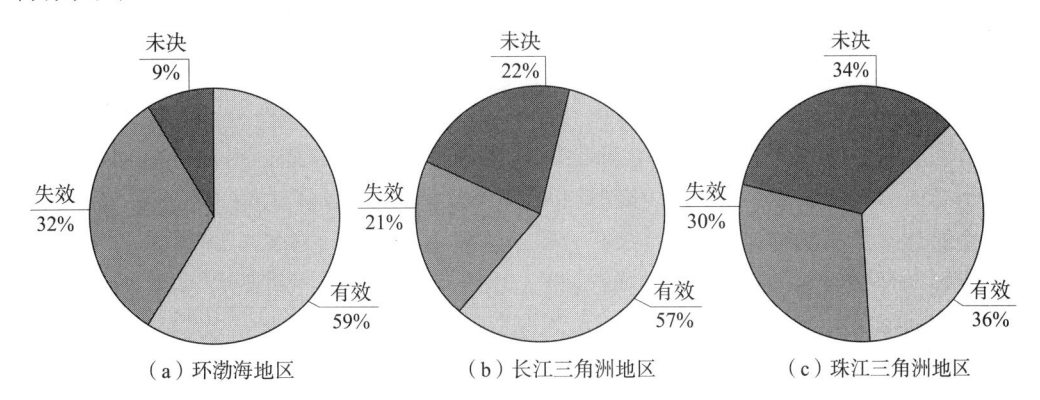

(c) 珠江三角洲地区

图 7-2-6 三大船舶产业集群专利有效性

环渤海地区专利有效性如图7-2-6（a）所示。其中，有效专利占比较高，32%的专利处于失效状态。

长江三角洲地区专利有效性如图7-2-6（b）所示。其中，有效专利占比较高，21%的专利处于失效状态。

珠江三角洲地区专利有效性如图7-2-6（c）所示。其中30%的专利处于失效状态。

7.3 专利促进船舶产业集群发展

7.3.1 三大船舶产业集群专利产出构成

通过分析环渤海、长江三角洲和珠江三角洲这三大船舶产业集群在高技术船舶——LNG/LPG运输船的两项关键技术（货物围护系统和BOG再液化）的专利调整布局方向，可发现其各自不同技术研发比重增加的方向。

环渤海地区专利产出构成情况如图7-3-1（a）所示。其中，专利大都集中在货物围护系统中的安全性能领域和BOG再液化技术上。可以看出，环渤海地区在BOG再液化技术领域的研究时间相对最早，1998年就有相关专利申请，且从2011年开始，对BOG再液化技术领域的研发热情也是有增无减；安全性能方面，相关专利申请始于2008年，且一直不曾间断；绝热技术、耐低温技术、支撑等也多有涉及。

长江三角洲地区专利产出构成情况如图7-3-1（b）所示。其中，专利大都集中在货物围护系统中的绝热技术和安全性能领域，其次是BOG再液化技术、止荡技术和支撑技术。可以看出，长江三角洲地区在绝热技术领域的研究时间相对最早，2001年有相关专利申请。同时，近10年来长江三角洲地区技术研发比重增加方向为绝热技术、安全性能和支撑技术。

珠江三角洲地区专利产出构成情况如图7-3-1（c）（见文前彩色插图第6页）所示。专利大都集中在BOG再液化技术上。可以看出，珠江三角洲地区在货物围护系统领域各技术分支的研究时间相对较晚，且相关的专利申请不多也不连贯，研发热情不够。同时，近10年来珠江三角洲地区技术研发比重增加方向为BOG再液化技术。

7.3.2 三大船舶产业集群校企协同创新情况

对国家相关政策进行解读，准确把握政策及行业变化趋势，构建以企业为主体、市场为导向、产学研相结合的技术创新体系；联合多方资源和优势，实现高校科研成果向企业创新产品的转化。

建立产学研协同创新机制，创新高校人才培养机制，发挥科教人才资源优势，提升自主创新能力，推进科技成果转化，不断强化科技对经济发展的支撑和引领作用，提升劳动、信息、知识、技术、管理、资本的效率和效益，实现科技同经济的有效对接、创新成果同产业对接、创新项目同现实生产力对接、研发人员创新劳动同其利益收入对接。

第7章 中国主要区域创新路线探索

BOG再液化
- CN106836605A 一种用于LNG接收站的BOG系统的工艺方法及装置 2017（7）
- CN106641701A 一种水合物法BOG回收装置 2016（9）
- CN104964161B 一种LNG接收终端液膜膨胀储能结构 2015（13）
- CN104295889B LNG接收站终端蒸发气体回收系统 2014（7）
- CN103225740B 一种LNG接收站利用压力能的BOG处理系统 2013（7）
- CN102643694B 一种天然气干燥及液化工艺方法和装置 2012（4）
- CN102261560B 一种蒸发气零排放系统和方法 2011（10）
- CN2325618Y 低温液化气(体)护罐 1998（1）

绝热
- CN2012211674Y 低温真空绝热球罐支柱 2008（3）
- CN101797728B LNG船液舱围护系统储板定位锁械装置 2009（3）
- CN201863997U LNG货舱围护系统用于9B木箱安装的模板 2010（1）
- CN102923249B LNG船货物舱围护系统建造平衡钢丝绳张紧力调整装置 2011（7）
- CN203671249U 液化天然气储气罐 2013（1）
- CN205186468U CN2051846468U 用于薄膜式LNG船围护系统安装平台的伸缩梁组件 2014（4）
- CN206429863U 一种竖立LNG炙驳罐装置 2015（6）
- CN107314234A 一种用于解决LNG液力透平刚耗的处理系统及方法 2016（1）
- 2017（5）

安全性能

- CN206831138U 一种真空绝热板结构的LNG储罐及含有该液储罐的LNG供气装置 2017（2）
- CN205535032U 用于液化天然气低温膜膨胀储罐结构 2016（1）
- CN104896309B 用于抑制液态天然气蒸发扩散的装置及其方法 2015（1）
- CN104295885B 适用于新型LNG储罐的罐壁保温系统 2014（6）
- CN103411126B 一种采用弹性悬吊支承结构的低温容器 2013（6）
- CN202273450U 一种低温储罐的隔热层 2011（1）

耐低温
- CN206984258U 一种大型LNG-FSRU非对称货舱内壳 2017（1）
- CN103464887B LNG船用低温殷瓦不锈钢四层复合板的制造方法 2012（2）
- CN202171122U 液化天然气(LNG)大型储罐的双曲率船体内罐体与保冷结构 2011（3）

强度
- CN201032051Y 复合材料增强大容量高压储气罐 2007（1）
- CN202188299U 一种有夹防的深冷储罐 2011（1）
- CN203348910U 一种厢式集装箱 2013（1）
- CN204750483U 气体储存舱的局部双屏蔽系统 2015（2）
- WO2017016368A1 气体储存舱的局部双屏蔽系统 2016（1）

支撑
- CN202807554U 一种低温液体罐车集装箱中内容器的保温及支撑结构 2012（1）
- CN204083776U 一种低温压力容器及其支撑结构 2014（12）
- CN105526494B 一种液化天然气卧式储罐轴向支承装置 2015（3）

止荡
- CN205396458U 船用式LNG液舱的阶梯型阻尼板装置 2016（2）
- CN204750493U 一种C型LNG液舱的制荡装置 2015（4）
- CN104527934B 柔性悬挂链条板式液舱制荡装置 2014（1）

环渤海地区

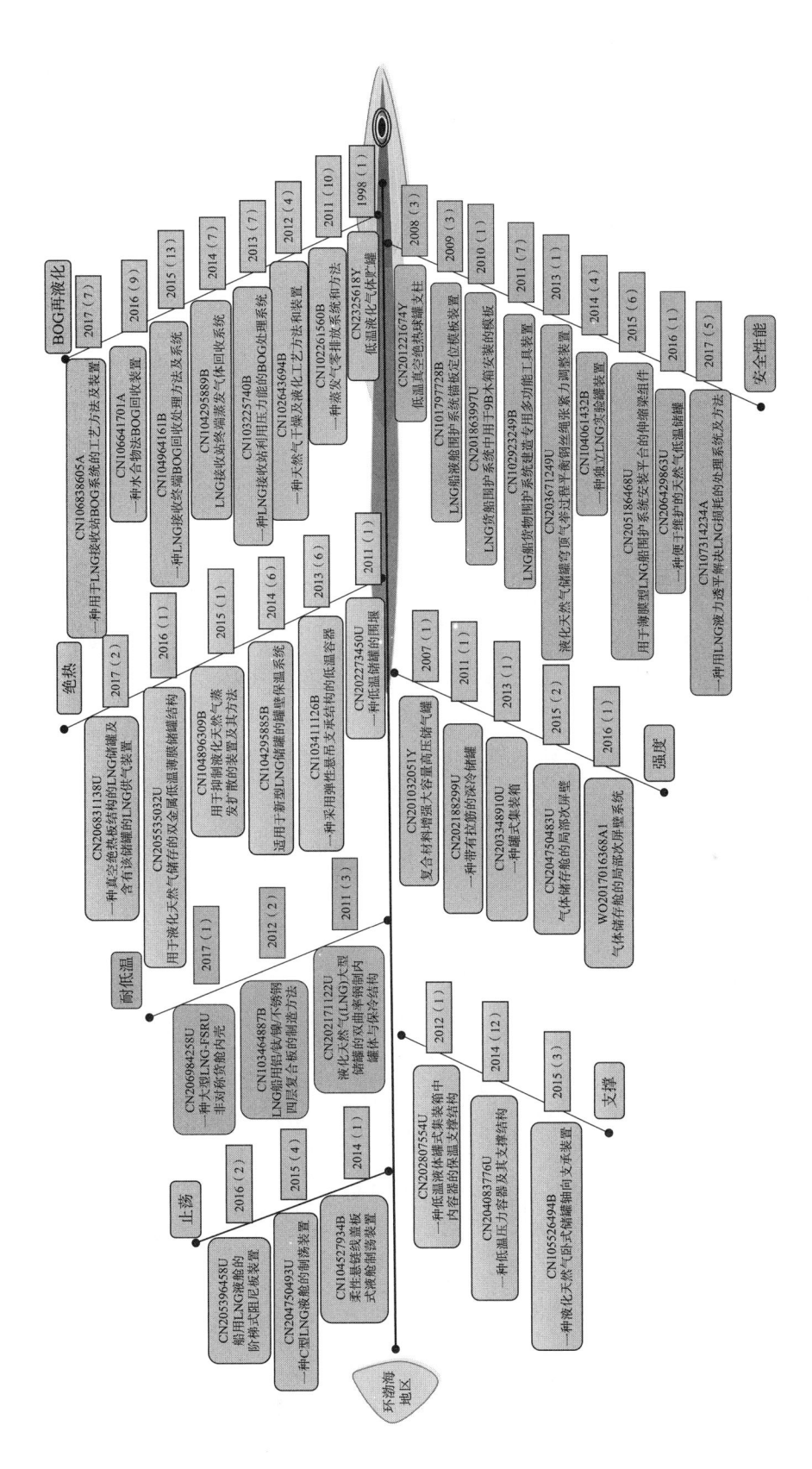

图7-3-1(a) 环渤海地区专利产出构成

注：图中括号内数字表示年度申请量，单位为件。

337

图7-3-1(b) 长江三角洲地区专利产出构成

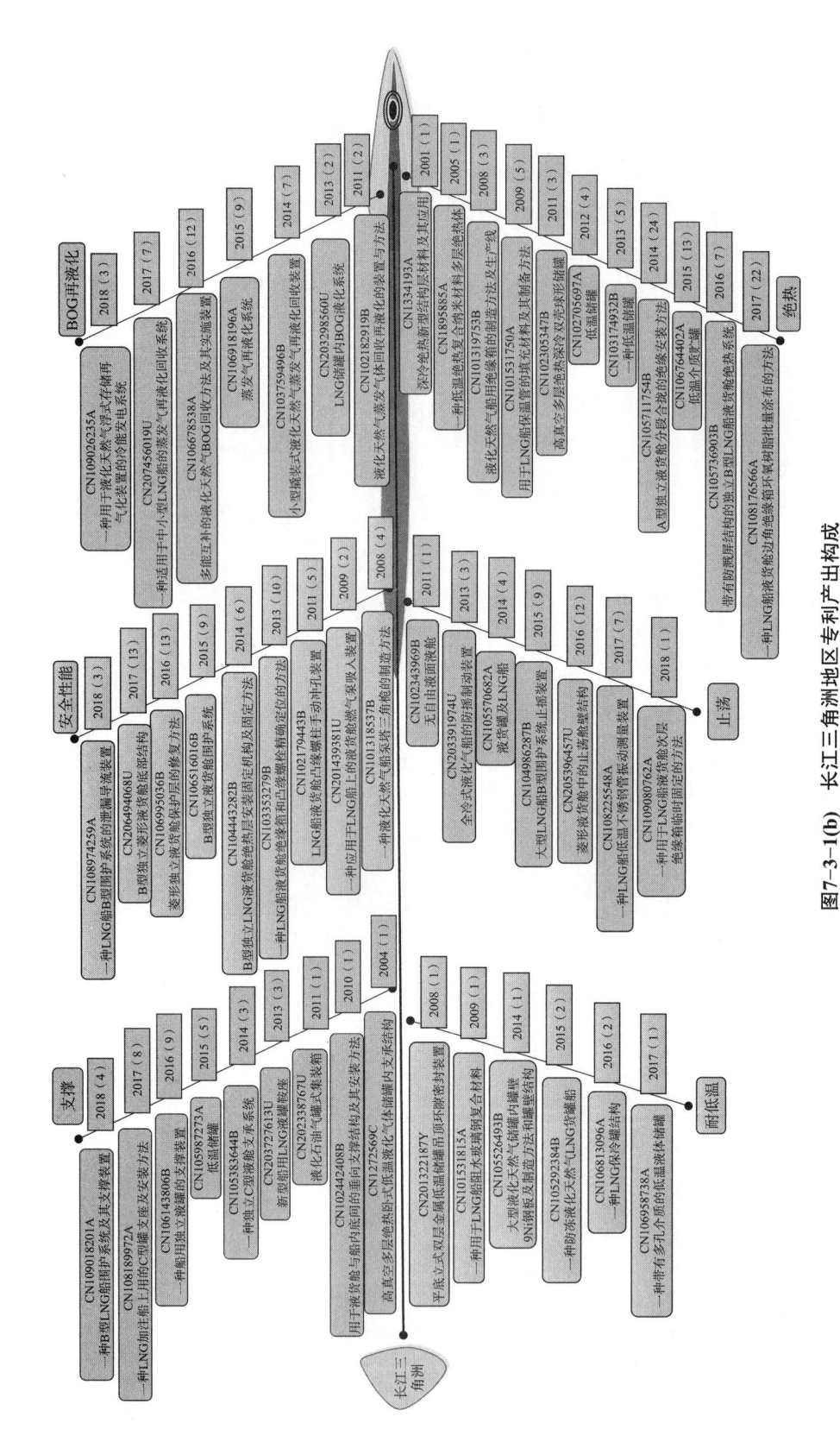

注：图中括号内数字表示年度申请量，单位为件。

第7章 中国主要区域创新路线探索

BOG再液化

- CN108031234A 2018（1）
  一种BOG回收方法及装置
- CN108020024A 2017（12）
  液化天然气再冷凝装置
- CN106764412A 2016（6）
  一种利用BOG回收NGL的系统
- CN204554350U 2015（1）
  一种无气相外输管网的LNG接收站的大流量BOG处理系统
- CN103759135B 2014（3）
  一种BOG零排放的LNG储存方法及装置
- CN103343881B 2013（1）
  一种回收BOG的工艺及其装置
- CN101406763B 2008（1）
  一种船运液货蒸发气体的再液化方法
- CN100392052C 2005（1）
  一种用于燃气调峰和轻烃回收的天然气液化方法

止荡

- CN1333198C 2004（6）
  高真空绝热低温液化气体储罐
- CN106939965A 2017（2）
  一种储罐防晃减震装置

支撑

- CN205137053U 2015（1）
  卧式低温储罐
- CN2851177Y 2005（1）
  罐体的支撑结构

安全性能

- CN107859661A 2007（2）
  一种液货船的控制系统和方法

珠江三角洲

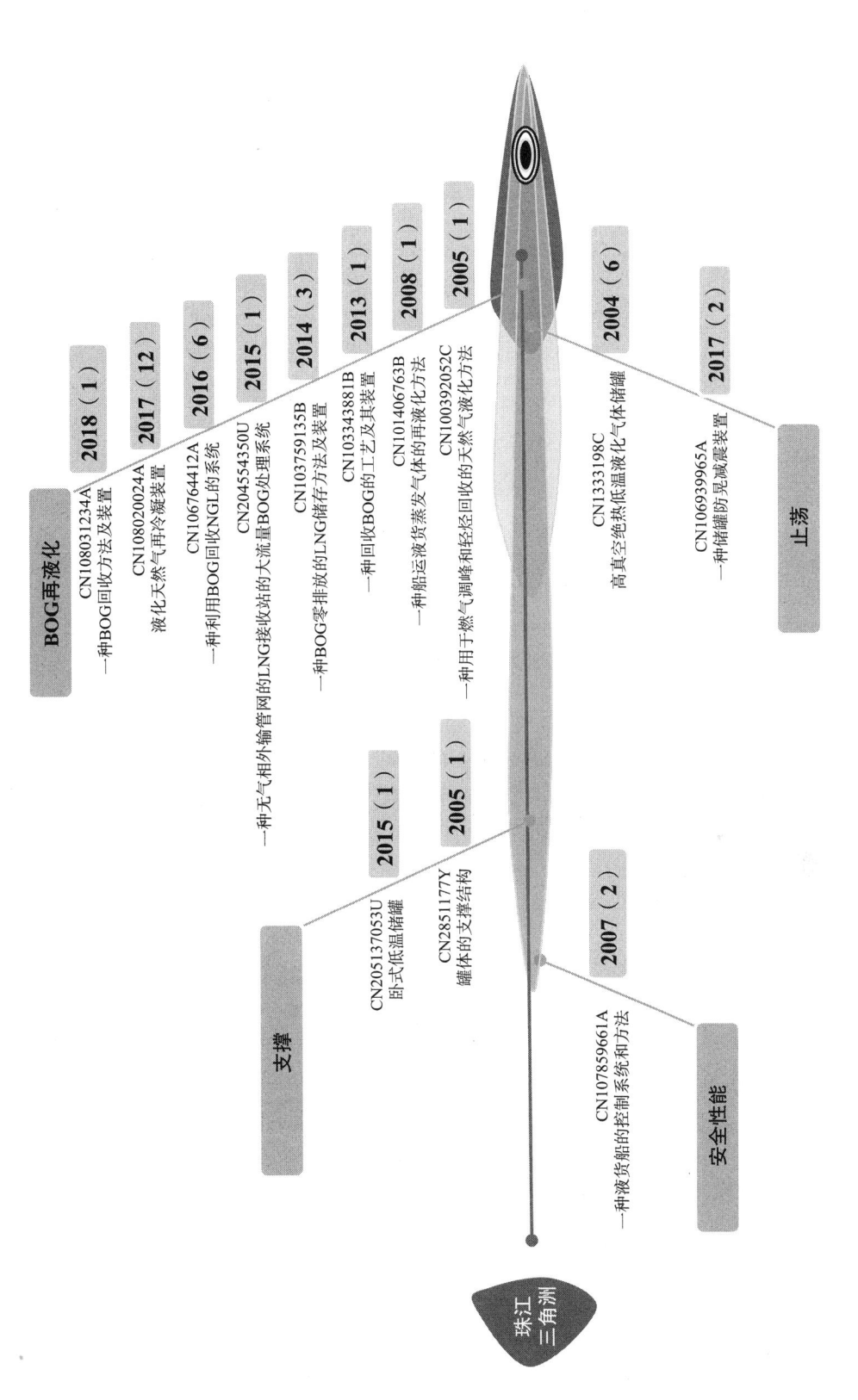

图7-3-1(c) 珠江三角洲地区专利产出构成

注：图中括号内数字表示年度申请量，单位为件。

三大船舶产业集群在高技术船舶——LNG/LPG运输船的两项关键技术（货物围护系统和BOG再液化）的校企协同创新情况如表7-3-1所示。

表7-3-1 三大船舶产业集群校企协同创新情况

环渤海地区					
序号	公开号	申请日	发明名称	申请专利权人	法律状态
1	CN203671249U	2013-11-29	液化天然气储罐穹顶气举过程平衡钢丝绳张紧力调整装置	中国海洋石油总公司、海洋石油工程股份有限公司、天津大学	有效
2	CN204297030U	2014-10-21	大型浮式液化天然气生产储卸装置	中国海洋石油总公司、中海油研究总院	有效
3	CN104608880B	2014-10-21	一种大型浮式液化天然气生产储卸装置	中国海洋石油总公司、中海油研究总院	有效
4	CN104896309B	2015-05-15	用于抑制液化天然气蒸发扩散的装置及其方法	中国石油化工股份有限公司、中国石油化工股份有限公司青岛安全工程研究院	有效
5	CN104862025B	2015-05-18	一种浮式液化天然气油气储卸装置的燃料气处理方法	中国海洋石油总公司、中海油研究总院、中国石油大学（华东）	有效
6	CN105065901B	2015-08-14	用于液化天然气接收站的轻烃回收工艺	中国石油化工股份有限公司、中国石油化工股份有限公司青岛安全工程研究院	有效
长江三角洲地区					
序号	公开号	申请日	发明名称	申请专利权人	法律状态
1	CN101531750A	2009-04-10	用于LNG船保温管的填充材料及其制备方法	江苏科技大学、沪东中华造船（集团）有限公司	失效
2	CN1272569C	2004-04-15	高真空多层绝热卧式低温液化气体储罐内支承结构	上海交通大学、中国国际海运集装箱（集团）股份有限公司	失效

续表

长江三角洲地区					
序号	公开号	申请日	发明名称	申请专利权人	法律状态
3	CN101531749A	2009-04-10	用于LNG船支撑部位耐低温绝热保温材料及其制备方法	江苏科技大学、沪东中华造船(集团)有限公司	失效
4	CN101531879B	2009-04-10	用于LNG船聚氨酯泡沫与玻璃钢间的黏结剂	江苏科技大学、沪东中华造船(集团)有限公司	失效
5	CN101531877B	2009-04-10	一种耐高低温耐水解聚氨酯单组分胶黏剂及其制备方法	江苏科技大学、沪东中华造船(集团)有限公司	失效
6	CN101531751A	2009-04-10	一种用于LNG船保温管的难燃疏水材料及其制备方法	江苏科技大学、沪东中华造船(集团)有限公司	失效
7	CN101531815A	2009-04-10	一种用于LNG船阻水玻璃钢复合材料	江苏科技大学、沪东中华造船(集团)有限公司	失效
8	CN102226498B	2011-05-31	液化天然气船用膨胀珍珠岩憎水系统	上海交通大学、天津英康科技发展有限公司	有效
9	CN103759496B	2014-01-16	小型撬装式液化天然气蒸发气再液化回收装置	上海交通大学、中科力函(深圳)热声技术有限公司	有效
10	CN205470877U	2016-01-15	一种适用于运动液体贮箱的肋板式防晃装置	南京北大工道创新有限公司、北京大学南京创新研究院	失效
11	CN105600211B	2016-01-15	一种适用于运动液体贮箱的肋板式防晃装置	南京北大工道创新有限公司、北京大学南京创新研究院	有效
12	CN105711755A	2016-01-27	液舱与用于液舱的晃荡制荡装置	上海交通大学、中国船舶工业集团公司第七○八研究所	未决

续表

长江三角洲地区

序号	公开号	申请日	发明名称	申请专利权人	法律状态
13	CN206145421U	2016-09-23	移动式天然气再液化回收工艺的专用系统	上海昆仑新奥清洁能源股份有限公司、上海交通大学	有效
14	CN106439480A	2016-09-23	移动式天然气再液化回收工艺的专用系统	上海昆仑新奥清洁能源股份有限公司、上海交通大学	未决
15	CN206871312U	2017-03-21	液货舱	张家港中集圣达因低温装备有限公司、中国船级社武汉规范研究所、中集安瑞科投资控股（深圳）有限公司、中国国际海运集装箱（集团）股份有限公司	有效

珠江三角洲地区

序号	公开号	申请日	发明名称	申请专利权人	法律状态
1	CN1333198C	2004-04-15	高真空绝热低温液化气体储罐	中国国际海运集装箱（集团）股份有限公司、上海交通大学	有效
2	CN107859870A	2017-09-15	一种液化天然气BOG液化再回收的方法	深圳市燃气集团股份有限公司、兰州理工大学	未决
3	CN107726045A	2017-09-29	一种液化天然气的BOG液化再回收系统	深圳市燃气集团股份有限公司、兰州理工大学	未决
4	CN107883181A	2017-09-29	一种混合式液化天然气的BOG液化再回收方法	深圳市燃气集团股份有限公司、兰州理工大学	未决

根据表7-3-1展示的三大船舶产业集群协同创新情况，在环渤海地区，中国海洋石油公司在协同创新方面表现突出，与天津大学、中国石油大学均有研发合作，并产出专利成果。现分别选取中国海洋石油公司与天津大学、中国石油大学的合作专利进一步深入分析。

（1）CN104862025B

该专利名称为"一种浮式液化天然气油气储卸装置的燃料气处理方法"，当前为有效发明专利,申请于 2015 年 5 月 18 日,剩余专利权有效期较长,专利权人包括中国海洋石油总公司、中海油研究总院以及中国石油大学(华东)。该发明目的是更节能高效地用于浮式液化天然气油气储卸装置的燃料气处理方法,其处理方法主要包括以下步骤:准备多种燃料气气源;设置一包括一预冷装置、一液化装置、一节流阀、一 LNG 储罐和一低温 BOG 压缩机的低温压缩系统,和一包括一预冷装置、一液化装置、一节流阀、一 LNG 储罐、三个常温 BOG 压缩机和三个冷却器的常温压缩系统;控制高压 LNG 节流闪蒸 BOG,LNG 储罐吸热蒸发 BOG、LPG 储罐吸热蒸发 BOG 进入低温压缩系统,控制稳定塔凝析油产生的燃料气和脱酸产生的少量燃料气进入常温压缩系统;分别完成燃料气的低温压缩和常温压缩工艺;采用工艺流程模拟软件对处理装置的各功耗及总功耗进行计算;对燃料气气源的处理过程进行进一步优化分析。

(2) CN203671249U

该专利由中国海洋石油总公司、海洋石油工程股份有限公司和天津大学共同申请,专利名称为"液化天然气储罐穹顶气举过程平衡钢丝绳张紧力调整装置",其为维持状态的实用新型专利。该专利公开的液化天然气储罐穹顶气举过程平衡钢丝绳张紧力调整装置包括多组平衡装置,每一组平衡装置均包括安装在罐顶的第一、第二 T 型支架,安装在穹顶上的第一、第二导向滑轮,第一、第二油缸分别安装在储罐的罐底承台上,第一、第二 T 型支架,第一、第二导向滑轮,第一 T 型支架、第一导向滑轮、第一油缸位于同一侧,第二 T 型支架、第二导向滑轮、第二油缸位于另一侧,第一钢丝绳一端与第一油缸活塞杆连接,另一端固定在罐顶上,第二钢丝绳一端与第二油缸活塞杆连接,另一端固定在罐顶上。图 7-3-2 为该实用新型优选实施例中的液化天然气储罐穹顶气举过程平衡钢丝绳张紧力调整装置的结构示意图。

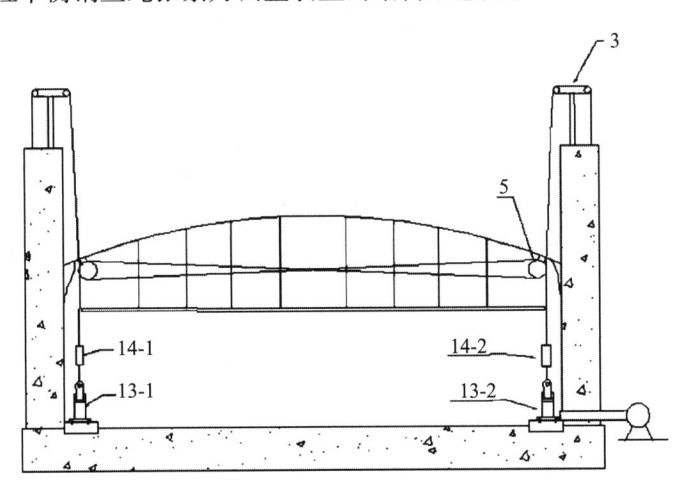

图 7-3-2 CN203671249U 优选实施例中调整装置示意图

该实用新型的技术方案实现穹顶气顶升过程中钢丝绳张紧力自动调整并始终保持恒定,实现了压力精确控制,提高了稳态精度,减小了静态误差。另外,该专利拥有德国同族专利,其专利公开号为 DE202014101567U1,在一定程度上体现该专利技术方案的先进性。

长江三角洲地区校企合作专利申请量远多于环渤海地区和珠江三角洲地区，其中，上海交通大学和江苏科技大学在技术转化方面表现优异，与企业合作专利最多。江苏科技大学主要合作对象为沪东中华；上海交通大学合作更加广泛，包括中集集团、天津英康科技发展有限公司、新奥集团，等等。接下来，分别选取江苏科技大学和上海交通大学的最新合作专利或专利申请进行重点分析。

（1）CN101531815A

该专利申请名称为"一种用于LNG船阻水玻璃钢复合材料"，专利申请人包括江苏科技大学和沪东中华造船（集团）有限公司，该专利申请于2009年4月10号，在进入实质审查阶段后该专利申请被视为撤回。如图7-3-3所示，该申请的技术方案公开于LNG船阻水玻璃钢复合材料，该材料按质量百分比含量是由有机硅聚氨酯改性预聚物为30%～50%，溶剂为10%～20%，玻璃纤维为30%～50%组成的A组分与改性环氧树脂的B组分按质量比例为A/B＝2～3/1配制而成。有机硅聚氨酯改性预聚物其分子结构式如下，其中，R、R1为含有羰基、羧基的高分子链节，n取值范围为1～100。

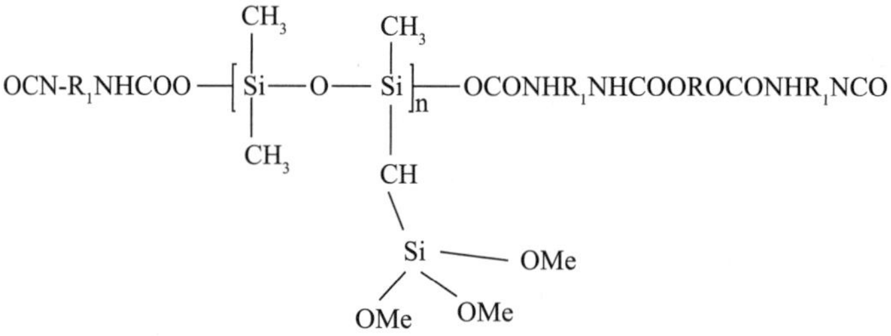

图7-3-3　CN101531815A技术方案示意图

该发明的用于LNG船阻水玻璃钢复合材料具有柔韧性好，阻水效果高的特点；克服了现有玻璃钢材料柔性不够、对水汽阻挡效果差以及因此造成的使用寿命短的问题。

（2）CN106439480A

该专利申请由新奥集团和上海交通大学共同申请，申请日为2016年9月23日，截至2018年10月处于实质审查阶段。该发明公开的移动式天然气再液化回收工艺的专用系统，包括再液化储罐（1），再液化储罐（1）上安装有至少一台小型低温制冷机（3）；蒸发气体储存罐（4）的输出端连接到再液化储罐（1）上，蒸发气体储存罐（4）的输入端连接到蒸发气体压缩机（5）的输出端；蒸发气体压缩机（5）的输入端连接到压力缓冲罐（6）的输出端，压力缓冲罐（6）的输入端连接到汽化装置（7）的输出端；压力缓冲罐（6）和汽化装置（7）的连接管路上装有流量测试装置（14），汽化装置（7）的输入端连接有蒸发气体进气管道（8），蒸发气体进气管道（8）的进气端装有蒸发气体进气阀门（9）；再液化储罐（1）的输出端管路上设有液化天然气循环泵（12），液化天然气循环泵（12）的输出管路上连接有液化天然气回液管道（11），液化天然气回液管道（11）的输出端装有液化天然气回液阀门（10）。该发明技术方案优选实施例的移动式天然气再液化回收工艺的专用系统结构如图7-3-4所示。

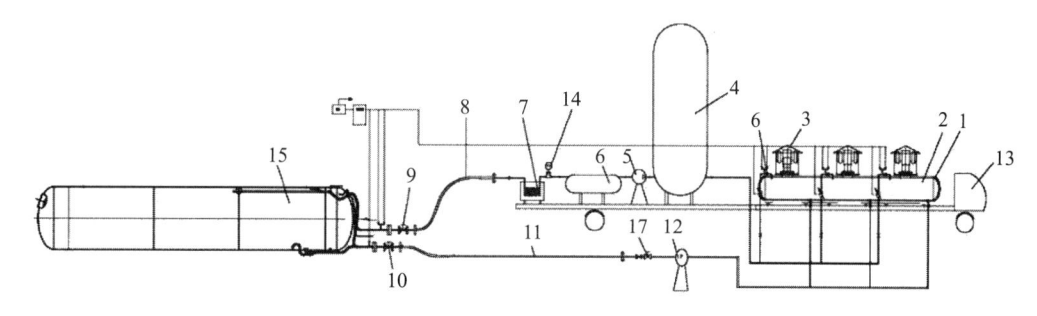

图7-3-4　CN106439480A优选实施例中专用系统示意图

该移动式天然气再液化回收工艺的专用系统，利用压缩机将气化升温的蒸发气体短时间内压入蒸发气体存储装置进行储存，为后端再液化装置提供了需要的存储空间，同时也能满足液化天然气运输槽车短时间内排放残余液化天然气的需要，从而实现液化天然气运输槽车的液化天然气零损耗，解决了现有技术LNG储存站点中的BOG无法快速回收的技术难题。

珠江三角洲地区申请人在高技术船舶领域的校企合作专利较少，主要来自深圳市燃气集团股份有限公司与兰州理工大学，并且深圳市燃气集团股份有限公司与兰州理工大学共同申请专利均集中于BOG液化回收领域。下文选取深圳市燃气集团股份有限公司与兰州理工大学的最新合作专利申请CN107726045A和CN107883181A进行重点分析。

CN107726045A和CN107883181A均申请于2017年9月29日，且均为发明专利申请，截至2018年10月处于实质审查阶段。二者发明人相同，技术方案均与BOG液化在回收技术相关。CN107726045A的技术方案主要公开液化天然气的BOG液化再回收系统，该再回收系统主要包括低温液体储罐、LNG过滤器、主喷射混合器、次喷射混合器、LNG储罐、BOG压力监测装置和DCS控制系统。应用该再回收系统时，当DCS控制系统判断BOG压力值超过预设值时，关闭第一截止阀，开启第二截止阀、排液阀和止回阀，使LNG储罐中产生的气态BOG和低温液体储罐中的低温液体共同引入主喷射混合器中进行一次冷却液化；之后，使主喷射混合器输出冷却液体与LNG输入端的LNG共同引入次喷射混合器中进行二次冷却，完成BOG完全液化流回LNG储罐中，实现了BOG液化再回收。该技术方案的主要创新之处在于无须配备压缩机和泵，降低了设备成本和维护成本，同时简化操作工艺。CN107883181A则主要着眼于一种混合式液化天然气的BOG液化再回收方法。该回收方法在再液化过程中利用BOG自身的压力及喷射混合器具有的低压吸入功能作为流体在管道流动的动力，减去了压缩机和泵的使用，降低了设备成本。具体地，当LNG储罐中产生的BOG超出预设值需要处理时，将气态BOG和低温液体储罐中的低温液体共同引入主喷射混合器中进行一次冷却液化；随后冷却液体流入次喷射混合器中，并与来自LNG输入端的LNG混合使BOG完全液化；液化后的流体流回 LNG 储罐，实现 BOG 零排放。

7.4 小　　结

　　我国的船舶工业虽然高速发展，但依然存在诸多矛盾和问题。比如说，创新能力不够强、产业集中度较低、船舶配套产业发展滞后、生产效率和管理水平低、海洋工程装备发展缓慢等。同样地，在高技术船舶——LNG/LPG 运输船领域也存在类似的问题。本章通过介绍三个船舶产业集群的集群概括、专利持有状况，分析船舶产业集群的发展路线，为船舶产业集群的发展，特别是在高技术船舶——LNG/LPG 运输船领域的发展建设提供指导。

　　环渤海、长江三角洲和珠江三角洲这三大船舶产业集群各自汇集了一批船舶产业相关特色高校和优势科研机构，但科教优势未充分转化为产业创新优势，更未体现为产业专利优势。各船舶产业集群应结合自身优势，做好定位，在船舶产业创新体系过程中，不断加强产学研协同创新，开展深度合作，通过专利促进船舶产业集群发展。同时，充分发挥专利分析的决策工具作用，建立专利分析与产业运行决策深度融合、持续互动的专利导航机制。

第8章 主要结论及建议

8.1 主要结论

8.1.1 技术发展及专利分布现状分析

（1）LNG/LPG 运输船领域的全球专利申请持续增长，货物围护系统和蒸发气回收利用系统中的 BOG 再液化技术是关注的重点。

LNG/LPG 运输船领域已公开专利申请共计 9899 项。近 20 年来，LNG/LPG 运输船领域的年专利申请量总体上呈增长趋势，表明 LNG/LPG 运输船领域处于技术发展的上升期。特别是 20 世纪 90 年代以来，随着 LNG/LPG 运输船的需求量增多，LNG/LPG 运输船技术发展快速，专利申请量逐年增加，进入快速发展期。企业是申请的主体，掌握着 LNG/LPG 运输船领域的关键技术。

从全球 LNG/LPG 运输船的主要申请人排名可以看出，上榜的专利申请人主要来自韩国、日本、法国、荷兰和中国。韩国和日本的申请人居多，与其在该领域的霸主地位相对应；法国和荷兰申请人属于领域内的传统强企；中国申请人只有中集集团上榜，在该领域内能够与国际强企并肩的企业较少。

（2）中国在 LNG/LPG 运输船的技术研究上整体起步较晚，在 2008 年之后，技术快速发展。LNG/LPG 运输船领域，在中国布局专利的国外申请人主要来自美国、日本、韩国，法国、德国、荷兰等国家。

中国 LNG/LPG 运输船相关专利申请主要分布在江苏、北京、上海、广东等省市，且申请量逐年增加。中国在 LNG/LPG 运输船领域中，企业占技术创新中的主导地位。中国 LNG/LPG 运输船相关专利申请主要以发明和实用新型为主，大部分专利处于授权和审中阶段，且中国在 LNG/LPG 运输船领域上的专利无效诉讼案例不多。

8.1.2 关键技术分析

（1）货物围护系统

对于 LNG/LPG 运输船的货物围护系统领域，在全球范围内，研究起步较早，行业整体上呈增长态势，且专利类型绝大部分是发明专利。韩国、日本是主要的技术原创国，技术积累较多；韩国一直处于全球领先地位；全球专利申请人主要来自韩国、日本、中国和欧洲部分国家。中国在货物围护系统相关技术的研究比较晚，前期增长缓慢；各省份中江苏省专利申请量最多。

货物围护系统的六个技术分支中，绝热技术在全球和中国专利申请量都比较高，相对而言其他技术分支专利申请量较少，但整体上均呈现逐年上升的态势。

在对重要申请人的重点专利进行分析中发现：大宇造船的研发重点在于货物围护系统中绝热技术的改进，特别是其中的绝热壁紧固装置；三星重工在绝热技术的申请量最大，止荡技术次之，说明三星重工对绝热技术的研发投入较大，并侧重如何提高隔热结构的密封完整性和防止内壁交换热量；IHI 在货物围护系统技术领域的研发投入大多放在绝热技术和安全性能方面；现代重工的研发重点也在于货物围护系统中绝热技术的改进，但在提高储罐结构稳定性上也有一定的研发投入；三菱重工在货物围护系统技术领域的研发投入大多放在绝热技术中，在止荡技术和耐低温技术的投入上非常少。在对 GTT 在货物围护系统领域的技术发展路线进行梳理中发现：GTT 主要关注的技术问题为货物围护系统的密封性/绝热性、来自装载液化天然气的静态/动态压力、收缩膨胀效应以及变形、货物围护系统焊接技术、相关预制件的制作技术等。GTT 对于薄膜型货物围护系统的焊接技术、殷瓦薄膜的制作、绝缘体的设计以及制造、货物围护系统的检测等方面均有相关的技术研发投入。川崎重工在货物围护系统技术领域的研发投入大多放在绝热技术中，并侧重减少构件的数量，以便降低成本；中集集团在绝热技术申请的专利最多，且远超止荡技术和耐低温技术中的专利申请数量，涉及的发明点为具有绝热效果的单层罐体、罐体侧部和底部设置外隔热层及外罐体内设冷媒内容器等，技术功效为确保绝热性能，提高罐体制造效率同时减少低温介质的气化等。

（2）BOG 再液化系统

从整体来看，BOG 再液化技术在全球和中国的专利申请均呈现快速增长的态势，近几年来中国的 BOG 技术发展在全球范围内作用逐渐凸显；BOG 再液化技术的全球专利以发明专利为主导。BOG 再液化相关专利技术主要原创国家为韩国，相关专利受理量最多的是韩国，其次来自中国、日本、美国等国家。中国的 BOG 再液化技术的相关专利主要分布在沿海省市，如北京、江苏、广东、河北、上海等地，其中北京的专利申请量最多；全球专利申请人主要来自韩国、日本、荷兰、德国和中国等国家。中国 BOG 再液化技术相关专利申请量较少、创新主体较多，专利技术比较分散，且海外企业在中国布局的不多。从 BOG 再液化系统领域的研发合作情况来看，全球主要申请人进行研发合作的情况不多。

大宇造船在 BOG 再液化技术领域中前期较为关注的是再液化装置的处理能力，从而调节 LNG 储罐中排出蒸发气体的量，此后则关注冷却效率和再液化装置功率消耗方面的技术改进和 BOG 再液化系统结构的改进；三星重工则侧重于 LNG 船的蒸发气控制装置，为了降低 LNG 船的运行过程中蒸发气的产生率、降低储气罐的压力升高量；IHI 提供一种 BOG 液化装置，将冷凝压力（温度）保持在给定值；现代重工的研发重点在提供一种使用 LNG 抽吸鼓和管道混合器处理过量蒸发气体的装置，并在 LNG 储罐组件方面的改进；三菱重工在 BOG 再液化技术领域的研发投入大多放在再液化器、BOG 压缩机的改进上；中集集团在 BOG 再液化技术领域主要涉及的发明点在 BOG 回收装置方面。

在对 Hamworthy 公司和 Cryostar 公司两家企业在再液化技术领域的技术发展路线进行梳理中发现：Hamworthy 公司较为关注 BOG 再液化中能耗问题以及高氮含量 BOG 的液化技术。BOG 再液化能耗的降低主要通过膨胀机的串联设置、多布雷顿循环中驱动蒸汽的利用优化、利用冷却剂预热蒸发气流；高氮含量 BOG 的液化技术的思路主要采用冷却剂分流封闭冷却循环的方式。同时，Hamworthy 公司通过寻求许可的方式，然后结合自身技术上的改进，成功将 MARK 系统应用到 LNG 船上。该操作方式值得国内行业内的企业借鉴。Cryostar 公司通过调节换热器与压缩机之间的位置关系以及多级压缩机的布置进一步改善 BOG 再液化装置的性能，且 Cryostar 公司 BOG 再液化装置在中国有较多的专利布局。国内 BOG 再液化技术领域的企业应当关注其专利保护范围，规避知识产权风险。

8.1.3 重要申请人分析

（1）大宇造船

大宇造船在两关键技术——货物围护系统和 BOG 再液化系统的专利申请趋势整体呈上升状态，2006 年后开始增长，2010~2015 年增长快速；从专利申请类型来看，发明专利占绝大部分；大宇造船在全球各国家和地区布局，向本国递交的专利申请量是各个国家/地区中最大的，说明其最重视本国市场；两项关键技术皆是有效专利居多；货物围护系统技术中，大宇造船较为关注货物围护系统的绝热。

（2）三星重工

三星重工在两关键技术领域——货物围护系统和 BOG 再液化系统的整体呈上升趋势。从专利申请类型来看，发明专利占绝大部分；在全球的国家和地区的布局主要在本国（韩国），海外的布局相对少了很多，十分重视本国市场；有效专利和未决专利数量占总量的比重很大；货物围护系统技术中，三星重工与大宇造船相似，也较为关注货物围护系统绝热方面的改进。

（3）IHI

IHI 在两关键技术领域的专利申请趋势呈下滑态势，2003~2008 年，在两项关键技术领域的专利申请最少；从专利申请类型来看，发明专占绝大部分；IHI 向本国递交的专利申请量是各个国家/地区中最大的，向外技术输出极少，较重视本国市场；失效专利占比居多，说明 IHI 的研发及重视程度均较弱；在货物围护系统技术领域的研发投入大多放在货物围护系统绝热方面的改进。

（4）现代重工

现代重工在两关键技术领域——货物围护系统和 BOG 再液化系统的整体呈上升趋势；从专利申请类型来看，发明专利占绝大部分；在全球的国家和地区的专利主要布局在本国，更为重视本国市场；现代重工在货物围护系统技术领域主要关注其绝热方面的改进。

（5）三菱重工

三菱重工在两项关键技术领域——货物围护系统和 BOG 再液化系统的专利申请整体呈平稳趋势，增长缓慢；从专利申请类型来看，发明专利占绝大部分；三菱重工向本国递交的专利申请量是各个国家/地区中最大的，较重视本国市场；三菱重工在货物围护系统技术领域主要关注其绝热方面的改进。

（6）GTT

GTT 在货物围护系统和 BOG 再液化系统两项关键技术领域的专利申请，绝大部分是发明专利，且 GTT 更偏重于货物围护系统的研发，2012 年后申请量猛增；GTT 在本国的专利申请量居首，且较重视海外市场的发展；有效专利占比居多；在货物围护系统方面，GTT 主要关注其绝热方面的改进。此外，GTT 在货物围护系统领域的改进中，主要关注的技术问题为货物围护系统的密封性/绝热性、来自装载液化天然气的静态/动态压力、收缩膨胀效应以及变形、货物围护系统焊接技术、相关预制件的制作技术等。GTT 对于薄膜型货物围护系统的焊接技术、殷瓦薄膜的制作、绝缘体的设计以及制造、货物围护系统的检测等方面均有相关的技术研发投入。

（7）川崎重工

川崎重工在货物围护系统和 BOG 再液化系统两项关键技术的专利申请趋势中，1999～2016 年的专利年申请量起伏比较大，其专利申请的类型基本为发明专利；在两项关键技术领域的专利布局来看，川崎重工更偏重于货物围护系统技术领域；在货物围护系统技术领域中，川崎重工的布局主要在本国国内，且布局的国家或地区不多，比较重视本国市场；川崎重工在货物围护系统技术领域主要关注其绝热技术方面的改进。

（8）中集集团

中集集团在 LNG/LPG 运输船领域起步较晚，2010 年后发展较快；在货物围护系统和 BOG 再液化系统两项关键技术领域的专利申请中，实用新型专利占比大于发明专利；中集集团目前只在中国本国布局专利，有效专利占比居多；在货物围护系统技术领域，中集集团主要关注绝热方面的改进。

8.2 建　议

8.2.1 研发着力点可根据造船产业链分布

我国高技术船舶产业想要在国外企业的重重专利包围下生存并逐步发展，归根到底还是要依靠自主研发。我国企业在科研及资金实力上普遍不强，此时就需要集中资源对高技术船舶相关技术有潜力、有市场前景的方向进行研究。在技术兴起期及技术发展期，应着力寻找未来高技术船舶热点技术进行重点研发。

对于我国高技术船舶自主研发企业而言，应针对技术发展的不同阶段、企业在整个产业中的地位及企业主要产品来制定符合自身情况的专利布局策略。当前萌芽期、兴起期、发展期技术的核心专利绝大部分已被国外企业取得。欧洲、美洲、日本、韩国市场已基本被国外企业的专利布局所封锁，国内市场的主动权也已日益被国外重点企业所占据。

我国企业应时刻关注大宇造船、三星重工、GTT、IHI 等国外行业巨头的研发动向，收集其专利技术和专利布局信息，积极规避侵权风险；合理利用核心专利，深入学习并进行改进，在核心专利外围尽可能布局自己创新和改进的专利，将国外核心技术专利包围起来，把这些专利作为与国外企业进行专利许可谈判的筹码，以保证基本专利得到保护。我国企业还应加大对未来高技术船舶热点技术的专利布局，力争取得技术突破，掌握未来市场的主动权。政府层面上可以制定配套政策，鼓励和引导国内企业向未来热点技术领域进军，同时增强对相关专利的保护制度，提高侵权成本、降低维权成本，以提高国内企业自主创新动力。在市场布局方面，国内企业还可通过收购海外企业等方式收储海外核心专利，加强船舶行业专利的基础布局，在国外企业封锁的海外市场寻找切入点；同时，在未来热点领域，国内企业应当提高对潜在市场的布局意识，积极抢占国内外市场。

8.2.2 开展企业间合作与并购，促进设立产业专利联盟

（1）不同企业在高技术船舶研发上各有所长，积极开展不同企业间的交流与合作，实现技术的取长补短

我国产业要抢占未来高技术船舶市场，就必须高度重视该技术的研发，而选择与我国江浙地区企业开展技术合作与专利许可则是实现这一目的的捷径。我国高技术船舶产业要加大产业内各企业的交流与合作，充分利用各企业的技术优势。

我国是制造业大国，长期以来出口是拉动经济增长的主要力量。在经济新常态下，我国企业的出口产品是否具有知识产权就成为立足国外市场的关键。我国重点企业的专利分布集中于国内，这也是我国高技术船舶产业专利分布的写照。面对国外企业在欧洲、美国、日本、韩国市场设下的重重专利陷阱，我国企业在自身科研实力有限的情况下可以通过收购拥有技术发展期和未来热点技术专利的国外中小企业。这样可以增加自身专利筹码，从而换取国外重点企业对高技术船舶核心专利的许可。

具体而言，各产业聚集区，如环渤海地区、长江三角洲地区、珠江三角洲地区，各地区内企业间或跨地区企业间展开交流和合作。中集集团在该方面做得较好，其在高技术船舶核心技术布局了较多专利，大多是采用集团与分公司联合，或多个子公司联合申请。

（2）着力构建专利许可及专利联盟制度

我国企业之间的专利交叉许可十分缺乏，反观国外企业，即使是竞争对手也相互许可对方专利。更高形式则是建立专利联盟，由产业内多家具有重要专利的企业低价许可联盟内的企业使用专利，从而解决技术研发、市场新产品开发所需专利由其他企业拥有的问题，共同做大蛋糕达到共赢局面。

全力推进产业内各企业创新协作联盟，统筹专利布局促进协同创新。构建专利联

盟制度还只是把现有专利资源运用最大化，而当前我国产业的专利规模较国外产业依然相形见绌。因此在专利挖掘、专利申请这一专利布局的初始阶段就应统筹规划。

鉴于高技术船舶产业的特点，首先，联盟内各企业应充分利用本企业的研发力量申请高水平专利而后通过专利联盟低价许可从而避免各企业间出现研发资源的浪费；其次，联盟应该设立一支由技术人员、专利人才组成的知识产权保护团队再加上专业的知识产权服务机构，紧密关注我国及国外高技术船舶产业专利布局动态，及时进行专利布局分析及专利预警；最后，联盟要加强对市场反应、各企业技术资金动态的调研，及时通知产业内给企业市场动态变化，将有限的资金投入到高水平专利的运营维护上。

（3）构建船舶行业专利的专业运营平台

除了上述（2）中提及的专利联盟之外，船舶行业的专利运营服务平台的建立将有利于我国船舶行业专利更大限度发挥作用，也有利于推动源头创新，提高船舶企业研发动力，尤其是提升中小企业的研发回报率。首先应当加强专业化的专利运营人才的招募或培养，高技术船舶行业技术复杂，对专利技术进行评估和市场前景分析以及进行重组、包装和推介等，离不开本领域技术专家、法律专家和经济专家等的参与。同时，高技术船舶行业的专利技术研发投入一般较大，运营平台的运行要充分借助政府和金融机构的力量，引入规模化的专利运营基金。

8.2.3 寻求造船业优势研发团队，鼓励产学研合作

企业是市场导向创新的重要载体，而高校及科研机构又是基础和前沿科技创新的主要力量。采取多种形式的产学研合作能使我国高技术船舶产业迸发出巨大活力。在高技术船舶的研究机构中，我国的上海交通大学、大连理工大学、华南理工大学、江苏科技大学、浙江大学、中国石油大学和浙江海洋大学等都申请了较多专利，表明其颇具研发实力。

其中，上海交通大学与中国海洋石油总公司、新奥集团、中集集团以及中国船舶工业集团公司第七〇八研究所等多家企业开展产学研合作，并且其自有专利还进行专利转让、专利许可。企业与科研院所相结合，能够发挥各自优势，促进科研成果转化，同时提升企业技术实力。

8.2.4 借力高技术船舶产业政策，提升创新能力

《中国制造2025》中明确提出，大力推动重点领域突破发展，推动海洋工程装备及高技术船舶发展，全面提升液化天然气船等高技术船舶国际竞争力。之后，国家相继出台《船舶配套产业能力提升行动计划（2016~2020年）》《船舶工业深化结构调整加快转型升级行动计划（2016~2020年）》《中国船舶工业"十三五"发展规划》，其均着重强调大力发展高技术船舶。

针对当前国际主流船舶市场需求持续低迷，且能源结构变革的背景下，中国创新主体可在国家或地方产业创新和推广应用支持下进行科技创新，以推进高技术船舶技

术在中国的发展。

8.2.5 提高应对知识产权诉讼的信心和技巧

国内创新主体应适度联合以抵御来自国外企业的侵权诉讼风险。我国企业在高技术船舶领域起步较晚，申请量也与国外企业存在差距。面对国外企业诉讼攻击时，单个企业积累和能力有限难以在短时间内获取大量授权专利用于防御和反击。国内企业适度联合，例如前文提及的专利联盟的成立，有利于国内企业快速拥有大量授权专利作为筹码，抗衡国际竞争中来自国外企业的攻击。

8.3 策　　略

从专利布局上，依据第5章第5.1~5.7节中全球主要申请人的技术分布情况可得知，大宇造船、三星重工、IHI、现代重工等跨国公司均在多个国家/地区有专利申请；而我国企业的专利布局大多在国内，建议在加大研发力度的同时，逐步进行海外专利的布局，加入国际竞争的行列中。

从技术研发保护上，同样依据第5章的分析发现，虽然全球主要申请人在货物围护系统领域的研发投入较多，尤其在绝热技术的研究上，但我国企业可针对全球关注较少的强度、支撑技术、止荡技术加大研发力度。以中集集团为例，除了保持在绝热技术上的研发优势，可加大在耐低温技术、止荡技术、支撑技术、安全性能和强度的研发投入，并考察海外重点市场的绝热技术布局，在空白点输出绝热技术的专利组合。

对于研发力量较弱的企业，可选择适合自身发展的技术分支进行重点研究，优先将有限的资源充分配置在核心技术上。如环渤海地区的企业，技术优势主要在货物围护系统的安全性能和BOG再液化技术上，这两个技术领域技术空白点较多，可加大研发投入，抢占市场。同样地，长江三角洲地区的企业，可在其技术优势货物围护系统的绝热技术、安全性能上寻找空白点；珠江三角洲地区的企业，可在其技术优势BOG再液化技术上寻找空白点。

附录1　重点专利筛选优化方案

重点专利属于取得技术突破或者重大改进的关键技术节点的专利，或者是行业内重点关注的、涉及技术标准或诉讼的专利。重点专利对于借鉴创新思路、修正产品方案、梳理所属技术领域的技术发展路线和发展方向、规避诉讼风险、专利运营等方面均具有重要意义。在重点专利分析中，需要通过一系列指标来衡量专利的重要程度。参照《专利分析实务手册》[1]的相关要求，制定以下筛选策略。

1. 初步筛选

为了减少待筛选文献的数量，通过被引证频次和同族专利成员数量两个筛选指标对原始文献进行初步筛选。

1.1　被引证频次

一般认为，一件专利被引次数越多，表明该专利对后续发明创造的影响越大，专利蕴含的知识越多，潜在的市场价值越高，因此，被引次数较高的专利被认为具有较高的质量。进而，拥有较多高被引专利的国家、机构和个人会被认为具有较强的竞争力。

通常情况下，专利文献公开时间越早，则被引证概率越高。因此为了消除不同专利存活时间带来的影响，引入专利存活时间相同的专利文献的平均被引频次水平作为参考。

以货物围护系统的专利集合为例，将货物围护系统的专利按照申请年份的不同，导入不同的 Excel 表格中，如 1998 年申请的专利导入到"Excel－1998"表格中，导出的著录项包括公开号、名称、申请日、申请人（专利权人）、法律状态、引证次数、INPADOC 同族专利数量等。将每件专利的引证次数求和，求取每件专利的平均引证次数。将 1998~2018 年的专利相对被引次数进行排序，选取前 N 件专利（N 值与某技术领域的专利总量和专利引证频次的具体值相关），得到一定的专利集合 A。

阅读集合 A 中的专利，并列出专利主要引证公司等信息，得到较为完整的专利引证分析列表。

1.2　专利同族成员数量

为了避免被引证频次筛选规则的漏洞，造成重要专利的漏筛，对通过被引证频次筛过的剩余专利进行同族专利成员数量的二次补筛。

---

[1] 杨铁军. 专利分析实务手册 [M]. 北京：知识产权出版社，2012：154–160.

因此重点专利的初步筛选集合为（A or B）。

2. 确定筛选模型

模型筛选是在结合该领域的行业和技术等特点，确定出重要专利的影响因素，确定各个影响因素的具体的权重 a_i，确定各个影响因素的赋值方法，得出赋值量 b_i，利用公式 $\sum a_i b_i$ 来计算每个专利的重要专利值，通过重要专利值靠前的10%来获得重要专利。模型筛选的重点在于，各个指标的选取以及其权重的给定。见附图1-1和附表1-1。

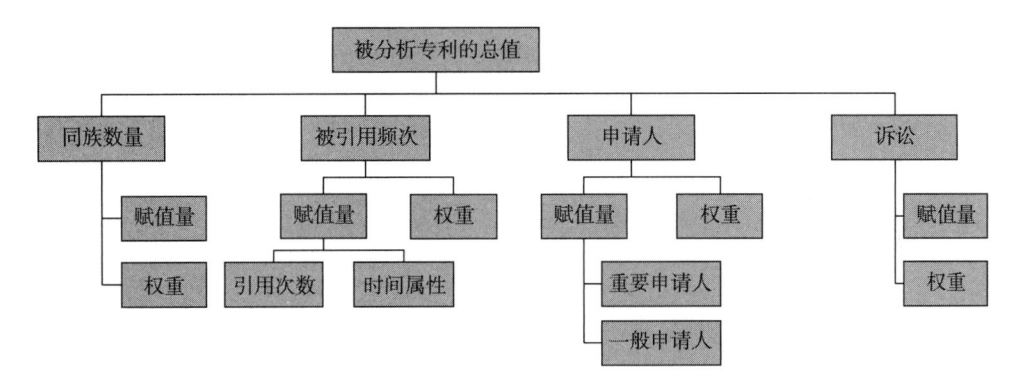

附图1-1 被分析专利总值计算模型

附表1-1 筛选指标及参数列表

筛选指标		指标参数		备注
同族数量	赋值量		同族专利数量 x	
	权重		0.2	
被引频次	赋值量	时间属性	$1/(2018-y)$	y 为待分析专利的公开年份
		引证次数	z	
	权重		0.4	
申请人	赋值量	重要申请人	2	专利申请排名前十的申请人及主要竞争对手
		一般申请人	1	
	权重		0.2	
诉讼	赋值量	侵权成立	2	
		侵权不成立	1	
		无诉讼	0	
	权重		0.2	

最后，根据给出的权重值，及各个筛选指标的赋值量共同计算出涉及各个专利中的总赋值量 = 同族专利数量 $x \times 0.2 + [引证次数 z/(2018-y)] \times 0.4 +$ 申请人赋值量 $\times 0.2 +$ 诉讼赋值量 $\times 0.2$，并按照量化值高低进行排序。

3. 筛选模型的补充

以上模型适用于大部分重点专利的筛选，但可能无法筛选出某些市场化较好的产品对应的专利技术。因此针对某些市场化较好的产品，需追溯其专利技术，并将该部分专利直接列为重点专利。

图　索　引

图 1-1-1　LNG/LPG 运输船主要构成　(2)
图 1-1-2　LPG 船队全球规模及订单分布　(4)
图 2-1-1　LNG/LPG 运输船全球专利申请趋势　(16)
图 2-1-2　LNG/LPG 运输船全球主要国家/地区专利申请排名　(16)
图 2-1-3　LNG/LPG 运输船主要国家专利申请趋势　(17)
图 2-1-4　LNG/LPG 运输船全球专利公开地分布　(18)
图 2-1-5　LNG/LPG 运输船全球专利权人/申请人类型分布　(19)
图 2-1-6　LNG/LPG 运输船全球前十位专利申请人排名　(19)
图 2-1-7　LNG/LPG 运输船船体结构全球专利申请分布　(彩插 1、20)
图 2-2-1　LNG/LPG 运输船中国专利申请趋势　(21)
图 2-2-2　LNG/LPG 运输船中国相关专利的法律状态分布　(23)
图 2-2-3　LNG/LPG 运输船中国专利 IPC 分类号分布　(24)
图 2-2-4　LNG/LPG 运输船中国专利申请的地域分布　(25)
图 2-2-5　LNG/LPG 运输船中国主要省份相关专利申请趋势　(26)
图 2-2-6　LNG/LPG 运输船相关专利江苏、北京、上海、四川主要申请人排名　(27)
图 2-2-7　LNG/LPG 运输船领域中国主要申请人类型分布　(29)
图 2-2-8　LNG/LPG 运输船领域中国专利主要申请人排名　(30)
图 3-1-0　货物围护系统领域主要申请人研发合作情况　(彩插 2)
图 3-1-1　货物围护系统技术生命周期　(34)
图 3-1-2　货物围护系统全球专利申请趋势　(37)
图 3-1-3　货物围护系统技术原创国/地区排名　(38)
图 3-1-4　货物围护系统主要国家专利申请趋势　(39)
图 3-1-5　货物围护系统专利申请的受理局排名　(39)
图 3-1-6　货物围护系统领域主要申请人专利申请排名　(40)
图 3-1-7　货物围护系统技术发展路线　(47)
图 3-1-8　货物围护系统中国专利申请趋势　(48)
图 3-1-9　货物围护系统中国专利申请所属国家/地区排名　(48)
图 3-1-10　货物围护系统中国专利申请各省份排名　(49)
图 3-1-11　货物围护系统中国各省份申请趋势　(50)
图 3-1-12　货物围护系统领域中国主要申请人排名　(50)
图 3-1-13　中集集团主要申请人排名　(51)
图 3-2-1　绝热技术领域全球、中国专利申请趋势　(52)
图 3-2-2　绝热技术领域专利法律状态　(53)
图 3-2-3　绝热技术全球专利申请原创国/地区分布　(54)
图 3-2-4　绝热技术领域主要原创国专利申请趋势　(54)
图 3-2-5　绝热技术领域全球专利地域分布　(55)
图 3-2-6　绝热技术领域 PCT 专利申请分布情况　(56)

357

图3-2-7 绝热技术领域专利技术构成 (57)
图3-2-8 KR100325441B1技术方案示意图 (59)
图3-2-9 JP3906118B2技术方案示意图 (60)
图3-2-10 US7562534技术方案示意图 (60)
图3-2-11 FR2991748B1技术方案示意图 (61)
图3-2-12 KR1020160036837A技术方案示意图 (61)
图3-2-13 U520170144733A1技术方案示意图 (62)
图3-2-14 FR3006661B1技术方案示意图 (63)
图3-2-15 FR3002514B1技术方案示意图 (63)
图3-2-16 CN105711756B技术方案示意图 (64)
图3-2-17 JP6364694B2技术方案示意图 (64)
图3-2-18 JP5670225B2技术方案示意图 (65)
图3-2-19 CN106958738A技术方案示意图 (66)
图3-2-20 CN205137053U技术方案示意图 (67)
图3-2-21 CN207438128U技术方案示意图 (68)
图3-2-22 KR100970146B1技术方案示意图 (68)
图3-2-23 KR101052516B1技术方案示意图 (72)
图3-2-24 KR101031242B1技术方案示意图 (72)
图3-2-25 FR3004507A1技术方案示意图 (72)
图3-2-26 CN203348900U技术方案示意图 (73)
图3-2-27 CN104712899B技术方案示意图 (74)
图3-2-28 绝热技术领域全球专利申请趋势 (75)
图3-2-29 绝热技术主要分支领域专利来源国家分布 (75)
图3-2-30 绝热技术分支领域专利申请受理局分布 (76)
图3-2-31 绝热技术主要分支专利申请人排名 (77)
图3-2-32 堆积绝热技术领域全球专利申请人申请趋势 (78)
图3-2-33 高真空多层绝热技术领域全球专利申请人申请趋势 (79)
图3-2-34 结构改进类绝热技术领域全球专利申请人申请趋势 (79)
图3-2-35 US6675731技术方案示意图 (83)
图3-2-36 KR100644217B1技术方案示意图 (83)
图3-2-37 US3112043技术方案示意图 (84)
图3-3-1 耐低温技术全球、中国专利申请趋势 (86)
图3-3-2 耐低温技术专利法律状态分析 (87)
图3-3-3 耐低温技术专利转让趋势 (87)
图3-3-4 耐低温技术原创国/地区分布 (88)
图3-3-5 耐低温技术专利申请受理局分布 (89)
图3-3-6 耐低温技术专利技术功效矩阵图 (91)
图3-4-1 止荡技术全球、中国专利申请趋势 (97)
图3-4-2 止荡技术领域专利法律状态分布图 (97)
图3-4-3 止荡技术领域专利技术原创国分布 (98)
图3-4-4 止荡技术领域专利申请受理局分布 (99)
图3-4-5 止荡技术领域专利技术构成 (99)
图3-4-6 止荡技术领域专利技术功效矩阵图 (100)
图3-4-7 止荡技术领域各技术分支技术发展

图 3-4-8　JP1987292943A 技术方案示意图（104）
图 3-4-9　JP1986001592A 技术方案示意图（104）
图 3-4-10　KR101784913B1 技术方案示意图（105）
图 3-4-11　KR101399599B1 技术方案示意图（105）
图 3-4-12　KR101206240B1 技术方案示意图（106）
图 3-4-13　US20040188446A1 技术方案示意图（107）
图 3-4-14　US20050150443A1 技术方案示意图（108）
图 3-4-15　FR2938498A1 技术方案示意图（108）
图 3-5-1　货物围护系统支撑技术全球、中国专利申请趋势（111）
图 3-5-2　货物围护系统支撑技术原创国/地区申请量排名分布图（112）
图 3-5-3　货物围护系统支撑技术受理局申请量分布图（113）
图 3-5-4　货物围护系统支撑技术领域主要申请人的全球专利申请情况（113）
图 3-5-5　货物围护系统支撑技术领域专利技术构成（114）
图 3-6-1　安全性能技术全球、中国专利申请趋势（118）
图 3-6-2　安全性能技术专利技术原创国/地区分布（119）
图 3-6-3　安全性能技术专利申请受理局分布（119）
图 3-6-4　安全性能技术在华专利申请趋势（120）
图 3-6-5　安全性能技术在华专利原创国分布（121）
图 3-6-6　安全性能技术在华专利技术分支（122）
图 3-6-7　安全性能技术主要专利申请人（122）
图 3-6-8　安全性能技术重点专利技术构成（124）
图 3-6-9　安全性能技术领域技术活跃度分析（126）
图 3-7-1　强度技术全球、中国专利申请趋势（127）
图 3-7-2　强度技术专利原创国/地区分布（128）
图 3-7-3　强度技术专利申请受理局分布（129）
图 3-7-4　强度技术主要专利申请人（130）
图 3-7-5　AU2012254258B2 技术方案示意图（132）
图 4-1-1　单级布雷顿循环的 T-S 图和系统图（137）
图 4-1-2　ZERO-LOSSER 型再液化系统流程图（137）
图 4-2-1　BOG 再液化技术专利申请趋势（138）
图 4-2-2　BOG 再液化技术全球生命周期（139）
图 4-3-1　BOG 再液化技术专利技术原创国分布（141）
图 4-3-2　BOG 再液化技术全球专利受理局分布（142）
图 4-3-3　BOG 再液化技术中国专利地域分布（143）
图 4-4-1　BOG 再液化技术全球专利申请人排名（144）
图 4-4-2　BOG 再液化技术中国专利申请人排名（144）
图 4-5-1　NO941704D0 技术方案示意图（148）
图 4-5-2　Hamworthy 公司 BOG 再液化装置（149）
图 4-5-3　Hamworthy 公司 BOG 再液化技术发展路线（151）
图 4-5-4　Cryostar 公司 Ecorel-S 型 BOG 再液化装置（153）
图 4-5-5　Cryostar 公司 Ecorel-X 型 BOG 再液化装置（153）
图 4-5-6　Cryostar 公司 BOG 再液化技术发展

图 4-5-7　大宇造船的重点专利（156）
图 4-5-8　专利 KR100747371B1 优选实施例中 BOG 再液化系统示意图（157）
图 4-5-9　专利 KR100758394B1 优选实施例中 BOG 再液化系统示意图（159）
图 4-5-10　专利 KR100761975B1 优选实施例中 BOG 再液化装置示意图（160）
图 4-5-11　专利 KR100747232B1 优选实施例中 BOG 再液化装置示意图（160）
图 4-5-12　专利 KR100875064B1 优选实施例中 BOG 再液化装置示意图（161）
图 4-5-13　专利 KR101511214B1 优选实施例中再液化装置示意图（162）
图 4-5-14　专利 KR101289212B1 液化气处理系统优选实施例示图（164）
图 4-5-15　US8256230 优选实施例的 BOG 再液化系统示意图（167）
图 4-5-16　US9927068 优选实施例示意图（168）
图 4-5-17　专利 KR101026180B1 优选实施例示意图（170）
图 4-5-18　专利 JP6423297B2 优选实施例示意图（170）
图 5-1-1　大宇造船在两关键技术领域的专利申请趋势（174）
图 5-1-2　大宇造船在货物围护系统技术领域专利申请主要受理局分布（175）
图 5-1-3　大宇造船在 BOG 再液化系统专利申请主要受理局分布（176）
图 5-1-4　大宇造船在 BOG 再液化系统技术领域专利申请量前五位发明人申请趋势（178）
图 5-1-5　大宇造船 BOG 再液化系统技术发展路线（彩插4）
图 5-1-6　KR1020100049728A 的技术方案示意图（182）
图 5-1-7　KR101164087B1 的技术方案示意图（182）
图 5-2-1　三星重工在两关键技术领域的专利申请趋势（194）

图 5-2-2　三星重工在货物围护系统技术领域的专利申请趋势（195）
图 5-2-3　三星重工在 BOG 再液化系统技术领域的专利申请趋势（195）
图 5-2-4　三星重工货物围护系统领域专利申请主要受理局分布（197）
图 5-2-5　三星重工在 BOG 再液化系统专利申请主要受理局分布（197）
图 5-2-6　三星重工在货物围护系统技术领域的主要发明人排名（198）
图 5-2-7　三星重工在 BOG 再液化系统技术领域的主要发明人排名（198）
图 5-3-1　IHI 在两关键技术领域的专利申请趋势（205）
图 5-3-2　IHI 在货物围护系统技术领域的专利申请趋势（206）
图 5-3-3　IHI 在 BOG 再液化系统技术领域的专利申请趋势（206）
图 5-3-4　IHI 在货物围护系统技术领域专利申请主要受理局分布（207）
图 5-3-5　IHI 在 BOG 再液化系统专利申请主要受理局分布（207）
图 5-3-6　IHI 在货物围护系统技术领域的主要发明人排名（208）
图 5-3-7　IHI 在 BOG 再液化系统技术领域的主要发明人排名（208）
图 5-4-1　现代重工在两关键技术领域的专利申请趋势（213）
图 5-4-2　现代重工在货物围护系统领域专利申请趋势（213）
图 5-4-3　现代重工在 BOG 再液化系统技术领域的专利申请趋势（214）
图 5-4-4　现代重工在货物围护系统技术领域专利申请主要受理局分布（215）
图 5-4-5　现代重工在 BOG 再液化系统专利申请主要受理局分布（216）
图 5-4-6　现代重工在货物围护系统技术领域的主要发明人排名（216）
图 5-4-7　现代重工在 BOG 再液化系统技术领域的主要发明人排名（217）
图 5-5-1　三菱重工发展历史图（223）

图 5-5-2　三菱重工在两关键技术领域专利申请趋势　（224）
图 5-5-3　三菱重工在货物围护系统领域专利申请趋势　（224）
图 5-5-4　三菱重工在 BOG 再液化系统技术领域的专利申请趋势　（225）
图 5-5-5　三菱重工在货物围护系统技术领域专利申请主要受理局分布　（226）
图 5-5-6　三菱重工在 BOG 再液化系统专利申请主要受理局分布　（227）
图 5-5-7　三菱重工在货物围护系统技术领域的主要发明人排名　（227）
图 5-5-8　三菱重工在 BOG 再液化系统技术领域的主要发明人排名　（228）
图 5-6-1　GTT 在货物围护系统领域全球专利申请趋势　（233）
图 5-6-2　GTT 在货物围护系统技术领域专利申请主要受理局分布　（234）
图 5-6-3　GTT 在货物围护系统技术领域的主要发明人排名　（235）
图 5-6-4　FR2724623A1 专利技术方案示意图　（236）
图 5-6-5　FR2877639B1 专利技术方案示意图　（237）
图 5-6-6　FR2877637B1 专利技术方案示意图　（237）
图 5-6-7　FR2877638B1 专利技术方案示意图　（237）
图 5-6-8　FR2944087B1 专利技术方案示意图　（237）
图 5-6-9　FR2867831B1 专利技术方案示意图　（238）
图 5-6-10　FR2978748B1 专利技术方案示意图　（238）
图 5-6-11　FR2994245B1 专利技术方案示意图　（238）
图 5-6-12　FR2861060B1 专利技术方案示意图　（239）
图 5-6-13　FR2936784B1 专利技术方案示意图　（239）
图 5-6-14　FR2987099B1 专利技术方案示意图　（239）
图 5-6-15　FR3009745B1 专利技术方案示意图　（239）
图 5-6-16　FR3042843B1 专利技术方案示意图　（240）
图 5-6-17　FR2977562B1 专利技术方案示意图　（240）
图 5-6-18　FR3004511B1 专利技术方案示意图　（241）
图 5-6-19　FR3001945B1 专利技术方案示意图　（241）
图 5-6-20　FR3004234B1 专利技术方案示意图　（241）
图 5-6-21　FR3022971B1 专利技术方案示意图　（242）
图 5-6-22　FR3050008B1 专利技术方案示意图　（242）
图 5-6-23　FR3061260A1 专利技术方案示意图　（243）
图 5-6-24　FR3008765B1 专利技术方案示意图　（244）
图 5-6-25　FR2987424B1 专利技术方案示意图　（244）
图 5-6-26　FR2946428B1 专利技术方案示意图　（245）
图 5-6-27　FR2981640B1 专利技术方案示意图　（245）
图 5-6-28　FR3014197B1 专利技术方案示意图　（245）
图 5-6-29　FR3004432B1 专利技术方案示意图　（246）
图 5-6-30　FR3060098A1 专利技术方案示意图　（246）
图 5-6-31　FR3004512B1 专利技术方案示意图　（247）
图 5-6-32　FR3011832B1 专利技术方案示意图　（247）
图 5-6-33　FR3020769B1 专利技术方案示意图　（247）
图 5-6-34　FR3020772B1 专利技术方案示意图　（248）
图 5-6-35　FR3020773B1 专利技术方案示意图　（248）
图 5-6-36　FR3025123B1 专利技术方案示意图　（248）

图 5-6-37　FR3043925B1 专利技术方案示意图（249）

图 5-6-38　FR3057185A1 专利技术方案示意图（249）

图 5-6-39　FR2987571B1 专利技术方案示意图（250）

图 5-6-40　FR3015320B1 专利技术方案示意图（250）

图 5-6-41　FR2724623A1 专利技术方案示意图（251）

图 5-7-1　1981～2010 年川崎重工 LNG 运输船的演变　（254）

图 5-7-2　氢运输船　（255）

图 5-7-3　两关键技术在 LNG/PLG 运输船领域中占比　（256）

图 5-7-4　川崎重工在货物围护系统领域专利申请趋势　（256）

图 5-7-5　川崎重工在 BOG 再液化系统技术专利申请趋势　（257）

图 5-7-6　川崎重工在两关键技术领域专利申请主要受理局分布图　（258）

图 5-7-7　川崎重工在两关键技术领域的发明人排名　（258）

图 5-7-8　发明人村岸治和浦口良介联合申请专利情况　（彩插 5、259）

图 5-8-1　中集集团收购情况　（263）

图 5-8-2　中集集团与各子公司列表　（264）

图 5-8-3　中集集团各技术专利申请趋势（265）

图 5-8-4　中集集团在两关键技术领域中专利法律状态占比　（265）

图 6-2-1　JP4509156B2 专利技术方案示意图（298）

图 6-2-2　CN101754897 专利技术方案示意图（303）

图 6-2-3　CN103703299 专利技术方案示意图（306）

图 7-2-1　三大船舶产业集群专利申请趋势（331）

图 7-2-2　三大船舶产业集群专利申请类型（332）

图 7-2-3　三大船舶产业集群申请人类型分布（333）

图 7-2-4　三大船舶产业集群排名前十位申请人排名　（334）

图 7-2-5　三大船舶产业集群专利技术 IPC 分类分布　（335）

图 7-2-6　三大船舶产业集群专利有效性（335）

图 7-3-1（a）　环渤海地区专利产出构成（337）

图 7-3-1（b）　长江三角洲地区专利产出构成（338）

图 7-3-1（c）　珠江三角洲地区专利产出构成（彩插 6、339）

图 7-3-2　CN203671249U 优选实施例中调整装置示意图　（343）

图 7-3-3　CN101531815A 技术方案示意图（344）

图 7-3-4　CN106439480A 优选实施例中专用系统示意图　（345）

附图 1-1　被分析专利总值计算模型　（355）

表 索 引

- 表 1-2-1　高技术船舶关键技术分解表（7）
- 表 1-2-2　货物围护系统功效分解表（8）
- 表 1-2-3　BOG 再液化系统技术分解表（8）
- 表 1-2-4　主要申请人名称约定表（10~13）
- 表 2-2-1　LNG/LPG 运输船领域国外来华专利申请国分布（22）
- 表 2-2-2　中国专利申请类型分布（23）
- 表 2-2-3　LNG/LPG 运输船中国专利主要 IPC 分类号释义（24~25）
- 表 3-1-1　货物围护系统重点关注子技术（33~34）
- 表 3-1-2　货物围护系统领域在 19 世纪中后期主要受理局专利申请量的变化情况（36）
- 表 3-1-3　货物围护系统领域专利申请类型分析（37）
- 表 3-1-4　货物围护系统领域主要申请人研发合作情况表（40~41）
- 表 3-1-5　货物围护系统来华布局主要申请人（49）
- 表 3-2-1　结构改进类部分专利（58）
- 表 3-2-2　堆积绝热技术部分专利（62）
- 表 3-2-3　真空绝热技术部分专利（66~67）
- 表 3-2-4　KR100970146B1 的 INPADOC 同族专利情况（69~71）
- 表 3-2-5　绝热技术领域重点专利列表（80~82）
- 表 3-3-1　液货舱材料特性（85）
- 表 3-3-2　耐低温技术领域专利技术原创国和目标市场地分布（91）
- 表 3-3-3　耐低温材料部分重点专利列表（92）
- 表 3-3-4　专利 EP2100073B1 同族概况（93）
- 表 3-3-5　专利 EP2100073B1 及其同族引用情况（94）
- 表 3-3-6　专利 EP2100073B1 及其同族被引用情况（94~95）
- 表 3-4-1　止荡技术领域专利技术原创国/地区和目标市场地分布（100）
- 表 3-4-2　止荡技术部分重点专利列表（102~103）
- 表 3-4-3　专利 KR100785475B1 及其同族引用专利（104）
- 表 3-4-4　专利 KR100785475B1 及其同族被三星重工自引用情况（104）
- 表 3-4-5　专利申请 WO2008076168A 及其同族专利情况（106）
- 表 3-4-6　专利申请 WO2008076168A1 及其同族引用专利情况（107）
- 表 3-4-7　专利申请 WO2008076168A1 及其同族被引用情况（109）
- 表 3-5-1　全球货物围护系统支撑技术专利法律状态分布情况（112）
- 表 3-5-2　货物围护系统支撑技术领域重点专利列表（115）
- 表 3-6-1　安全性能专利法律状态分布表（118）
- 表 3-6-2　安全性能技术在华专利主要申请人（121）
- 表 3-6-3　安全性能技术专利申请的集中度（123）
- 表 3-6-4　安全性能技术领域重点专利列表（124）
- 表 3-6-5　安全性能技术专利申请的活跃度（126）
- 表 3-7-1　强度技术专利法律状态分布情况（128）
- 表 3-7-2　强度技术专利构成申请分布（130）
- 表 3-7-3　强度技术部分重点专利（131）

363

表4-2-1	BOG再液化技术领域专利法律状态分布（140）		表5-1-16	KR101593970B1（189）
表4-3-1	BOG再液化专利技术流向（142）		表5-1-17	KR101707502B1（190）
表4-4-1	BOG再液化系统领域主要申请人研发合作情况表（145~146）		表5-1-18	CN106029491B（191）
			表5-1-19	KR101699329B1（192）
表4-4-2	BOG再液化系统领域中国海油子公司研发合作情况表（147）		表5-2-1	三星重工在两关键技术领域的专利法律状态（196）
表4-5-1	Cryostar公司BOG再液化装置专利申请法律状态（154）		表5-2-2	三星重工在货物围护系统技术领域的技术分布情况（199）
表4-5-2	BOG再液化系统重点专利（154~155）		表5-2-3	重点专利列表（199）
			表5-2-4	US8708190（199~200）
表4-5-3	引用KR100747372B1的专利列表（158）		表5-2-5	KR100785475B1（200）
			表5-2-6	US8235242（201）
表4-5-4	引用KR100875064B1的专利列表（161~162）		表5-2-7	KR1020090132534A（201~202）
表4-5-5	US6449983同族专利（163~164）		表5-2-8	三星重工在BOG再液化系统技术领域重点专利列表（202）
表4-5-6	引用专利KR101289212B1的专利列表（165）		表5-2-9	JP2016529446A（203）
			表5-2-10	KR101078645B1（203）
表4-5-7	引用US7493778的专利列表（166）		表5-2-11	KR100899997B1（204）
表4-5-8	专利US825623同族专利列表（168）		表5-3-1	IHI在两关键技术领域的专利法律状态（206~207）
表5-1-1	LNG/LPG运输船领域各关键技术申请人排名（172）		表5-3-2	IHI在货物围护系统技术领域的技术分布情况（208）
表5-1-2	大宇造船在两关键技术领域的专利法律状态（175）		表5-3-3	重点专利列表（209）
			表5-3-4	US9010262（209~210）
表5-1-3	大宇造船在货物围护系统技术领域的主要发明人排名（177）		表5-3-5	KR1020130079513A（210~211）
表5-1-4	大宇造船在BOG再液化系统技术领域的主要发明人排名（177）		表5-3-6	IHI在BOG再液化系统技术领域重点专利列表（211）
表5-1-5	大宇造船在货物围护系统技术领域的技术分布情况（178）		表5-3-7	JP4962853B2（211）
			表5-3-8	JP4296616B2（212）
表5-1-6	重点专利列表（178）		表5-4-1	现代重工在两关键技术领域的专利法律状态（214~215）
表5-1-7	US9180938（179）		表5-4-2	现代重工在货物围护系统技术领域的技术分布情况（217）
表5-1-8	US20170175952A1（179~180）		表5-4-3	重点专利列表（217）
表5-1-9	US20170144733A1（180）		表5-4-4	KR101822729B1（218）
表5-1-10	SG11201701687RA（181）		表5-4-5	JP6109405B2（218~219）
表5-1-11	大宇造船在BOG再液化系统技术领域重点专利列表（183~184）		表5-4-6	现代重工在BOG再液化系统技术领域重点专利列表（219~220）
表5-1-12	KR100638924B1著录信息（185）		表5-4-7	JP2018518414A（220）
表5-1-13	US20080308175A1（186）		表5-4-8	KR100774836B1（221）
表5-1-14	EP1956285A3（187）		表5-4-9	KR1020170030781A（221~222）
表5-1-15	KR101408357B1（188）			

表5-5-1	三菱重工在两关键技术领域的专利法律状态（225~226）		表5-8-3	中集集团在货物围护系统技术领域重点专利列表（267）
表5-5-2	三菱重工在货物围护系统技术领域的技术分布情况（228）		表5-8-4	中集集团BOG再液化系统技术领域的重点专利列表（268~269）
表5-5-3	重点专利列表（228）		表5-9-1	壳牌公司重点专利列表（271~272）
表5-5-4	US9868493（229）		表5-10-1	大阪瓦斯重点专利列表（273~275）
表5-5-5	CN102428310B（229~230）		表5-11-1	中国海油重点专利列表（278~280）
表5-5-6	三菱重工在BOG再液化系统技术领域重点专利列表（230）		表5-12-1	中国石油重点专利列表（281~282）
表5-5-7	US8739569（231）		表6-1-1	LNG/LPG运输船领域相关的无效案件列表（285~287）
表5-5-8	JP3908881B2（232）		表6-2-1	大宇造船针对KR101444247B1专利的修改（288）
表5-6-1	GTT在货物围护系统技术领域的专利法律状态（234）		表6-2-2	KR101444247B1修改后的权利要求与对比文件技术特征的对照（290）
表5-6-2	GTT在货物围护系统技术领域的技术分布情况（235）		表6-2-3	EP1968779B1专利权利要求1步骤拆分（293~294）
表5-6-3	重点专利列表（251）		表6-2-4	US8906189专利无效证据清单（295~296）
表5-6-4	RU2649168C2（252）			
表5-6-5	EP2419671A1（253）		表6-2-5	US8906189专利特定术语GTT解释（296）
表5-7-1	川崎重工在两关键技术领域的专利法律状态（257）		表6-2-6	JP4509156B2专利修正前和修正后的对比（299）
表5-7-2	川崎重工在货物围护系统技术领域的技术分布情况（260）		表6-2-7	CN101754897专利同族无效案件概况（305）
表5-7-3	川崎重工在货物围护系统技术领域的技术分布情况（260）		表7-3-1	三大船舶产业集群校企协同创新情况（340~342）
表5-7-4	JP2007261539A（260）		附表1-1	筛选指标及参数列表（355）
表5-7-5	JP3708055B2（261）			
表5-7-6	JP2001122187A（261~262）			
表5-8-1	中集集团在货物围护系统技术领域的技术分布情况（265）			
表5-8-2	中集集团货物围护系统技术领域的重点专利列表（266）			